当代名家
品读系列

钱文忠品三字经

钱文忠 著

中国出版集团 | 全国百佳图书
中国民主法制出版社 | 出版单位

图书在版编目（CIP）数据

钱文忠品三字经/钱文忠著. —北京：中国民主
法制出版社，2021. 1
ISBN 978-7-5162-2427-4

Ⅰ.①钱… Ⅱ.①钱… Ⅲ.①人生哲学—通俗读物
Ⅳ.①B821-49

中国版本图书馆 CIP 数据核字（2021）第 013385 号

图书出品人：刘海涛
出 版 统 筹：石　松
责 任 编 辑：刘海涛　张佳彬　高文鹏

书　　　名/钱文忠品三字经
作　　　者/钱文忠　著

出版·发行/中国民主法制出版社
地址/北京市丰台区右安门外玉林里 7 号（100069）
电话/（010）63055259（总编室）　　63058068　63057714（营销中心）
传真/（010）63055259
http：//www. npcpub. com
E-mail/mzfz@ npcpub. com
经销/新华书店
开本/16 开　710 毫米×1000 毫米
印张/31　字数/458 千字
版本/2021 年 6 月第 1 版　2021 年 6 月第 1 次印刷
印刷/北京天宇万达印刷有限公司

书号/ISBN 978-7-5162-2427-4
定价/88. 00 元
出版声明/版权所有，侵权必究。

今天，
我们为什么还要读
《三字经》

从己丑年正月初二（2009 年 1 月 27 日）起，中央电视台《百家讲坛》陆续播出总长四十三集的《钱文忠解读〈三字经〉》；同名图书由中国民主法制出版社在春节后推出，并一版再版。在此，我愿意就节目录制、图书编撰过程中的一些感想，向大家作一个简单的汇报，也借此机会向大家请教。

在绝大多数中国人心目里，《三字经》可谓是再熟悉不过的了。有谁会承认自己不知道《三字经》呢？然而，真实情况又是什么样呢？传统的《三字经》总字数千余字，三字一句，句子也无非三四百句。但是，恐怕绝大多数人都只知道前两句"人之初，性本善"；知道紧接下去的两句"性相近，习相远"的人数，也许马上就要打个大大的折扣了；可以随口诵出接下来的"苟不教，性乃迁。教之道，贵以专"的人，大概就更少了。同时，我们心里却都明了：这只不过是《三字经》的一个零头罢了。也就难怪，在一本列为"新世纪高等学校教材"的教育史专著里，竟然连《三字经》都引用错了。这只有用自以为烂熟于胸后的掉以轻心来解释。

仅此一点，难道还不足以说明这么一个事实：《三字经》是我们既熟悉又陌生，甚至可以说，是我们自以为熟悉其实非常陌生的一部书？

说"熟悉"，在过去是不争的事实，在今天无非只是一种自我感觉而已。《三字经》是儒家思想占据主流地位，传统中国社会众多的儿童蒙学读物里最著名、最典型的一种，且居于简称为"三百千"的《三字经》《百家姓》《千字文》之首。宋朝之后的读书人基本上由此启蒙，从而踏上了或得意或失意的科举之路。读书人对于它，当然是萦怀难忘的。在这样的大背景下，就连传统中那些通常认字无几，甚或目不识丁的底层百姓，起码也对《三字经》这个名称耳熟能详，时常拈出几句，挂在嘴边。

说"陌生"，情况就比较复杂了，需要分几个方面来讲。在传统中国，《三字经》被广泛采用，真到了家喻户晓、影响深远的程度。但是，倘若据此认为，传统的中国人就都对《三字经》有通透而彻底的了解，那也未必。证据起码有以下几个方面：

首先，正是由于身为童蒙读物，《三字经》才赢得了如此普遍的知晓度，然而，却也正因为身为童蒙读物，《三字经》也从来没有抖落满身的"难登大雅之堂""低级小儿科"的尘埃。成也萧何，败也萧何，正此之谓。中国传统对儿童启蒙教育的高度重视，和对童蒙读物的淡漠遗忘，形成了巨大的反差。其间的消息，似乎还没有得到足够的重视，更不必说透彻的阐释了。确实，清朝也有那么一些学者探究过秦汉时期的童蒙读物，比如《史籀篇》《仓颉篇》《凡将篇》《急就篇》等等，但是，他们的目的乃是满足由字通经的朴学或清学的需要。至早出现于宋朝的《三字经》自然难入他们的法眼，绝不在受其关注之列。久而久之，即使在中国教育史上，也就难以为《三字经》找到适当的位置。这大概很让中国教育史的研究者尴尬。在一般的教育史类著作里，我们很难找到《三字经》的踪迹，起码看不到和它的普及度相匹配的厚重篇幅。陈青之先生的皇皇巨著《中国教育史》中依然难觅《三字经》的身影。这是很能够说明问题的。

其次，当然也是上述原因影响所致，如此普及的《三字经》居然连作者是谁都成了问题！这是很值得我们深思的。传统中国的版权概念本来就相当淡漠。在这样的大背景下，《三字经》的作者也许还因为它只不过是一本儿童启蒙读物，而不在意，甚或不屑于将之列入自己名下，也未可知。后来的学者，即便是以考订辨疑为时尚的清朝学者，大致因为类似的缘故，也没有照例将《三字经》及其作者过一遍严密的考据筛子。关于《三字经》的作者问题，当代最重要的注解者之一顾静（金良年）先生在上海古籍出版社版的《三字经》的"前言"里，作了非常稳妥的交代。《三字经》甫一问世，其作者已经无法确指了。明朝中后期，就有人明确地说"世所传《三字经》"，是"不知谁氏所作"的。于是，王应麟、粤中逸老、区适子都曾经被请来顶《三字经》作者之名。可惜的是，此类说法都不明所本。到了民国，或许是因为"科学"之风弥漫了史学界，就有"高手"出来，将《三字经》的成书看成是一个过程。说到底，无非是将可能的作者来个一勺烩：由王应麟撰，经区适子改订，并由明朝黎贞续成。如此而已。现在，还有很多人倾向于认为《三字经》的作者是宋朝大学者王应麟。当代另一位传播《三字经》的功臣刘宏毅博士在他的《〈三字经〉讲记》里就是持与此相近的态度。不过，我以为，可能还是以顾静先生概括的意见为稳妥："世传""相传"王应麟所撰。

第三，也许是最重要的一点，古人蒙学特别看重背诵的功夫，所谓"读书百遍，其义自见"，蒙学老师基本不负讲解的责任。《三字经》等童蒙读物主要的功能就是供蒙童记诵。更何况，古时的蒙学师，绝大多数所学有限，不能保证能够注意到《三字经》文本中的问题，更未必能够提供清晰有效的解说。偶或也会有博学之士为孩童讲解，但是，又绝无当时的讲稿流传至今。因此，面对童蒙读物《三字经》，我们并没有完全理解的把握。这方面的自信，倘若有的话，那也终究是非常可疑的。

当然，貌似熟悉实则陌生，并不是我们在今天还要读《三字经》的唯一理由。我们还有很多其他的理由。

刘宏毅博士算过一笔很有意思的账。就识字角度论，小学六年毕业的识字标准是 2450 个汉字。实际上现在很多孩子早在幼儿园里就开始学习认字了。照此算来，平均每天还学不到一个字。《三字经》一千多个字，背熟了，这些字也大致学会了，所花的时间应该不用半年。

不过，更重要的还是如顾静先生所言："通过《三字经》给予蒙童的教育，传统社会在一定程度上规定了一个人在社会化过程中建立起来的内在价值取向与精神认同。"

已经有几百年历史的《三字经》依然有着巨大的生命力。在过去，包括章太炎在内的有识见的学者，多有致力于《三字经》的注释和续补者。文化部原常务副部长高占祥先生还创作了《新三字经》，同样受到了广泛的关注。

《三字经》早就不仅只有汉文版了，它还有满文、蒙文译本。《三字经》也不再仅仅属于中国，它的英文、法文译本也已经问世。1990 年新加坡出版的英文新译本更是被联合国教科文组织选入"儿童道德丛书"，在世界范围内加以推广。这一切，难道还不足以说明，《三字经》及其所传达的思想理念，既是中国的，又是世界的；既是传统的，又是现代的吗？

当今的中国，在经济、社会等领域都取得了令世界为之瞩目的巨大成就。民族的复兴、传统的振兴、和谐的追求，都要求我们加倍努力增强文化软实力的建设。我们的目光紧盯着远方的未来，正因为此，我们的心神必须紧系着同样也是远方的过去。未来是过去的延续，过去是未来的财富。

不妨，让我们和孩子们一起，怀着现代人的激情，读一读古代人的《三字经》。

于上海

人之初 性本善 性相近 習相遠

苟不教 性乃遷 教之道 貴以專

昔孟母 擇鄰處 子不學 斷機杼

竇燕山 有義方 教五子 名俱揚

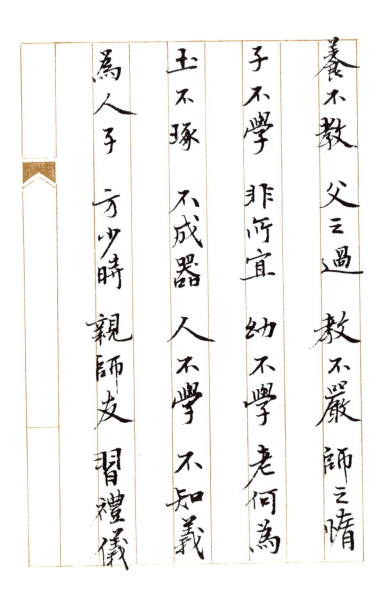

養不教　父之過　教不嚴　師之惰

子不學　非所宜　幼不學　老何為

玉不琢　不成器　人不學　不知義

為人子　方少時　親師友　習禮儀

钱文忠　书

目　录

第一讲

人之初，性本善 ……　……………… 1

一本古代的儿童启蒙读物，一本传统的儿童识字课本，为什么会被大家尊称为《三字经》？为什么它一经问世就广为流传？在看似简单易懂的文字背后……

第二讲

昔孟母，择邻处 ……　…………… 15

孟子的母亲为什么要多次搬家，择邻而居？窦燕山是什么人？父母在教育孩子的问题上负有什么责任？老师又应该怎样和学生相处？……

第三讲

子不学，非所宜 ……　…………… 25

父母都对孩子宠爱备至，但同时也希望孩子能够出人头地。那么，父母究竟该如何教育孩子？怎样才能让孩子把学习变成自愿自觉的事情呢？……

第四讲

香九龄，能温席 ……　…………… 35

为什么在《三字经》这样的启蒙教材中，首先要教给孩子们孝悌？这些传统教育方式，在今天的社会还能否适用？父母在教育孩子的问题上……

第五讲

一而十，十而百 ……　…………… 45

在这看似简单的数字背后，蕴含着什么样的传统思想？作为古代的启蒙读物，《三字经》所包含的具体知识都有哪些？传统的中国人最应该掌握的学问都是什么？……

第六讲

曰春夏，曰秋冬 ……　…………… 59

春夏秋冬四时，东西南北四方，这是古人对大自然的认知。那么，水火金木土的五行是怎么来的，五行学说对于古人的思想和行为又有哪些重要的影响呢？……

第七讲

曰仁义，礼智信 ……　…………… 69

《三字经》作为传统教育的启蒙读本，是如何教育孩子认识与人类生存密切相关的事物的？又是如何告诉孩子怎样为人处世？人类的基本情感有哪些呢？……

第八讲

父子恩，夫妇从 ……　…………… 81

《三字经》在讲完了应该如何为人处世之后，开始讲到教育问题。那么，学习应该有什么讲究？古人的小学和现代人的小学有什么不同呢？……

第九讲

论语者，二十篇 …… ………… 93

　　《论语》是怎样的一部书？是什么人最终编订完成了《论语》？《论语》为什么被奉为儒家经典之首？"半部《论语》治天下"这句话究竟是怎么来的呢？……

第十讲

孟子者，七篇止 …… ………… 103

　　孟子被称为亚圣，那么，他究竟是一个什么样的人？现代社会还应该提倡中庸之道吗？宋代大儒朱熹又为什么会把《大学》列为"四书"之首呢？……

第十一讲

孝经通，四书熟 …… ………… 113

　　《孝经》为什么有人推崇，有人反对？我们常说"四书五经"，而《三字经》为什么说是"六经"？学习"六经"有哪些讲究？我们又应该如何认知《易经》呢？……

第十二讲

有典谟，有训诰 …… ………… 125

　　"六经"中，哪一部书的命运最为坎坷？它经历了什么样的艰难曲折？《尚书》是一部记载什么内容的书？它的作者又是谁？为什么它的地位如此重要？……

第十三讲

大小戴，注礼记 …… ………… 135

　　《礼记》和《诗经》都是儒家文化的重要经典，那么，这两部经典和我们的现实生活有什么关系？注《礼记》的大小戴是什么人？《诗经》中的风雅颂代表着什么？……

第十四讲

诗既亡，春秋作 …… ………… 147

　　《三字经》在讲完了《诗经》之后，接着开始讲《春秋》。那么，《春秋》是谁编订的？这部史书为什么叫《春秋》而不叫《冬夏》？《春秋》还有一个名字叫《麟经》……

第十五讲

经既明，方读子 …… ………… 159

　　先秦诸子百家各抒己见，言论观点各不相同，而这其中尤以儒、道、墨、法、名五家的思想对于后世影响最为深远。那么，这其中都包括哪些思想？……

第十六讲

五子者，有荀扬 ……（上）… 171

　　《三字经》的作者为什么只向我们推荐荀子、扬雄、文中子、老子和庄子这五位？而在这五位当中，扬雄和文中子的主要学说究竟是什么？……

第十七讲

五子者，有荀扬 ……（下）… 181

　　老子和庄子是五子当中最重要的两个人物。孔孟是儒家文化的代表，老庄则是道家文化的代表。关于老子和庄子，民间有许多神奇的传说……

第十八讲

经子通，读诸史 …… ………… 193

　　《三字经》以凝练的语言，记载了中国五千多年的文明史，是从伏羲、神农、黄帝讲起的，那么，关于这三个人都有哪些神奇的传说？……

第十九讲

唐有虞，号二帝 …… ………… 205

人们常常用"尧天舜日"来比喻太平盛世，用"尧舜之治"来作为后世德政的典范。那么，尧是一个什么样的人？他为什么不把王位传给自己的儿子，而传给舜呢？……

第二十讲

夏有禹，商有汤 …… ………… 215

大禹和尧舜一样，是历代人们尊崇的圣王，大禹治水的故事在民间广泛流传。那么，钱文忠教授会带给我们一个什么样的大禹传说？……

第二十一讲

汤伐夏，国号商 …… ………… 225

通俗简明的《三字经》，每一句话都蕴含着丰富的历史故事。商汤伐夏建立了商朝，创造了辉煌的殷商文化，而末代君王商纣，却和夏桀一样残暴荒淫……

第二十二讲

周武王，始诛纣 …… ………… 235

周武王伐灭商纣王后，建立了周王朝，周王朝历时800年，成为中国历史上最长久的朝代。历史上著名的周公和姜太公，就是辅佐周武王灭商建周的重要人物……

第二十三讲

周辙东，王纲坠 …… ………… 245

周王朝历时800年，但是为什么要向东迁都呢？是什么原因，导致了周天子王纲的坠落？而各诸侯国又为什么要争相称霸、同室操戈呢？……

第二十四讲

始春秋，终战国 …… ………… 257

春秋五霸都有哪些精彩的人生经历？他们能够成为霸主的原因又是什么呢？我国两个非常重要的节日——寒食节、清明节，它们的由来与晋文公的坎坷遭遇有关……

第二十五讲

嬴秦氏，始兼并 ……（上） …… 267

春秋战国时期，诸侯争霸，战火连天，当时地处西北的秦国，异军突起，横扫六国，完成统一大业，从此中国历史进入了一个中央集权的帝制时代……

第二十六讲

嬴秦氏，始兼并 ……（下） …… 279

在推翻秦朝的过程中，项羽和刘邦的军队都立下了赫赫战功，但为了皇帝宝座，昔日的朋友马上变成了敌人。在楚汉战争中，刘邦是怎样逐渐扭转了被动局面？……

第二十七讲

高祖兴，汉业建 …… ………… 287

一个曾经得到皇室器重、得到天下百姓赞誉的"圣人"，原来却是盗取汉室江山的窃贼。他究竟是一个什么样的人？他为什么骗人能骗那么久？……

第二十八讲

魏蜀吴，争汉鼎 …… ………… 297

汉末天下大乱，出现了魏蜀吴三国相争的局面。《三字经》为什么把这场战争称为"争汉鼎"呢？晋朝是怎么统一的？南北朝又是如何分裂的？……

第二十九讲

北元魏，分东西 …… ……………… 307

　　北朝在五胡十六国混战之后，鲜卑族统一了黄河流域，史称北魏。但是，《三字经》为什么把北魏称为北元魏呢？这个"元"字，包含了怎样的历史事件？……

第三十讲

迨至隋，一土宇 …… ……………… 317

　　作为开国皇帝的隋文帝，他为什么要把国号定为隋呢？隋文帝的夫人是个什么样的人？隋文帝为什么会惧怕她呢？隋文帝的儿子隋炀帝是怎样取得皇位的呢？……

第三十一讲

唐高祖，起义师 …… ……………… 325

　　唐高祖李渊开创了大唐王朝300年的基业。李渊为什么能够异军突起，建立大唐王朝？李渊与隋炀帝杨广是什么关系？……

第三十二讲

二十传，三百载 …… ……………… 335

　　唐朝共有20位皇帝，历时近300年。唐太宗的贞观之治和唐玄宗的开元盛世，使唐朝的政治经济得到了极大的发展，成为中国封建社会的鼎盛时期……

第三十三讲

梁唐晋，及汉周 ……（上） ……… 345

　　唐朝由盛转衰的原因是非常复杂的，但唐玄宗晚年过度宠幸杨贵妃，是导致"安史之乱"的重要原因。那么，"安史之乱"到底是怎么回事？……

第三十四讲

梁唐晋，及汉周 ……（下） ……… 357

　　五代十国时期在中国历史上是最为混乱的时期，梁、唐、晋、汉、周五个小朝廷，皇帝一个比一个荒唐，王朝也一个比一个短命。后晋皇帝石敬瑭为什么会留下千古骂名？……

第三十五讲

炎宋兴，受周禅 …… ……………… 369

　　宋朝结束了五代以来的军阀混战局面，然而，开国皇帝赵匡胤的死，却成为千古之谜。当时还有哪些政权与宋并立？宋朝蒙受的最大羞辱是什么？……

第三十六讲

至元兴，金绪歇 …… ……………… 381

　　元朝是中国历史上第一个由少数民族建立的统一王朝。那么，它是如何灭掉南宋王朝的？"人生自古谁无死，留取丹心照汗青"的诗句，千百年来被人们广为传诵……

第三十七讲

明太祖，久亲师 …… ……………… 393

　　朱元璋率领的农民起义军，推翻了元朝的统治，建立了大明王朝。他是一位非常富有传奇色彩的皇帝，也是一位平民皇帝。那么,他出生在一个什么样的家庭？……

第三十八讲

传建文，方四祀 …… ……………… 403

　　明太祖朱元璋建立明朝后，法严刑酷，大臣们人人自危。朱元璋去世后，建文帝继位。建文帝以儒家的仁爱思想治国，但在位仅仅四年就被叔父朱棣篡夺了皇位……

第三十九讲

追崇祯，煤山逝 …… …………… 415

    《三字经》在讲完了明朝的最后一个皇帝崇祯之后，就结束了历史内容。中国历史上下几千年，有兴有衰，有分有合。那么，我们应该用什么样的方法来学习历史？……

第四十讲

昔仲尼，师项橐 …… …………… 425

    《三字经》通过介绍一些生动具体的勤学故事，告诉人们应该具备什么样的学习态度，遵循什么样的学习方法，其中就提到了孔子拜项橐为师的故事……

第四十一讲

头悬梁，锥刺股 …… …………… 437

    《三字经》向我们介绍了古人苦读勤学的故事，以激励后学者的斗志，比如悬梁刺股、囊萤映雪等……

第四十二讲

苏老泉，二十七 …… …………… 449

    著名诗人苏老泉为什么到27岁才开始读书呢?梁灏直到82岁才中的状元吗?祖莹和李泌又是怎样的才华横溢？蔡文姬的命运又是怎样?……

第四十三讲

谢道韫，能咏吟 …… …………… 461

    《三字经》之所以能够流传七八百年，成为儒家思想的启蒙教材，正是因为它代表的是儒家思想中的精华部分……

《三字经》全文 (注音) …………… 472

编辑手记

心中自识《三字经》 …………… 478

人之初，性本善。性相近，习相远。
苟不教，性乃迁。教之道，贵以专。

1 初：初生，刚开始有生命。	6 苟：假如。
2 性：天性。	7 教：训导、教诲。
3 本：本来、原来。	8 迁：转变、变化。
4 性：性情。	9 道：此处指方法。
5 习：习染，长期在某种环境下养成	10 贵：注重、重视。
的特性。	11 专：专一。

　　一本古代的儿童启蒙读物，一本传统的儿童识字课本，为什么会被大家尊称为《三字经》？为什么它一经问世就广为流传？在看似简单易懂的文字背后，到底包含着什么样的深意？

《三字经》是我国古代的儿童识字课本，是传统中国的儿童启蒙读物，成书大约在九百多年前的宋朝。《三字经》一经问世即广为流传，实际上成为传统中国通用的儿童启蒙教材。而在与《百家姓》《千字文》合称的"三百千"中，只有《三字经》被尊称为"经"。为什么这样一本小书被历代人们奉为经典？钱文忠先生又会以什么样的方式来解读这部传统启蒙经典？在看似简单易懂的字句背后都包含着什么样的深意？而这对于今天的人们，《三字经》又有着什么样的启发意义呢？

每到开学的时候，我们都会看见很多可爱的孩子，背着一个很大的沉甸甸的书包，里边装满了各种各样的课本，课本分门别类，语文、数学、外语，印制精美，由国家教育部门统一编纂，统一发放。这是现代的孩子。那么我们不禁要问，在传统中国，孩子们用什么东西来做教科书呢？用什么样的教科书来启蒙呢？当然毫无疑问是有的，只不过，当时没有一种政府统一安排的启蒙教科书！

早在秦汉时期就有大量这样的教科书，比如说《仓颉篇》《凡将篇》《急就篇》等。它们有一个共同的特点，用非常整齐的语句，比如四个字一句，读起来朗朗上口，比较容易记诵，这样来教孩子们识字，来传达一些最基本的道理。但是这些书，像刚才我讲的这几部，都没有能够留用到今天。在今天，有些人即使成了大学教授，花费一生的时间都未必能读懂的书，当时却是小孩子的启蒙书。

到了中国宋朝以后，突然出现了一部《三字经》，来历不明，我们连它的作者是谁都不知道。而这部《三字经》，从宋朝开始，一直流传到今天。这部书从内容到形式，都有自己的特点。从形式上看，三个字一句，朗朗上口，非常易于记诵，在古代是可以吟唱的。在今天好多地区，比如客家人，我们知道他们主要居住在广东梅州，或者福建一带，他们对《三字经》还是可以像歌谣一样唱的。从内容来看，它用最简单的语句，最凝练的方式，把中国漫长的传统社会所集聚下来的最重要的道德、知识，汇聚在里边。也正因为如此，《三字经》一直流传不绝。在中国宋朝以后流行的这种传统的启蒙书，主要是我们通常所说的"三百千"，即《三字经》《百家姓》《千字文》，这些都是孩子的启蒙读物。大家一听这个"三百千"，马上会有一个感觉，为什么只有《三字经》称"经"呢？为什么《百家姓》不叫《百家姓经》呢？为什么《千字文》不叫《千字经》呢？这就彰显了《三字经》的重要性。

在传统文化中，把一部书称为"经"，这是一种至高无上的地位和荣誉。古往今来，在漫长的历史长河中，无数的中华儿童就是靠《三字经》启蒙，开始了他们的求学生涯，而更多的人，也许未必识字，也许没有机会接受教育，但是他们从小也听诵《三字经》，对《三字经》耳熟能详，也从中汲取了中国传统文化的精髓。《三字经》就是这么重要的一部传统的启蒙经典。

也许大家会说，既然是给儿童看的书，那它一定很简单了，有什么值得讲的呢？这个看法错了！《三字经》的确非常简明扼要，但是也正因为此，它以最简洁明快的方式凝聚了最深厚的文化传统。所以，我们必须用心去阅读，用心去体会，才能真正理解《三字经》所要传达给我们的文化信息，才能理解《三字经》为什么能够流传到今天，才能够理解《三字经》对于中国人来讲，特别是对今天还在学习过程当中的孩子们来讲，有什么不可替代的意义。

为什么一本儿童启蒙读物被大家尊称为《三字经》？在看似简单易懂的文字背后都包含着什么样的深意？

《三字经》开始的六个字是什么，我想中国人都知道。"人之初，性本善"这六个字，从字面意思看，就是人出生的时候，天性本来就是善的。就在这么貌似简单的六个字背后，有着非常丰富和深厚的文化内涵，它讲的是一个关于人性本质的哲学问题。也就是说，人性究竟是什么样的？人的本性究竟是善的还是恶的？古今中外，所有的文化传统，都绕不开人性论的问题，因为无论如何，我们必须首先认识我们自己，认识人。在中国传统文化当中，关于人性论的讨论丰富多彩。在先秦的时候，儒家传统当中，就有三派说法。

一派，孔子的说法。儒家的创始人孔子的说法是什么呢？就是接着《三字经》的后六个字，"性相近，习相远"。孔子认为，人的本性差距并不太大，由于后天的熏染，环境的影响，差别会变得越来越大。这是孔子的说法。换句话说，孔子并没有告诉我们，人性是善的还是恶的，孔子置而不论，留个悬念。

性恶论 中国古代人性论的重要学说之一，认为人的本性具有恶的道德价值，战国末荀子倡导这种理论。性恶论以人性本恶，强调道德教育的必要性，性善论以人性本善，注重道德修养的自觉性，二者既相对立，又相辅相成，对后世人性学说产生了重大影响。

一派，荀子的说法。荀子也是儒家非常重要的一位思想家，荀子甚至和法家有极深关系。荀子的看法是"人之初，性本恶"。人的天性本来是恶的，这是荀子的看法，这个看法比较容易得到我们的理解。因为我们看一个小孩子生下来，呱呱坠地，他饿了就要吃奶，他会管母亲很劳累吗？他会管母亲有没有乳汁吗？他会考虑母亲是不是在生病吗？不会的，他非要吃奶不可。而如果有几个孩子的话，可能几个孩子争先恐后地要求吃奶。人的本性从这个角度来看，谈不上是善良的。

那么"人之初，性本善"究竟是谁的思想呢？是"亚圣"孟子一派的思想。但却不准确。孟子并没有说过"人之初，性本善"。他的确切意见是，人性向善。关于人性善恶的分野，实际上，中西文化就在这里开始踏上了不同的发展轨道。我们用最简单的方法来说明这个问题。

在西方文化传统当中，认为每个人都是有罪的，人都有原罪，只有上帝是无罪的，也就是说"人之初，性本恶"。正因为每个人都是有罪的，所以谁都不能相信。从社会管理运作上来讲，不能把所有的权力交给某几个人，因为谁都是有毛病的。那么，怎么办呢？就把管理的权力、运作的权力予以分散，相互监督，彼此独立，创设出一套严格的制度来限制彼此，西方的文化传统就这样发展下来。而中国文化传统的主流，就是接着《三字经》开始的六个字，也就是接着疑似孟子的思想走了下来，"人之初，性本善"。我们相信每个人天性是善良的，每个人都有觉悟，所谓满街都是圣人，人人皆可为尧舜，那还需要制度吗？每个人都是自觉的。每个人都知道不要在红灯的时候横穿马路，每个人都知道不要随地吐痰，每个人都应该知道不要损害别人的利益，主要应该去教育他，去引导他，去培养他，而不是用制度去规范他。所以千万别小看这六个字，这六个字里面的精义非常深。

> 即使在中国儒家学派的内部，对于人性是善是恶的看法也并不统一，有性善、性恶、有善有恶三种说法，而争论也从来没有停止过，这充分说明了人性问题的复杂。孟子以大量的理由来证明他的"性善论"观点，其中最重要的就是"四心说"，那么，孟子究竟是如何说的呢？

孟子何以说"人之初，性向善"呢？或者说，为什么大家都认为孟子有这样的意见呢？孟子这么说有什么理由呢？作为一个大思想家，孟子当然不会信口胡说，他认为"人之初，性向善"自然有他的道理。在《孟子》当中，有一篇叫《公孙丑上》，里边就有他这样的话："无恻隐之心，非人也。无羞恶之心，非人也。无辞让之心，非人也。无是非之心，非人也。"孟子认为，人必须有这四种心。恻隐之心，即一种同情心；羞恶之心，一种觉得不好意思，知

性善论 战国时期孟子提出的一种人性论。孟子认为，性善可以通过每一个人都具有的普遍的心理活动加以验证。既然这种心理活动是普遍的，那么，性善就是有根据的，是出于人的本性、天性的，孟子称之为"良知""良能"。

道害羞，自省之心；辞让之心，应该知道彼此谦让，彼此谦退；是非之心，知道什么是对，什么是错。他认为人必须有这四种心，没有这四种心那就称不上人了，这是孟子的看法。我们可以举出好多的例子来说明孟子的这个观点。

"无恻隐之心，非人也。"我们可以用孟子自己的例子来说明。《孟子》当中举了一个例子，也是《孟子·公孙丑上》中一个非常著名的故事。原文是这样的："今人乍见孺子将入于井，皆有怵惕恻隐之心，非所以内交于孺子之父母也，非所以要誉于乡党朋友也，非恶其声而然也。"什么意思呢？古代的聚落都以井为中心，一般井上都有井栏，井栏是为了防范小孩子和一些小的牲畜掉进去。假如我们看见一个小孩子靠近井栏就要掉到井里，会怎么样，每个人都会起恻隐之心。孟子怎么看？孟子觉得每个人都会担心、同情，小孩子如果掉下去要淹死的。为什么会这样呢？并不是因为你和这个小孩的父母是朋友，也许你根本不认识他们。也并不是因为你觉得把这孩子救起来，拉他一把可以在乡党朋友中得到舍己救人的美誉。也不是因为小孩掉下去因害怕要叫，你觉得孩子的声音实在刺耳不好听。孟子的意思是，正因为每个人都有恻隐之心，所以看见一个小孩要掉到井里去的时候大家都很着急。这是孟子自己举的例子。

"无羞恶之心，非人也。"这个我们比较好理解。人都有一种害羞之心。比如，美国有一个非常著名的影星玛莉莲·梦露，她有一张照片，这张照片传遍了世界：她穿着裙子正在路上走，经过一个地下出风口，地下出风口突然涌上来一股很大的气浪，把梦露的裙子给吹起来，梦露一个下意识的动作是赶紧捂着这个裙角，这是什么，羞恶之心！她觉得害羞，赶快把裙角给捂住。羞恶之心世人皆有，当然，不同的民族羞恶之心不一定一样。有的民族认为这件事情我很害羞不能做，有的民族未必；有的民族认为这件事情很重要，我得先护住，有的民族认为不一定。比如说有这么一个故事，说的是有三个女孩，都戴着非常漂亮的帽子，都穿着非常漂亮的裙子站在一起。突然来了一阵狂风，有一个女孩捂着帽子，不管裙子。另一个女孩呢，捂着裙子不管帽子。还有一个女孩一手捂着帽子，一手捂着裙子。这三个女孩是哪三个国家的人？答案是，只管捂着帽子的是美国人，因为帽子吹走了她得花钱去买，她不干，她是对这方面有羞恶之心，而对裙子吹起来，春光外泄的羞恶之心比较淡。捂着裙子、不管帽子的是日本人。日本人说，吹掉帽子我可以再去买顶帽子，但是我的裙子不能吹起来。另外一个当然就是中国人。帽子不愿意丢，裙子也不能被吹起来。这就说明人的羞恶之心每个民族不一样。

"无辞让之心"，"无是非之心"，就更容易理解了，以后还会涉及，这里暂时先不讲。

孟子认为，要有这四种心才算得上一个人。如果没有恻隐之心，没有羞恶之心，没有辞让之心，没有是非之心，那不能算人。这是孟子的学说。但是，又何以证明世界上所有的人都有这四种心呢？孟子又自己来进行一个说明。在《孟子·告子》这一篇里他讲了一个例子："故曰，口之于味也，有同耆焉；耳之于声也，有同听焉；目之于色也，有同美焉。至于心，独无所同然乎？心之所同然者何也？谓理也，义也。""口之于味也，有同耆焉"的意思是，我们每个人的嘴对于味道好的东西，都同样爱好的，都知道要吃好的。而至于"耳之于声也，有同听焉"，那就是说都喜欢听好听的，比如，我拿块铁片，在玻璃板上嘎嘎嘎地来回擦划，没人喜欢，而美妙的音乐都喜欢听。"目之于色也，有同美焉"，就是眼睛都喜欢看好看的东西，恐怖的，肮脏的，龌龊的，我们都不愿意看。口、耳、目人皆相同，那么，难道在人心上人们就没有相同的吗？其实，这个论证里面有问题。你觉得好吃的我还真不觉得好吃，谁说人的口味是一样的？我们可以举出反例。谁说人欣赏音乐的感受是一样的？比如现在好多年轻人喜欢听摇滚，我就不喜欢听，我愿意听古典音乐。谁说一样的？

我们可以举出历史上好多例子，来证明人性的问题很复杂。

我给大家讲一个曹操儿子们的故事。

大家都知道，据说曹操有四个儿子。

曹植，才华横溢，文采斐然，为人忠厚，非常温良。曹植的才华高到什么地步呢？在曹植死后几百年，有一个同样是大才子的人叫谢灵运，他讲，如果天下诗人的才华有一石这么一个分量的话，曹植一个人占了八斗。剩下的两斗是谁的呢？谢灵运也不客气，他自己占一斗。那么还有一斗是谁的呢？全中国别的人来分。谢灵运那么高傲、有才华的人，都心甘情愿地认为曹植一个人占八斗。这就是成语"才高八斗"的来历。而曹植的天性令他觉得名位是天定的，自己能不能接父亲曹操的班，不必费尽心机去争。

曹丕，也很有名，跟曹植是兄弟，都是曹操的儿子，可这两个亲兄弟的本性，相差可就太远了。曹丕也有文才，也有诗歌流传下来，但是跟曹植比恐怕差得太远了。他只能跟别人去分那个一斗，因为他的兄弟一个人占掉八斗。他也好舞枪弄棒，非常擅长剑术，在中国武术史上，曹丕是有一席之地的。同时这个人占有欲非常强，比如曹军攻下邺城的时候，曹丕冲进去先干什么呢？他不是指挥将领去安抚民众，也不是先去库房里看看有什么战利品，而是先冲到袁熙的家里去，把袁熙的太太甄氏抢过来做老婆，因为甄氏很漂亮，这就说明他占有欲极强。同时，他又非常地尖刻，非常地好财。曹操有个兄弟叫曹洪，也就是曹丕的叔叔。这个叔叔也极其好财，而且非常地吝啬，从不愿意把钱财与他人分享。曹丕的占有欲大到什么地步呢？他能费尽心机从这个铁公鸡叔叔身上拔下毛来。怎么拔呢？上门去找叔叔借钱，人家不愿意借钱，你不借是吧？你不借我折腾你。他想尽办法把叔叔曹洪给折腾得够呛，最后乖乖把钱借给了他。至于他后来怎么继承了曹操的位置，大家都知道。他跟曹植不相往来，可两人是亲兄弟啊。

"煮豆燃豆萁，豆在釜中泣。本是同根生，相煎何太急？"相传这是才高八斗的曹植所作的七步诗，是对急于迫害自己的兄长曹丕的质问，也是他们之间真实关系的写照。为什么亲兄弟间会有这么大的差距？他们的另外两个兄弟又是什么样的人呢？

曹操还有一个儿子叫曹彰，外号黄须儿，他的头发胡子可能都是黄的，非常地彪悍。史籍上没有留下过他好写诗的记载，只留下他力大无穷，武艺精湛，射箭百步穿杨的记载，他能够射中百米以外的一根头发丝。而力气大到什么地步呢？有一次曹彰跟老虎打起来了，他把老虎的尾巴缠在自己的胳膊上，老虎就动不了了，老虎没他的劲儿大，他把老虎给拖住了。据说还有一次曹彰找一头象打架，估计他跟人打架实在不过瘾，别人都打不过他，他过去把象按在地上，那象也动不了。后来曹操在战争中见到马超纵横驰骋、所向披靡的时候，曹操就哀叹，假如儿子曹彰在此，有你马超什么事！可见，曹彰的性格就是勇武彪悍，力大无穷，没什么心机。

曹操还有个儿子叫曹冲，是中国著名的神童。"曹冲称象"是个很有名的故事。史籍上记载，说当时孙权为了讨好曹操，就送了一头象给曹操。当时中原地带象很少，看到这么一个庞然大物，曹操就带着手下的群臣、将领琢磨，这象有多重？怎么称？大家你一言我一语，谁也没主意。曹冲那个时候还不到十岁，就在旁边说："这有什么难的，开条船过来，把这个象搁到船上，这个船不就沉下去了吗？我在船边划一道线，再把这个象给牵出来，接下来我就有办法知道这象有多重。"他怎么做呢？有两种说法，一种说法是往船上搬石头，一块块石头往上搬，看这个船刻的这道线又到了，就称称石头多重，不就知道这象有多重了吗？这是利用排水量的原理。还有一种说法更聪明了，曹冲就叫人一桶桶往船上倒水，也倒到刻的线那里，那倒进去几桶水，每桶水几斤是可以知道的，象的重量不就知道了吗？

通过这几个故事，我想说明的是，同样是曹操的儿子，四个儿子，天性差距就很大，完全不像兄弟。所以，我们对"人之出，性本善"这六个字是不是可以打个小小的问号。但是我想，"人之出，性本善"这六个字，是中国文化对人类的美好信念和期望。如果这么去理解它，我想是比较稳妥的。

文忠寄语

性本善是中国文化对人类的美好信念与期盼。

一样的父母，一样的家庭环境，即使是亲兄弟，在天性上也有着极大的差距，这也是一种社会现实。如果说天性是由先天决定、无法改变的话，那么接下来，《三字经》又传达了一种什么样的思想呢？

"人之出，性本善"以后紧接着六个字是"性相近，习相远"。这六个字出于《论语·阳货》。"人之初，性本善"据说是孟子的思想，接下来的"性相近，习相远"就比较符合孔子的思想了。但跟前面那六个字是有点矛盾的，既然"人之初，性本善"了，那怎么后来又变成"性相近，习相远"了呢？"性相近"，人的本性本来差距并不远，"习"在这里不是学习的意思，是"熏染"的意思，受影响，被熏染，被污染的意思。本性本来差距并不远，但是因为后天受到环境的影响，受到各种各样外部环境的熏染，差距越来越大。用这个话去解释我前面讲的这个故事也是可以成立的。也许，曹植、曹丕、曹彰、曹冲三个月大的时候都差不多，但是由于后来成长的经历不同，环境不同，差距越来越大，也是可以解释的。在这方面，我们千万要注意，古人是非常重视后天的环境的，对一个人的成长，一个人的教育环境，古人是非常重视的。用一句很简单的也是古人的话就可以说明这个问题，"近朱者赤，近墨者黑"。这就是讲的熏染的问题。这样的例子，在历史上数不胜数。

我老家在无锡，无锡下面有一个县叫宜兴，现在也是一个市，是很有名的陶都，出紫砂。当地出了很多很有名的人，其中有一个人恐怕是最有名的，叫周处，晋朝的周处。这个人天性善良，天性并不坏，是蛮好的一个人。但是，从小父母双亡，就没有人去教育他，没有人去引导他，没有人给他讲规矩。他慢慢地就瞎混，受到了不好风气的熏染、影响，长大以后变成了一个非常粗鲁、暴躁、野蛮的人，动不动跟人打架，打得人家头破血流，满地找牙。这么一来，周围的人见了周处就躲，都惹不起他。周处自己不知道，因为他没有羞恶之心，没有是非之心，这个心被遮掩掉了。有一天，他突然发现：怎么谁见我都躲啊？他就去问一位长者。这就说明他天性不坏，他对老人还是尊重的。他问："为什么乡亲、邻居见了我都躲呢？"老人家说："你不知道，周处，我们这边有三害啊。"周处问："哪三害，说来听听？"老人家说："第一，前面山里出了一只猛虎，经常下来吃人，吃家畜，这是一害，害得鸡犬不宁。第二，你看，村前面的河里有一条蛟龙，谁都不敢游泳，不敢下河捕鱼，不敢游过河去。"周处说："这不才两个吗？还有一害呢？"那老人家说："就是你周处！"周处天性还好，他一下子觉得，原来我已经那么坏了，以至于乡亲们把我也当一大害啊！他顿时幡然醒悟。在传说当中，周处上山杀掉了这只老虎，为民除害；下水潜到河里斩杀了那条蛟龙，为民除害；而自己则良心发现，本性善良的天性彰显出来，从此一路上进，后来还当了很大的官，为老百姓做了好多的好事，在历史上留下了非常好的名声。现在周处的墓还在。

这个故事可以说明什么？"性相近，习相远。"如果后天环境不好，没有人教育，再善良的天性也会受到污染。

> 对于任何一个孩子来说，如果没有一个良好的后天环境，再善良的天性也会受到污染。这就是这个故事告诉我们的道理。那么，怎么样才能保证人们向好的方面发展？《三字经》会告诉我们什么样的方法呢？

怎么能够解决环境的熏染问题呢？《三字经》接下来讲的是"苟不教，性乃迁"。如果不去教育，或者不接受教育，那么善良的本性就会发生变迁。这个"教"可以理解成两方面，如果不去教育他或者人不接受教育的话，人的本性中坏的东西就会生发出来。前面周处的故事也可以说明这个问题。而"教之道，贵以专"就是说，教育的根本之道，最重要的、最珍贵的是专一。《三字经》所指的教育，我们必须用心去体会。这个教育不简单，有几层意思：第一层，我教你之教，教育之教。第二层，受教之教，接受教育的教。"教之道"，这个"教"还包括非常重要的两层教育，一层是道德教育，一层是知识教育。我们今天往往重视知识教育，比如孩子从小让他学钢琴，学小提琴，学英语、法语，也许还要去学学溜冰。指望孩子从小成为一个知识上的超人，百般武艺样样精通。音乐方面希望他成为郎朗，外语方面则希望他能够精通几门，还要学书法，还要学奥数。但是我们往往忽视《三字经》最强调的道德教育，即怎么成为一个善良的人，怎么拥有一个作为善良的人所必须有的道德。《三字经》的教育，从来是道德教育先行，当然它也绝不忽视知识教育。"教之道，贵以专"，这个"专"又有两层意思。一层意思，是终生的，就是我学一样东西，要学一样爱一样，学一样像一样，学一样成一样，不要半途而废，不要浅尝辄止，这是纵向。还有一层意思是横向的，就是我要一生持之不懈，我要把我的一生作为学习的一生，我要有一种终生学习的态度去追求道德的完善和知识的获得。

在《三字经》里，学习是一种生命的过程，必须一心一意地去经历，这是《三字经》里面这六个字的精义。

在历史上，我们也可以找到很多的故事来说明《三字经》这一观点。明代著名的书画家唐寅唐伯虎，他和沈周、文征明、仇英并列为"吴门四家"，是了不起的风流才子、大画家。唐伯虎从小生活在一个小康之家，自小就是绘画的天才，天赋很好。他的绘画很早就小有名气，当地的富豪之家经常把小唐伯虎请去作画。那时的唐伯虎当然有点沾沾自喜，少年成名，风流倜傥。但是，唐伯虎的母亲是位很了不起的女性，她觉得这样浅尝辄止，稍有一点点成就就满足是不行的，必须专心致志，好好去学几年画，把绘画艺术给钻透了。于是，母亲就把这个道理跟

唐伯虎 唐伯虎（1470年—1523年），于明宪宗成化六年庚寅年寅月寅日寅时出世，故名唐寅，字伯虎，一字子畏，号六如居士、桃花庵主等，吴县（今江苏苏州）人。诗文擅名，与祝允明、文征明、徐祯卿并称"江南四才子"。画名更著，与沈周、文征明、仇英并称"吴门四家"。文学上亦富有成就，著《六如居士集》，清人辑有《六如居士全集》。

唐伯虎讲了，让他去跟沈周学画。沈周那个时候已经是有名的大画家了，就住在离他家不远的地方。母亲给唐伯虎收拾好行李，让他去跟沈周学画。唐伯虎也很高兴，反正离家也不远，就背着妈妈给他准备的行李高高兴兴地去拜沈周为师学艺。到了沈周那里学了也就一两年，唐伯虎发现自己画得很不错了，再看看老师的画，觉得也不见得比自己强到哪里去，所以习画就不太专心，想回家。沈周看出了唐伯虎的心理活动，也没怎么想，就通知自己的太太，也就是唐伯虎的师母，准备一桌饭菜，送送唐伯虎："让他出师吧，不用再学了。"做完了这桌饭菜，就把饭菜送到院子里一个独立的房子里，这间房子唐伯虎从来没去过。

沈周 沈周（1427年—1509年），长洲相城（今阳澄湖镇）人，字启南，号石田，晚号白石翁。与文征明、唐寅、仇英并称"吴门四家"。

沈周出身于书画世家，花鸟、竹石等无所不能，而尤擅山水。四十岁以前，他作画多为盈尺小景，之后拓为大幅，粗枝大叶，而意已足，形成沉着酣肆的风格。

> 这到底是一间什么样的房子？为什么老师从来不让唐伯虎到这里来呢？而唐伯虎的这次经历又说明了一个什么道理呢？

唐伯虎走进这间房子一看，哎呀，发现这个房子怪了，怎么天底下有这样的房子！怎么怪呢？这房子居然有四扇门。他从一扇门进去，另外三面也各有一扇门，而每一扇门外都是不同的风景：这一道门外姹紫嫣红，那一道门外莺歌燕舞，另一道门外流水潺潺。唐伯虎觉得好玩儿，心说："我这老师可真够坏的啊，原来家里有那么好玩儿的去处也不告诉我，今天满师了，他告诉我了。我先不吃饭了，先出去看看。"往东门想去看看那个姹紫嫣红，"咚"一下子头被撞一个包；往南门想去看莺歌燕舞的时候，"咚"又撞一个包；往西门想去看小溪潺潺的时候，"咚"一下又撞一个包。头上起了仨包。他这才明白，原来三扇窗和外面的风景全是沈周在墙上画的画。唐伯虎一下明白过来，原来画无止境，自己这点水平差远了。这个时候沈周就进来了，说："唐伯虎啊，吃完饭你就可以走了，别学了。"唐伯虎扑通跪下："老师，您还是让我跟您再好好学几年吧。"从那往后，唐伯虎专心致志，又学了好多年。后来有一天，沈周告诉他："你真可以走了，你已经学有所成，不必再跟着我。"唐伯虎的性格也已经改了，就自己下厨，去做了一桌谢师宴，感谢老师对他的栽培。他把菜做好后放到房间里，这些菜里面有鱼。江南嘛，鱼虾多。这时旁边跳过来一只馋猫，要来吃这个鱼。唐伯虎当然就要把这猫给赶走，不能让它吃。这猫一窜，朝东墙上的窗口跳，想逃出去，"啪"的一声，这猫头上撞一个包掉下来了；这猫爬起来又往南墙和西墙跑，那里各有一窗，"啪"，又都掉下来，猫也撞了仨包。唐伯虎忘了，自己在练习绘画的时候，在墙上画了三扇窗，连这猫也分不出来。

这个故事无非是要说明，学任何一样东西，必须专心致志，必须持之以恒，才会有所成就。

"教之道，贵以专"，就是必须把整个学习的过程当成一个生命的历程，必须用一种终生学习的态度来度过在世间的一生，这是一个学习态度的问题。《三字经》接下来还讲述了许多关于学习环境的问题。因为我们知道，如果把一个孩子比喻成花朵的话，那么他的成长和教育环境就是花朵所赖以生长、绽放的土壤，我们应该为学习中的孩子准备什么样的土壤条件？我们应该给他创造什么样的外部环境呢？请看下一讲。

昔孟母，择邻处，子不学，断机杼。

窦燕山，有义方，教五子，名俱扬。

养不教，父之过；教不严，师之惰。

1 昔：过去。

2 孟母：孟子的母亲。

3 择：选择。

4 邻：邻居。

5 处：住处。

6 子：儿子，此处指孟子。

7 机杼：织布机上用于穿引纬线的梭子。

8 窦燕山：指五代末年的窦禹钧。因他祖居蓟州，邻近燕山，故称。

9 义方：指做人应该遵守的规矩法度。后指家教。

10 俱：都。

11 扬：传扬。

12 养：养育。

13 过：过错。

14 严：严格。

15 惰：失职。

孟子的母亲为什么要多次搬家，择邻而居？窦燕山是什么人？父母在教育孩子的问题上负有什么责任？老师又应该怎样和学生相处？

"昔孟母，择邻处，子不学，断机杼。窦燕山，有义方，教五子，名俱扬。养不教，父之过；教不严，师之惰。"在这段《三字经》中，讲述了孟母是如何教育孟子的，这就是"孟母三迁"的故事，还讲述了窦燕山的五个儿子为什么都能考中科举，这就是五子登科的故事。在教育孩子的问题上，儒家思想十分强调父亲和教师的绝对权威，但是当父亲或教师有错误时该如何对待？我们现代人，又该如何正确理解中国传统文化中的思想观点呢？

《三字经》在"教之道，贵以专"之后，紧接着又是四句："昔孟母，择邻处，子不学，断机杼。"这就是"孟母教子"的故事。

"昔孟母，择邻处"这六个字，以另外一种说法而闻名，就是"孟母三迁"。"孟母三迁"出于西汉刘向的《列女传》，这本书讲历史上各种伟大的女性，而"孟母三迁"这个故事也在里面。这是一个什么样的故事呢？孟子小时候父亲就去世了，家境非常贫寒，所以只能住在城外的一个破房子里头，这个破房子正好在墓地旁。由于经常有人出殡，办丧事，小孟子生活在这样的环境当中，就受到了熏染。所以，小孟子从小就学人家哭丧。他没事就哭，学各种各样的丧仪，这当然对孩子的成长是不利的。孟母看在眼中急在心里，怎么办呢？竭尽所能搬家。搬到哪里呢？搬到市集上，搬到商业街的附近。而隔壁恰好是个肉铺，天天要杀猪卖肉，天天要剁肉。小孟子没事干，又学着肉铺伙计天天也在那里剁肉，然后学人家讨价还价，变成了一个卖肉的小孟子。孟母当然更着急了。更何况，当时人们还是看不起商人的。孟母咬咬牙，再搬

孟母三迁 邹孟轲母，号孟母。其舍近墓。孟子之少时，嬉游为墓间之事。孟母曰："此非吾所以居处子。"乃去，舍市旁。其嬉游为贾人炫卖之事。孟母又曰："此非吾所以处吾子也。"复徙居学宫之旁。其嬉游乃设俎豆，揖让进退。孟母曰："真可以处居子矣。"遂居。及孟子长，学六艺，卒成大儒之名。君子谓孟母善以渐化。

孟母三迁，又叫"孟母择邻""慈母择邻"，强调了选择居住环境对子女成长的重要性。

家。这对于一个生活很贫寒的家庭来讲，是非常艰难的事情。孟母这一次搬到一所学校的附近，弦歌不绝，书声琅琅。孟子受到了学校的熏染，从此开始学打躬、作揖，因为这是师生之间的规矩。又凭耳朵听在那儿学着背书，言行也变得彬彬有礼。这就是"孟母三迁"的故事。这个故事说明，为了孩子的成长，必须给孩子营造一个好的学习环境、生活环境和成长环境。

接下来"子不学，断机杼"是什么故事呢？小孟子长大了，要读书去了，但是孟子毕竟还是个孩子，自然有童心，他经常逃课。孟子感到读书烦，所以经常不去上课。有一天，小孟子听着听着课觉得没劲儿，于是就逃回来了。孟母正好在织布。那个时候孟母主要靠织布、卖布来维持生活。孟母看见儿子逃学回来，一句话没讲，就把织布的梭子给弄断了，这就意味着马上就要织成的一匹布全毁了，无数个夜晚的辛劳就白费了。孟子是个好孩子，非常孝顺自己的母亲，就跪下来问妈妈："为什么要这样？"孟母就告诉他："读书、学习可不是一天两天的事情，就像我织布，我必须从一根根线开始，先一小段一小段的，最后才能织成一匹布，而布只有织成一匹了它才有用，才可以做衣服，才可以做被单。读书也是这个道理，如果不能专心致志，持之以恒，像这样半途而废，浅尝辄止，怎么能够成才呢？"孟子受到了母亲的教训，从此以后，专心致志，一心向学，后来成为一代"亚圣"，成为中国儒家思想的代表性人物。这就是《三字经》中"孟母教子"的故事。

文 忠 寄 语

为了孩子的成长，必须给孩子营造一个好的环境。

在中国封建社会中，父亲是一家之主，妇女的地位很低，甚至大多数妇女都不识字。那么，教育孩子当然首先应该是父亲的责任。但是，为什么《三字经》在提到教育孩子的问题时，却是先讲孟母如何教子，而不是先说父亲应该如何教育孩子呢？

我想有这么几个原因：第一个原因，就像我以前讲的，"人之初，性本善"是孟子一系的思想，所以到举例子的时候，总要首先从孟子那一系来举，就举这个"亚圣"是怎么培养出来的例子。不巧，孟子从小父亲就去世了，父亲并没有对孟子的教育、孟子的成长产生多大的影响。孟子是在他母亲的教育之下开始做学问，开始成为"亚圣"的人生旅程。所以用孟母来作为例子。

另外一个原因是，也许母亲并没读过书，也许母亲连字都不识，但母亲的教育作用是巨大的。母亲是一个孩子最早的老师，更是一个孩子终生的导师。在中国传统社会当中，女性受教育的机会很少，大量的女性，甚至包括一些名门望族的女性，很多并不识字。我的老师季羡林先生的母亲就是不识字的。但是，每当回想起自己所接受的最早的教育，季先生也好，胡适也好，很多大学者也好，首先想到的却都是自己的母亲。

尽管在传统社会当中母亲一般都没有受过很好的教育，但是，对孩子道德的养成，对一些生活习惯的养成，对孩子人格的养成，母亲的作用绝对是至关重要的。

文忠寄语

母亲是孩子最早的老师，更是孩子终生的导师。

我们常说，母亲是孩子的第一个老师，母亲对孩子的影响是终其一生的。那么，父亲应该对教育孩子负什么责任？在孩子的成长之中，父亲起了一个什么样的作用呢？

《三字经》接下来讲的是一个比较冷僻的故事："窦燕山，有义方，教五子，名俱扬。"又是四句。窦燕山，五代时期人，是历史上一个真实的人物。他出身于富豪人家，非常有钱。但是，年少时的窦燕山为人不怎么样，虽然很有钱，却经常恃才傲物，不仅小心眼，还见难不救。年到三十，膝下依然无子。有一天他梦见自己的父亲，父亲教育他："你现在这样的为人处世，这种做法和行为举止是不对的，你应该改过。你应该乐善好施，多做好事。"醒过来以后，窦燕山领受了父亲的教诲，像变了一个人一样，仗义疏财，修桥铺路，济难扶困，变成了名甲一方的一个好人，一个善人。不久以后，就有了五个儿子。按照传统的说法，年过三十才有子，几乎就是中年得子了。窦燕山牢牢记住自己的教训，呕心沥血地去教育这五个孩子，后来三个中了进士，两个中了举人。这就是"五子登科"这个成语的来历。

《三字经》觉得仅仅讲"五子登科"的故事还不够，接下来就是非常有名的六个字，"养不教，父之过"。养，养育的意思，做爸爸的，不能光把孩子生下来，而不教育他。你只管生他，只管养他，但不去教育他，那就是当父亲的过错。

五子登科《宋史·窦仪传》记载，五代后周时期，燕山府（今北京一带）有个叫窦禹钧的人，吸取祖训，教导儿子们仰慕圣贤，刻苦学习，为人处世，不愧不怍。结果，他的五个儿子仪、俨、侃、偁、僖都品学兼优，先后登科及第，故称"五子登科"。

从历史上，可以找到一正一反两个故事，来说明这六个字。

汉宣帝的时候，有叔侄两个人，一个叫疏广，一个叫疏受。疏广是叔叔，疏受是侄子，叔侄两个人都当了比较大的官，一个是太子少傅，另一个是太子太傅，都是教育太子的大官。他们教育完太子以后，叔侄两个觉得应该告老还乡了。皇帝为感谢他们对太子的教育，就赏赐了他们一大笔钱。这叔侄俩回到老家以后，按照传统观念，该给孩子准备好多财富，留下好多钱，好多动产、不动产。但是，这叔侄俩很奇怪，怎么奇怪呢？回去以后没看见他们有这个动静，只看见他们两人经常在村里举办宴席，请自己的一些亲友，请村里的孤寡老人，请附近那些没有人去关心的、比较贫苦的人来赴宴，白吃白喝。日复一日，年复一年，皇帝赏赐的钱花得像流水一样。疏广和疏受都有孩子。孩子们看着不敢说，但是心里担心："你们这么折腾的话，拿什么留给我们呢？"于是就托族里的长老去跟疏广、疏受打招呼："这么花钱，孩子将来怎么活？这样花钱，给孩子留下什么呢？"疏广、疏受就跟长老讲了这么一段话："我们做父亲的，怎么会不爱自己的孩子？我们怎么不知道该给孩子留点东西呢？但是，我们疏家已经薄有田产，如果孩子勤劳一点、刻苦一点的话，是不会比别人过得差的。我们把那么多钱留给他们，只能使他们变得懒惰，变得依赖，从小锦衣玉食，消磨斗志，对他们恐怕没有什么好处。"这个长老把疏广、疏受的话转给他们的孩子，他们的孩子一下子领悟到父辈的深意所在。

在现代社会当中，人们也会经常考虑给孩子留点什么。孩子还很小，就琢磨着他将来要结婚，先把房子给他买好吧。孩子刚刚进入大学，就琢磨着给他买辆车吧。但是，在传统中国有一句话："遗子千金不如遗子一经。"留给孩子千两黄金，不如留给他一本经书。当然，"遗子一经"这句话不能刻板地去理解，是指留给他知识。与其留给他千两黄金，还不如留给他一种安身立命的知识，给他创造一种受教育的机会。应该培养他对学习的渴望，对学习的依赖，而不是对财产的依赖。

父亲对于孩子的教育作用很大，必须和母亲共同承担教育孩子的职责。当然，父亲的教育功能和母亲的教育功能终究还是有所区别的。我相信，父亲是一个孩子成长以后，终究能够理解的榜样。一般而论，父子感情比较紧张，母子感情很亲近。但是，当一个人成长起来以后，他往往会想起自己的父亲。

> **文忠寄语**
> 应该培养孩子对学习的依赖，而不是对财产的依赖。

> **文忠寄语**
> 父亲是孩子成长以后，终究能够理解的榜样。

父亲往往就是孩子无形中的榜样，但是，并不是所有的父亲都是合格的，也不是父亲的所有思想都是正确的。那么，对于父亲的教诲，是不是无论对错统统都要接受？如果父亲的观点是错误的，孩子应该怎么办呢？

反面的例子也有。也是汉宣帝的时候，有一个御史大夫，类似于今天的国家监察委员会主任，叫陈万年。他也爱自己的孩子，也愿意教育自己的孩子。但他是一个什么样的人呢？谨小慎微，溜须拍马，谁都不得罪，看到皇亲国戚，看到政要就极尽讨好之能事。他的儿子陈咸，却是一个刚正不阿、仗义执言、执法如山的官员。儿子也是一个官，但官没他爸爸那么大，经常得罪人，不避权贵。父亲当然爱儿子，陈万年怎么会不爱陈咸呢，所以他也担心："你小子这么弄下去，将来死都不知道怎么死的，看你得罪那么些人，还好有我在。我人缘好，位置高，还能罩着你，但我总有走的一天，我走了以后你怎么办？这不是要被人整死吗？"所以，有一天晚上，他下定决心找儿子谈谈。古时父子之间的规矩很严，陈万年年纪很大，躺在榻上，儿子恭恭敬敬站在屏风后，隔着一个帘。父亲在里面说话，儿子在外面聆听父亲的教诲。陈万年就教育他："你应该像我一样，圆滑一点，变通一点，要明哲保身。"唠唠叨叨一番车轱辘话。陈咸站在那里也累了，"扑通"，头就撞到屏风上。这下把陈万年给惹火了：我好心好意在这儿通宵地教育你，你却在那儿打瞌睡！爬起来，举起拐杖要去揍陈咸。古人有说法，"小杖受，大杖走"。这也是儒家的规矩。儒家并没有说父亲要打儿子，儿子只能被打死。儒家的说法是，轻轻地打，你就熬一熬；狠狠地打，儿子是有权逃的。陈咸扭头就跑，跑的时候扭头扔下一句："你问我为什么打瞌睡，我告诉你，你要说的话我都懂，无非是让我像你那样溜须拍马嘛！"

　　这两种教育方针，都是父亲教育儿子，两个父亲也都深爱着自己的儿子，可是哪种好呢？

　　　　虽说"养不教，父之过"，但是父亲到底应该教给孩子什么，却是值得我们深思的。正确的教育，可以让孩子更加尊重父亲，而错误的教育，只会使父亲失去自己的威信。那么，教育孩子的责任，除了父母之外，还有谁很重要呢？

　　教育当然是父母的职责，但是人终究要走进社会，要离开父母，去接受更完备的教育。那么，这又是谁的责任呢？老师。所以《三字经》接下讲的是，"教不严，师之惰"。不严格地进行教育，是老师的过错。惰，有疏忽、过错的意思，并不仅仅是懒惰的意思。不是说教不严，就是老师偷懒。而是说，教不严就是老师的过错。

　　如果我们要从历史上找出故事来说明这六个字的话，那就太多了。我找一个皇帝家的老师来说明这个问题。朱元璋夺取了元朝的天下，登基做了皇帝。朱元璋本身没受过什么教育，但当了皇帝以后，就很关心皇子的教育，满世界找有学问的人，到皇宫里教他的这些龙子龙孙。终于找到了一位，叫李希颜，一代名儒，教书水平很高。这个老师，非常严格地来教育这些龙子龙孙。他完全以一种严格的态度，来履行自己的教师职责。严格到什么地步？他居然揍龙子龙孙，这些皇子上课不好好听讲他就揍，打得皇子嗷嗷叫，痛得受不了。也许大家会说，这个老师太野蛮了，皇子你还敢揍？但李老师照打。朱元璋有一个非常宠爱的小王子，就跑到父皇那里说："这书没法念了，这老师把我给揍的，都快揍死了。"朱元璋当然就火了："这还了得，敢打我的孩子？"就准备治李希颜先生的罪。这个时候，朱元璋的原配马皇后，就劝朱元璋："这是你不对。"她就问那个孩子："老师为什么揍你？""我不好好背书。""那你不该揍吗？"马皇后就跟朱元璋讲："李先生这是以圣人之道，以一种非常严格的态度来教育我们的孩子，也是为了你的江山社稷考虑，我们应该感谢李先生，怎么还能责怪他呢？"朱元璋一下子明白了马皇后的话有道理，不仅没有治李希颜先生的罪，反而对他非常尊敬。李先生退休的时候，朱元璋专门赏赐了红袍。虽然李先生的官并没有那么大，并不见得可以穿这样的服饰，但还是赏赐了红袍，同时赏赐了大量的钱财，让李老师告老还乡。

李希颜 李希颜，字愚庵，郏县人。朱元璋建立明王朝后，任李希颜为已封为王的十个皇子的师傅。李希颜恪守师道，教育明皇子像教普通百姓的孩子一样严格。在李希颜的教育下，十皇子学业长进很快。为褒奖其严教之功，朱元璋降旨，李希颜升左春坊右赞善。

　　在封建社会制度中，皇帝是最高权威，为什么一个教书先生竟敢责打皇子？而贵为皇帝的朱元璋，为什么会对一个教书先生如此礼遇？在中国传统文化中，教师的地位到底有多高呢？

在传统的中国，老师是什么地位？在传统社会当中，孩子正式入学的第一天，要向孔子的牌位磕头，因为这是至圣先师。孩子要向一个牌位磕头，上面写着"天、地、君、亲、师"。上有天，下有地，中有皇帝、父母、祖父母。接着天地君亲，第五个就是师。这就是老师的地位。

在1905年中国废除科举制度之前，私塾门口一般都有一块牌子，上面写着四个字："溺爱免送"。如果你要溺爱你的孩子，拜托，你别送来，我不教。这是中国传统的师生关系，即便贵为帝王，也得懂得这个道理。清朝，皇子入学就很有讲究。大家看宣统皇帝溥仪的回忆录，他去读书的时候，会找一些同宗的人陪。为什么要请亲贵陪伴？就是让老师骂的。因为老师必须教训你，你不好好读书，小动作不断，要骂你。但是，你是皇帝，不好骂。然而，老师总得指桑骂槐吧，总得教训你吧。怎么教训呢？就找小皇帝的几个叔伯兄弟作陪，尽管也都是贝勒、贝子，但总还可以指着骂骂，但是，他不能骂溥仪。比如骂一个贝勒："你看你，上课不好好听，动手动脚，言语轻浮，你像个什么样子啊？"其实是溥仪在动。那个叔伯兄弟并没有动，正好好地在听老师讲课，但是他得替皇上挨骂。这是一套制度。这也就是说明了，在中国的传统当中，老师必须严格教育学生，连皇上也不能例外。

> **溥仪** 爱新觉罗·溥仪（1906年—1967年），清逊帝，字耀之，号浩然，醇亲王奕之孙、载沣之子，是中国历史上的末代皇帝。中华人民共和国成立后，溥仪经改造成为一名普通公民，1964年任第四届全国政协委员，1967年10月17日在北京病逝。著有《我的前半生》。

　　"教不严，师之惰"，不仅强调了老师的责任，同时也强调了老师的尊严。这就是中国传统文化中的"师道尊严"。但是，这种师道尊严，会不会使有些不合格的老师有恃无恐，误人子弟呢？

有些老师也不那么合格，那的确是有的。鲁迅先生就举过一个很好的例子，说有一个老师教孩子读《论语》，读到一句叫"都都平丈我"。学生一下子就晕了，什么叫"都都平丈我"？学生问什么意思。这个老师比较蛮横："你背就完了，我教你，你就背，你管那么多？"这个学生很小心地问："您老人家是不是有可能记错了？""老师怎么会记错，就是'都都平丈我'。"但原文是什么呢？"郁郁乎文哉。"这位老师是个白字先生，"郁郁"他不知道怎么看成"都都"了，"乎"看成了"平"，"文"看成了"丈"，"呜呼哀哉"的"哉"看成了"我"。所以，老师居然就把"郁郁乎文哉"读成了"都都平丈我"。这样的老师，毫无疑问是不合格的。

儒家文化十分强调教师的绝对权威。但是，为人师表者，未必都合格。那么，我们现代人，应该如何看待中国传统文化中的这些问题？传统中的师生关系，是不是完全过时了呢？

中国传统师生关系的优缺点，我们还没有好好地反思过，长处在哪里？短处在哪里？有些短处是很明显的，比如体罚，这个在今天是应该予以批判的，不能继承下来，现在的老师绝对不能对孩子施以体罚。但是，老师的严格教育是不是就不对了？是不是老师就可以纵容孩子了？我想，时代进步了，老师应该用新的教育方法和手段，把新的教学内容教给孩子。孩子还是应该以一种尊敬老师的心态，刻苦学习的心态，从老师那里领受知识和教诲。

现在，好多教师对孩子不敢严格要求。因为好多家长未必理解老师，怕严格要求委屈了孩子。家里就这么一个独苗，就这么一个宝宝，实在舍不得，动不动就对老师兴师问罪。当然，我还是要强调，传统的教育有它的毛病，我们不能继承。但是，传统的教育难道就一点道理都没有了吗？难道"教不严，师之惰"不对吗？

自然，老师自己也应该不断提高自己的教育水平，以一种敬业的精神来履行自己的职责。那么，孩子应该以一种什么样的心态，来接受教育、珍惜教育、领悟教育呢？这是《三字经》接下来要讲的又一个重大问题，请看下一讲。

文忠寄语

应该以一种尊敬老师、刻苦学习的心态，领受知识和教诲。

子不学，非所宜¹。幼不学，老何为³？

玉⁴不琢⁵，不成器⁶；人不学，不知义⁷。

为⁸人子，方⁹少时，亲¹⁰师友¹¹，习礼仪¹²。

1 非：不是。

2 宜：应当。

3 何为：能干什么呢？

4 玉：玉石。

5 琢：雕琢。

6 器：器物。

7 义：指道理。

8 为：做。

9 方：当。

10 亲：亲近。

11 友：朋友。

12 礼仪：礼貌仪节。

父母都对孩子宠爱备至，但同时也希望孩子能够出人头地。那么，父母究竟该如何教育孩子？怎样才能让孩子把学习变成自愿自觉的事情呢？

在现代中国社会，大多数孩子都是独生子女，所有的父母也都望子成龙，但究竟应该怎样做，才对孩子的成长有利？古人教育孩子的方法，对我们现代人能不能有所启迪呢？

这些传统文化的经典，穿越了历史的沧桑，至今仍然在教育孩子方面起到了警示的作用。那么，孩子究竟多大的时候开始学习，学习的效果才是最好的？孩子的教育，应该从哪三个方面抓起？如何才能让孩子把学习变成自愿自觉的事情呢？

"子不学，非所宜。幼不学，老何为。"字面意思是非常清楚的，就是说孩子小的时候，如果不学习的话，肯定是不合适的，是不应该的。年轻的时候不学习，小的时候不学习，老了还能干什么呢？岳飞，是我们历史上的一个英雄人物，曾经写过一首大家都知道的词——《满江红》，里面就有"莫等闲，白了少年头"这样的词句。岁月蹉跎，时间一混就混过去了。一不小心，揽镜自照，两鬓华发早生，这个时候后悔没用了，已经来不及了。

北朝的时候，有一个非常著名的学者，叫颜之推。这个人写了一部书，叫《颜氏家训》。这部书里边讲的，大量的是怎么来教育自己的孩子，怎么关心孩子的学习情况、教育情况，如何做评论。颜之推有好几个孩子，他非常重视孩子小时候的教育，让孩子很小就开始读书。颜家的孩子，三岁开始读书。大家千万别忘了，古人的三岁，恐怕相当于咱们今天的两岁，有时候可能两岁也未必到。孩子可能路还没走稳呢，先得跟着他爸爸读书。孩子嘛，大家都能理解，读书觉得累，因为古人小时候读书主要是背诵。孩子就跟爸爸说："爸爸，难道我们非要读书吗？您看现在好多人，也没有

《颜氏家训》 南北朝时期记述个人经历、思想、学识以告诫子孙的著作，颜之推撰。共七卷二十篇。颜之推（531年—约590年以后），是南北朝时期我国著名思想家、教育家、诗人、文学家。《颜氏家训》是他对自己一生有关立身、处世、为学经验的总结，被后人誉为家教典范。

作为中国传统社会的典范教材，《颜氏家训》开后世"家训"之先河，是我国古代家庭教育理论宝库中的一份珍贵遗产，是中国文化史上的一部重要典籍。

读过什么书，也是高官厚禄，锦衣玉食，我们为什么非要读书不可呢？"颜之推就教育他孩子："是的，确实有那么一些人，靠着祖上的福荫，当了大官，过上了好日子，生活也许比你们还好。但是，每到紧要关头，每到有大事的时候，这些人都是束手无策，毫无办法。为什么呢？就因为他们没有读书，他们没有知识。"孩子听了这个话，又问爸爸："爸爸，那我知道了，应该读书。但是能不能稍微晚点让我们读书？等再长大一点，我们再读书呢？"颜之推又告诉孩子："读书应该只争朝夕，应该趁小的时候，记忆力好，抓紧读书，尽早去接触圣贤之书，这样对你们将来读书，或者长大以后为国家服务，都有很大的好处。"

按照传统的教育理论，十三岁以前是最佳的学习年龄。古人认为，十三岁以前念书，效果是最好的。为什么呢？因为十三岁以前的记忆力最好。古人非常强调记诵的功夫。孩子还小，好多深奥的道理先别跟他说，说了以后，孩子也琢磨不清楚，先想法让他记住。读书百遍，其义自见。你把书读得滚瓜烂熟了，自然会触类旁通。很多道理，自个儿就悟出来了。或者，随着年龄阅历的增长，小时候背的东西，突然会在某一个人生时刻，激发他的联想，由此真正地领悟了精义。所以，古人认为十三岁以前，是学习的黄金时候，千万不能放松。

我们现在的家长都很喜欢孩子文武双全。大家发现没有，现在孩子的名字当中有一个字非常普遍，叫"赟（yūn）"。这样一个字，现在越来越多地被用来做孩子的名字。每年大家去看报纸上，考进大学的名录，经常会看到这个字。好多人不知道怎么念。这个字过去不怎么用，现在用得很多。也就是说，父母首先认为孩子都是宝贝，然后希望孩子文武双全，这是对的。但是，怎么让孩子文武双全？怎么让孩子接受良好的教育，使他能够具备将来为社会服务的技能？我们还是应该回到历史中，到古人身上去看一看。

我们可以举一个习武的例子。岳飞小时候的师傅

岳飞 岳飞（1103 年—1142年），字鹏举，著名军事家、抗金名将。河北（今河南）相州汤阴永和乡孝悌里人（今安阳市汤阴县城东三十里的菜园镇程岗村）。

岳飞十九岁时投军抗辽，组"岳家军"抗金，后被秦桧以"莫须有"的罪名害死于临安风波亭。后人辑有《岳武穆集》。

是一个武林高手，叫周侗。岳飞和好几个师兄弟，王贵、张显、汤怀，都跟着周侗习武，都是岁数很小的时候开始的。这几个人刚开始差不多。岳飞跟他们师兄弟，基础是差不多的。但是，为什么后来岳飞会脱颖而出？而他另外的师兄弟，相对默默无闻？从一个故事就可以看出来。有一年的冬天，天特别冷，北风呼啸，大雪纷飞，天寒地冻，岳飞和他帅兄弟当然都贪恋热被窝了，谁肯爬起来？都不愿意早晨练武。这个时候，只有岳飞把热被窝掀起来，出去练武，在雪地里舞剑。师傅周侗看在眼里，当时就有一段话，他认定，在他的徒弟当中，岳飞将来成就最大，最有出息。当然，岳飞后来还是激励了他的师兄弟。这些师兄弟，后来也成为将军，都带兵打仗，立有战功，但是跟岳飞都不能比。所以，我们可以看到，从小开始打下学习的基础，形成学习的习惯是多么的重要。

也许，好多父母会讲，孩子那么小，还是让他玩一玩，让他多一点童年的乐趣，这么说对吗？没有什么错。但是，这绝对不等于，你就可以不抓紧孩子的学习。孔子在《论语·宪问》里边有一句话："爱之，能勿劳乎？"什么意思啊？你爱他的话，能够让他不吃点苦吗？这是孔子的话。大家想想，对我们今天的父母，或者对我们今天教育孩子有没有启发意义呢？毫无疑问是有的。

少年时期是一个人学习的关键期，这个时候打下的深厚基础，会在孩子成年后，充分地呈现出来。那么，当孩子还年幼时，父母究竟该如何教育子女呢？

接下来《三字经》是哪四句呢？"玉不琢，不成器；人不学，不知义。"字面意思很清楚，一块玉石如果不经过雕琢，它就不能成为一件玉器，它只是一块玉石。人如果不学习的话，是不知道什么是对的，什么是错的，什么是合适的，什么是不合适的。

我在这里依然来举例子说明这个问题，还是举岳飞。当岳飞已经成为手握重兵的大将以后，就有意识地去培养他的孩子岳云，也就是有意识地去雕琢他，希望能够把岳云培养成为一代名将。他是怎么培养岳云的呢？他把年仅十二岁的岳云，编入军队，编到岳家军里面，规定岳云：第一，不许穿丝绸。虽然你是大将之子，但你不许穿丝绸。第二，不得进酒肉。你不许喝酒，不许吃肉。每天跟着骑兵一起练习骑术。有一天，岳云跟着比他大好多的那些将士在练习骑术，一不小心，在过一道沟的时候，没注意，摔了下去，连人带马摔到沟里。放在今天会怎么样？放在今天，家长肯定会跑过去："儿子，你是不是这儿摔一个疙瘩啊？是不是那儿骨头给摔坏了？要不这儿怎么给摔青了？"岳飞没有。他岿然不动，而且不许旁边的将领去把岳云扶起来。他是怎么处置的呢？喝令旁边执行军纪的军官打岳云军棍。才十二岁的孩子啊，旁边的将官当然是劝阻了，那么小的一个孩子，他跟着骑兵练习这些本领，已经为难他了，不小心摔了一跤，将军您还要打他军棍？很多人说情，可是岳飞不为所动，坚持用军棍责打了岳云。这也就是一种心态，孩子岳云是一块美玉，但是我要他成器，就必须从每一个细节，每一个细微的部分，来雕琢他，来培养他。果然，岳云后来成了一代名将。

　　"玉不琢，不成器"出于《礼记·学记》。《三字经》里面好多句子，是从古代的经典当中摘出来的。我们也许会问，为什么要用玉来做比喻呢？中国大概是唯一一个有漫长悠久的玉文化的国家，过去讲究的是，君子每天都要佩玉，玉无故不得离身。为什么我们会形成这样一个漫长而悠久的玉文化呢？我们中国古代有个说法，叫作"君子比德于玉"。君子拿玉、美玉，来体现、来展现，或者来比喻君子所应该拥有的品德。所以，古人经常用玉来比喻自己。古人要使自己的修养越来越完善，就像雕琢玉一样，所以《三字经》用"玉不琢，不成器"来做比喻。

　　另外一点，今天我们挂在嘴边的话，切磋，说"咱俩切磋切磋"。现在咱们讲的"切磋切磋"基本上是电视剧里面的武打场景了，两个武林高手碰到一起，"来，咱们切磋切磋"。那接下来就应该动手了。

古人不是这个意思。古人的"切磋切磋"是什么意思呢？切、磋、琢、磨，全部是古人玉器手工业上的用词。这四个字，全部是动词。采来一块玉石，外面可能是石头，先要把它切开，看里面有没有玉，有多少玉，这叫"切"。"磋"是指把玉和石头分离开来，把石头给磋掉，把玉给磋出来。"琢"就是把玉加以雕琢，让它形成一个大致的器具的样子。"磨"就是打磨，把这个玉器给磨光，最终形成一个作品，或者一个产品。所以《诗经》里讲"如切如磋，如琢如磨"，讲的就是这个道理。明白了这个道理以后，我们就可以看到，《三字经》所倡导的学习是一个过程，它像制玉一样，必须经过切、磋、琢、磨这样一个过程。

文忠寄语

学习像制玉一样，必须经过切磋琢磨的过程。

方仲永 方仲永，北宋时江西金溪人，世代耕田为生，幼年天资过人，成人后才能完全消失，跟普通人一样了。宋代王安石曾作《伤仲永》一文，借事说理，以方仲永的实例，说明后天教育对成才的重要性。

俗话说，严是爱，宠是害，即使是美玉，也要下功夫雕琢。我们常常听说，有的孩子天资聪明，被人们誉为神童，但是，很多神童长大后，并没有什么过人之处，这是为什么呢？

在宋朝的时候，有一个小孩叫方仲永。他出生于一个贫寒的农家。这个农家完全没有读书人，家里当然不会有笔墨纸砚了。所以，方仲永从小不仅书没有读过，而且连书都没有看到过。但是，这个孩子的天资实在是惊人。为什么呢？村庄里毕竟还有那么几个非常底层的读书人，经常在那里诗云子曰的，在念书。方仲永从小就听在耳朵里。到了四五岁的时候，有一天，方仲永在家里突然大哭，他的父母就去问他怎么了，为什么要哭呢？是要吃的呢，还是要喝的？他不要吃喝，他要笔墨纸砚。方仲永突然要笔墨纸砚，父亲觉得很滑稽："你这孩子，家里从来没这东西，你要这干吗？"于是赶紧从邻居的读书人那里，借了一套笔墨纸砚，借回来以后，就问方仲永："你知道这是什么吗？你打算拿它干吗呀？"方仲永说："我要写诗。"当时就把父亲给吓愣了："你还写诗？"谁知道方仲永拿起笔，就写了四句诗，而且给这诗起了个题目，还很高雅。旁边的读书人一看，这是一首好诗啊。一个四五岁的孩子，从来不知道笔墨纸砚，从来没有见过书本，居然能够写这么好的一首诗，大家一致认为方仲永是天才。方仲永的父亲种了一辈子地，忽然有了这么一个儿子，有神童之名，当然很自豪，也很高兴。实际上就有点像咱们北方话讲的"显摆"，就叫儿子："来！给叔叔作一首诗，给伯伯作一首诗。"方仲永都是出口成章。慢慢地，方仲永的名声传到了县城里。县城里好多富人，好多乡绅，就叫方仲永的爸爸把方仲永带来，来作诗给他们看，都觉得很棒。这些人也是出于好意，就开始资助方仲永的父亲："你家出了一个神童，这是我们这一方乡土的荣耀，好好培养他，将来能够给我们这个地方争光。"谁知道方仲永的父亲认为，方仲永既然是天才，那没什么必要再去培养了，整天就忙不迭地带着方仲永走街串巷，去展现本领。到了十二三岁的时候，方仲永依然还能作诗，但是这个诗和同龄人比起来，已经没什么差距了。到了二十岁的时候，方仲永还是能够写诗，但是他的诗歌，已经远远不如同龄人。这个故事告诉我们，就算是天才，也需要后天进一步培养和教育。否则，天才只能泯灭，只能被浪费。

我想这两个故事，从正反两个方面很好地说明了《三字经》的"玉不琢，不成器；人不学，不知义"。

明白了这一点以后，《三字经》就告诉我们，应该怎么开始着手学习，在刚开始学习的时候，应该特别注意哪些问题。

古时候，孩子的启蒙教育都是从哪三个方面着手的？而这些传统的教育内容，在当今社会中，是否还有保留的必要？

《三字经》接下来讲的是："为人子，方少时，亲师友，习礼仪。"孩子小的时候，应该特别注重三个方面：亲近良师；亲近益友；学习应对，即学习礼貌，懂规矩。《三字经》告诉我们，应该从这三个方面着手，

师文学艺 《吕氏春秋·审分览》记载，师文学习音乐的态度非常严肃。据说他学琴三年不成，老师襄误认为他笨拙，让他回家。师文却讲了一段富有哲理的话，他说，曲所存者不在弦，所志者不在声，内不得于心，外不应于器，故不敢发手而动弦。这便是成语"得心应手"的由来，它成为我国古代音乐演奏的一项美学原则。

来开始一个孩子的学习。在春秋的时候，郑国有一个乐师叫师文，他听说鲁国出了一个了不起的音乐大师叫师襄。于是，师文就远远地跑到鲁国去拜师襄为师。谁知道这个师襄眼界很高，轻易不招弟子，一再地回绝。师文当然一再地坚持，希望拜他为师，终于感动了师襄，收他为徒。但是，过去了两三年，师襄突然发现师文弹琴很怪，为什么怪呢？师文很勤奋，经常在那儿弹奏，在练琴，按理说这没什么不好。但是，师襄发现，师文从来都是弹几个乐章，弹几个片段，从来不演奏整篇的乐曲。师襄觉得很纳闷："你跟我那么亲近，你学了两三年，居然连完整的曲子都不会弹，看样子你是没什么天分啊。得了，你回去吧，就不要在这里浪费时间了。"师襄就把这个跟师文说了。师文怎么回答？师文说："老师，我并不是不会弹完整的曲子，而是我知道，如果我一旦能够演奏完整的曲子的话，您就会认为我满师了，您就要让我走了，我就不会再有机会亲近老师了，所以我故意不弹。"师襄一听："哦，你这学生还有这个心事，你弹一个来听听。"哪知道师文马上就演奏了一曲，非常完整。师襄终于认识到，这是怎样的一个学生。师襄破格同意师文慢点出师："你愿意跟着我还是跟着我。"师文就接着亲近他的老师，细细地琢磨老师的技巧。师徒两个后来成了齐名的一代音乐大师。这就是一个亲近老师的故事。

在你刚开始学习的时候，除了有良师以外，你怎么去结交朋友，怎么能够找到益友，这里面有很大的学问。我们知道，古人极其重视、极其强调朋友的重要性。儒家的学说一向认为，朋友是一种建立在共同的理想基础上，共同的道德追求基础上，共同的人格基础上的一种友好关系。

中国古代有太多太多关于交友的故事，最有名的是桃园三结义。

我在这里也给大家讲一个交友的故事，虽然不像桃园

文忠寄语

朋友是建立在共同理想、共同道德、共同追求基础上的一种友好关系。

三结义那么有名，但是好多人可能也听说过，这也是我们一个成语——"割席断交"的来源。

汉朝的时候，有一对好兄弟，两小无猜。一个叫管宁，另一个叫华歆。两个人非常要好，要好到什么地步呢？坐在一张席子上一起读书，天天如此。古人坐在一张席子上，就等于咱们今天同坐一条板凳了，因为古人没有床，也没有今天这样的椅子，都席地而坐。有一天，两个人都在埋头读书，突然听到外面声音很响，很热闹。管宁依然读书，不受所扰，充耳不闻。而华歆，一下子跳起来，跑到门外面看热闹。回来告诉管宁："兄弟，外面太好看了，太热闹了，我们这个地方来了一个新的官，正好在游街，你不去看看吗？"管宁拔出随身携带的刀子，一下子把他们同坐的那张席子割开，也就是说，我从今不跟你坐一块儿了，在古代就意味着断交。管宁就跟华歆说："我们两个不是一类人，你太好那些浮名虚节，外边有一个新的官来，到我们这边来就任，鼓吹热闹，跟咱们有什么关系啊？咱们现在应该一心读书啊。所以我看啊，咱们断交。"后来这兄弟两个果然分开。临分别的时候，管宁再一次跟华歆讲了这个道理，华歆也听不进去。后来的结果，华歆是被杀的，因为他趋炎附势。管宁虽然后来流落到了辽东，但是到了辽东以后，用仁义道德教化当地的百姓，得到百姓的爱戴和拥护，在历史上留下了不俗的名声。这就是"割席断交"的故事。你看，古人把选择朋友，看成是多么严肃、多么重要的事情。

> **割席断交** 把坐着的席子分成两半，分开而坐，表示双方从此不再是朋友。后世也多以此表示跟朋友断交。

除了尊师、择友，我们的古人还非常重视礼仪，把这三项内容，看成儿童必备的启蒙教育。而在现代社会中，我们也一样重视礼仪，提倡讲文明、懂礼貌。所以中华民族一直都有礼仪之邦的美誉。那么，这种传承了千年之久的"礼"，它的实质究竟是什么呢？

人应该怎样来体现自己对礼仪的感悟呢？《礼记》的第一句就是，"勿不敬，俨若思"。你千万不要不敬，你做什么事情，见什么人，都应该心怀敬意，应该尊重对方，应该有敬畏之心。你要端正颜色，像经常有事情在想，不要轻佻。所以，我们古代的小孩好多就是小大人。当然，我们今天可以去讨论，如此是不是把孩子的童趣都给消磨掉了。古人也再三地提出，千万不要把礼仪庸俗化，这也是今天我们特别要注意的一点。我们今天也非常讲究礼尚往来，但是，是不是就掌握了中国传统礼仪的真谛呢？未必。孔子就在《论语·阳货》里面讲："礼云，礼云，玉帛云乎哉？"孔子的话是说："礼啊，礼啊，难道讲的就是玉帛吗？"玉，古人非常珍贵的礼物。帛，就是很好的丝织品，古人是作为贵重礼物来送的。孔子就哀叹，当时好多人已经把礼仪给庸俗化了，把礼仪等同于礼物。孔子看不惯了，于是就发出了这样的感叹，也是一种告诫。所以，在现代社会，我们要讲礼仪，就要真正把握中国传统礼仪的精神实质。

接下来，《三字经》讲的就是教学的内容与次第，孩子应该怎么样一步一步接受教育，应该按照怎样的轻重顺序来学习知识。这是下一讲要讲的内容。

文忠寄语

我们讲礼仪，要真正把握中国传统礼仪的实质。

香九龄，能温席。孝于亲，所当执。
融四岁，能让梨。弟于长，宜先知。
首孝弟，次见闻，知某数，识某文。

1 香：黄香，东汉时人。

2 龄：岁。

3 温：温暖

4 席：床席。

5 亲：父母亲。

6 当：应当。

7 执：做到。

8 融：孔融，东汉时人。

9 弟：同"悌"，敬爱兄长。

10 首：首要。

11 次：其次。

12 见闻：见到和听到的事。

13 知某数：认识数目。

14 识某文：理解文理。

为什么在《三字经》这样的启蒙教材中，首先要教给孩子们孝悌？这些传统教育方式，在今天的社会还能否适用？父母在教育孩子的问题上，更应该侧重哪方面能力的培养呢？

在这段《三字经》中，讲述了黄香九岁的时候，就知道孝敬父母，这就是"黄香温席"的故事；孔融四岁的时候，就知道礼让兄长，这就是"孔融让梨"的故事。而像这样的故事之所以传诵千百年，也正是因为它所提倡的孝道和悌道。那么，为什么在《三字经》这样的启蒙教材中，首先要教给孩子们孝悌？这种"首孝弟，次见闻"的传统教育方式，在今天的社会还能否适用？父母在教育孩子的问题上，更应该侧重哪方面能力的培养呢？

接下来，《三字经》就开始讲述教育的内容和次第。也就是说，应该按照什么样的轻、重、缓、急的顺序，来对孩子进行教育。这方面，我们必须非常细心地去体会。因为，这里面包含着传统中国教育思想的精义，如果我们泛泛而过，那就没有办法体会得到。

"香九龄，能温席。孝于亲，所当执。""香九龄"的"香"就是指黄香，是一个人名。黄香，字文，东汉江夏安陆人。此地大致相当于今天湖北云梦。"前四史"之一的《后汉书》，有黄香的传记。所以，黄香是一个确实存在的历史人物，不仅是一个历史人物，而且能够进入正史并且有传，说明他还是一个了不起的人物。皇帝曾经委任他担任魏郡太守，所以黄香还是个不小的官。皇帝当着文武百官的面曾赞叹："天下无双，江夏黄童。"

黄香 黄香是我国东汉时期的一位文化名人。他官职并不高，但他生命历程中有两个亮点：一是他九岁时，母亲去世，他对父亲格外孝敬。二是他很小的时候，便广泛阅读儒家经典，精心钻研道德学术，当时即被誉为"天下无双，江夏黄童"。

但是，传统中国之所以牢牢记住了黄香，并不是因为他的官职，也不是因为他被皇帝召见过，更不是因为他被皇帝夸过，而是因为"香九龄，能温席"。

黄香九岁的时候，母亲早故，黄香跟他的父亲相依为命。家里很穷，根本用不起铺褥。黄香对父亲非常的孝顺。怎么孝顺呢？炎炎夏日，他怕父亲睡不着，那时候又没空调，所以，他就用扇子把父亲睡的席子和枕头给扇凉了，伺候父亲安寝。在寒冬腊月，天寒地冻，黄香就自己先睡下，用自己的体温去温暖席子，温暖枕头，让父亲能够安寝。所以，这个故事又叫"黄香扇枕"，也就是黄香这个孩子把枕头给扇凉了。另外也叫"黄香温席"，黄香把席子给弄暖和了。这个故事被"二十四孝"所记载，黄香被称为天下至孝之人。所以传统中国老百姓之所以知道黄香，乃是因为他是个大孝子。

《三字经》讲"孝于亲，所当执"，意思是对长辈、对长辈的亲人，应该孝敬。"所当执"，没有什么好商量的，你就应该这么去做。举的例子就是这个黄香。由此可见，《三字经》告诉我们，传统中国的启蒙教育第一位是"孝"。

孝，是中国传统文化所强调的最重要的美德，但为什么中国传统文化如此强调孝道？为什么在《三字经》这样的启蒙教材中，首先要教给孩子们一个"孝"字呢？

把"孝"作为孩子们接受教育的第一步，这里面自有它的道理。这个道理很深奥吗？很深奥。很明白吗？也很明白。为什么呢？我给大家拆两个字试试。我们知道中国古代有拆字法，当然，我拆这个字不是乱拆的，是有依据的。首先，咱们一起动动手指头写那个"孝"字看，上"老"，下"子"，谓之"孝"，也就是强调血缘关系的延续性。每个人只不过是人类生命长河中的一个环节，你今天是小辈，明天就是长辈，你今天不孝敬你的长辈，那么你怎么能指望当你变老的时候，你的小辈来孝敬你呢？如果没有这种孝敬之心，人类的血缘之环，又怎么能够一环一环地传接下去呢？

第二个字，教育的"教"字。左"孝"，右"攴"。教者上所施下所效也。教育就是要从孝开始。培养一个孩子

文忠寄语

培养一个孩子对血缘的尊重，培养一个孩子对长辈的尊重，同时也就培养了一个孩子对传统的尊重。

对血缘的尊重，培养一个孩子对长辈的尊重，同时也就培养了一个孩子对传统的尊重。

所以，我们可以发现，中国古代有许多伟大的人，都在"孝""悌"上身体力行。有一个故事，是黄庭坚刷便桶的故事。黄庭坚，宋朝的大诗人、大书法家。黄庭坚在那时候已经是朝廷大员，已经是很大的官了，而且文名很盛。他不仅是个大官，还是个大文人，地位很高，声誉卓著，家里当然是奴仆成群了，有许多佣人。可是，黄庭坚为什么还要刷便桶呢？原来，黄庭坚的妈妈那个时候还在，但是年事已高。所以，为了方便，老夫人就在卧室里安放了一个便盆。而黄庭坚不管公务有多忙，母亲的这个便桶一定是他亲自去刷。这样坚持了很长时间，一直到老夫人去世。好多人当时觉得有点看不过去，黄先生已经是国家栋梁、国家重臣，名望那么高，这些事情完全可以叫奴仆去干嘛。可黄庭坚的回答是："孝顺父母是人的本分，就像忠于君长是臣子的本分一样，这和我的别的东西有什么关系呢？孝顺我的母亲，和我的官位，和我的名分没有什么关系。孝敬父母是因为子女对父母养育之情的感恩，这上面难道还有什么高贵贫贱之分吗？"

孝敬，是中华民族的传统美德。百善孝为先，古往今来，孝敬父母是每个儿女应尽的本分。面对长辈时我们要尽孝道，那么，对于自己的同辈，又应该怎么做呢？

接下来《三字经》又讲了一个非常有名的故事："融四岁，能让梨。弟于长，宜先知。"孔融让梨，这个故事没有谁不知道的。"弟于长"这个"弟"，在《三字经》里面写成"弟弟"的"弟"，但念应该念成悌（tì）。"弟于长"，对兄长要尊敬友爱。"宜先知"，应该早早就知道。

当一个孩子去接受教育的最开端的时候，首先"孝于亲，所当执"，他应该孝敬，应该牢牢记住这一点。接下来讲"悌"，"弟于长"，实际上就是弟弟尊敬兄长。

四岁就知道让梨的孔融，从小就卓尔不凡，显露出出众的才华，很小就显露出对各种应接交往之道的熟练把握。十三岁的时候，孔融的父亲担任泰山都尉，孔融跟了父亲到京城去。那时候的京城在洛阳。到了京城以后，当时的河南尹，类似于今天首都的首席长官，叫李膺，名声很大，地位很高，架子很大，脾气也很大。大到什么地步？轻易不见人的。就算你是个人物，他也不见，他只见天下有鼎鼎大名的人。

孔融的父亲虽然说是孔子的第十九代孙，虽说也是泰山都尉这么个官，可是都不在李膺的眼里。李膺连孔融的父亲都不打算见，怎么会打算见一个十二三岁的小孔融呢？孔融很绝，就是要见李膺，就是要去看看这个架子很大的李膺，到底是个什么人物。他是怎么见到李膺的呢？孔融通晓当时的礼仪，他跑到门口，说："我要见李大人。"门卫一看来者是十二三岁的小孩，说："李大人怎么会见你呢？"孔融答："且慢，你去通报李大人，我是他的世交之子。"这就是礼仪范畴的问题了。古人讲的世交就得三代有交情了，就是你爷爷跟我爷爷是朋友，我父亲跟您父亲是朋友，我和您是朋友，这才能称世交。这看门的一看，这么小的一个小孩，居然是我们李大人的世交之子，那他肯定有三代的交情，我别惹他，我去通报。一通报呢，这李膺也吃不准，因为那个时候谁敢说是我的世交之子，他肯定不敢假冒，就说："让他进来，我看看。"孔融就拜见李膺，按照礼仪，规规矩矩地行礼。李膺一看，咦，那么小一孩子，我不认识啊，就问："小先生，你祖父跟我是朋友吗？"因为一看年龄相差太大了，都不能问你爸是不是我朋友，我还得问问你爷爷是不是我朋友，那当然不是嘛！孔融怎么回答才能既不撒谎又符合礼仪呢？孔融才十二三岁就很厉害，他说："李大人，我的先祖孔子和你的先祖老子互为师友，难道我们还不是世交吗？"李膺一想是啊，三代世交，这都二十代了，怎么都是世交啊。李膺一看，这个孩子厉害啊！旁边的宾客一看，也不知道怎么回事，反正他也见到李膺了，而且李膺也拿他没有办法。旁边的宾客都在赞叹孔融，不可貌相。这时，来了一个煞风景的人，也是一个大夫，叫陈韪。这个人能够进到这个圈子里，肯定也是当时的名人。他看着孔融生气，小孩子，编这么一个故事，还不能说编的，因为他是孔子的后代。李膺又不能说自己不是老子的后代，谁能说老子跟我没关系，当时汉朝老子的地位还是很高的。陈韪就拿一句话去冷嘲热讽孔融，结果留下一句成语："少时了了，大未必佳。""了了"，大家都读"了了"，但这两个字应该读"伶俐"，即聪明伶俐的"伶俐"。陈韪看不过，意思是这小孩子，看你小时候聪明伶俐，长大以后未必怎么样。大家知道孔融怎么回答的吗？孔融不能跟人对骂，人家也是个长辈，又是李大人的座上客，你怎么能跟他吵呢？回答还得守礼，怎么回答？"哎，是是是，这位陈大人，看来您小时候一定是很伶俐啊。"就把陈大人给挤对了，那意思是说，你小时候肯定很伶俐，可现在不怎么样。孔融就是这样一个人物。

"孔融让梨"的故事许多人都听说过，但很多人对孔融其人却不甚了解。为什么流传最广的是"孔融让梨"的故事，而不是那些更能显示孔融智慧的故事？那么孔融还有什么传奇的故事呢？

孔融不仅聪明伶俐，而且非常从容。孔融留下来的故事都是他小时候的故事。他家里有七兄弟，孔融是老六。他哥哥的一个朋友，遭到宦官的追捕。大家知道，宦官在汉朝气焰熏天，凶残无比。他哥哥的这个朋友实在没办法，就逃到孔融家里，要躲一躲。那一天，孔融的哥哥不在，正好外出了，这个朋友就把这个情况跟孔融讲。孔融是个小孩子，照道理来讲，吓都吓个半死。这个朋友被宦官追杀、通缉，而且又是到家里来找孔融哥哥的，他哥哥又不在，那么，孔融不就可以说："请您别处想办法，我哥哥不在。"但孔融不是，孔融说："不要紧，我哥哥不在，我是他弟弟，我可以当半个家，请住下。"他就把这个被宦官通缉的要犯，掩护在家里。东窗事发以后，当地的官府当然要找孔融算账，孔融是窝主嘛！可那时候孔氏一门争相坐牢，争相就死，都说是自己收留的，孔融的母亲说是她收留的，孔融说是自己收留的，孔融的其他几个哥哥也都说是自己收留的，无一退缩，在当地传为美谈。

但是，我们记住孔融的也不是这件事情，我刚才在前面讲的两个故事恐怕听说过的人不太多，我们记住他的还是"孔融让梨"。"孔融让梨"的故事见于《孔融家传》，也叫《孔融别传》。孔融有七兄弟，他是老六，每次吃梨的时候，孔融都挑一个小的吃，这个跟我们今天的观念是不一样的。我们今天家里孩子越小，吃的东西越大。孩子牙还没有呢，苹果要吃个大的，爷爷奶奶吃个小的，爸爸妈妈吃中等的，倒过来了。孔融没有，老挑小的吃，人家都觉得很奇怪。孔融的回答是，我是小弟弟，我当然应该吃小的了。这就是一种谦让和友爱之情。这么一件简单的事情，由于长久以来都被作为"悌"的代表，传诵千百年。而在近现代，孔融让梨的故事经常被收到小学课本里。所以大家记住的，好像孔融一辈子就做了一件事情，就是让了个梨，别的事情没做。其实不是，孔融做了好多事，但是孔融让梨就作为中国传统美德，作为"悌"的代表而流传下来。

> "孔融让梨"是家喻户晓的故事。它之所以能够传诵千百年，就是因为它所提倡的"悌道"。而"悌道"之所以成为美德，关键就在于"谦让"二字，那么这种传统的"悌道"有什么现实意义呢？

我国非常著名的文学家、翻译家梁实秋先生，曾经专门写过一段文字来讲孔融让梨，我觉得他讲得非常好。梁先生讲，"有人猜想，孔融那几天也许肚皮不好，怕吃生冷，乐得谦让一番。我不敢这样妄加揣测。不过我们要承认，利之所在，可以使人忘形，谦让不是一件容易的事。孔融让梨的故事，发扬光大起来，确有教育价值"。

梁实秋先生讲，孔融让梨的故事，所展现出来的谦让品德，是非常有教育意义的。我想，这也就是《三字经》把他放在教育次第第二位的原因。这也正是这个故事得以流传千年而不绝的原因。

悌道和孝道一样，是儒家文化所提倡的传统美德，在中国传统文化中影响深远，这也是古人评价一个人德行的重要标准。但是在常常发生兄弟反目相残的帝王之家，悌道还会起作用吗？

曹丕 曹丕（187 年—226 年），庙号世祖（魏世祖），谥号文皇帝（魏文帝），字子桓，沛国谯县（今安徽省亳州市）人，曹操次子。曹丕性格善谋多诈。他曾建立九品中正制，设立中书省。曹丕爱好文学，所著《典论·论文》，在中国文学批评史上占有重要地位。

"悌道"，兄弟友爱，从曹操的几个儿子身上可以看出来。曹丕和曹植之间发生过一件很有名的故事，就是七步诗。曹丕的心眼极小，他就看不得自己的弟弟曹植才华横溢，名满天下。曹丕看不得，觉得生气，就老想找个机会去折腾一下弟弟，想趁机把他给杀了。所以就找到一次机会来整治他的弟弟。曹丕说："不是说你很聪明吗？有急智吗？这样，你走七步路，做首诗，做得出来我饶你，做不出来我杀你。"曹植就做了非常有名的一首诗："煮豆燃豆萁，豆在釜中泣。本是同根生，相煎何太急？"曹丕听了以后若有所悟，就把曹植给放了，没有加害曹植。在这当中什么起了作用？是曹植的才华吗？难道是曹丕突然发现，弟弟那么有才华，赶快放了他？都不是。因为曹丕原来嫉妒的就是曹植的才华，他之所以要杀曹植就是因为弟弟才华超过了他。我想，在那一刻，打动曹丕的还是一种"悌道"。就是曹丕在内心深处还是有一种"悌"的感觉，觉得自己与弟弟同根生，的确不应该相逼太急了。曹丕和曹植的故事可以很好地说明"悌"。

《三字经》接下来讲的是"首孝弟，次见闻，知某数，识某文"。首先，最重要的是"孝弟"；其次要有见闻。那么要见闻一些什么东西呢？"知某数，识某文"就是你要掌握一些最基本的东西。

> 孝敬父母，友爱兄弟，是做人的根本。博古通今，见多识广，是一个人安身立命的保证。那么，这种认为"首孝弟，次见闻"的传统教育方式，在今天的社会还能否适用？作为父母，我们又该侧重培养子女哪方面的能力来更好地适应社会？

按照《三字经》的讲法，一个孝顺的人，对长辈孝敬的人，一个对兄弟友爱的人，不大可能是个坏人，这是《三字经》要传达给我们的信息。如果你真正的孝顺，真正的友爱，接下来，我可以放心地教你知识。如果你是坏人，教你知识，这不是为虎作伥吗？所以中国传统教育首先强调人的品德、道德要过关。在这个基础上，人的知识越多越好，人的本事越大越好，因为你会去做好事。

在这里，我还想再次强调"首孝弟"这个问题，《三字经》既然给它那么高地位的强调，我个人觉得，我们还是应该努力地领会它更深一步的精义。我前面跟大家讲，在中国传统当中，"孝"的这个概念，在教育当中，既是一个始发点和出发点，又是一个永恒的基础。传统中国教育认为，知识的传授固然非常重要，但是时代是进步的，时代是会变迁的，而知识总归是有过时的一天。就好比我们小时候根本没有电脑可以学，我们小时候读书没电脑，那时还学珠算呢，到了初中、高中有计算器了，我们见到电脑是很晚的事情，但是现在的孩子，上来就学电脑，小学就开始学电脑了。这就说明，每一个时代有每一个时代的具体的知识内容，但是传统中国更重视的是永恒的内容。哪些是永恒的？"孝"和"悌"就是永恒的，"孝"和"悌"是不会随着时代的变迁而有所变迁的，是不应该随着时代

> **文忠寄语**
> 孝和悌是永恒的，不会随着时代的变迁而变迁，它应该是人人都具备的东西。

的变迁而有所变迁的，它应该是作为人都应该掌握和理解的东西。

康熙年间，有一个学者李毓秀，写了一部书，叫《弟子规》，很多人都知道，也是三字一句的，里面就有"有余力，则学文"。也就是说，中国传统教育是首先要"孝"，要"悌"。你应该首先把精力、心思都放在"孝道"和"悌道"上，如果有余力再去学文。你如果前面两个都没做到，都没做好，后面学了也没啥好处。这是《三字经》所告诉我们的真意。

接下来的"知某数，识某文"是什么意思呢？这都是一些非常具体的安排了，也就是后面知识传授的主要步骤和内容。古人是非常重视广闻博识的。古代中国的男子在年轻时代，必定有一次壮游，一辈子至少一次，要壮游天下。司马迁壮游了天下。李时珍也壮游了天下，而且不止一次。他们在出游的过程当中，访师求友，熟悉社会，了解民生，或者为自己积累资料。

我在上面讲了那么多的故事，做了那么多介绍，无非是为了说明，从《三字经》里可以看出，古人对于教育和学习的基本原则、先后次序、态度、意志都是有充分考量的。那么，做好这些最基本的考量和准备以后，按照《三字经》的说法，传统中国的读书儿郎又应该学习哪些知识呢？请看下一讲。

一而十，十而百，百而千，千而万。

三才者，天地人。三光者，日月星。

三纲者，君臣义，父子亲，夫妇顺。

---

1 才：基本的东西。

2 纲：事物的主体。

3 义：法度。

4 亲：亲近。

5 顺：和顺。

在这看似简单的数字背后，蕴含着什么样的传统思想？作为古代的启蒙读物，《三字经》所包含的具体知识都有哪些？传统的中国人最应该掌握的学问都是什么？还有什么样的故事可以用来注解《三字经》？

在前几讲中，揭示了《三字经》中关于学习和教育的重要性，重温了古代日常礼仪规范和一连串生动的故事。通过这些明白如话的叙述和通俗易懂的故事，我们发现，《三字经》的以上部分，强调的只是有关品德教育和学习目的的概括介绍，那么，作为古代的启蒙读物，《三字经》接下来要教给孩子们哪些具体的知识？也就是说传统的中国人最应该掌握的学问是什么？在不分学科和课程的古代，《三字经》是如何把语文、数学、自然、历史这几类知识巧妙结合在一起的？而看似简单的数字背后，还蕴含着什么样的传统思想？

在前面和大家一起重温了《三字经》有关教育和学习的重要性，教和学贵在专一和坚持，父母和师长在教育当中所应发挥的作用，学习和教育必须尽早抓起，从小抓起，以及礼仪和"孝悌"在教育中的突出地位等等方面的内容。我相信，古人的这些精彩的论断，一定已经给大家留下了深刻的印象。但是，到现在为止，前面所讲的一切都还只不过是教育和学习的一个导论，当然不能涵盖教育和学习的全部内容。那么，在传统中国人的眼里，或者说在《三字经》里，传统中国的教育和学习的主要内容应该有哪些？换句话说，传统中国的中国人应该具备哪些知识？应该掌握哪些学问？这毫无疑问是个大问题。《三字经》接下来就开始讲述这部分内容。

按照《三字经》，传统中国人首先应该掌握哪些知识呢？"一而十，十而百，百而千，千而万。"《三字经》并不像大家想的，好像中国是个人文大国，一开始就应该学点古字，不是那样！而是一开始先来数数。"一而十，十而百，百而千，千而万"，把这些字先给数明白了，这里边难道还有什么大道理可讲吗？为什么《三字经》一开始先教孩子数数呢？这不是应该的吗？是应该的，但是里边还有道理。什么道理呢？

数学，本来就是传统中国启蒙教育最重要的组成部分之一。传统的中国人，从来就没有忽视过数学的教育。接着我们会看到，自然知识方面的教育，中国人也从来没有忽视过。按照古代的规矩，贵族子弟六岁入学。只要是贵族子弟，六岁必须入学，一入学首先就要学数字和方位。一二三四五六七这样的数字，东南西北中这样的方位，这是必须要学的。到了八岁，传统中国人就必须掌握四则运算，跟今天比也不算太晚。今天孩子八岁也就是小学的二年级、三年级，也必须学四则运算。而周代，中国古代的学校教育有"六艺"之说，也就是六门功课，哪六门呢？礼、乐、射、御、书、数。礼，各种礼节。乐，音乐，要学各种乐器。射，射箭。御，驾车，等于得有一个驾照，小学生就开始学着赶马车。书，写字，基本的文字学知识。数，数学。这是周代开始规定的"六艺"。

六艺 六艺（也可称古代六艺），中国古代要求学生掌握的六种基本才能：礼、乐、射、御、书、数。出自《周礼·保氏》："养国子以道，乃教之六艺：一曰五礼，二曰六乐，三曰五射，四曰五御，五曰六书，六曰九数。"

数，虽然在"六艺"当中排在最后一位，但是，这绝对不等于说数在传统中国的教育当中地位最低，不对的。为什么说不对？《三字经》大家都看明白了，一开始就数数。把数数明白了以后，《三字经》接下来讲什么呢？"三才者，天地人。三光者，日月星。"

为了便于当时孩子们的记述，《三字经》在"一而十，十而百，百而千，千而万"以后，接着用数字往下串着讲。第一个数字讲"三"。"三才者，天地人。三光者，日月星。"这里头的"三才"和"三光"，都是传统中国极其重要的文化概念。

首先，我们来看什么叫"三才"。"三才"就是天、地、人。什么意思呢？"才"在这里就是指最基本的东西。也就是说，三样最基本的东西是天、地、人。这个概念，虽然出现在儿童的启蒙书《三字经》里头，却是大有来历。它来自哪里呢？来自《周易》的兑卦。《周易》里讲："昔者圣人之作《易》也，将以顺性命之理。是以立天之道，曰阴与阳；立地之道，曰刚与柔；立人之道，曰仁与义。""易"是

三才 三才指天、地、人。《周易·系辞·下》："有天道焉，有人道焉，有地道焉，兼三才而两之。"

什么呢？古时候圣人在创制易的时候，就是要用它来顺应、来说明自然变化的规律，就是弄明白自然界的变化规律最基本的是什么。古人确定天的道理是阴和阳，地的道理是刚和柔，人的道理是仁和义，这个就叫"三才。"

对应着"三才"，中国古代还有一个说法，叫"三大"：天大、地大、人大。这样的说法，其实我们都是挂在嘴边的，只不过大家不太意识到。这就是"三才"。讲三个人类最永恒的东西，最基本的东西，最重要的东西。

还可以再给大家拆一个字，中国古代常用拆字来说明问题。国王、王爷的"王"字。为什么"王"字是这么写呢？"一贯三为王。"一贯哪三者？天、地、人。作为一个国王，他要顺天命，要得到人民的拥戴，还要使地上太平。一贯三才能为王。他如果仅仅说自己有天命啊，他是天子，但地上不太平，老百姓不认可，他照样完蛋。如果仅仅地上太平了，把疆域守得很稳，自己的边疆用各种城墙围起来，但城墙里头老百姓造反，他还是不行。这都是中国古代的传统概念。我们离开传统的启蒙教育太远了，慢慢淡漠了。所以"王者"就是"一贯三为王"也不太清楚了。那么，我们还有个问题。也许大家会问，天覆盖万物，天苍苍，野茫茫；地负载万物，所有的东西都在地上。这两个"大"没有问题。人凭什么称大？怎么天地人可以称为"三大"，可以称为"三才"呢？因为在中国传统概念当中，天地之间人为贵。所以，在传统中国思想当中，有着非常丰富的人本主义的资源。传统中国非常重视人，非常重视人文精神，非常重视以人为本。这是传统中国文化区别于西方文化的一个特点。

我们是人本的，我们不是神本的。所以，大家才能明白，三才者，天、地、人。

在刚刚开始学习数字的同时，《三字经》就在简单的数字序列中，传达了丰富的人文思想，表达了中国传统的哲学观念。小中见大，平中见奇，循序渐进，潜移默化。古人的这种教育智慧，的确让我们佩服和敬仰。那么，"三"这个数字在中国传统中的文化含义还有哪些呢？

那么，"三光者，日月星"又是什么意思？也许大家会说，这还要解释吗？对中国古代蒙学的儿童是不要解释的，对于今天离开传统非常遥远的我们来讲，就要解释了。我们仰望天空，白天最亮的东西是太阳，晚上最亮的是月亮和星星。所以叫"三光者，日月星"。太阳，是阳的精华，所以叫太阳。月亮，在夜间出现，是阴的精华，所以月亮也叫太阴。除了太阳和月亮以外，天上发光的这些东西，都叫星。但是，大家要明白，星是总称。在中国传统当中，星还分三类：第一类，叫行星。金、木、水、火、土，五大行星，古人就知道这五大行星。当然，这还跟五行相关。第二类星，宿（xiù）星，也就是所谓的二十八宿。这二十八宿是哪二十八宿呢？东方苍龙七宿，南方朱雀七宿，西方白虎七宿，北方玄武七宿，共二十八宿。第三类星叫经星，除二十八宿和五行之外的都叫经星。古代的天文学知识，大家千万不要小看。不光是中国的古代天文学很发达，埃及、两河流域、印度、玛雅文明，天文学知识都很发达，到今天为止，还留下了大量的谜，今天的人仍无法解释。金字塔之谜，这大家都知道。玛雅文明基本上都跟天文学有关。古人对天象以及天象的意义到底了解多少？我们千万不要低估。中国古代有一部书，也像《三字经》一样，是用口诀写成的，讲古人关于天体的知识，朗朗上口，非常便于记诵，叫《步天歌》。我想大家有兴趣可以拿来看看。当然这不是我们《三字经》里面要讲的内容。也正是因为上面的原因，我们才把"三才""三光"作为最根本的、永恒的东西。

二十八宿 中国古代天文学家把天空中可见的星分成二十八组，叫二十八宿，东北西南四方各七宿。东方苍龙七宿是角、亢、氐、房、心、尾、箕；北方玄武七宿是斗、牛、女、虚、危、室、壁；西方白虎七宿是奎、娄、胃、昴（mǎo）、毕、觜（zī）、参；南方朱雀七宿是井、鬼、柳、星、张、翼、轸（zhěn）。

《步天歌》 《步天歌》是一部以诗歌形式介绍中国古代全天星官的著作，现有多个版本传世。最早版本始于唐代，最广为人知的是郑樵《通志·天文略》版本，此版本称为《丹元子步天歌》。

我给大家举一个例子来说明这个问题。这个观念一直到今天还是有的。大家如果今天到清华大学去，在校园里可以看见一块碑，叫"清华大学王观堂先生纪念碑"。这块碑有一段时间被毁掉，现在又被重立起来。这块碑是为了纪念二十世纪中国伟大的学者，也是当年清华国学研究院四大导师之一王国维先生的，碑文是由著名的史学大师陈寅恪先生写的。这个碑文最后的话，是什么呢？"惟此独立之精神，自由之思想，历千万祀，与天壤而同久，共三光而永光。"这篇碑文现在已经被看作中国文化精神的宣言。最后一句，"与天壤而同久，共三光而永光"，也就是说，中国文化当中的"独立之精神，自由之思想"，与日月星一样永存人间。所以说，我们一直是有这么一个观念的。此外，也请大家要注意，每一种文化，都有所谓的关键数字。换句话说，有些数字在某一些文化当中特别重要，比如我们中国人，觉得数字"9"很吉祥，我们中国人不大会觉得"4"是吉祥的。外国人不会觉得"13"是吉祥的。所以，我们现在去看，如果这个楼盘当中外国朋友住得比较多，那么里面往往是没有 13 层的，叫 12B、12C。14 楼也没有。"三"在中国文化当中就是一个大数，一个关键数字。天有三宝日月星，地有三宝水火风，人有三宝精气神，都是一串三的数字。天有三光日月星，地有三形高下平，人有三尊君亲师，都是以三来说明一种观念，来传达一种思想。为什么我说"三"是中国文化的大数？不仅在儒家学说当中是如此，在道家学说当中"三"也了不起。"道生一，一生二，二生三，三生万物。"也就是说，三是万物之母。所以，《三字经》的编排是匠心独运的，并不因为是给儿童看的书就编得很浅。

"三才者，天地人。三光者，日月星"讲的都是什么？我们统括起来讲，讲的是自然界的情况。具体到人类社会，有没有可以用"三"打头来讲非常重要的内容呢？有。

在中国文化传统中，"三"这个数字具有特殊的含义。从天地自然到社会家庭，在《三字经》中，一个"三"字，就像一根丝线，串起了许多知识和思想的珍珠，而这样一根传统文化的项链，至今仍闪耀着智慧的光芒。

接下来，《三字经》讲的正是："三纲者，君臣义。父子亲，夫妇顺。""三纲"这个概念就被引出来了。"三纲"，在中国传统当中可实在是一个太重要的概念了。可以说，不了解"三纲"就根本不可能理解传统中国。我们不把"三纲"弄清楚，恐怕别的东西也很难讲清楚。什么叫"纲"？"纲"实际上最早的意思是渔网上面那根最粗的绳子。打鱼的网撒下去，有一根最粗的绳子，下面串着一根根网眼线。纲举目张，就是说拎着这根绳子一撒，网就撒出去了，一收就能把网给收回来了。这个是"纲"。什么是"三纲"呢？"君为臣纲，父为子纲，夫为妻纲。"这就是中国传统的"三纲"。也就是说，臣子一定要服从君王，儿子一定要服从父亲，妻子一定要服从丈夫。这是我们一般概念当中的"三纲"。但是，关于"三纲"这个重要概念，我们有几点特别要注意，一定要记住。

第一点，"三纲"恰恰就是对应"天地人"这"三才"的。为什么这么说？因为按照传统中国的说法，"君为臣纲"对应的是天道，"父为子纲"对应的是地道，"夫为妻纲"对应的是人道。中国古人在思考问题的时候，非常重视照应、关联。所以，他会把相关的概念集中起来，形成一套很复杂的概念。按照中国的说法，这"三纲"天经地义，因为它是"三才"在人类社会的反映。

第二点，从"三纲"，特别是绝对化了的"三纲"引申出好多观念，在传统中国无人不知，无人不晓，一直到今天，恐怕我们还都是知道的，比如"三纲五常"。"五常"就是指"仁、义、礼、智、信"，这个我

三纲 "三纲"是指"君为臣纲，父为子纲，夫为妻纲"，要求为臣、为子、为妻的必须绝对服从于君、父、夫，同时也要求君、父、夫为臣、子、妻做出表率。它反映了封建社会中君臣、父子、夫妇之间的一种特殊的道德关系。

五常 "五常"即仁、义、礼、智、信，是中国封建社会用以调整、规范君臣、父子、兄弟、夫妇、朋友等人伦关系的行为准则。"五常"这个词，来源于西汉董仲舒的《春秋繁露》一书，是儒家对孔子伦理思想的归纳。

们后面要讲。再比如"三纲六纪",这也是没有人不知道的,就是君、臣、父、子、夫、妻六种身份。这些东西在传统中国连目不识丁的人都知道,没人不知道。引申出来的还有最著名的"三从四德"。现在可能好多年轻的女孩子不太知道了。"三从",就是"在家从父,出嫁从夫,夫死从子"。所以,在传统中国,妇女无子是灾难。在过去,如果老太太跟着自己的女儿住,假如有儿了的话,这个儿子是抬不起头的,这个儿子是不齿于人的。所以,母亲一定是跟儿子住。当然,今天我们不要去讲究这个,这些应该是被淘汰、被批判的。但是,传统中国就是有这样的观念。

第三点,尤其重要,大家一定要记住。"三纲"这套东西是谁提出来的? 很多人会认为,发明者当然是孔子。这是错的。孔子说过类似的话,叫君君、臣臣、父父、子子。孔子是什么意思? 国君要像国君的样子,臣子要像臣子的样子,父亲要像父亲的样子,做儿子要有做儿子的样子,他并没有说谁绝对服从谁。孔子没有这个意思。这个概念的提出,不仅跟孔子没关系,跟荀子、孟子都没关系。

> 那么,到底是谁拥有"三纲"的发明权呢? 他为什么要提出这样一个主张? 而这个"三纲"的理论又为什么会广为流传呢?

董仲舒 董仲舒(公元前179年—公元前104年)汉代思想家、政治家,广川人(今河北景县)。汉武帝元光元年(公元前134年),董仲舒在著名的《举贤良对策》中,提出其哲学体系的基本要点,并建议"罢黜百家,独尊儒术",为汉武帝所采纳。

那么,"三纲"的发明权、专利权应该属于谁呢? 属于西汉的董仲舒。西汉有个大儒叫董仲舒,正是由于他提出这样一套理论,汉武帝才决定罢黜百家、独尊儒术。在这之前还是有百家的,尤其道家的学说很盛,法家学说也有。董仲舒提出这么一套理论,汉武帝觉得好,这套理论有用,能够用来进行有利于自己的统治,能够管理好这个社会。我们知道,在汉武帝之前,汉朝的皇帝信奉儒家的并不多。汉高祖刘邦更是无赖出身，他当年看到儒生根本不当回事，就这么撇着腿坐在席子上。按理，你坐在席子上，看见人应该恭恭敬敬地挺直腰跪坐。他不是，他趔（liè）趄（qie）着这样坐。一不高兴，汉高祖刘邦遇上内急，他也懒得找个厕所，顺手拿起儒者的帽子当尿罐，撒完尿一扔。这是汉高祖。窦太后，大家都觉得老太后很慈祥。她那个时候有一个儒生叫辕固生，也是一个大儒，在教育太子。大儒教育太子当然注重给太子灌输儒家思想，这就把老太后惹着了。老太后生气了："你天天教他仁义道德有用吗？能当饭吃吗？我们汉家，本来是有套规矩的，我们统治是王道霸道，我们是用法家，或者用道家思想统治的。你老跟他讲仁义道德，说这个仁义道德有多大用，行，你不是厉害吗，你给我斗野猪去吧。"窦太后就把这个老先生赶到野猪圈里，让辕固生跟野猪搏斗。把大儒逼成斗猪士了。还好，太子一看，自己上了年纪的师傅跟野猪斗怎么斗得过，赶紧扔了一把剑进去。老先生拿了剑以后，我估计肯定不是他把野猪给杀了，他没有这样本事，估计是野猪扑过来，老先生要躲，不知怎么就扑一下把野猪刺死了，才捞了一条命。所以，后来到了董仲舒时，儒家才开始受到尊敬。"三纲"就是董仲舒的发明，跟孔子、孟子没直接关系。

现在回过头去看"五四运动"，当时提出打倒孔家店、砸烂孔家店，是冲着什么去的？冲着"三纲"，没有冲着"五常"。仁、义、礼、智、信大家还是认为不太错的，仁、义、礼、智、信大家认为还是社会需要的。其实，孔家店打错了，应该打倒董家店。这跟孔家店没关系，孔家店里没这个货。所以，我们要明白，"三纲"这种绝对专制的理论是董家店的货色。把"三纲"等同于传统中国文化的全部，从而激烈地全盘反传统，这到底是对还是错？到底应该不应该引起我们的反思？我想大家可以都去思考一下。"三纲"，以及由此发生发展出来的那些概念，在今天哪些应该继承，哪些应该抛弃，并不是一件很容易断定的事情。我们现在能够明确讲，由董仲舒的"三纲"引申出来的对妇女进行束缚的那些东西应该抛弃，今天没有人再信这个了。再说"在家从父，出嫁从夫，夫死从子"，谁理你啊？本来就没人理，废除算了。至于说君臣关系，今天不存在了。但是，别的一些像讲父子、夫妻的关系，难道就没有值得我们继承的吗？难道不值得我们参考吗？或者值得我们发扬吗？只要人类社会存在一天，父子关系、夫妻关系总归是存在的，不可能消灭的。如何处理好这些关系，终究还必须从传统当中去汲取经验，或者吸取教训。总而言之，要从传统当中找寻智慧。传统中的父子关系，并不像"三纲"讲得那么生硬。我们前面讲过，"香九龄，能温席"。我们讲过岳飞父子，讲过窦燕山有五子，讲过颜之推父子，都很温馨。当然，有的是爱护的温馨，有的是严厉的温馨。岳飞对他的儿子很严厉，但是也传达了一种温情。总之，没有这样生硬。

儿子对父亲要尊重和孝敬，父亲对孩子要严格和爱护，这才是大家历来倡导的家庭生活。为什么说《三字经》里所倡导的父子关系是一种爱和关切呢？

我在这里再给大家讲一个父子情深的故事，故事叫"击鼓救父"。南北朝的时候，南朝的中国有一个少年英雄，叫吉翂。翂，是振翅高飞的意思，很吉祥。吉翂从小就是一个很孝顺的孩子，十一岁的时候母亲因病去世，他就和几个弟弟，跟父亲一起生活。他的父亲担任一个小官，是个县令。遭人诬陷、下狱，被押解到当时的京城，准备处死。十一岁的小吉翂，为了救父亲，赶到京城，不顾生死，到皇宫门口击鼓鸣冤。当时的皇帝是鼎鼎大名的梁武帝。梁武帝在中国历史上是非常有名的一个信佛的皇帝。首先，他第一个下令僧人只能吃素，在他之前的僧人不一定全吃素。第二，他动不动就出家当和尚，动不动把自己施舍给庙里。群臣一看，没皇帝了，只好把国库里的钱全部掏出来，把他给赎回来，再当皇帝。过两天他看看国库里有钱，又把自己施舍出去了。梁武帝一看，怎么那么小的孩子请求代父而死？他一定是被人指使的，背后一定有人教他。所以，梁武帝就下令廷尉蔡法度严加审讯，看看背后有没有人指使他，让他来鸣冤，扰乱司法程序。蔡法度当然也觉得奇怪，一个十一岁的孩子，居然不远千里，要求代父而死？于是，就在公堂上摆满了刑具，那些衙役就把小吉翂扑倒在地，打了一顿就问："你那么小的孩子，是不是有人指使你到皇帝这儿来鸣冤？"吉翂回答："我是个小孩子，岁数是很小，但是再小，我也知道死是可怕的。然而，我幼年丧母，还有好几个弟弟，如果我爸爸被诬陷，被杀了，谁来养活我的弟弟？我又小，我没有这个能力。所以，我只能请求你，查明这个冤案。如果查不明，你就把我杀了，我代我爸去死。"蔡法度一看，当时就愣了，就跟这孩子讲："我看你很聪明，将来前途不可限量，为什么小小年纪就请求要代父而死呢？"小吉翂说："鱼虾都知道生的可贵啊，死是难过的，更何况人呢？我年龄再小也是个人，谁愿意无缘无故去死？我就是为了给父亲洗冤，就是为了能够救活我那几个年幼的弟弟。"蔡法度在那个时候已经认识到，大概这里面是有冤情的，也想救这个孩子，被他感动了。他就下令："行行行，先不论这个，我再去查。我先把你手铐脚镣换成小号的。"他是小孩，当时戴的却是死刑犯的大铐。大家知道小吉翂怎么说？他说："我既然请求代父而死，那你就不用给我换成小的，就给我戴着大的手铐脚镣。"后来，蔡法度把审讯过程禀告了梁武帝，梁武帝也非常感动。经过彻查，他父亲的确是被冤的，所以就下诏释放了这对父子，并且加以褒扬。这难道不是一个父子情深的故事吗？这样的故事在历史上很多，俯拾皆是。

文忠寄语

千万不要以为《三字经》是很简单的一本书，它对传统的东西有自己的判断和抉择。

所以，我们要知道，《三字经》可贵在哪里？诸位，"君臣义，父子亲，夫妇顺"。《三字经》的"三纲"可不是董仲舒的"三纲"，董仲舒的"三纲"是"君为臣纲，父为子纲，夫为妻纲"。而《三字经》里的"三纲"，第一，君臣义，君臣之间要有一种道义，要有彼此恰当和合适的关系，这是一纲。父子亲，父子之间要亲爱，这又是一纲。夫妇顺，夫妇之间要和顺。所以大家千万不要以为《三字经》是很简单的一本书，它对传统的东西有着自己的判断和抉择。

从"三纲"这一节来讲，《三字经》跟董仲舒的"三纲"风马牛不相及。它倡导的是一种爱，一种关切，一种道义，而不是绝对的单向控制和服从。

《三字经》所倡导的是温馨和谐的君臣关系、父子关系，虽然在社会和家庭中，君臣、父子的地位不同，但在人格上大家是平等的。而对于《三字经》里所倡导的夫妻关系，钱文忠教授又会用哪个著名的历史故事来解读呢？

至于"夫妇顺"，我想有一个故事可能大家都知道，那就是"举案齐眉"。这个故事也许大家都知道一个名目，然而，这个故事是怎么一回事呢？

东汉的时候，有一个穷书生叫梁鸿，非常穷，但是刻苦勤奋，努力地学习，后来有机会进入太学，就是现在的国立大学读书。现在有一些学者认为，北京大学的历史就应该从东汉太学算起。1998 年，北京大学庆祝百年华诞，百年的历史在全世界的大学里实在不能算长。有的学者就提出，从东汉太学算起吧。这一算就很长了，这个说法不是完全没有道理。梁鸿就是太学生。学业结束以后，梁鸿回到了家乡，很多人就要给他说亲，都被梁鸿一一拒绝。那么，梁鸿究竟打算娶什么样的女子为妻呢？那个时候，同县有一户人家姓孟，有个闺女叫孟光。这个孟光相貌平平，估计跟诸葛亮的太太差不多。而且，当时的记载说她是又丑又胖，到了三十岁还没出嫁，平时素面朝天，也不讲究打扮。在东汉的时候，三十岁的女性做奶奶、外婆的有的是，不奇怪。十五六岁出嫁，生个孩子，后面的孩子又十五六岁生育，三十岁左右就可以做奶奶、外婆。所以，她在当时是大龄姑娘了，一直不嫁。有时候，父母问她："你愿意嫁给谁呢？"孟光的眼界很高，回答说："我要嫁，就嫁梁鸿这样的人，别人我不嫁，不予考虑。"这梁鸿也有意思，一听，就把聘礼下到孟家。他知道孟光怎么回事，知道她不漂亮，也知道她三十岁，依然娶了孟光。孟光嫁到了梁家，当然是嫁给了自己的如意郎君，非常高兴。于是痛改前非，天天化妆，希望自己的郎君能够爱自己。她是一片好意。哪知道她这个痛改前非，恰恰是痛改前是，今日为非了。连续几天，梁鸿瞅都不瞅她一眼，不理她。孟光觉得很冤，心里很哀怨："女为悦己者容，我为你打扮，你瞅都不瞅我一眼。我自己本来就长得不咋样，现在打扮一下，总归是要求进步的。"梁鸿告诉她："我当初之所以娶你，就是听说你朴实，听说你素面朝天，你这样一个人又在心里想着嫁给我。而我是一个穷书生。正是因为如此，我特别敬重你，所以我才把聘礼下到你家，娶你为妻。好了，你今天嫁进来了，这一通折腾，你把我吓着了。"孟光一听，这下子真是痛改前非了，再也不打扮了，又换上布衣布裙，非常勤劳地操持家务。所以两个人非常恩爱。梁鸿说："这才是我要的妻子。"后来，这夫妻两个就搬到了霸陵山中。平时，因为要维持生活，一个人种地，一个人织布。梁鸿闲来写诗、作文、弹琴，就在山里隐居着。但是，梁鸿的才气是很大的，很短的时间，他在霸陵山里面名声又大起来了。梁鸿一看，待不住了。他想过隐居的生活，所以再带着孟光，先是跑到齐鲁一带，在那里又隐居。隐居一段名声又大了。因为他毕竟是个文人，还好舞文弄墨，弹琴作诗，于是又再跑。

　　留下了这样一段佳话的梁鸿、孟光夫妇，不得不经常搬家才能过上他们期望的平凡生活。接下来他们会搬到哪里？他们有没有过上"平平淡淡才是真"的生活呢？而"举案齐眉"的故事是如何被发现又是怎样流传出去的呢？

　　后来，他们跑到了当时还比较荒凉的吴中一带，就借住在当地的富商皋伯通家里。在这个家里，梁鸿天天出去给人家种地，或者给人家舂米，干点力气活，孟光则在家里纺纱织布。每天，梁鸿很劳累地回家，孟光都会给他准备好非常简单的菜饭。他们不是很富有，但是饭菜准备整理得非常整洁、规整，按照礼仪放在一个案子上。这个案子实际是带脚的小桌子，每次把它举着齐眉，这是表示一种尊敬，妻子对丈夫的尊敬。大家以为，这就是举案齐眉的全部吗？错了，梁鸿接的时候也要齐眉接过的。你不能说女孩个子矮，她跪着举，你梁鸿一撩，给撩过来，那是不符合礼仪的。梁鸿也要跪下，也要弯下腰从妻子这儿接过来，这个才叫举案齐眉。举案齐眉不是单方，而是夫妻之间非常和谐、和顺的表现。天天如此。终于有一天，被富商皋伯通发现了。富商一看，哎呀，这对夫妻我们原来以为就是在外面打零工的，这个女的相貌也不出众，整天布衣布裙的，怎么会如此守礼仪呢？皋伯通顿时觉得这对夫妻不是

一般人，从此对梁鸿非常尊敬，对孟光也非常尊敬。不久以后，梁鸿去世了，孟光就带着孩子，辗转千里回到了家乡，"举案齐眉"的故事就首先在吴中一带流传。这个故事非常感人。

我之所以给大家讲这个故事，用意就在于说明，"三纲"之类的学说，在《三字经》里，并不是被简单地照搬进来的。《三字经》的作者，把自己的思想和对"三纲"的真正理解融入《三字经》的文字里边。而《三字经》传达出来的"三纲"是"君臣义，父子亲，夫妇顺"。董仲舒的"三纲"，毫无疑问，是我们今天必须予以批判，必须予以抛弃的。而《三字经》里的"三纲"呢？"君臣义"在今天已经不符合我们这个时代了，可是，难道它所传达的"父子亲、夫妇顺"也因为时代的流变而失去了价值吗？我想，绝对不是！中国是一个人文气息浓厚、人文传统悠久的国度，这是没有什么疑问的。可是，从《三字经》看，教育和学习的内容却顺从着一种规律，什么规律呢？从天文、地理和自然开始，并没有从人文类的学科开始。这是为什么？《三字经》是出于什么样的考虑？而《三字经》在这方面又有哪些内容？请大家看下一讲。

日春夏，日秋冬，此四时，运不穷。

日南北，日西东，此四方，应乎中。

日水火，木金土，此五行，本乎数。

1 日：叫作。

2 运：运转。

3 穷：穷尽。

4 应：对应。

5 中：中央。

6 五行：组成万物的五种要素。

7 本：根源。

春夏秋冬四时，东西南北四方，这是古人对大自然的认知。那么，水火金木土的五行是怎么来的，五行学说对于古人的思想和行为又有哪些重要的影响呢？

在对孩子的启蒙教育中,《三字经》是以古人对自然和社会的认知为基础的,春夏秋冬为四时,东西南北为四方。这些都是正确的,但古人为什么认为中国人是居住在世界的中央呢? 古人是如何发现水火金木土这五个基本元素,又是怎么以水火金木土的相生相克,形成了既简单又神秘的五行学说的? 五行学说在中国古代时期,是怎样影响着人们的思想和行为? 为什么现代社会中,五行学说常跟迷信联系在一起? 我们又该怎么认识这个问题呢?

上一讲的《三字经》,我们主要讲了"三"开头的两句话,接下来的《三字经》,就是"曰春夏,曰秋冬,此四时,运不穷"。《三字经》也在进行一种尝试性的教育。首先教给孩子,一年有四季,春夏秋冬,这四个季节不停地循环往复,无穷无尽。"曰南北,曰西东,此四方,应乎中。""应乎中"这三个字,里边到底蕴含着多少的深意? 是不是像我们大家认为的,"应乎中"对照着中间,东西南北? 这里面的确有值得解释的东西。这"应乎中"的"中",大家真的都理解了吗? 不一定,为什么不一定? 我首先问大家一个问题,"中国"是什么意思? 很多人会讲,中国就是中华人民共和国的简称,对吗? 不全对。中国的一个主要的含义,或者说相当主要的含义,是说我们这个国家居于世界之中。这是中国古人对世界的一个观感,认为中国就在世界中间。

到了战国的时候,古代中国人对世界的看法有了进步,就出现了另外一种说法,还是跟"四"有关的,叫"四极",也就是说四个极端、四个极边。哪"四极"呢? 东方大海、西方流沙,那个时候我们对西边的认知可能刚刚到了今天新疆那一带。北方千里冰雪、南方千里炎火,炎火就是熊熊大火,非常热的地方。这叫"四极"。对于世界其他地区的了解,对地球上其他部分的了解,是随着中外交流的推进,一步步增加的。

　　　　远古时期的人们，对自己居住的地球刚刚开始探索认知。古人以为地球是方的，而我们中国人就居住在地球的中央。但是古人判定的东西南北四个方向却是正确的，而且一直沿用到今天，那么古人是怎么判断出这四个方向的呢？

　　东西南北四个方向没有问题。那么，我又要提出一个问题，古人最早确定的是哪个方向？古人最早确定的是东西向。为什么古人最早确定东西向，而非确定南北向呢？我们去看汉字，当然是看繁体的汉字，如果大家能写篆文更好。"東"，大家看到了吗？一个日，一个木，正是表示太阳从树上冉冉升起。古代的自然环境当然比今天要好，到处都是森林，郁郁葱葱。古人一看，太阳怎么从树上升起了，还每天都从那里升起，固定的。好，就先把它定为东。古代人跟着太阳的轨迹看，每天差不多的时候，它又从西边落下去了。在甲骨文当中，西是什么样子呢？西就是一只倦鸟，很疲倦的一只鸟，在树上歇息。这就是西，西有点歪歪的，好像迷迷糊糊要睡着了。这就是"东西"。相对着，我们才定下"南北"。

　　"应乎中"这三个字，对我们的影响到底有多大？这个例子远在天边，近在眼前。为什么这么说呢？拿北京城做例子，我们就能明白什么叫"应乎中"。北京城的中心在哪里啊？紫禁城。紫禁城的中心在哪里啊？在太和殿。太和殿的中心在哪里啊？在皇帝宝座。皇帝这个宝座是放在太和殿的正中间的，那都是"应乎中"，对应着中间。相应地，北京有四城，东西南北四城。东西南北有什么？天地日月四坛，即天坛、地坛、日坛、月坛。这样的一个结构，就表明中国古人的思想，受《三字经》所表达出来的这类思想的影响有多深。"应乎中"在古人心目当中重要性有多大！我给大家接着举个例子，还是举太和殿的例子，还是举皇帝宝座的例子。大家如果到太和殿去参观，稍微把头抬起向上看看，上面是个巨大的蟠龙藻井，里面有龙，龙嘴里衔着一颗大球，意思就是龙戏珠，非常吉祥。这个珠子的下面就是皇帝宝座，非常准的，也就是正对着皇帝的御头。皇帝的御头就应该是正对着这个珠子，一点不能差。按照古人的观念，如果偏差了要出大事。是不是只是说说而已的呢？不知道，反正一直有这个说法。

袁世凯当皇帝，年号洪宪。他往这个宝座上一坐，抬头一看，顶上那么大个球，心里有点虚。袁世凯这皇帝本来就当得心里有点虚，他怕什么呢？他怕这个球掉下来，把自己那个袁大头给砸了。他外号叫袁大头，人的头再大也顶不住这颗珠子。所以，他就叫人把宝座往后移了十几厘米。如此说来，他登基的时候坐的宝座，已经不在原来的位置。所以，洪宪闹剧八十三天，袁世凯就一命呜呼，没有能够如他所愿，当上千秋万代的皇帝。当然，我们知道，袁世凯之所以没有能够成功恢复帝制，是因为他从根本上违背了历史的潮流和民心，绝对不是搬了一下椅子，他就当不成皇帝的。但是，好多老百姓宁愿相信这个传说：袁世凯搬椅子，违反了什么规矩啊？"应乎中"的规矩，所以他八十三天皇帝梦就做完了。这正反映了我们传统中国人的一种思想。

> 袁世凯当了八十三天的皇帝暴病而亡，当然不能用移动皇帝宝座，违反了"应乎中"的规矩来解释，但是中国人讲究顺应天意，往往把对自然界的认知，相应对照来解释社会人间发生的事情。那么古人是用什么来解释世间万物的发生和发展的呢？

《三字经》接着就是"曰水火，木金土，此五行，本乎数"。讲五行，水、火、木、金、土。五行的观念，对传统中国人的思想观念的影响实在是太大了。五行的问题，吸引无数学者穷尽了毕生的精力，也影响着中国人的思维方式。这是一个非常复杂的问题。我在这里只能努力地用最简单的方式向大家做个说明。《三字经》中五行的排列是：水、火、木、金、土。按照什么排的？按照克的方式排的。五行相生相克，什么叫克呢？水克火，这没有问题吧？古人看到着火了，一盆水泼上去，火灭了，所以水克火。这个观念要到什么时候才被改变，大家知道吗？发现石油。中国宋代开始，甚至更早就已经发现石油，那个时候人们发现，石油着的火不能用水泼，越泼越旺。

五行学说 五行，即木、火、土、金、水五种物质的运动。古代五行学说认为，世界上的一切事物，都是由木、火、土、金、水五种基本物质之间的运动变化而生成的。同时，还以五行之间的生、克关系来阐释事物之间的相互联系。

但是，这个时候五行学说早已流行。火克木，木遇着火一烧就完了。然后是木，它也还克别的东西，木克土。大家看到，土里面长出树来，树当然比土狠了。这是按相克的顺序排的，倒过来则是相生。

> 古人认为，水火木金土，是构成宇宙万物的基本要素，并用它们的相生相克，来解释变幻无穷的一切事物，这就是既简单又神秘的五行学说。那么古人是怎么发明出这种五行学说的呢？

这又是哪儿来的呢？五行的思想最早起源于什么呢？起源于非常朴素的对日常生活的观察。水可以灭火，老百姓一看，水克火。金属做的工具，比如古代，用铜做的斧子，可以砍木头，那么金克木。那么，金属又是从哪里出来的？从土里面出来。我们去采矿，都要从土里面往外找，古人对岩石和土都是一块儿来看的，那么，就是土生金。古人就是从日常生活经验当中得到了这些知识，发现很可以解释问题。古人觉得这么一来都能解释。我要煮饭了，我往火里泼一盆水这个饭就煮不熟了，所以水克火。为什么往里加点柴火，加点木材，火就更旺了呢？所以，木生火。为什么把有些金属用火高温烧，烧了以后就变成水了呢？所以火克金，因为火比它厉害，能把它熔化了。古人觉

得这套东西很好，很可以解释自然界的情况，就把它固定了下来。五行学说原本是古人认识世界、解释世界的一种方式或者是一种工具。

同样还可以举一个例子，这个例子可能大家都注意到了。《西游记》里，唐僧和猪八戒经常让妖精抓了。妖精当然要吃唐僧肉了。妖精对猪八戒没有什么兴趣。妖精一般只对猪八戒的耳朵感兴趣。猪耳朵，南方叫顺风。那么，就要把师徒两个放到笼屉上蒸熟，吃这个要原汁原味的，不能剁碎了吃。有一次，一个小妖精说："猪八戒皮糙肉厚，把他搁下面蒸。唐僧细皮嫩肉，一掐就掐出水来，搁上头蒸。"这个时候，孙悟空就悄悄地跟猪八戒说："师弟，别急，这个小妖精不懂行，不懂五行，火性延伸，这是五行的原则。实际上，搁在上面啊，特别容易给蒸熟了。火性延伸，热量往上走，照他这么蒸，你八戒还没蒸熟呢，师傅已经蒸老了。"一笼屉出来就变成俩八戒了，怎么还会有唐僧的嫩肉呢？孙悟空为什么会讲这个？大家知道，孙悟空是懂五行的，孙悟空的师傅是道家，特别懂五行。所以，孙悟空一辈子的梦想是跳出三界外不在五行中，他就不愿意在这圈子里混，他要自由，有一身的猴性。这是从《西游记》里可以看到的，用五行的观念来说明某个问题的例子。

五行学说认为，水火木金土都各有自己的属性，而世间万物都可以归入到这五种属性之中，那么这种五行学说在中国古代时期，是如何深入地影响着人们的思想和行为呢？

我们刚才讲过了水、火、木、金、土相生相克。那么，水、火、木、金、土对应的数字是什么呢？一、二、三、四、五，古人把它对应好的。我们讲有五脏，就是肾、心、肝、肺、脾；有五官，耳、舌、目、鼻、唇；有五味，咸、苦、酸、辛、甘；有五情，惊、喜、怒、悲、忧；有五色，黑、赤、青、白、黄。这样"五"的数字可以举好多好多，它们都是严格对应的。

五行：水 火 木 金 土

五数：一 二 三 四 五

五脏：肾 心 肝 肺 脾

五官：耳 舌 目 鼻 唇

五情：惊 喜 怒 悲 忧

五色：黑 赤 青 白 黄

每一样东西对应着五行里面的一个元素，同时对应着一个数字，类似这样的组合，我能给大家讲一天一夜都讲不完。这样就已经形成了一张无所不在、无所不包的网络，笼罩住了古代中国人的思想。所以，古代中国人的思想，很难跳出五行外。想来想去都这样，相生相克。

中国的五行学说，还有一个巨大的特色，就是它居然成为人们普遍认可的一整套政治学说。金木水火土，这样的五行怎么会变成政治学说呢？因为传统中国人相信，皇帝是真正得了天命的。皇帝诏书开头的四个字就是"奉天承运"，也就是说，皇帝按照天的旨意，继承了或者担负了某种运，这就叫"奉天承运"。背负的什么运呢？就是五行当中的一运，金木水火土里面要对应着一个，不然就不对。后者对前者一定是一种相克的东西。

咱们来举个例子。我们知道，秦朝是水运，或者水德，反正秦朝皇帝是这么认为的。所以，与之对应着的颜色是什么？是黑色。所以，秦始皇的衣服一定是黑色的。现在拍电视剧，如果有人让秦始皇穿上一身杏黄色的衣服，那就是没有历史常识的。中国不是每一代皇帝都穿黄颜色的，黄颜色也是对应着一种德。秦朝的皇帝认为自己对应着水德，而水德对应的颜色是黑颜色，所以秦朝尚黑。秦始皇一定不会穿黄颜色衣服的，别的颜色也不会穿。最起码他的外衣是黑色的，里头穿什么不知道。所以说，这是有一套严格规矩的。

那么，什么能克水啊？土。所以，汉朝认为，我是土德，我是土运。那么，汉朝的皇帝应该穿什么颜色？黄色。他一定不会再穿黑色衣服了，他也不会穿红色的，也不会穿白色的，因为是土克水。这也就意味着汉朝克掉了秦朝，所以他穿上了黄色。对应的数字是多少？五，土对应的数字是五。所以大家可以看到，有一段时间，西汉的每一个年号都只有五年，没有六年的，也没有四年的。某某五年改元，又五年以后再改元。因为，土德对应的数字是五。所以，五行学说在中国变成了一套统治学说。

> **五行学说是中国古代哲学思想的基础，不仅在政治上、哲学上、医学上有着深远的影响，而且影响着人们日常生活的方方面面。但为什么《三字经》中说"此五行，本乎数"呢？数，与五行又是什么关系？**

那么，为什么讲五行"本乎数"呢？刚才讲了，秦朝的水德对应六，六六三十六郡；汉朝是土德对应五，所以有一段时间的年号数都是五。"数"和五行的关系，要讲起来，那可以讲很久。我给大家举一个例子，一下子就把问题给说清楚了。诸位如果到浙江宁波去旅游，有一个地方你一定会去的：宁波拥有一幢闻名世界的藏书楼天一阁。为什么叫天一阁呢？为什么不叫天二阁？也不叫天三阁呢？实际上，藏书楼最怕的是什么？最怕的是火，火一烧就烧完了。它不大怕虫子，虫子慢慢咬，一本书吃一百年，它至多钻些窟窿。当然虫子也能把书毁了，但主要是怕火。所以，它希望有水，希望这个藏书楼有水命，而水克火，于是就不会着火了。为什么叫天一阁，而不叫水阁呢？古人很有学问，也比较含蓄，不像咱们现在那么直白，什么话都直说，古人不会。因为，天一生水，天对应的是一，再对应的是水。这是严格对应的，所以这就是"本乎数"。古人相信，"天"和"一"跟水有关系，所以叫天一阁。叫了天一阁，这个楼倒好像真是没有着过火。当然，这个咱们不能从迷信的角度看。我们当然也不会希望一个祖国传统文化的瑰宝被火焚毁了。

天一阁 天一阁是中国现存年代最早的私家藏书楼，也是亚洲现有最古老的图书馆和世界最早的三大家族图书馆之一，始建于明嘉靖四十年。后因收藏《古今图书集成》而闻名全国。明清以来，文人学者都为能登此楼阅览而自豪。

这就是天一阁，可以说明什么叫"本乎数"。

由于五行学说的影响深远，在科学尚未发展的古代时期，古人在各种事物中，都会以五行学说来进行认知和解释。但是在科学发达的现代社会，我们应该如何认识五行学说呢？

不过我们也一定要警惕，进入现代社会后，五行学说似乎比古代还要发达。但是，主要被用来算命，用来进行一些跟迷信相关的活动。这一点，我们特别要注意。

我也可以跟大家举几个例子。比如一对男女结婚，经常有人问："你什么命啊？"男的说："我土命。"女孩说："我水命。你要克我，土克水啊，婚姻不行啊。"这个就很可笑。可笑的还有：在《红楼梦》里，最重要的是五个人：宝钗、黛玉、湘云、晴雯、宝玉。有人就用五行的学说，来解释这五个人错综复杂的命运。为什么呢？宝钗，大家一听什么命啊？金命啊。宝玉呢？土命，玉，也是石头的，玉石是从土里出来的。晴雯火命，湘云水命，黛玉木命。所以宝钗为什么最终和宝玉能够成为夫妻呢？金玉良缘。为什么黛玉和宝玉感情那么好，但是最终没能结婚呢？一个木命，一个土命，木石前盟，当然不行，实现不了。为什么晴雯的脾气那么暴躁呢？晴雯只不过是一个丫鬟，却动不动跟主子翻脸啊，因为她是火命，火命当然性子比较暴。史湘云水命，湘江水逝楚云飞。解释《红楼梦》的有各种各样的派别，比如，索隐派，还有一派就是五行派。它用五行的学说，来解释《红楼梦》里每个主要人物的命运，以及他们相互之间错综复杂的关联。这种解释看看可以，很惊心动魄，表面上看也有点道理。但是，我想恐怕还是不怎么靠谱。所以，我们千万要注意，在讲五行的时候，千万不要把古人认识世界、了解世界的一种方法或者手段，当作我们今天去相信迷信的借口和依据。

文忠寄语

不要把古人认识世界的方法，当作相信迷信的借口和依据。

用来解释现实社会、用来解释自然界的五行学说，和用来进行某种毫无根据的判定、推测、规定的那种所谓的五行学说不是一码事。我找到这么一张表，据说五行跟职业相关。比如，木命的人比较喜欢东方。前面讲过，东方就是太阳从树上升起来的地方。木命的人可以从事木材业。还有说火命的人，喜欢南方。南方千里炎火，适合干什么呢？想想就知道，灯光照明，火命的人可以做灯光师。那么，土命的人喜欢中央，适合做房地产，这是最好的，还有农业、畜牧业。那么水命的人，喜欢北方，可以从事航海业。金命的人喜欢西方，可以从事金属工具材料，还可以从事汽车业、交通业、金融业。这一套东西是残留在现代社会的很可笑的东西。把五行庸俗化，把五行迷信化，这没有任何道理。

中国有五千多年的文明史，中华文化博大精深，源远流长。当我们在这座文化宝库中求索的时候，一定要正确理解古人对自然和社会的探索和认知。在现代社会中，如果仍用五行学说去解释世间所有的事物肯定是不科学的。而现在社会上有人借用五行学说，搞一些封建迷信的东西，更是应该坚决反对的。

在古人眼里，五行是构成宇宙万物的基本要素，是最基本的东西。所以，五行也包含在世界万物当中。古人根据自己的日常生活经验，发现了这五种要素之间的某种表面的关联，把它认定下来，根据他们当时的认识水平用来解释世界，这是无可厚非的事情。古人受到他们时代的限制，而我们则生活在现代，我们应该发现古人五行学说里合理的成分和某种哲理性的思考，去探究古人了解和解释世界的这种努力。古人这种求知的欲望，是非常值得我们尊重的。如果我们接过古人五行学说，去做某些迷信的事情，恐怕连古人都会嘲笑我们。五行是自然界的五种要素。在人类社会当中，五行对应的什么呢？五常。这"五常"是哪"五常"，为什么称它为"常"，这"五常"对于人类社会到底有多么大的意义和作用？请大家看下一讲。

曰仁义，礼智信，此五常[1]，不容紊[2]。

稻[3]粱[4]菽[5]，麦[6]黍稷[7]，此六谷，人所食。

马牛羊，鸡犬豕[8]，此六畜，人所饲。

曰喜[9]怒[10]，曰哀[11]惧[12]，爱[13]恶[14]欲，七情具。

匏[15]土[16]革，木石金[17]，丝[18]与竹，乃八音[19]。

高[20]曾[21]祖[22]，父而身[23]，身而子，子而孙，

自子孙，至[24]玄[25]曾，乃九族[26]，人之伦[27]。

---

1 五常：五种基本德性。

2 紊：紊乱。

3 稻：粮食作物，其籽实就是米，有旱稻、水稻之分。

4 粱：粮食作物，即粟，古代又称"禾"。其籽实未去壳称谷子，去壳后称小米。

5 菽：油料作物，即大豆。

6 麦：粮食作物，分大麦与小麦两种。

7 黍稷：粮食作物，即黄米。

8 豕：猪。

9 哀：悲哀。

10 惧：恐惧。

11 恶：憎恶。

12 欲：欲望。

13 七情：喜、怒、哀、惧、爱、恶、欲。

14 具：具备。

15 匏：葫芦。

16 革：皮革。

17 金：金属。

18 丝：丝弦。

19 八音：匏、土、革、木、石、金、丝、竹。

20 高：高祖，祖父母的祖父母。

21 曾：曾祖，祖父母的父母。

22 祖：祖父母。

23 身：自身。

24 玄：玄孙，孙辈的孙辈。

25 曾：曾孙，孙辈的子女。

26 九族：高祖、曾祖、祖辈、父辈、自身、子辈、孙辈、曾孙、玄孙。

27 伦：次序、辈分。

　　《三字经》作为传统教育的启蒙读本，是如何教育孩子认识与人类生存密切相关的事物的？又是如何告诉孩子怎样为人处世？人类的基本情感有哪些呢？在《三字经》中，仁、义、礼、智、信的排列顺序能否打乱？又为什么要把"仁"排在最前面？

《三字经》作为传统的启蒙教育，在讲完了对自然界的认知以后，就开始告诉你怎样为人处世。在中国传统文化中，仁义礼智信，作为一种道德准则和规范的基本内容，源于先秦时代的诸子百家。那么，在《三字经》中，仁、义、礼、智、信的排列顺序能否打乱？又为什么要把"仁"排在最前面呢？

仁、义、礼、智、信分离开来，在诸子百家里早就已经有了。但是，将它们综合起来，成为仁、义、礼、智、信这样的一个系统却是汉代儒家学者的工作。当时叫五性，就是五种性质。汉代有一部非常重要的著作叫《白虎通义》，根据其中的经典解释，"仁"是指仁爱，"义"是指得体，"礼"是指合乎规范，"智"当然是指明辨是非，"信"是指专一守信。

后来，大家认为，仁、义、礼、智、信应该是经久不变的，应该是超越一切时空限制的，是永恒的，所以把它叫"五常"。也许大家会讲，"五常"不就是五样最重要的东西嘛，可以讲成仁、义、礼、智、信，也可以讲成信、智、礼、义、仁，还可以讲成义、信、智、仁、礼，可以把这个先后的次序打乱了来讲。因为，反正是"五常"。这可是大错特错！我们忽略了《三字经》的这三个字："不容紊。"就是绝不允许紊乱，这是非常重的语气。

按照儒家的解释，"仁"毫无疑问是最重要的。我想，一种爱的情怀，是一切伟大人格的基础和最重要的部分。在中国，"仁"这个字是一切美好事物的代名词，好人过去叫仁人，讲仁义的人；好的政治叫仁政，好的声誉叫仁声。大家都知道佛陀释迦牟尼，一个印度人，大家知道佛陀还有一个名字吗？在早期就被译作"能仁"。中国人看见从印度传

《白虎通》 白虎通，又称《白虎通义》《白虎通德论》。东汉汉章帝建初四年（公元79年）朝廷召开白虎观会议，由官员及诸生、诸儒陈述见解，"讲议五经异同"，意图弥合今、古文经学异同。汉章帝亲自裁决其经义奏议，会议的成果由班固写成《白虎通》。《白虎通》以今文经学为基础，初步实现了经学的统一。清代陈立写有《白虎通义疏证》。

来的佛教，起初不知道怎么翻。佛陀是音译，那么怎么意译呢？早期的中国人也把他和仁挂钩，所以叫"能仁"。再说得俗一点，大家嗑个瓜子，嗑出来的是个瓜子仁，吃的干果还是果仁。为什么不吃瓜子皮啊？怎么不吃外面裹的壳啊？为什么要吃那里面的仁啊？因为"仁"是好的，是最好的东西，是可以吃的，是有营养的。所以，"仁"在中国古代，是一切美好事物的代名词。

仁、义、礼后面接着的是智和信。这个顺序为什么不容紊乱？这就是传统中国思想的一种精义所在。按照儒家思想，智慧和守信是好东西，但是必须以仁、义、礼为前提。如果没有仁、义、礼为前提，智和信可能是很可怕的。

很简单，如果一个人不讲仁义道德，也不守礼仪，不遵守社会秩序，那么社会就会大乱。比如说，有两个坏人商量：今天晚上去偷一个东西。这个大楼有一个柜子，甲比较傻，抢着斧子就把它劈开，再把它拿走。乙很聪明，他去做钥匙，悄悄打开，把里面的东西轻松地拿走。大家说哪种更坏？难道不是聪明的反而更坏了？有智慧反而做更大的坏事，更能够掩盖做坏事的痕迹。如果在这方面再讲信那就更可怕了：比如说今天晚上两人说好去偷一个东西，那么他们就一定会去，绝不反悔。这社会可就乱了。

所以古人的心思是很细密的。仁、义、礼、智、信，这个顺序绝对不允许紊乱。智和信必须以仁、义、礼为前提，才可以是一种优秀的品质。

有智慧的坏人，守所谓信用的坏人，比一般笨乎乎的坏人，说话不算数的坏人，恐怕更可怕。

文忠寄语

智和信必须以仁、义、礼为前提，才可以是一种优秀的品质。

仁、义、礼、智、信，是中国传统文化中优秀的道德品质，也是一个人安身立命的保证。尤其是在为人处世上，人们更是看重"信"字。只有做到以诚待人，言而有信，才能得到别人的尊重和认可。那么，在历史上又流传着哪些关于诚实守信的故事呢？

来的佛

我在下面可以给大家讲一个故事，看一看古人是怎么看重这个"信"字的。这个故事实际上是一个典故，叫"情同朱张"。这是个什么故事呢？东汉的时候，河南南阳有两个人，一个叫朱晖，一个叫张堪。张堪很早就知道朱晖很讲信义，很讲信用。但是，两个人原来并不认识。后来，两个人都去了太学，成为同学，两个人才熟悉起来。因为来自同一个地方，都是老乡。但是，并不是来往很密切，更不是酒肉朋友。同学了一段时间，两个人都学业有成，要分手各回各家的时候，张堪突然对朱晖讲："我身体不好，今天，我们俩同学的缘分到了，要分头回家了。我有一事相托。"朱晖摸不着头脑，就看着张堪："你要托我什么呢？"张堪就讲："假如有一天，我因病不在了，请你务必照顾我的妻儿。"当时两个人身体都很好，朱晖没当回事，也没有做出什么承诺。但是分手以后，张堪果然英年早逝，留下了妻子和孩子，生活得非常艰难。这个消息就传到了原来关系也未必很密切的朱晖耳朵里，朱晖就不断地资助张堪的妻子和孩子，年复一年地关心他们。于是，朱晖的儿子很不理解，就问爸爸："您过去和张堪没什么交往啊？您怎么对他的家人如此关心呢？"朱晖说："是的，我的确跟张堪不是相交很深，不是来往很密。但是，张堪在生前曾经将他的妻儿托付给我。他为什么托付给我，而不托付给别人呢？因为他信得过我。我怎么能够辜负这份信任？我当时没说什么，实际上，我在心里已经承诺了。所以，我要守信，履行我对张堪的诺言。"

这已经很不容易了吧？更让人感动的还在后头。朱晖在家乡是一个扶危济困、非常有公益心的人物，南阳太守早就仰慕朱晖的为人。那么，在古代怎么来褒扬？怎么来奖励呢？往往就一个办法，给他儿子一个当官的机会。到了这个当口，大家知道朱晖怎么做的吗？朱晖就去找南阳太守说："谢谢您的好意，但是我的儿子才具有限得很，才华、本事都不太够，他在家里待着还不错，如果您要让他当官的话，我看

情同朱张　"情同朱张"是指朋友之间感情执着、互相讲究信用。

恐怕不合适。我向您推荐一个人，他是我的故友陈揖的儿子。他学习勤奋，非常守礼仪，是个可造之材。我愿意把我故友的儿子推荐给您，让他有一个去当官为民众服务的机会。"后来，陈揖的儿子果然没有辜负朱晖对他的信任，非常廉洁奉公，非常勤奋踏实，为民众做了好多好事。这就是中国历史上很有名的一个典故"情同朱张"的来历。我想这个故事和很多其他故事一样，足以说明传统的中国人是多么看重一个"信"字。这里面并没有合同，并没有文书，甚至没有一句公开说出口的承诺。但是，朱晖这么去做了。我想，这是非常值得我们现代人学习和反思的。

讲完了"五常"，《三字经》接下来一定是讲"六"。果然，《三字经》接下来的就是：稻粱菽，麦黍稷，此六谷，人所食。马牛羊，鸡犬豕，此六畜，人所饲。

在中国民间，人们常说，五谷杂粮、五谷丰登，那为什么在《三字经》中会讲六谷呢？

六谷 古时指稻、黍、稷、粱、麦、菽六种农作物。《周礼·天官·膳夫》记："凡王之馈，食用六谷，膳用六牲，饮用六清，羞用百有二十品。"

这里面就有两种解释：一种解释说这个六谷没错，五谷也是对的，为什么呢？稻子不算。这个说法不是没有道理，很古的时候北方没有稻子。所以《三字经》讲六谷，而更古的人讲五谷，这是一种解释。第二种解释呢？黍和稷只不过是同一个品种，是什么呢？就是我们讲的黄米。现在大概吃的人不多了，咱们现在都吃白米，但是老人也许还知道有一种黄米。黄米分两种，比较黏性的叫黍，比较粳性的叫稷。那么，这两种并起来算一种就只有五谷。我想，这都是我们应该具备的一些日常知识。《三字经》既然讲完了"六"，理所当然就得讲"七"，《三字经》接下来的就是：曰喜怒，曰哀惧，爱恶欲，七情具。

七情：喜，喜悦；怒，愤恨；哀，忧伤；惧，恐惧；爱，爱恋；恶，厌恶；欲，欲望。只要是个人，是个正常的人，就都会有这七种情感。但是，儒家认为，尽管这七种情感是与生俱来的，但是，不能由着它们来，要对它们有所节制，用理智去制约。人的情感终究需要用理智加以制约，这就是儒家的"发乎情，止乎礼"。

一方面，肯定人的正常情感，需要发散，需要宣泄，需要表达，但是必须有个限度——礼仪，要符合礼仪。我想，儒家学说的这部分内容，对于现代社会的人，特别有参考价值。在现代社会，人特别需要控制的是一种对物质的贪欲。

有的时候看见财物了，看见物质的好处，不要随便伸手，要先问问该不该拿，合乎不合乎礼仪，合乎不合乎仁、义、礼、智、信。

> **文忠寄语**
>
> 人特别需要控制的是一种对物质的贪欲。

中国儒家文化认为，人的喜怒哀乐、七情六欲，都应该受到理智的制约。

范进二十岁的时候就开始应考，连续考了三十多年，一直名落孙山，考不取，非常倒霉。家里本来就不富裕，由于他把全部心思放在科举考试上，没有空去照料生计，所以家里已经很破落了。他娶了一个太太，是一个屠夫的女儿。终于，到五十一岁那年，又去应试，这下好，总算考取了一个秀才。考取秀才可真不容易。秀才也有好多待遇，比如秀才娘子，眼前的就是范进的太太，这个屠夫的女儿从此就可以穿红裙子了，可以穿红的绣花鞋了。

范进第二年接着再去考举人，连他自己都没抱太大的期望。他岳父也讲："我看你考了个秀才就不错了，回来招几个学生教教，谋几个银子。你这癞蛤蟆还想吃天鹅肉，你还想考举人？"考中举人就叫老爷了，举人跟秀才不一样，举人是文曲

范进 范进是吴敬梓《儒林外史》一书中主人公之一。在几十年应试不中的情况下，突然中举，但他却因喜不自胜而发疯。在恢复神志后，他的岳丈胡屠户由从前的对他不屑一顾变为阿谀奉承；同县的"名流"也纷纷巴结。他本人也结交官绅，最终成为卑污、庸俗的官僚。范进中举，从一个侧面揭露了封建科举制度的种种弊端。

星下凡啊。大家要知道，在传统中国社会，很难见到一个进士在家里待着。为什么？进士都离乡出去当官去了。而在传统中国是有严格的回避制度的。河北人不能在河北当官，必须跑到其他地方，比如湖南去当官。江苏人不能在江苏当官的，比如要到安徽当官。所以，在老家看不到进士，进士都在外面当官。老家最厉害的老爷就是举人。哪知道，范进好运连连，竟然连举人也考取了。这一下怎么样？他接到了喜报以后，两手一拍，笑了一声："咦，我中了！"然后往后一摔，范进就晕了。旁边的人一看，这举人老爷晕了，赶紧给他水喝，把他弄醒。弄醒了以后，范进又跑起来，一面拍手一面大笑："哈哈哈哈！中了中了！好了好了！我中了！"笑着往外飞跑。这一跑，一跤摔在池塘里。摔在池塘里以后，范进还从池塘里站起来，两手沾满了黄泥，还在那儿拍，说："我中了！我中了！"他举人是中了，可是人也疯了。

这是很凄凉的一个故事，范进长期失败得不到成功，面对着突如其来的成功，他没有办法控制情感，控制不了自己的狂喜，所以疯了。这个故事经常被用来批判科举制度的残酷无情。但是，换个角度看一看，难道不也可以说明人的情感应该接受理智的制约吗？制约的标准是什么？"止乎礼。"只要人们符合礼仪，都可以。这个例子说白了很容易理解。大家在家里，爱穿什么穿什么。但是，一旦进入社会，比如说去上学、去上班，也什么都穿？肯定不行。一个合乎礼仪的社会才会和谐，才会平稳，才会井井有条。

《三字经》讲完"七"以后，当然又要讲"八"：八音。不过，这里的八音绝对不是咱们熟悉的八音盒，八音盒是西洋的玩意儿，不是中国传统的国货。那么，这又是哪八音呢？

八音 周代以制成乐器的物质为分类标准，将乐器分为八类，即金、石、丝、竹、匏（páo）、土、革、木，合称为"八音"。

礼乐是中国传统文化的重要精神，古人更是把音乐作为贵族子弟的必修课。那么，古

"匏土革，木石金，丝与竹，乃八音。"八音实际上是中国传统乐器的一种分类法，按照制作乐器的材质进行分类。

匏（páo）是指用葫芦制作的吹奏乐器，比如笙。匏就是葫芦。土，就是用陶土制作的乐器，比如埙（xūn），现在依然还有人吹埙。革，是指用皮革制作的乐器，比如鼓。木，是用木头制作的打击乐器，比如有一种叫作敔（yǔ）。敔大家很少听到了。但是，大家知道，现在华山一带，有一种老腔，这个老腔在演唱的时候，突然会跑出来一个人，扛着乐器。什么乐器呢？一条板凳，一块木头，就在那儿敲。这也就是说，在老腔里面保留着中国古代用木器做打击乐的痕迹。石就是玉制的打击乐器，比如磬。丝就是通过丝弦发声的演奏乐器，如琴、瑟。竹子就不用说了，笛子就是。用今天的眼光来看，这样的分类法并不一定科学。但是，传统中国就是这么分的，这么分也有它的道理。这属于专业的音乐范畴的问题，我们不在这儿讨论。

我只问大家一件事情，吹牛皮到底是什么意思？大家一般认为吹牛皮是说大话，对吧？那牛皮能吹大吗？那么厚一张牛皮怎么把它吹大呢？为什么不吹一个更有弹性的东西呢？为什么非要去吹牛皮啊？实际上吹牛皮的本意不是这个，而是跟八音相关。牛皮不是吹的，火车不是推的，泰山不是垒的。牛皮是敲的。牛皮是鼓嘛，难道去吹鼓啊？所以，吹牛皮的意思是不搭调，就是讲那事跟这个没关系，是否夸大倒在其次。当然，我们现在都忘了，所以老说吹牛皮。传统中国更是认为，音乐可以反映一个人的品位，能够使人相互理解沟通，成为朋友。最好的朋友叫什么？知音。

> **常言道，朋友好找，知音难求。千百年来，为什么人们总喜欢把自己最好的朋友称为知音？这里面又蕴含着什么样的典故呢？**

知音的故事牵涉两个主人公，一个叫俞伯牙，一个叫钟子期。大家应该都知道，俞伯牙是春秋时代楚国的顶级音乐家，从小聪明，酷爱音乐，尤其弹得一手好琴。他为了使自己的琴技能够更上一层楼，经常带着琴到河边没人的地方去演奏，苦练琴艺。在一个下雨天他坐上了船，沿着江慢慢漂游，一边欣赏淅沥淅沥的雨声，一边情不自禁拿出琴演奏起来。正演奏的时候，俞伯牙突然发现，自己的一根琴弦弹动了一下，这很奇怪。他已经是大师级的人物了，雨声这种小小的杂音怎么会使琴弦弹动呢？他觉得有人在偷听他弹琴。俞伯牙抬头一看，发现岸边树林旁边蹲着一个打柴的人。这个人当然就是钟子期。俞伯牙把船靠岸，请钟子期上船，说："您喜欢听我的音乐？"钟子期说："是是是。""那让我为您演奏一曲。"演奏完了一曲之后，俞伯牙问钟子期："你有什么感觉？您听到了什么？"钟子期说："多么巍峨的高山啊！"俞伯牙大惊！他弹的正是《高山》。他并没有事先告诉钟子期这首曲子名叫什么？俞伯牙觉得太奇怪了，就说："那我再为您弹一曲，您再听听看。"于是又弹了一曲。钟子期的回答是："多么浩荡的流水啊！"这下俞伯牙服了，他弹的曲子正是《流水》。俞伯牙觉得钟子期那么理解自己的音乐，就称他为知音。这也就是成语"高山流水"的由来。

俞伯牙说："我要出去旅游，等我回来以后，我到您府上拜访，我再为您演奏。"等伯牙旅游回来去拜访钟子期的时候，钟子期已经去世了。俞伯牙带着琴，在钟子期的坟前再演奏了一曲，非常的凄凉、哀婉。演奏完了以后，伯牙把自己最珍爱的琴在钟子期的坟前摔

伯牙摔琴 伯牙摔琴又称伯牙断弦。《吕氏春秋》等古籍对此故事均有记载。伯牙喜欢弹琴，子期有很高的音乐鉴赏能力。不管伯牙如何弹奏，子期都能准确地道出伯牙的心意。伯牙因得知音而大喜。子期死后，伯牙悲痛欲绝，觉得世上再没有人能如此真切地理解他，"乃破琴绝弦，终身不复鼓"。

伯牙绝弦，所喻示的是一种真知己的境界，也是千百年来这个故事广为流传的魅力所在。

烂了，从此往后俞伯牙再也没有弹过琴。这就是"伯牙摔琴"的故事。

可见，在传统中国把音乐看得有多么的神圣，赋予音乐多么崇高的一种价值。当然，如果像我这样的人，听俞伯牙弹琴，他弹《高山》，我肯定说："哎呀，一土堆啊。"他弹《流水》，我说："哎呀，一水沟啊。"那叫什么？那就叫对牛弹琴。我就成牛了，风险很大。所以，假若修养不到家的话，在古代听音乐的风险可是很大的。

接下来，《三字经》就讲了个位最大的单数——"九"。

> 在中国古代，"九"这个数字，被认为是最具神秘色彩的数字。古人以九为大数，汉语中关于九的词汇也很多，比如九五至尊、九霄云外、九牛二虎之力等等。然而在封建社会，还有一个词与九有关，那就是一个人如果犯了罪，就要株连九族。那么，这里的"九族"到底指的是哪些人呢？"高曾祖，父而身，身而子，子而孙，自子孙，至玄曾，乃九族，人之伦。"

"九族"的亲戚关系和中国古代的礼制和法制关系密切。为什么？一人犯罪的话，最重的刑罚是诛九族。灭九族已经够残酷了吧？可是大家知道，秦始皇还经常灭人家的三族。李斯被腰斩，李斯就是被灭了三族的。这里的"三族"可不比"九族"少！

什么叫三族？就是父系的九族，母系的九族，妻子家的九族。所以是几千口人被杀，这当然是非常残酷的。到了明朝以后，杀九族还不过瘾，才有了十族。十族是什么呢？加上老师门生关系，这也算一族。所以在明朝，招学生的风险很大。如果一个学生被灭门，明天老师也会被拎出去砍头，当然学生拜老师的风险也很大，如果他拜的一个老师不巧被杀，那么，哪怕他毕业了也揪回来杀了。这都是中国传统当中很残酷的一面。

九族 从汉代起，"九族"有经学上的今文和古文两种解说。1.古文说，认为九族仅限于父宗，包括上自高祖下至玄孙的九代直系亲属。2.今文说，认为九族包括父族四、母族三、妻族二。封建统治者在赏赐、惩罚、屠杀时是利用九族的今文说的。

那么，讲完这九族以后，接下来的问题是，亲属之间应该如何相处？学生从小应该学习哪些亲属相处的礼仪？请大家看下一讲。

父子恩[1]，夫妇从[2]，兄则友[3]，弟则恭[4]，
长幼序，友与朋[5]，君则敬[6]，臣则忠[7]，
此十义[8]，人所同。凡训蒙[9]，须讲究。
详训诂[10]，明句读[11]。为学者[12]，必有初[13]，
小学终[14]，至四书[15]。

1 恩：恩情。

2 从：和顺。

3 友：友爱。

4 恭：恭敬。

5 友、朋：古人将同样德行的人称为朋，同样类别的人称为友，后来则总称为朋友。

6 敬：庄重。

7 忠：忠诚。

8 义：此指行为准则。

9 训蒙：进行启蒙教育。

10 训诂：解释词义。

11 句读：标点断句。

12 为学：进行学习。

13 初：开端。

14 小学：指初等教育。

15 四书：书名，《论语》《孟子》《大学》《中庸》四部著作的总称。

《三字经》在讲完了应该如何为人处世之后，开始讲到教育问题。那么，学习应该有什么讲究？古人的小学和现代人的小学有什么不同呢？

儒家文化认为，要先做一个有道德的人，然后才能做一个有知识的人。所以《三字经》先教孩子们应该怎样为人处世，然后再教孩子们应该怎么读书。那么古人读书和我们现代人读书有什么不同？古代的小学都有什么课程？什么叫训诂（gǔ）？什么是句读（dòu）？训诂和句读对于学习古文，为什么特别重要呢？

上一讲我们讲到《三字经》的按序排列，排到了个位单数的最高——九。接下来《三字经》讲了一个比九还大的数，但是，这是个两位数——十，所谓的十义，是十种恰当、正当的交往处理方式。哪十种呢？"父子恩，夫妇从，兄则友，弟则恭，长幼序，友与朋，君则敬，臣则忠，此十义，人所同。"翻译成白话是什么意思呢？父子之间要注重慈爱与孝顺，这当然是指父要对子慈爱，子要对父孝顺。夫妻之间和睦相处。兄长必须友爱弟弟，弟弟应该恭敬或者尊敬兄长。交往的时候，一定要注意长、幼、尊、卑的次序。朋友相处应该相互讲究信义。君主要尊重臣子，臣子应该忠于君主。这十义也就是十种恰当的行为准则，人人都应该做到，争取去做到。概括来讲，十义就是"父慈子孝，夫和妇随，兄友弟恭，朋谊友信，君敬臣忠"。

> **十义** 十义是指父慈、子孝、夫和、妇从、兄友、弟恭、朋谊、友信、君敬、臣忠等十种美德。我国古人非常注重十义，认为是每个人都要遵从、不可疏忽的准则。

我首先给大家讲一个关于兄友弟恭的故事。这个故事过去的名字叫"赵孝争死"。这是一个很悲烈的故事，说的是一个叫赵孝的人争着去死。这是怎样一个故事呢？汉朝的时候，有一对兄弟，哥哥叫赵孝，弟弟叫赵礼。有一年，天下饥荒，社会动荡不安。有一天，兄弟两个正在家里玩耍，强盗破门而入，在家里乱翻。当然，荒年主要是希望能够抢到一点粮食。然而，赵家一贫如洗，没有一点油水，没有一点粮食。兄弟俩岁数都不大，一看强盗冲进来，吓得就直往门外跑。当然，弟弟赵礼跑得比较慢，强盗一把就把他抓住了，抓住了以后就打算把他给吃了。吃人的风俗古代还是有的，我们知道甚至有把人肉当军粮的。强盗就准备把弟弟吃了。哥哥赵孝本来已经跑得很远了，发现弟弟没跟上来，回头一看，弟弟被强盗抓了。哥哥就跑回来，跪在这些凶恶的强盗面前，哀求道："我弟弟有病，身体瘦弱，身上也没多少肉，而且他的肉也不好吃，你们把他放了。只要你们把我弟弟放了，我身体好，我也比较胖，你们就吃我吧。"这是哥哥赵孝在争着替弟弟去死。强盗都愣住了，面面相觑，他们哪里见过有这样争着被人吃的兄弟呢？赵礼就在旁边说："是我先被你们抓住的，我如果被你们吃了，那是我命中注定。我哥哥已经跑了，他有什么罪过？你们为什么要吃我哥哥呢？"兄弟两个抱成一团，抱头痛哭。强盗很凶恶，但是也被这兄弟俩的那种友爱之情打动了。最终，就撇下兄弟两个跑了，没有吃这两个兄弟。这件事情后来被皇帝知道了，就下令褒奖。因为这是兄友弟恭的最好例子了，所以将这兄弟两人的事迹昭示天下。这就是有名的"赵孝争死"。

至于友朋之道，古人很重视，我们前面讲过。但是，大家知道，古人在友和朋之间是有区别的。古人称有同样德行的人，道德一样的、行为操守一样的人，为朋。称同样类别的人为友。就是说，我们都是读书人，或者我们都是做官的，这叫友。友不一定德行都一样。友不一定是朋，朋不一定是友。当然我们今天已经把它们混称为朋友了，都一样了。

我们特别需要注意的是君臣之间的关系。

《三字经》把父子、夫妻、兄弟、朋友、君臣之间应该如何相处的规矩，统称为十义。这对于我们现代人，也是行之有效的。但是君臣关系是封建帝王制度特有的一种关系，我们现代人，应该如何理解儒家文化对于君臣关系的诠释呢？

我们千万不要把董仲舒的思想等同于孔子的思想，我们不要混淆不同的"三纲"。《三字经》的"三纲"跟董仲舒的"三纲"不是一回事,《三字经》讲"君臣义",就是君臣之间要有恰当的方式。有人认为儒家很封建、很专制。儒家真的都认同专制吗?儒家真的百分之一百都很封建专制吗?请大家听这一段孟子的话。

"君之视臣如手足,则臣视君如腹心;君之视臣如犬马,则臣视君如国人;君之视臣为土芥,则臣视君如寇仇。"(《孟子·离娄》)

什么意思啊?如果君王把臣子看作是手足,连为一体的话,那么,臣子就把君王看成自己的腹心。如果君主把臣子看作狗,看作马,那么对不起,臣子把国君看作国人。什么叫国人?马路上随便走的人,也叫路人。假如君主把臣子看作是土芥,看成像泥土一般轻贱的东西,那么更对不起,臣子把君王就看作自己的仇人。请问,这样的学说明明白白出现在《孟子》里,我们能说儒家学说都是赞成专制的吗?所以,《三字经》阐发的是"君则敬,臣则忠"。君主要尊敬臣子,臣子要忠于君主。所以,我们要注意《三字经》所阐发的中国传统社会的精神,一般来讲都是比较平和稳妥的。

儒家文化认为,要先做一个有道德的人,然后再做一个有知识的人。所以《三字经》先把应该怎样为人处世的道理阐述清楚,然后再教孩子们应该怎么读书。那么,古代人读书和我们现代人都有哪些不同?又有什么特殊的规矩呢?

《三字经》先告诉大家,书不是随便可以读的。读书需要技巧和基本训练,读书是需要基础的。需要哪些基本技能呢?"凡训蒙,须讲究。详训诂,明句读。"这四句话十二个字含义实在是太丰富了。训蒙就是启蒙教育,只要是启蒙教育,就必须要讲究。讲究什么呢?训诂。什么叫训诂?这个话题太复杂。现在有训诂学,是中文系的一个大专业。中国大概总共有成百位的训诂学教授吧。训诂,简而言之,就是用当前的话语来解释古代词的意义。什么叫句读呢?句读就是标点断句。

我们知道古书都是连着排下来的，一串，没有句读。古人要读的时候，也必须先把句子点断。不点断怎么读呢？训诂和句读都是大学问。我打算用一些例子争取把训诂和句读给大家说明白。

先讲训诂。《论语》里面有这么一件事情，孔子和一个叫阳货的人交往。阳货按照礼节来拜见孔子，可是，孔子对阳货总觉得有点不爽，不大想见他。然而，孔子自己是很讲究礼的啊，古人讲究的是，如果有人来拜他，他必须回拜，不然就是失礼。孔子就琢磨，怎么能够不见他，但又不失礼呢？《论语》里就讲，孔子想了一个办法，叫"时其亡也而往拜之"。什么意思呢？这里面就有两个训诂方面的问题：第一，亡也，等到他死了才去拜他吗？那不是。这里是亡羊补牢之亡。亡羊补牢不是说等羊死了才围圈，羊都死了还围什么圈，是说等羊跑了再围圈。所以，亡是指逃、走、离开。也就是说，等到阳货离开孔子才去回拜他。把名片一递，证明孔子来过了，没见着，不是孔子的事，孔子没有不遵守礼节。第二，"时"怎么讲，什么叫"時其亡也而往拜之"？大家一定要知道，繁体字"時"右面是寺庙的"寺"，跟等待的待一样，等待的待的右边也是"寺"。所以，这两个字的古音，都读作 dài。实际上，这个"时"字就是"等待"的"待"。所以，是待到他离开了孔子才去回拜他。这样的话，孔子到底想做什么我们就明白了。不然，孔子是什么意思我们都无从知晓。这是一个训诂的例子。

> **训诂** 1. 狭义的"训诂"，是指用通行的话解释古代语言文字或方言的字义（或词义）。
>
> 2. 广义的"训诂"，是指"训诂学"，即中国传统语文学的一个部门，是主要从"语义"的角度研究古代文献的一门学科。

中国的汉字有几千年的历史。在漫长的岁月中，随着时代的变迁，人们的语言也在发展变化，用今天的词意去解释古文，当然会造成理解上的错误，所以训诂学，实际上就是研究如何正确解读古汉语。那么，句读对于学习古文又有什么重要意义呢？

古书没有今天的标点，需要我们加以句读。但是，句读可是一门大技术。大家千万别小看标点古书，弄不好就破句。点错了，就把一个句子给弄破了。而且，不同的句读，有时候会把同一句古文弄成完全相反的意思。我接着在《论语》里找例子。那是很有名的话："民可使由之不可使知之。"这句话要点断，怎么点？如果你把它点成"民可使由之，不可使知之"。那就是说，老百姓啊，只可以叫他干活，去差遣他，去驱使他，可不能让他知道这么做的道理。多么愚民的政策啊！这就是一种句读法。还有一种句读法，"民可使，由之；不可使，知之。"意思变成什么？老百姓愿意被驱使的，愿意去干活的，让他们去吧，不要打扰他们了；老百姓不愿意干活的，不愿意听差遣的，让他明白道理，向他解释。这是很不错的话。这就是句读的问题了。

再举一个例子，也很有名。"饮食男女人之大欲存焉。"这也是《论语》里的。一般的解释，也是正确的句读法："饮食男女，人之大欲存焉。"人活在世上，要喝水，要吃饭，总归希望找到意中人组织家庭，延传祖宗的血脉，养育子女，要有夫妻生活。"饮食男女，人之大欲存焉"，这是人最基本的要求。这话放到天下都对。可是，有人却胡乱解释，说《论语》表明，孔子就是女权主义者，他说过一句话："饮食男女人之大欲存焉。"这句话怎么有女权的意思？有人就说："饮食男，女人之大欲存焉。"作为一个女人，要喝水，要吃饭，还要一个男人，有个伙伴，有个丈夫，女人之大欲都在这儿了。这当然是不对的，因为古代不会有"女人"这样的古汉语。这就是乱点，实在太玄乎了。

因为早期的古文没有标点符号，便有人故意利用句读，把写作者的原意更改成为自己的用意。这在历史上屡见不鲜，甚至留下许多笑谈，有的借此混口饭吃，也有的借此救了性命。句读怎么会有如此大的作用呢？

　　有关句读，有太多有趣的故事，我选两个给大家讲讲。有一个穷秀才，某天晚上到一个非常富有的朋友家里去做客。他是想去混顿吃的喝的，因为他太穷了。富人看见穷秀才就烦，也不愿意理他。到了晚上，秀才的晚饭还没着落呢，饿着肚子，打算再赖一会儿。主人懒得理他，扭头就走了，顺手在桌子上留了一个字条，写着："下雨天留客天天留人不留。"当然，古人没有标点。他就往桌上一扔，认为穷秀才应该读懂了。这个富人的意思是什么呢？"下雨天，留客天？天留，人不留。"意思是就算是老天要留你，我也不留你。这个富人是这么点的，他理所当然地想，秀才也应该这么点。富人先走，免得弄得很尴尬。谁知，等富人逛一圈回来，一看，秀才还在那儿等晚饭呢，还没走呢。这个富人哭笑不得，说："你是读书人啊，你不认字啊？"秀才说："我认字，我怎么不认字？""我给你留的条子你看见了吗？""看见了啊。""那你怎么不走？""我干吗要走？不是你让我别走的吗？"那是怎么回事呢？原来秀才是这么点的："下雨天，留客天！天留人不？留！"秀才说："我怎么好意思走，你那么客气。"这又是句读的问题。

　　再举个句读的例子，是慈禧太后和书法家的故事。一次，有人进贡给慈禧太后一把非常精美的扇子。按照规矩，古人没有拿白扇子晃的，白扇子很不礼貌。扇子两面应该一面是画，一面是字，很儒雅。慈禧太后也很讲究，就找了一个著名的书法家，给她那精美的扇子题诗。书法家题了一首诗，哪首诗呢？写了非常著名的王之涣的诗："黄河远上白云间，一片孤城万仞山。羌笛何须怨杨柳，春风不度玉门关。"写好，盖上章，给太后呈上去。慈禧打开一看，缺了个字。这个著名书法家把"黄河远上白云间"的"间"给漏掉了。七个字一句的绝句，变成有一句是六个字的了。慈禧一看，大怒："你是臣子，给我写扇子，还那么不认真，你找死啊？这不是欺君之罪吗？"慈禧文化程度不高，所以，她特别怕人家觉得她没学问，就喝声下令："来人，拖出去砍了！"书法家一看脑袋要掉了，当然很急，赶紧说："太后，且慢且慢，我没有写王之涣的诗啊！"慈禧说："你这不是王之涣的诗啊？""不是，不是。我想做一个创作，更好地向老佛爷汇报，向您请教。这不是王之涣的诗，是我自己根据王之涣的诗，把它改了一改，创作成一首词，请太后您指教。太后您英明，果然看出来了。"慈禧当时就糊涂了："这什么词啊？你念来听听。"这人就念了："黄河远上，白云一片，孤城万仞山。羌笛何须怨，杨柳春风不度玉门关。"多好？一点毛病没有。慈禧被他弄得哭笑不得，怎么杀他啊？书法家得意扬扬地回去了。这都是句读的问题，它们都可以告诉我们，句读对于阅读古书有多么的重要。所以《三字经》强调，"明句读"，这可开不得玩笑。

明白了训诂和句读的重要性，孩子们开始读书了。"为学者，必有初。"我们现代的小学生刚开始上学的时候，有语文课，有数学课，要从拼音和加减法开始学起。那么古代的学生刚入学的时候，是从什么开始学起的呢？

会训诂了，也懂得句读了，那么应该读哪些书呢？《三字经》告诉我们："为学者，必有初，小学终，至四书。"学习总归有一个开始的地方，小学读完了，就可以去读四部书了。首先要跟大家说明，尽管我们今天的小学就是从古代的小学这个概念来的，但是，古代的小学和今天的小学不是一回事。古代的贵族子弟六岁开始上学，这就叫上小学。先学什么呢？生活规范。哪些生活规范呢？洒扫、应对、进退。先要干点家务活，扫扫地，洒洒水，做一些清洁工作。应对，对来客要应对。这个很难的，起码称呼就很讨厌。比如我们今天见到同辈的孩子，很多人说："大侄子，你怎么样？"这在古代就很没礼貌。过去要叫"世兄"。先把自己降一辈，还要把对方再抬高一点点，叫"世兄"。如果称人家"大侄子"，人家马上觉得这个人一点教养也没有。比如称

古代小学 古代教育，小学是从六岁到十二岁，它的教学目标，就是培养正知正见，所谓的"童蒙养正"。在生活教育方面，培养学童的勤劳，洒扫应对，侍奉长上；在德行、学问方面，培养学童的"根本智"（佛教名词）。

对方的女儿，称什么？"令爱"，或者"女公子"，没有说"你闺女怎么样了？"这都是大白话。称别人的父母是令尊、令堂。倘若要一起问，那就是"令堂可安？堂上好吗？"那就是问对方的父母大人好不好。再称上一辈的女性就应说"老夫人""老太太"。过去，老太太是尊称，没有多少人有资格称老太太。这称呼很复杂。称自己的父母"家父""家母"。这都有一套规矩的，是中华民族很好的传统，不是繁文缛节，对一个人的教养是大有好处的。一般跟老人家说完话要站起来，走时应该先倒退着或者侧着身走。这就是古代小学先要学的规矩。这不仅是对生活技能和礼貌的培养，更重要的是对人格的培养。

八岁，开始认字，开始学写字。写字容易吗？应该用一种什么样的态度去写字啊？今天还有多少人这么讲究啊？我教书时经常碰到好多学生写错别字，缺一点，少一撇。现在的学生常打电脑，已经不写字了，所以都快忘了这字怎么写。写字是有规矩可循的。我要给大家讲一个故事，就是"四书"的编纂者，宋朝大儒朱熹的故事。

朱熹，字元晦，号紫阳，祖籍徽州。朱熹怎么写字的？朱熹小时候，在一个桃花盛开的季节，他的老父亲，就要求朱熹抄写唐诗："桃花潭水深千尺，不及汪伦送我情。"

朱熹那时候还小，当然也很调皮："桃花正盛开，我还在写桃，我还不如出去看桃花呢。"一急，把这个桃写成了挑，就变成"挑花潭水深千尺，不及汪伦送我情。"父亲回来，一检查，什么也没多说，只是很严肃地说了一句话。这句话我正好送给正在读书或写字的朋友们。一定要记住。什么话？

"心正则字正，心不正则字不正。"

这句话意思是说，一个人的心端正了，那么他的字自然就正了；如果心不正，字就是歪的，或者就是错的。朱熹非常羞愧，赶紧自己

朱熹 朱熹（1130 年—1200 年），中国南宋著名理学家、思想家、哲学家、诗人。字元晦，后改仲晦，号晦庵，别号紫阳，徽州婺源（今属江西）人。朱熹是宋代理学的集大成者，对经学、史学、文学、乐律乃至自然科学都有研究。

把这个桃抄了一千遍，交给父亲，请父亲原谅。这是非常有名的"朱熹写桃字"的故事。可见，古人对写字有多么的看重。古人强调，一个人的字写得如何，是和这个人的修养品德密切相关的。

> 中国的汉字，是世界历史上最悠久的文字之一。因为有了文字，才开始了书面记载历史。所以，古人认为，汉字是神圣的。而写字不仅是为了认识字，更是一种对人的品格和性情的熏陶和磨炼。那么，古人在小学时期除了写字还要学习什么呢？

文忠寄语

字写得如何，是和人的修养品德密切相关的。

小学阶段，还要学习六艺：礼、乐、射、御、书、数，要学习这六种技能。这六种技能，我们后来也不太讲究了。相反，在日本却延续了下来，只不过日本将它们转化为了八道：茶、艺、花、书、剑、歌、柔、香。日本的这几个道，一般认为是中国六艺的某种延续和改变。小学阶段主要是学习这些东西。

按照中国传统教育来讲，十五岁升入大学。那时候没有中学，小学直接进大学，十五岁进入大学。这才开始有老师讲解"四书"。那么，"四书"是哪四部书呢？

"四书"就是《论语》《孟子》《大学》《中庸》。

"四书"不仅影响了中国人的思想，甚至可以说，"四书"塑造了传统中国人的精神。那么，"四书"中的每一部书的情况究竟如何？我们应该怎么去读？请大家看下一讲。

八道 即"日本八道"，包括茶道、艺道、花道、书道、剑道、棋道、柔道和空手道。中国学者王文斌写过一本书，名字就叫《日本八道》，其中增加了"歌道"和"香道"，没有介绍"棋道"和"空手道"。

论语者，二十篇，群弟子，记善言。

1 论语：书名，记载孔子及其弟子言
论行事的著作。

2 群弟子：指孔子的学生们。

3 善言：有教育意义的言论。

　　《论语》是怎样的一部书？是什么人最终编订完成了《论语》？《论语》为什么被奉为儒家经典之首？"半部《论语》治天下"这句话究竟是怎么来的呢？

作为传统启蒙读物的《三字经》，向孩子们推荐和介绍儒家经典著作是它的一项基本任务。《论语》记载了孔子和他的弟子们的一些言语行为，被奉为儒家经典，名列"四书"之首。人们在强调《论语》的价值和意义时，总会提到这样一句话，叫作"半部《论语》治天下"。那么，《论语》是怎样的一部书？是什么人最终编订完成了《论语》？"半部《论语》治天下"这句话究竟是怎么来的呢？

上一讲我们讲到，根据《三字经》的意思，当孩子们认了一定数量的字，基本掌握了训诂、句读这样一些读书的基本技能，然后，学习了礼、乐、射、御、书、数这所谓的"六艺"，即六种技能的小学科目以后，就要开始进一步的学习了。

进一步学习的话，当然离不开读书。那么，读什么书呢？《三字经》告诉我们，应该读"四书"。顾名思义，"四书"就是中国传统文化当中四部最重要的文化典籍：《论语》《孟子》《大学》《中庸》。在这里，我必须先请大家注意，《论语》《孟子》《大学》《中庸》是《三字经》的排列顺序。《三字经》的排列顺序，总是有它独特考虑的，这一点我们在后面来讲。

首先，按照《三字经》的顺序，它当然首先要讲《论语》。《三字经》用了十二个字："论语者，二十篇，群弟子，记善言。"很清楚，《论语》这部书一共有二十篇，孔门有好多弟子，记录下那些非常有教益的语言。字面意思似乎是清楚的，但是，要仔细琢磨起来，就不那么简单了。

第一点，"论语"的"论"，是一个动词，不是今

"四书" "四书"是《大学》《中庸》《论语》《孟子》的总称。据称它们分别出于早期儒家的四位代表性人物曾子、子思、孔子、孟子，所以称为《四子书》，简称"四书"。"四书"是公认的儒学经典，由南宋大儒朱熹汇辑刊刻，从此广为流传。

《论语》 《论语》是儒家学派的经典著作之一，由孔子的弟子及其再传弟子编纂而成。它以语录体和对话文体为主，记录了孔子及其弟子言行，集中体现了孔子的政治主张、伦理思想、道德观念及教育原则等。《论语》中有许多言论至今仍被世人视为至理。

天我们讲的某某理论的意思。"论"是编纂的意思，排比的意思。"语"又是什么？语言、话语、讲话的意思。"论语"的意思是什么呢？就是把孔子讲的话，孔子和他弟子讲的话，这是两类了；还有一类，即弟子们辗转听说的孔子讲的话，把它们编纂到一起。

第二点，《论语》作为一个书名，是在这部书编成的时候，当时就已经有了的。而这部书编成，是在孔子去世以后不久。

总之，我们可以归纳，"论语"的意思，就是把孔子、孔子和弟子、弟子辗转听说的话编纂起来。而《论语》这个书名，是在这些言语被编纂完成的同时，就已经有的，不是后人附加的。

> 《论语》是儒家的重要经典之一，一共有二十篇。《论语》虽然篇幅不长，其中却出现了一些重复的语言，这是为什么呢？而号称"弟子三千"的孔子，到底有多少弟子呢？

也许诸位不太知道，《论语》一共有多少字啊？《论语》只有12700来字。放到今天就是薄薄的这么几页，但是，为什么会出现那么多重复呢？那就要谈到《三字经》介绍《论语》的后面六个字，叫"群弟子，记善言"。它编纂的过程，就是由孔子的弟子们，或者再传弟子们聚在一起，把善言记录下来。当时的情况应该是这样的：比如这几个弟子，每个弟子手上拿着竹简，你这简上记录了孔子的一句话，他的简上也记录了孔子的一句话。首先把不重复的，咱们都留下来。重复的话呢，咱们对一对，或者讲同一个主题，但是言语并不完全一样；讲同一件事，可以有不同的讲法，大家也都把它保留下来，没有把它剔除掉，所以就出现重复了。这种编纂方法，其实跟佛经的编纂方法有相似之处。过去编订佛经的时候也是这样。只不过古代印度，还没有像我们这样的书写习惯，口口相传的成分更大。我听到释迦牟尼说了这么一句话，他也听到这么一句话，我们四五个、七八个人，都听到这么一句话，但是，这个话怎么听起来都不大一样啊？那我们都来对一对，大家达成一致，把这句话固定下来，写下来，就成为经文。《论语》的编纂方法应该说和这个做法是有一定相似之处的。

孔门弟子据说大概有三千人，实际上未必有那么多。好多研究孔子的著名学者都认为，孔子的弟子，大概也就是七十二人，而且孔门的这些弟子年龄差别极大。不像我们今天，老师招一班学生，年龄都差不多，至多差个半岁，不然你不会在同一年进学。孔门弟子是分批进入孔门的。年龄最大的弟子子路，是孔门的大弟子，只比孔子小九岁。子路的结局大家都知道，是在跟人战斗的时候，发现自己帽子的帽带松了，按照孔子的教训，儒家的君子怎么能帽子歪了呢，他就把手上的戟，就是带钩的长矛往旁边一放，把帽子系好再打。等他把帽子系好，自己已经变成一堆肉酱了。子路就是这么一个人。年龄最小的弟子则是子张，比孔子要小四十多岁。

而这些所谓的孔门弟子，基本上可以分为两批，哪两批呢？这就跟孔子一生的命运有关。孔子早期，满怀着政治热情，他要用自己的学说，去辅佐君王，去说服国君，来实行仁政。所以，他早年奔波于列国，希望能够得到国君的赏识，自己能够得到一片舞台，来施展自己的才华，来将自己的力量化作社会政治的现实，使百姓能够过上比较好的生活。所以，孔子的前一批弟子，基本上都是从政的。孔子几乎没有当过什么大官，但有的弟子的官，当得比孔子还大。不过，我们知道，孔子一生，在实现政治抱负的旅途中，是郁郁不得志的。

第二批弟子，也就是他中晚年这批弟子，几乎都是从事我们今天讲的文化事业的。如今每个大学，都有中国文学系。"文学"这两个字，在《论语》也有。叫"文学，子由、子夏"。就是有文采的，有才华的意思。这两个正是孔子的第二批弟子。第二批弟子就基本只能在文化领域工作了。

> 通过钱文忠教授的讲述，我们知道孔子的弟子大概分为两批，并且在年龄上差距很大。那么，是哪些弟子汇集了孔子的言行并最终编订完成了《论语》这部书呢？

我们今天能不能够比较确切地告诉大家，到底是哪些弟子，最后完成了编订《论语》的伟大事业？孔门那么多弟子，到底是哪个弟子，或者是哪一些弟子编订了《论语》，给我们这个民族留下了一份文化瑰宝？绝大多数学者认为，是曾子和曾子的门徒，最后编订了《论语》。这个曾子，就是"曾子避席"的那位曾子。但是，孔门的这位弟子，流传下来的故事，不仅仅是避席。在传统社会当中，更有名的故事，还不是"曾子避席"。当然，曾子避席，很雍容、很文雅。

曾子 曾子（公元前505年—公元前436年），姓曾，名参，字子舆，春秋末年鲁国南武城（今山东嘉祥县）人。十六岁拜孔子为师，他勤奋好学，颇得孔子真传。他积极推行儒家主张，传播儒家思想。他的修齐治平的政治观，省身、慎独的修养观，以孝为本、孝道为先的孝道观影响中国两千多年。

另外一个关于曾子的故事，听起来有点吓人，叫"曾子杀猪"。这是个什么故事呢？有一天，曾子的夫人要到集市上去买点东西。曾子的儿子，当然愿意跟着妈妈。一看妈妈要出去，就吵着带他出去玩儿，缠着妈妈不让走，又哭又闹。曾子的夫人就告诉他："你只要甭闹着跟妈妈去，妈妈回来给你杀猪，让你吃肉，做一顿好吃的。"我们知道在古代中国，吃肉是一件大事。在传统社会的农村，一年也吃不上几顿肉。孩子当然很高兴，他也知道肉好吃啊。于是，就没有缠着曾子的夫人一起去。等曾子的夫人在集市上买完东西，办完货，回到家里的时候大概已经是傍晚了，突然看见自己的丈夫曾子在那儿磨刀，这一下子把曾子的夫人惊倒了："你这是干吗？"曾子说："杀猪啊。你不是答应孩子说，你回来给他杀猪，给他肉吃吗？给他做好吃的吗？"曾子的夫人说："我这是随便哄孩子的话啊。"曾子讲："不能这样教育孩子，因为孩子最早接触的是父母，如果父母随便跟他讲话，说的话又做不到，你怎么能让孩子去相信别人的话？今后他自己怎么会守信呢？一头猪是小事，给孩子留下了那种很不好的印象，影响了孩子一辈子为人处世的方式，我们就追悔莫及了。"曾子的夫人当然是很懂道理，很明事理的，就和曾子一起把猪杀了，给儿子做了一顿肉吃。这就是"曾子杀猪"的故事。这个故事过去在民间流传很广。由此可见，曾子确实是一个"言必行、行必果"的方正君子。《论语》就是在曾子及其门徒手上最后编纂定稿的。

"半部《论语》治天下"这句话，在民间流传了很久，经常被人用来证明《论语》对于治理国家的重要意义。那么，这句话又是怎么来的？

《论语》这部书，我们都知道，它塑造了我们中华民族的精神世界，对我们这个民族产生了深远的影响。在某种意义上，甚至可以说，对我们有决定性的意义。

文 忠 寄 语

《论语》这部书，塑造了中华民族的精神世界。

我们不能想象，我们这个民族，我们这个文化，没有《论语》会是什么样子。谁敢想象？这是一个不敢去做的假设。那么，我们能不能举出一个例子，来说明《论语》对我们中国文化，或者在传统中国人心目当中到底有多高的地位？到底有多大的影响呢？这个任务不简单，这个要求也不简单。但是，我想用一句大家都听惯了的话来开始。什么话？"半部《论语》治天下。"

赵普 赵普（922年—992年），字则平。北宋初年宰相。赵普智谋多，读书少，有"半部《论语》治天下"之说。

"半部《论语》治天下"这个故事，与赵普这个人关系密切。首先我们要问，赵普何许人也？赵普是五代后期淮南滁州的一个私塾先生，社会地位不怎么高。公元956年，为了争夺淮南江北地区，当时还是后周大将的赵匡胤和南唐的守军在滁州打了一仗。这位私塾先生赵普正好在滁州教书，于是就结识了赵匡胤，就给赵匡胤出谋划策。这一仗赵匡胤大获全胜，由此奠定了帝业。赵匡胤如果没有功劳，没有实力，在他身上，别说披一件黄袍了，你给他披一个黄被子，他也当不上皇帝啊！他之所以披上黄袍就能当皇帝，那是因为他有当皇帝的实力。而这个实力的奠定就离不开赵普的出谋划策。赵普在此后当然一直追随着赵匡胤了。北宋建立以后，赵匡胤就把赵普作为自己的一个比较贴身的谋士，作为一个文臣带在身边。赵普也就有机会参与好多高层的决策，还辅佐宋太祖赵匡胤统一了南方。公元 964 年，这位私塾先生达到了他人生的巅峰，出任了宋朝的宰相，位极人臣了。不仅出任了宰相，他还被封为魏国公，死后又被封为韩王。宋朝站稳脚跟以后，就像中国历史上所有的王朝一样，很快就要偃武兴文，武将就要往旁边放一放了。马上得天下，不能马上治天下，得靠文人来治理啊。所以，就在朝廷里提拔起来一批很有学问的士大夫。赵普就明显跟不上形势的需要了，他作为私塾老师这点底子，不能满足新兴宋朝的需要。

在我国古代的很长时间里，《论语》一般是作为儿童的启蒙读物，教人识文断字和学习做人的道理。即使在儒家经典中，《论语》也一般被称为"小经"而不是"大经"。那么，仅仅做过普及教育工作的赵普，在文人越来越多的朝廷当中，还能保得住他的宰相地位吗？

宋太祖乾德初年，终于发生了一件让赵普非常尴尬的事情。乾德建元，当时要有个新的年号，宋太祖就想了一个年号，觉得这个年号很吉利。当然大家知道，这个年号必须是以前没有的。赵普就在旁边起哄："好啊好啊！皇帝真英明，您的学问真好，您想的年号，以前绝对没有，独一份。"旁边有个不识相的读书人叫卢多逊，这个人看样子也未必很谦逊，就在旁边插嘴："王衍在蜀，曾有此号。"有一个很短命的小皇朝曾经用过这个年号。这一下，太祖大惊，给吓着了。赵匡胤干了一件什么事呢？估计宋太祖自己想了个年号很得意，正好手上拿着毛笔在写这两个字，正写得得意扬扬，一听这个年号过去有啊，顺手抄起毛笔就给赵普画了个花脸。史书上讲，"以笔涂韩王面"，拿起毛笔往他脸上涂，还顺口说了一句"尔怎得及他"。就是说，"亏你还是宰相，你怎么还及不上这个卢多逊？"赵普被涂一脸的黑以后，大家知道什么样子？正史记载，"韩王惊羞不敢洗"。他被皇帝御笔涂黑了不敢洗，这对他当然是沉重的打击。

更沉重的打击是，宋太祖还说了一句话："作相须读书人。"就是说做宰相的必须是读书人，言下之意你就不是读书人，恐怕不配当宰相。大家想想，这对赵普是多大的打击？

果然，在宋太祖以后的岁月里，赵普就被罢相，被派到外面去当了一个节度使。

> **被赶出京城的赵普，之所以被人们轻视，就是因为他熟读的大概只有《论语》这么一部书。而"半部《论语》治天下"这句话是怎么来的？赵普当时的真实想法又是什么样的呢？**

太平兴国六年，也就是公元 981 年，赵普再次出任宰相。由于非常复杂的人事原因，又把赵普这个老臣给请回来了。赵普从外地回到京城，发现物是人非，整个朝廷都是读书人了。所以，无论是皇帝还是大臣，虽然把他召了回来，但是马上觉得他学问不够。

有一部史籍《鹤林玉露》，卷一有记载："赵普再相，人言普山东人，所读者止《论语》。太宗尝以此语问普，普略不隐，对曰：'臣平生所知，诚不出此。昔以其半辅太祖定天下，今欲以其半辅陛下致太平。'"话的出处在这里。赵普回来以后，很多人就在旁边说风凉话，说赵普这个山东人，所读的书就一部《论语》，除了《论语》没读过什么书。皇帝就直接问赵普："有没有这事儿啊，你是不是就只读过《论语》啊？"哪知道赵普想明白了这个事情："是，我就是只读过一部《论语》，我平生所知道的东西的确不出《论语》。但是，过去，我以半部《论语》辅佐太祖平定天下。今天，我又回来了，我还打算用另外半部《论语》来帮助陛下您治理天下。"这就是"半部《论语》治天下"的原型和来历。他说过的是这样一句话，但这话流传了一千多年，我们都用这句话来说明《论语》的重要性，我们凭半部就可以平定天下。到底是不是这样？我们再说。但是，用在赵普头上，则是把这个意思给完全弄拧了。为什么说弄拧了呢？赵普的回答已经告诉我们，他心里怨，一肚子气：你们瞧不起我，认为我没学问，才读过一部《论语》。所以，他说的是一句牢骚话。实际上，当时的整个文化氛围，当时朝廷的所有大臣恰恰认为，仅仅凭一部《论语》是不能算有学问的，仅仅凭一部《论语》是不能平天下、治天下的，何况半部呢？所以赵普说的是一句反话。这句话要告诉我们的，或者能够促使我们领悟的毋宁说是这么一个道理:《论语》虽然重要，但是，它绝对不是万能的。

我们今天当然还是应该去读《论语》。道理很简单，《论语》是中国传统中儒家思想最重要的、首屈一指的代表性作品。《论语》蕴含着巨大的智慧，蕴含着丰富的遗产，这是毫无疑问的。但是，赵普的这个故事提醒我们，如果认为靠着《论语》就可以应对一切问题，就可以解决一切问题，恐怕就是我们过于机械地理解《论语》的价值和作用了。

"论语者，二十篇，群弟子，记善言。"

《三字经》用了短短十二个字，概括了儒家经典——《论语》，让儿童们有了一个基本的认识，也为大家进一步学习《论语》打下了基础，进一步了解了《论语》这部书的来龙去脉，了解了《论语》在历史上的地位，认识到了它的永恒价值。

在今天看来，《论语》教给生活在现代的我们的是一种人生的境界，一种人生的智慧，一种人生的态度。正是在这个意义上，我们可以非常有把握地讲，《论语》有穿越时空的永恒价值。而不是说，《论语》是一部万宝全书，我们只要读了《论语》就可以解决我们面临的一切问题。从来都没有这个说法，古人也没有留给我们这样的经验。

《论语》是"四书"中的第一部，但我们用整整一讲，来讲述《论语》这一部书，我相信，这是和《论语》在中国思想史、中国文化史上的地位完全相称的。

那么，"四书"还有其他三部书，《孟子》《大学》《中庸》，《三字经》关于"四书"的这三部书又是怎么说的呢？请大家看下一讲。

孟子者，七篇止，讲道德，说仁义。

作中庸，子思笔，中不偏，庸不易。

作大学，乃曾子，自修齐，至平治。

1 孟子：书名，记述战国儒家代表人物孟子言行的著作，据说该书是由孟子本人亲自编定的。

2 中庸：书名，它原是《礼记》中的一篇，后来抽出与《论语》等著作合编为"四书"。

3 子思：孔子的孙子，战国时人，据说孟子曾在他的门下学习过。

4 中：处事不偏不倚的意思，它被认为是一种最高的德行。

5 庸：经常、永不变化的意思，指"中"这种德行是放之四海而皆准的真理。

6 大学：书名，原是儒家经典《礼记》中的一篇，后来抽出与《论语》等著作合编为"四书"。

7 曾子：名参，孔子的弟子，以孝行著称。

8 修：指修身。

9 齐：指齐家，整顿家族的意思。

10 平：指安定天下的意思。

11 治：指治理国家的意思。

　　孟子被称为"亚圣"，那么，他究竟是一个什么样的人？现代社会还应该提倡中庸之道吗？宋代大儒朱熹又为什么会把《大学》列为"四书"之首呢？

"四书"是指《论语》《孟子》《中庸》《大学》。在古代社会，它们是读书人科举考试的必读书目，包含了中国传统文化的精华，承载着中华民族数千年的核心价值观。在讲述完《论语》之后，这一讲将讲述《孟子》《中庸》《大学》。那么"亚圣"孟子究竟是一个什么样的人？现代社会还应该提倡中庸之道吗？宋代大儒朱熹又为什么会把《大学》列为"四书"之首呢？

我们在上一讲，用了整整一讲的篇幅，讲了《三字经》关于《论语》的十二个字。那么，关于"四书"，按照《三字经》排列顺序的第二部，也就是《孟子》，《三字经》又是怎么说的？

"孟子者，七篇止，讲道德，说仁义。"

孟子 孟子（约公元前372年—公元前289年）山东邹城人，名轲，战国时的儒学大师。他继承并发扬了孔子的思想，与其弟子万章等著书立说，有《孟子》七篇，记录他的学术见解和言行。有"亚圣"之称，与孔子并称为"孔孟"。

《孟子》 《孟子》一书是孟子的言论汇编，属语录体散文集。由孟子及其弟子共同编写而成，记录了孟子的语言、政治观点和政治行动，是一部重要的儒家经典著作。

《孟子》一共七篇。它的核心内容有两个：道德，仁义。这是《孟子》的核心词语，用今天比较流行的话来讲，就是关键词。首先，我们恐怕还是应该先弄清楚孟子这个历史人物。

孟子，名轲，战国时邹国人。他是孔子第四代弟子。孟子像孔子一样，曾经想投身于政治活动，也曾周游列国，遍访国君。但是，也像孔子一样，他的学说不怎么符合当时国君的需要，不怎么能够满足当时国君非常现实的要求，因此不被重视。有一次，孟子的故国邹国和孔子的家乡——鲁国之间发生了争执，两边打起来了。结果，邹国的官吏死了三十三个人，而邹国的老百姓却在旁边袖手旁观。照道理，两国相争，官员都扑上去了，你老百姓还不跟着官员上吗？邹国的老百姓没有，在旁边看热闹，导致邹国的官员死了三十三个。那么，邹国的国君怎么看待这个问题呢？他毫无疑问的是指责老百姓：怎么官死了那么多，老百姓一个都没死？孟子怎么看待这件事情？孟子对邹穆公讲："活该，谁叫你和你的臣子平时那么残忍地对待百姓？你们的老百姓，以牙还牙，以眼还眼，今天总算是找到报复你们的机会了。"这是孟子的思想。孟子甚至还主张，坏的君主，不仁义的君主，是可以废掉的，是可以让好的君主替代的。这些思想的光芒，穿越两千多年的时空，依然能够让我们激动。孟子有一句话，经常被我们引用："民为贵，社稷次之，君为轻。"人民是最宝贵的，社稷第二位，国君是最不重要的。在人民、社稷、国君三个里边，国君排老三垫底。大家看看，这是什么样的思想？这在先秦诸子里边真正可以说是绝无仅有的。

孟子生活在百家争鸣的战国时代，战国七雄主要采用吴起、商鞅、田忌等人的思想，希望通过武力来雄霸天下。然而孟子却看到了百姓的疾苦，他倡导仁政、爱民的治国理念，是"以德治国"的思想源泉之一。那么《孟子》一书在古时候，又有着怎样的命运呢？

孟子在很多情况下，没有办法让统治者接受，更不必说讨得统治者的欢心了。举一个例子。明朝的皇帝朱元璋就是因为读到《孟子》"民为贵，社稷次之，君为轻"的话，勃然大怒，虽然《孟子》在那个时候已经是科举考试的必读书了。皇帝看到这些话，还是断然采取了两个措施：第一，下令将孟子撤出孔庙。原来孟子是在孔子那儿陪祭的，是配享的。这边供奉着孔子，旁边有孟子，他们都可以享受后人的献祭，享受后人的敬礼。朱元璋觉得孟子不行，就剥夺他这个资格，下令把孟子从孔子旁边给搬走，当然就等于剥夺了孟子的地位。第二，朱元璋还下令把《孟子》里面类似的话全给删了，编成一个比较"干净"的《孟子》节本，当然这是他所谓的干净。所以，我们要知道，明朝的读书人，固然是要读《孟子》的，但是，他们读的《孟子》，和我们今天读的《孟子》不大一样。我刚才引用的这些话，在明朝《孟子》版本里是没有的，因为统治者不爱看。但是《孟子》毕竟有它的力量，所以统治者对《孟子》的心态很矛盾。还是拿朱元璋说。朱元璋开始的时候那么强横，到了晚年，他又去读《孟子》。他读的是不是原本，或者读的也是删掉的本子，我们就不知道了。他突然读到这么一段："天将降大任于斯人也，必先苦其心志，劳其筋骨，饿其体肤。"于是，大为赞叹。这段话的意思讲，如果上天要把一个巨大的任务，交给某一个人的话，那么，首先要使他的心志能够忍受苦难，使他的筋骨能够经受劳累疲倦，还要饿他，使他能够受各种挫折，做好承担大任的准备。当朱元璋读到这里的时候，不禁拍案叫绝，一下又非常感动，觉得孟子说得好。他就下令把孟子的牌位再搬回去，再搬到孔子旁边，享受后人的献祭。这很可以彰显《孟子》这部书和孟子这个人的坎坷命运。

> 《孟子》有三万五千多字，占据了"四书"篇幅的百分之七十，可以说《孟子》是"四书"中篇幅最大、部头最重的一本书。那么《孟子》究竟是一本什么样的书？它有着怎样的特色呢？

和《论语》的简约、含蓄相比，《孟子》有非常多的长篇大论，气势磅礴，逻辑严明，尖锐机智，而又从容舒缓。所以，《孟子》一直代表着中国传统散文写作的高峰。

我们今天来读《孟子》，可以看到好多精彩的地方。我在这里选取孟子和两个国王的谈话。

有一天，孟子去劝说齐宣王施行仁政。齐宣王心里是不大愿意干这个的，他觉得孟子迂腐，其实当时的人也都这么认为。但是，齐宣王又不愿意背负这个恶名，于是，他就要无赖。他跟孟子说："寡人有疾，寡人好色。"就是说要我实行仁政，好的，但是我有毛病。什么毛病呢？我好色，所以我实行不了仁政。孟子回答说："好啊，好色有什么关系啊？谁不爱自己的女人呢？假如国王你能够把自己好色之心推广开来，能够使普天下内无怨女，外无旷夫，就好比周文王的先祖。你只要把你好色之心推广开去，你不也能施行仁政吗？你喜欢女人，你应该让世界上别的女人也有一个归宿，你应该尊重别的男人也喜欢自己的女人啊，这不就是仁政了吗？"齐宣王一想，好像光说自己好色，还挡不住孟子，就又来了一个："寡人有疾，寡人好货。"我还有个毛病啊，什么毛病？我比较好财，我实行不了仁政。孟子说："好啊，你好财好啊，好财有什么不好，谁不喜欢财物呢？周公的先祖公刘也喜欢财物。可是，他老人家和百姓一起富国强兵。大王您如果能和百姓分享财物，这不就是实行仁政了吗？"这就是齐宣王和孟子的一段对话，极其精彩。孟子看看说不动他，这个齐宣王反正躺倒了，跟你满地打滚，还真拿他没有什么办法。孟子又听说齐宣王喜欢音乐，就说："好好好，如果大王能够喜欢音乐，那么齐国就很不错了，齐国就有指望了。"孟子的思路，是非常独特的。哪知道齐宣王的回答也很有意思，他说："寡人非能好先王之乐也，直好世俗之乐耳。"就是说，寡人我不是喜欢先王高雅的庙堂音乐，我喜欢的是流行音乐，如此而已。那意思当然还是要把孟子挡回去。孟子说："好啊，国王您只要真正喜爱音乐了，先王之乐和现在流行音乐是一样的，齐国有救了，齐国有希望了。"齐宣王这一下摸不到头脑了，我都说我好世俗音乐，那么不高雅了，你还说齐国有希望？孟子说的是什么呢？"独乐乐，与人乐乐，孰乐？"就是你一个人享受音乐快乐呢，还是与别的人一起享受音乐快乐呢？哪一种更快乐？国王不傻,他知道自己要得民心，他不能说我一个人独乐，我一个人高兴就行，谁都不理。他的回答是："不若与人。"那当然不如和别人一起快乐啦。孟子说:好。你既然有这个说法,孟子又问了："与少乐乐，与众乐乐，孰乐？"与少一点的人一起享受音乐快乐，还是与多一点的人一起享受音乐快乐？这两种快乐哪一种更快乐啊？国王一看，已经被孟子套进去了，只能回答："不若与众。"那肯定是跟人多的一起快乐了。大家看,孟子是多么会诱导人，多么会说服人？但是，我们也只能很悲哀地看到，更多地只能领受到孟子的无奈。因为他并没有能够说服齐宣王。齐宣王依然好色，依然好货，依然好世俗之乐，没见这个宝货干出什么惊天动地的仁政来。

另外一个例子是他跟梁惠王对话。梁惠王，战国时期梁国国王。孟子去找梁惠王，也是要说服他好好把国家管理好。孟子找了哪个切入点呢？很绝！孟子问了梁惠王这个问题："大王，用木棍打死人，和用刀杀死人，有什么不同吗？"梁惠王也不傻，说："这能有什么不同呢？"孟子说："既然两者没什么不同，那么请问大王，用刀杀死人和用那些恶劣的、坏的政治来杀死百姓，有什么区别呢？"他把这个逻辑建立起来了，国王也只能回答："那没什么不同。"等于承认坏的政治也可以杀人。所以，孟子接下来就去直接教训梁惠王："国王，您的厨房里现在挂满了那种皮薄膘厚的肥肉，您的马厩里有健壮的马，可是您的百姓面有饥色，野外躺满了他们的尸体，这等于是居高位的人，率领野兽来吃人啊。"就是说，你是国王，却不施行仁政，率领一群野兽来吃人。看到两只野兽自相残杀，人都感觉到恶心，都不愿意看，何况做百姓父母官的，居然公然率领野兽出来吃人，你怎么能够做百姓的父母官呢？

大家看，这就是孟子和两位国王的对话。这样的对话在《孟子》里比比皆是，多么的机智，多么的雄辩，多么的仁厚。但是，终究还是多么的无奈！

"孟子者，七篇止，讲道德，说仁义。作中庸，子思笔，中不偏，庸不易。"

《中庸》原来只是一篇三千多字的小文章，但是宋朝大儒朱熹把它从《礼记》中提取出来，变成了单独的一部书，并且把它推崇到了极高的地位。那么"中庸"究竟是什么意思？现代人还应该不应该提倡中庸之道呢？

我们讲了"四书"的前两部，一部《论语》，一部《孟子》。那么，"四书"里的其他两部《大学》和《中庸》，它们的情况又是怎么样的呢？其实这两部经，我们在以前多少都涉及过，那么，在这里我们要花比较多的篇幅，换一个角度去讲述了。《三字经》首先讲的是《中庸》："作中庸，子思笔，中不偏，庸不易。"这十二个字的内容含量很大，解释起来也很困难。里边有许多东西需要加以说明。《中庸》的作者是谁？《三字经》很明确地说了，是子思。子思，是孔子的孙子，儒家代表人物。其实，在孔夫子去世以后，儒家有八个主要的派别，子思这一脉的儒家就是八派当中的一派，现在看来还是相当重要的一派。《中庸》的重要性到底在哪里？《中庸》的重要性就在于：它在儒家典籍里边，理论层次最高，理论色彩最为浓厚。

大家也许会问，能不能用尽量浅显、明白的语言，来说一说《中庸》究竟在理论上有什么特别高明之处？有什么特别的贡献？我想，最好的办法，就是用《三字经》的六个字来讲："中不偏，庸不易。""中不偏"还比较好讲，就是讲处世、做事，不偏不倚，不走极端，以一种比较持中的态度来处世，来做事。"庸不易"就不那么好讲了，历来的解释都有两种，这两种解释多少有点差距。一种说法是，"庸"是讲经常、永不变化、持久、永恒这样的一个意思。如果按照这种解释，"中不偏，庸不易"就是讲，不走极端这种德行，这种品德，是放之四海而皆准的，是永恒的。另外一种解释是，"庸"是庸长之意，用我们今天的大白话来说，就是普普通通、平平常常。平庸才能长久，普通才是伟大。如此看来，两种解释都有一定的道理。宋朝的理学大儒程子曾经说过："不偏之为中，不易之为庸。"那么，《三字经》的这两句很有可能是从程子的话里面总结出来的。我认为，大概是前一种解释比较稳妥一点。换句话说，处世做事不偏不倚，不走极端，乃是永恒的德行。

我们常听说"修身、齐家、治国、平天下"。这些词的出处就是《大学》这本书。《大学》只有一千七百多字，在"四书"中篇幅最小。然而，朱熹却把《大学》列为四书之首。那么，《大学》为什么如此重要呢？《大学》又有什么需要我们进一步解释的呢？《三字经》用了十二个字："作大学，乃曾子，自修齐，至平治。"

这里的前六个字没有问题，《大学》的作者是曾子。这大概没有什么太大的争议，最起码前面的一部分是曾子著。曾子是孔子七十二门人之一。

书名《大学》，有什么特别的意思呢？这里当然不是指今天的"大学"，关于这个书名，我们的前人也无非是两种说法。一种说"大学"就是广博之学的意思，即非常广大、非常博大的学问。另一种说法，这个"大学"是相对于小学讲的。是指什么呢？君子达道从政之学。那就等于说"大学"讲的是君子去从政这么一种学问。这也就是古人所谓的大人之学。我想，这两种说法其实可以互补，并不见得就有什么冲突，不必非要否定一种、肯定一种。这两种解释不妨并存。

《大学》的重要性就在于，它提出了中国文化精神史上非常重要的

所谓"三纲领"和"八条目"，这两个概念成了中国传统社会的一种核心观念。对于"三纲领"和"八条目"，我们今天怎么评价都不会过高。什么是"三纲领"呢？那就是《大学》的第一句："大学之道，在明明德，在亲民，在止于至善。"什么意思呢？《大学》的宗旨，就是在于弘扬光明正大的品德，在于使人弃旧向新，在于使人的道德达到最完善的境界。什么是"八条目"呢？《大学》明明白白地告诉我们："古之欲明明德于天下者，先治其国；欲治其国者，先齐其家；欲齐其

家者，先修其身；欲修其身者，先正其心；欲正其心者，先诚其意；欲诚其意者，先致其知；致知在格物。"也就是说，古代那些打算要在天下弘扬光明正大品德的人，首先要做什么呢？要治理好自己的国家。假如你想治理好自己的国家，那么，你首先要管理好自己的家庭和家族。假如你想管理好自己的家庭和家族，那么，你首先要修养好自己的品行。假如你想修养自己的品行，那么，你首先要端正自己的心思。假如你要端正自己的心思，那么你首先要使自己的意念很真诚。要想使自己的意念真诚，你先要使自己获得知识。而获得知识的途径，就在于考究、了解、认识万物的道理。《大学》非常强调这个"八条目"，它怕我们看不明白，或者怕后人忽略，紧接着把这个顺序倒过来又讲了一遍，倒过来的顺序也许更加清楚。什么顺序呢？"格物而后知致，知致而后意诚，意诚而后心正，心正而后身修，身修而后家齐，家齐而后国治，国治而后天下平。"到现在为止就很清楚了，这个所谓的"八条目"，就是格物、致知、诚意、正心、修身、齐家、治国、平天下。

无论我们今天怎么去认识这"八条目"，在中国古代传统当中，有无数的仁人志士确实是按照这个"八条目"去度过他们一生的，有的人付出了生命，有的人更是付出了整个家族的生命。那么，这个"八条目"的核心在哪里呢？这个"八条目"最关键的环节在哪里呢？这个"八条目"中最重要的条目是哪一个呢？《大学》也明白无误地告诉我们："壹是皆以修身为本。"它明白地告诉我们，上到天子，下到平民百姓，大家都要以修身为本。大家都要修养好自己的品行，这是最重要的一个环节，一个枢纽。"其本乱，而末治者否矣。"就是说，没有听说过本乱了的，修身修得不好的，别的居然还能做得到。自己的品行修不好，家里还能太平吗？如果每一个家庭或者家族不太平，这个国家还能太平吗？如果每一个国家都不太平，这世界能太平吗？这是《大学》告诉我们的。

那么，《三字经》还举出了哪些中国传统典籍，希望学子们能够进一步去阅读呢？请大家看下一讲。

孝经通¹，四书熟，如六经²，始可读。

诗书易³⁴⁵，礼春秋⁶⁷，号六经，当讲求⁸。

有连山⁹，有归藏¹⁰，有周易，三易详。

1 孝经：书名，儒家经典之一。

2 六经：儒家经典的总称。

3 诗：《诗经》。

4 书：《尚书》。

5 易：《周易》。

6 礼：《礼经》，指《仪礼》。

7 春秋：《春秋》。

8 当：应当。

9 连山：相传是夏代的《易》书。

10 归藏：相传是商代的《易》书。

《孝经》为什么有人推崇，有人反对？我们常说"四书五经"，而《三字经》为什么说是"六经"？学习"六经"有哪些讲究？我们又应该如何认知《易经》呢？

《三字经》认为，熟读"四书"之后，要先学《孝经》，然后就该学习"六经"了。我们平常说"四书五经"，而《三字经》当中为什么要说学习六部经典？学习"六经"都有哪些好处？又有哪些负面作用？在中国传统社会中，为什么历代帝王都非常推崇《孝经》？而以鲁迅为代表的一些著名学者，又为什么要猛烈抨击《孝经》？对于充满神秘色彩的《易经》，我们又该如何认知呢？

仅仅了解"四书"，当然还不足以了解中国的传统文化，接下来《三字经》又要讲哪一本书呢？那就是《孝经》。

"孝经通，四书熟，如六经，始可读。"《孝经》学通了，"四书"熟悉了，所谓熟悉，在古代一般来讲就是能够背出来，然后才可以学习"六经"。当然，大家要注意，《孝经》是一部很特别的经典。非常有意思的一点，也是非常奇怪的一点是，它历来受到统治者的青睐。传统中国的统治者都非常喜欢《孝经》，都大力弘扬《孝经》。道理在哪里呢？《孝经》讲的不光是孝道，它还指出，孝是一切德行的根本，并由此推出忠君思想。

每一个人都以什么来开始自己的孝道呢？侍奉自己的双亲。先对自己的父母或者自己的直系长辈有一份孝心，然后把这个孝心从自己的家族当中推广出去，推广到最后推广成什么？推广成忠君，就是要把国君也视作自己的父母，要用孝顺父母的心来培养出一种忠君的思想。这么一来，就将作为一切德行最根本的孝和忠君的思想紧密地联系起来，变得密不可分。哪一个国君会不喜欢这部经典？但是，非常有意思，学

《孝经》 《孝经》是中国古代儒家的伦理学著作，全书共分十八章。该书以孝为中心，比较集中地阐发了儒家的伦理思想。《孝经》在唐代被尊为经书，南宋以后被列为"十三经"之一。在长期的封建社会中它被看作是"孔子述作，垂范将来"的经典，对传播和维护封建纲常起了很大作用。

"十三经" "十三经"是指在南宋形成的十三部儒家经典。分别是《诗经》《尚书》《周礼》《仪礼》《礼记》《周易》《左传》《公羊传》《穀梁传》《论语》《尔雅》《孝经》《孟子》。

术界或者一些真正的学者，对于《孝经》的评价却历来很低。在"十三经"里头，恐怕对于《孝经》的评价是最低的。有的学者干脆说，《孝经》这部经半个小时看看就够了。这在老一辈学者对待经典的态度当中，绝对是一个非常奇怪的特例。

> 中国一些学者对待《孝经》的态度，鲁迅先生是最有代表性的。鲁迅有一篇文章，专门对宣传孝道的《二十四孝图》进行了猛烈的抨击。孝道本是中华民族优秀的传统美德，但为什么这些著名学者会反对《孝经》呢？

这种情况当然和"五四运动"以后的非孝思潮有关系。那个时候，我们提倡反封建。我们发现，在我们以为的封建社会里面有一点很关键，就是孝道。如果不把这个孝道反掉，忠君的思想也就反不掉，因为它们是紧密联系在一起的，剥离不了的。所以，五四时期兴起过非孝的态度。当时专门有这种文章，有的题目就叫《非孝》。当然，这样的一种态度，放到今天的话我们可以商榷。"五四运动"离开现在也就将近百

二十四孝 孝是中国古代重要的伦理思想之一，元代郭居敬辑录古代二十四个孝子的故事，编成"二十四孝"，序而诗之，用训童蒙，成为宣传孝道的通俗读物。

年吧，当时这个非孝的观点一定是有它的道理的。这就影响到好多学者，特别是近现代的学者，对《孝经》的评价极低。这就和皇帝的倡导形成了一种鲜明的对比。这一点，也是这部经的一个非常独特、非常奇怪的地方。

和《孝经》有关的故事很多，我在前面已经跟大家讲过，比如"黄香扇枕"。我不想重复，而是想从历史当中找出其他两个真实的故事，来揭示孝的复杂性。

我们怎么来看传统文化当中的核心概念——《孝经》所传达的孝，恐怕不是那么简单的一件事情。

我讲的第一个例子是东晋孝武帝和《孝经》的故事。根据《晋书》讲，

孝武帝是很聪明的，所谓"幼称聪悟"。他从小在《孝经》的教育下长大，自己也很早就开始宣讲《孝经》。但是，当他的父皇驾崩了，他是什么态度？大家知道吗？他根本不哭，完全不悲痛。旁边好多大臣都实在看不下去了，说："皇上，根据《孝经》，您起码要哭一哭的。"大家知道孝武帝怎么回答的？"哀至则哭，何常之有。"换成今天的话就是，"我真要悲痛到受不了了，我会哭的，难道我经常要哭啊？"这个皇帝不仅是不孝，而且乌烟瘴气。最后治了他的是谁呢？是他的一个宠妃。他对父亲没有什么孝道，但是，特别宠爱这妃子。这个妃子姓张，将近三十岁。孝武帝就跟这个妃子开了一个玩笑，什么玩笑呢？"汝以年当废矣。"就是说，"要论你的年龄，我应该把你给废了。"为什么？因为那时候一位女性到三十岁就算年龄大了。大家知道这个妃子怎么治这个孝武帝的吗？当天晚上就把他弄死了。这就是一个嘴上讲孝道，实际上跟孝道根本风马牛不相及的皇帝的最后下场。

　　孝武帝从小读《孝经》，自己还宣讲《孝经》，但他实际上根本不懂得孝道。而帝王之家为了争权夺利，杀父弑兄之事屡见不鲜，这不仅暴露了封建帝王的虚伪，也使《孝经》变得复杂起来。那么关于《孝经》还有什么奇特的故事呢？

　　第二个故事则是一个非常有名的故事，叫"诵《孝经》以退黄巾"。汉朝有一个人叫向栩。这是一个很奇怪的人。他年轻时候在家读《老子》，好像是在研习道家的学问。但是，他又像是一个狂生。怎么个狂法呢？他经常披头散发，拿根红带子系在头上，长年累月坐在一块木板上，也不是打坐，就坐在那儿。坐的这块木板后来居然出现了他膝盖的印迹，把木板都快坐穿了。不喜欢说话，喜欢长啸。有客人来了，拜访他，他也见："你进来吧。"但是，进来以后怎么样呢？他也不跟人家好好说话，他就趴在那里，不理人家。向栩有时候骑着一头驴，上街去乞讨，有时候又满大街找那些乞丐到自己家里又吃又住又玩儿。就这么奇怪的一个人。当时的人看不懂，都认为这可是个高人。一般我们看到这种比较奇怪的人，要么认为他疯，要么认为他傻，接着也难保我们就不认为这个人实在是高明。那个时候当大官的，就要征召他出来当官，说："我们这里还有这么一高人，做事情跟别人都不一样。"他不出来，拒绝当官。别人就更认为这真是个高人。后来，朝廷征召他当一个比较大的官，于是，向栩出来了。这个人还越混越大，混到了什么地步？混到了侍中，那是朝廷里面很大的官了。每当朝廷里面讨论军国大事，他就一脸正气，大义凛然，弄得别的臣子见到他有点怕，都觉得这个人一定有思想、有本事。终于有一天，黄巾军遍地起义。那么，宫廷里面自然要讨论了，要出兵去镇压。这向栩却在那儿说："不用出兵。"别人就问他："有什么高招？"他平时都侃侃大言啊！他说："但遣将于河上，北向读《孝经》，贼自当消灭。"就不必派兵了，派一个将领到黄河岸边上，朝着北面去朗诵《孝经》，贼自然就消灭了。这就叫"诵《孝经》以退黄巾"，很怪的一个故事。大家知道向栩这个人的结局是什么吗？当时有个宦官叫张让，在旁边早就看他不顺眼：其实又不怪，弄得自己很怪，他不是说诵《孝经》以退黄巾吗？明摆着他是不打算让朝廷发兵去剿灭黄巾了，那看样子他跟黄巾有勾结嘛！干脆就把他下狱给弄死了。

> 向栩以为读读《孝经》，就可以退兵，这当然十分可笑，但由此也可以看出，《孝经》是一部劝人向善的经典。我们今天应该以正确的态度来看待《孝经》，既不能由孝推出愚忠，也不应该丢掉孝道的传统美德。

《三字经》里讲，"四书"、《孝经》读好了，接着就应该读"六经"了。顾名思义，"六经"应该是指六部经典。那么，这是指哪六部经书呢？

"诗书易，礼春秋，号六经，当讲求。"没有接触过《三字经》的，或者没有认认真真读《三字经》的人，一读到这里可能有些不解了。为什么呢？《诗》《书》《易》《礼》《春秋》，怎么"号六经"啊？这不才五部吗？

我们常说四书五经，《三字经》中提到的也只有《诗》《书》《易》《礼》《春秋》这五部经，但为什么要说"号六经"呢？难道是《三字经》中出现了错误？还是有什么其他的原因？

《三字经》流传了那么多年，在这方面是不会出错的。这个问题就出在《三字经》里边的"诗书易，礼春秋"的"礼"上头。《三字经》里边的"礼"指的是两部经，一部叫《周礼》，一部叫《礼记》。所以，《三字经》的"诗书易，礼春秋"中"诗、书、易、春秋"每部确有所指，而这个"礼"却是指两部经。

诗 ——《诗经》

书 ——《书经》，也称《尚书》

易 ——《易经》，也称《周易》

礼 ——《周礼》《礼记》

春秋 ——《春秋》

不少学者认为，这六部经，在中国文化史上，各占了一个"第一"；也就是说，这"六经"有六个第一的地位。哪六个第一呢？

《诗经》—— 第一部诗歌总集

《书经》—— 第一部历史文献

《易经》—— 第一部经典

《周礼》—— 第一部组织管理和典章制度著作

《礼记》—— 第一部文化资料汇编

《春秋》—— 第一部编年史

所以，这"六经"在中国文化史上具有无可替代的崇高地位。大家看看，就这一点而言，谁能够说"六经"的价值不高呢？《论语》认为，这些经典能够使人思想纯正，言语高雅，礼貌而规矩。这当然是有道理的。

那么，"六经"所能够带给我们的，都是好东西吗？难道就没有什么负面的影响吗？

"六经"在中国传统文化中，占有非常重要的地位。古人认为，熟读"六经"，可以使人气质温厚，通达世事，端庄有礼，聪慧有为。如此之好的"六经"，难道还会有什么负面的影响吗？

这也要看我们怎么去学习，怎么去理解"六经"。假如学习不得法，假如我们的理解有偏颇，那么，"六经"有时候也不是不会产生一些不良的影响。这一点，并不是我们现代人才注意到的，古人就有这个智慧。《礼记·经解》就告诉我们："故诗之失，愚；书之失，诬；乐之失，奢；易之失，贼；礼之失，烦；春秋之失，乱。""六经"是可能有不良影响的。

"诗之失，愚。"《诗经》可能产生的不良影响是愚。怎么说呢？如果用一种不是太好的方法去学《诗经》，有可能变得整天无病呻吟，咬文嚼字，不顾大节，扭捏作态。这类文人谁能说他们不愚蠢呢？所以"诗之失，愚"。

"书之失，诬。"《尚书》也有可能带来不良的后果。因为历史都是后人编的，里面难免会有这样那样的问题，所以不能够完全相信历史。孟子说得直截了当，"尽信《书》则不如无《书》"。"书之失，诬"，就是告诉大家，如果不加分析，不跟自己的人生经验相结合，不跟实际情况相结合，一味地迷信书本，就会上当受骗。

"乐之失，奢。"这是什么意思呢？文化艺术发达、繁荣当然是值得欢迎的，毫无疑问是好的。但是，如果走偏了，也可能使社会风气变得奢靡。我们知道在人类历史上，好多文明古国是在什么时候灭亡的？恰恰是在文化艺术达到顶峰的时候突然灭亡的。玛雅文化，曾经多么漂亮，多么巍峨，多么神奇，突然就没有了。好多古代文明正是在它创造了非常繁荣、高度发达的文化艺术的时候，紧接着突然衰亡了。这里面透露出来的消息难道不正是证明了"乐之失，奢"吗？

"易之失，贼。"《易经》包含了丰富的哲学思想和人文知识，自然很值得我们去研究学习。可是，有些人的路数经常会有点问题，什么路数呢？过分地看重、机械地认识《易经》里面神秘的算卦。所谓掐指一算如何如何，这就难免有点贼头贼脑的。古人讲："察见渊鱼不祥。"什么意思啊？如果河里面每条鱼都让人看见了，古人认为这是不祥的，不是好事。在传统中国，好多算命的人是什么人？盲人，不是盲人也得装成盲人，不然人家不信。为什么？因为传统有一种说法，这个人泄露了天机，贼！当然，这个说法有没有道理我们不在这里评论，而是讲传统中国有这么一种思想，贼头贼脑肯定没有什么用。

我们不说古人，举一个不太远的例子。我们知道，决定新中国命运的、非常重要的一场战役就是淮海战役。当初国民党有一支重兵，战斗力也比较强，是一支机械化部队，司令叫邱清泉，也是一个很著名的将领。他带领部队在一个院子驻扎下来。一看，院子中间怎么有棵树啊？院子中间有个"木"这不就是"困"吗？他一算，不行，把他困住了，马上下令把这棵树给砍了。他挺高兴，在院子里踱来踱去。旁边有个人多嘴："司令，您一个人在院子里走不就是个'囚'吗，你把自己囚那儿了。"邱清泉心道："哟，不对。"从此以后在院子外面逛。这是民间的传说。但是他忘了，他司令部的所在地叫商丘（谐音伤邱）。他后来兵败了，身亡了。邱清泉的所作所为就是"贼"！因为，他的失败并不是因为这个院子有个围墙，并不是因为那里有棵树，并不是因为他在里面住，并不是因为他在院子里逛，也不是因为他的司令部设在商丘，而是他所代表的那股力量腐朽了！所以易之失也有可能是贼，讲得多好！这难道不值得我们深思吗？

"礼之失，烦。"为什么这么说呢？讲礼貌当然是很好的事情。我们经常说，礼多人不怪，难道真的是礼多人不怪吗？我们知道，在中华民族的大家庭里面，好多民族都很讲礼貌，如以讲礼貌著称的满族，也就是过去我们北京城里经常见到的传统旗人。大家知道，旗人和旗人之间打招呼那是极其讲究礼节的，一见面先给对方打个千："您好，您家里老太太好？老太爷好？二姑娘好？三弟弟好？"这千一直打，打到最后又想起："对对，您家的蟋蟀可好，最近赢了吗？您家那条狗最近胃口怎么样？您那八哥怎么样，会唱歌了吗？"这就叫"礼之失，烦"。

"春秋之失，乱。"这是非常深刻的。历史中有好多智慧，有好多光明正大、堂堂正正的人物和行为，但是，历史当中毕竟也有好多阴谋诡计，有好多钩心斗角，也有不少卑鄙龌龊的东西。我们应该学习的是前面的东西，如果把脑筋放到后面去，整天去学怎么挖坑埋人，怎么玩弄诡计，那就会导致混乱！所以"春秋之失，乱"。学历史是好的，学得不得法，学了历史里边最可怕的那些东西，导致的结果很可能就是混乱。大家看看《礼记·经解》，古人的著作，多么有水平！

"六经"虽为儒家文化的经典之作，但如果理解不当，也是会产生负面作用的。所以我们在学习古代经典著作时，一定要注意"当讲求"。那么这六部经应该怎么去读？每部经又各有什么特点呢？

"有连山，有归藏，有周易，三易详。"按照《三字经》的排序，第一部是《易经》。《三字经》怎么讲《易经》的呢？"有连山，有归藏，有周易，三易详。"也就是说，《易经》实际上有三种，一种叫《连山易》，一种叫《归藏易》，还有一种叫《周易》。咱们今天一般都只知道《周易》了，实际上在古时除了《周易》以外还有两种，一个叫《连山易》，一个叫

《归藏易》，只不过《连山易》和《归藏易》早就失传了。今天，咱们在路边买到的《连山易》《归藏易》都是后人编的，都是假的。现在我们留下的，能够被学者承认的，只有《周易》。所以，我们就只能先讲《周易》。

《周易》是什么时候的作品？具体的时间当然说不上来，但是其中有些部分，或者其中相当的部分，甚至其中主要的部分写成于西周初年。《周易》是博大精深的著作，是一部包罗万象的著作，这当然不是我们在这里能够详细讨论的。

我们要注意的是什么？我们要注意的是，利用《周易》，或者打着《周易》的幌子，用在算命的这种行为上。我们首先要明白，古人离《周易》比我们近吧？古代人，春秋战国时期的人是怎么看待《周易》的？这个大概是最重要的。

孔子，实际上就是古人对待《周易》最好的例子。孔子在晚年，曾经花了大力气去读《周易》。孔子的学生看见觉得有点奇怪，就问老师："您也相信这个占卜啊？"孔子说："《易》里面有好多古人的哲理。我读它并不是钻研占卜，我是要研究其中的道理。"孔子对待《周易》的态度是值得我们思考的。

《周易》是中国的文化瑰宝，作为中华民族的子孙，我们应该为拥有这样一座宝藏而感到自豪。我们也更应该感觉到自己的责任，用一种正当的方式去阅读、去理解、去感悟、去应用《周易》传达给我们的道理。

文忠寄语
　　要用正当的方式去理解、感悟《易经》中的哲理。

《易经》是中国历史上最早的一部经书，也是中国哲学思想的源头，我们学习《易经》，应该努力去理解其中深刻的哲理。但《三字经》中说："有周易，三易详。"这"三易详"是什么意思呢？

"三易详"这句话应该怎么理解呢？有两层意思：一层意思是，这是一句总结的话，我前面讲过了，有《连山易》，有《归藏易》，有《周易》，这就是"三易"了。还有一层意思，就比较深远了。我们知道，《易经》这个"易"在甲骨文里头怎么写的？上面一个日，下面一个月，什么意思呢？

　　第一，简易。就是像太阳和月亮一样，抬头就能看见。真理往往非常简单，真理往往非常明了。

　　第二，变易。就像太阳和月亮一样，是不停地运转的，每天都在变化的，每时每刻都在运动的。所以它告诉我们，要明变，换句话说应当与时俱进。上智之人，就是有最高智慧的人、最聪明的人知道变，会去适应变。中智之人，有中等智慧的人就跟着变。而下智之人就不懂得变，在那儿待着就什么都不管了。

　　上智之人——适应变

　　中智之人——跟着变

　　下智之人——不知变

　　第三，不易。太阳和月亮永远不会相撞，所以这里边还有一种不易，是指永恒的意思。总之，《周易》博大精深，需要我们用大力气去研究，去领悟。

　　至于《三字经》关于其他经典的内容，请大家看下一讲。

有典谟，有训诰，有誓命，书之奥。

我周公，作周礼，著六官，存治体。

1 典：《尚书》文体之一，主要用于记载嘉言懿行和典章制度，如《尧典》。

2 谟：《尚书》文体之一，主要记载大臣为君主谋划如何治理国家的事迹，如《皋陶谟》。

3 训：《尚书》文体之一，用于记载贤臣训导君王的言行，如《伊训》。

4 诰：《尚书》文体之一，是君王的政令，如《召诰》《洛诰》。

5 誓：《尚书》文体之一，是君王讨伐叛逆时誓师的文辞，如《甘誓》《牧誓》。

6 命：《尚书》文体之一，是君王对大臣的训令，如《微子之命》《文侯之命》。

7 书：《尚书》。

8 奥：古奥。

9 周公：周武王的弟弟姬旦，西周初年的著名政治家。

10 周礼：书名，亦名《周官》。

11 六官：《周礼》分天官、地官、春官、夏官、秋官、冬官等六个部分叙述周代的政治制度。

12 治体：政治体制。

"六经"中，哪一部书的命运最为坎坷？它经历了什么样的艰难曲折？《尚书》是一部记载什么内容的书？它的作者又是谁？为什么它的地位如此重要？

在《三字经》中,《诗经》《尚书》《易经》《礼记》《周礼》《春秋》合称为"六经",凡是有志于读书的人,都应当仔细研习,探求其中的道理。而在这"六经"中尤以《尚书》这部书的命运最为坎坷,那么,《尚书》是一部记载什么内容的书? 它的作者又是谁? 为什么它的地位如此重要? 历经岁月沧桑,一部书的命运变化,又折射出怎样的时代变迁?

这一讲,我们就接着按照《三字经》的顺序讲《尚书》。

《三字经》关于《尚书》的十二个字是:有典谟,有训诰,有誓命,书之奥。

《尚书》 原称《书》,到汉代改称《尚书》。这是我国第一部上古历史文件和部分追述古代事迹著作的汇编,它保存了商周,特别是西周初期的一些重要史料。《尚书》相传由孔子编撰而成,但有些篇目是后来儒家补充进去的。现在通行的《尚书》,是《今文尚书》和伪《古文尚书》的合编本。

《尚书》是什么意思呢? "尚"是年代久远的意思,"书",就是历史文献。《尚书》就是年代久远的历史文献,它是中国现存最早的历史文献的汇编。

《尚书》大概到战国晚期才汇编成书,我们根本就不知道谁是编纂者,我们也不知道最早究竟有多少篇。《三字经》讲的典、谟、训、诰、誓、命,这六类都是《尚书》的文体。什么叫作典呢? 典是记载嘉言懿行和典章制度的。什么叫作谟呢? 谟是大臣为君主谋划,如何来治理国家的这些言谈。什么叫作训呢? 这个跟大家的想象可能有差距了。训,教训的训,指的是贤臣训导君主的言行。我们今天讲的训,往往是以上对下叫训,训令、训斥、教训,这跟《尚书》里的训有点不同。《尚书》里的训指的是,很贤明的大臣训导君主的言行。什么叫作诰呢? 诰就是君主的政令。什么叫作誓呢? 誓就是君主讨伐叛逆时候的誓师、发兵的文告。什么叫作命呢? 命是君主对大臣的训命。这是六类文体。

我要给大家特别解释的，是《尚书》这部书非常独特的命运。《尚书》是战国后期才开始成书的，正好遇上秦始皇"焚书坑儒"。秦始皇不是什么书都烧的，种树的书他不烧，医书也不烧，占卜的书他不烧，秦始皇要烧的，重点是六国史籍，就是记载着楚、魏、赵、韩、燕、齐这样一些国家的档案材料。他是为了把过去的那些国家的历史给抹杀掉，因为秦朝已经大一统了。像《尚书》这样的书，正是要烧的重点中的重点，因为它记载的是古代的文献资料。这一烧，当然就把《尚书》给烧残了。因为秦朝的焚书令是很严酷的。如果某人偶尔在街上，他去讲这个六国史籍，和类似于《春秋》这样的书，即须"弃市"，当场砍了就把他扔在街上。所以，《尚书》这一烧就烧残了，烧残到什么地步？到了西汉初期，《尚书》只剩下了可怜巴巴的二十八篇。那么，这二十八篇是怎么躲过秦始皇的焚书而保留下来的呢？

焚书坑儒 秦始皇三十四年（公元前213年），博士齐人淳于越等人"以故非今"，要求根据古制分封子弟。丞相李斯加以驳斥，并主张禁止百姓以古非今，以私学诽谤朝政。秦始皇采纳李斯的建议，下令焚烧除《秦记》以外的列国史记，对不属于博士馆的私藏《诗》《书》等也限期交出烧毁。此即为"焚书"。第二年，两个术士暗地里诽谤秦始皇。秦始皇得知此事，大怒，得犯禁者四百六十余人，全部发往"焚书坑"及"坑儒谷"予以坑杀。此即为"坑儒"。两件事合称"焚书坑儒"。

> 《尚书》是一部十分有价值的历史文献，从内容方面来看，很类似我们现代国家的政府档案，它可以使我们了解当时的历史。也正是因为这本书的重要，所以当年秦始皇焚书坑儒的时候，《尚书》更是焚烧的重点。然而世事难料，后来到底发生了什么事情，又会是谁，使这部书得以保留下来了呢？

这里面就有一个很感人，也很凄凉的故事。

有一个儒生叫伏生，他十岁开始拜师学习，研读《尚书》。伏生是一个非常刻苦、非常用功的人，他刻苦到什么地步？他把自己关在一间阴冷而潮湿的石头房子里：第一，安静；第二，睡不安稳。这样的房子不可能睡得很舒服，所以就逼迫自己经常醒过来读书。不仅如此，他在这个房子里反复地诵读《尚书》。然而,他是怎么记他读了多少遍的呢?他在自己腰上系上一根绳子,这根绳子有多长呢?这根绳子系完以后,腰得凸出来一大圈:八十尺!它不是当腰带用的。每背一遍《尚书》他打一个结,很快这根绳子就打满了结。《尚书》自然也就背得滚瓜烂熟了。

秦朝初年,秦始皇刚统一六国的时期,伏生因为非常精通《尚书》,声名卓著,还被选为儒学博士。他在秦朝是当过官的,当过博士。但是到了公元前213年,也就是秦始皇统一六国以后的第八年、第九年的关口,秦始皇采纳了李斯的意见,开始"焚书坑儒"。伏生就冒着生命危险,把书抄在竹简上,藏在夹壁里。他砌了两道墙,把竹简藏在两道墙之间不为人知的暗壁里边。藏好了以后,伏生就逃命去了。汉朝建立以后,伏生才辗转回到老家。第一件事就是打开这个墙壁,去找他藏在里面的这部《尚书》。而经过那么多年,书是没被人发现,还在夹墙里,但是虫子咬、老鼠啃、雨水泡,这部书已经损失了一大半,一大半没了。伏生就只能凭着少年时所下的苦功得来的记忆,整理这部残书。但是,伏生回来的时候岁数已经不小了,而且经过这么多年颠沛流离,人的记忆力还是会衰退。所以这部藏书恐怕也已经被他遗忘了相当部分。

伏生本来就是秦朝的著名学者,他保存《尚书》的事迹传到了大汉的朝廷,汉文帝正好在弘扬和提倡经典的研究,所以就征召伏生到朝廷去当官。这当然是一个宣扬《尚书》的好机会了。但是,为时已晚。为什么晚了呢?伏生已经是伏老先生了,在那个时候他已经九十多岁了。所以,他已经不可能出远门了。还好,汉文帝是非常重视这些经典的保留和弘扬的,老先生既然来不了,他就派了一个非常著名的人,上门向伏生学习《尚书》。这个人就是晁错,颍川人,他主张加强中央集权,提出"削藩策",七国叛乱后被汉景帝错杀。等晁错赶到伏生那里的时候,伏生已经没有什么精力了。九十多岁的老人,已经不可能再教育这个弟子。伏生的女儿跟着父亲多少学过一点《尚书》，就由女儿口授给了晁错。这一口授，大家想想，恐怕又得打点折扣。《尚书》非常的佶屈聱牙，靠了晁错用汉朝流行的隶书文字，把从伏生的女儿嘴里听来的《尚书》记录了下来，结果是二十八篇。古人保留一部典籍有多么的困难！晁错写下了这二十八篇《尚书》带回朝廷以后，又在民间发现了零零碎碎的一篇。所以，今文《尚书》一共是二十九篇。不过，这还是《尚书》的一部分命运。

虽说经过伏生的努力，《尚书》总算重见天日，但毕竟还是残缺不全的。那么，是否还能够找到《尚书》的完整版？历经岁月沧桑，《尚书》的命运，还会发生怎样的变化？

到了汉武帝的时候，在鲁国曲阜有个刘姓王，即鲁恭王刘余。他想扩建自己的宫室，而他的隔壁就是孔子的故居。鲁恭王打算把孔子故居的墙壁给拆了，把王宫扩建过去。哪知道，这一拆，又发现了夹墙，夹墙里面居然是孔子的子孙藏的好多竹简，其中也有《尚书》。但是，这个《尚书》是用古文字写的，不是用隶书写的，所以就叫古文《尚书》，它正好五十八篇，比今文《尚书》多出一倍。今文《尚书》是晁错记录的二十八篇，民间零零碎碎又找到一篇，共二十九篇；它则是五十八篇。说到这里，也许大家会觉得，《尚书》的命运坎坷，而且诡异，但是，毕竟传下来了，应该值得庆幸。大家有所不知，《尚书》命运的故事还没有完。

在汉代已经有了两部《尚书》，今文《尚书》和古文《尚书》，保存下来了。但是，到了西晋初年，战乱开始，社会动荡，《尚书》又一次散失了。因为古代的书每种都是没有几部的，不像今天批量印刷的书籍。逃到南方的东晋王朝建立以后，有一个人叫梅赜（zé），进献了一部《尚书》，这部《尚书》全长二万六千多字。大家高兴极了，因为《尚书》又找到了，中国第一本古代历史文献汇编又重见人世，大家都很欣慰，朝廷也大力提倡。所以，这部《尚书》就一直流传了下来，我们今天的《尚书》就是从这个本子来的。

然而，谁都没有想到，一些学者，特别是清朝初期的学者，居然找到了确切的证据证明这部《尚书》是伪造的。所以，我们今天的《尚书》其实是个伪本。但是，我们为什么今天还要用它呢？没有办法，因为我们只有这一部《尚书》。此外，虽然它是伪造的，但根据学者的意见其中还是有一部分不是完全没有来历的，是可以被接受的。尽管我们已经有把握说今天《尚书》是一部伪书，但是，我们已经没有办法抛掉它。

《尚书》的坎坷命运告诉我们，对传统文化遗产我们应该百倍珍惜，一部书流传下来，是多么的艰难，多么的不容易，所以，摧残传统文化典籍是一种罪孽。

《三字经》在讲完了《易经》和《书经》之后，接着就是《周礼》："我周公，作周礼，著六官，存治体。"

中国的传统文化认为，礼教有利于人格的修养。孔子一生提倡克己复礼，就是希望恢复《周礼》，以建立有秩序的礼仪社会。那么，《周礼》是一部什么样的书？它的作者又是谁呢？

《周礼》的作者是谁？我们也是不知道的。但是，传统的儒家，一般都相信《周礼》是周公作的。周公，何许人也？周公姓姬，名旦，是周文王的第四个儿子，也是周武王的亲弟弟。武王伐纣很有名，武王在建立了周朝以后很快就病逝了。继位的成王，就是武王的儿子，只有十三岁，周公就是成王的叔叔。周公来辅佐他的侄子，"周公辅成王"，也是一个著名的故事。周公非常负责任，非常勤于政事。历史上留下了这样的记载，周公在洗头，古人的头发很长的，古代男人的头发要比现在绝大多数女孩子的头发要长得多。而他在洗头的时候一碰到急事，就马上停止洗头，古代又没有吹风机，他头发还是湿的，又盘不起来，手上握着头发就冲出去办公。吃饭的时候，只要有人以公事求见，周公马上就会把嘴里的饭吐出来，赶紧去办公，接见来人。他是一个非常勤于政事的典型。虽然周公如此鞠躬尽瘁，尽心尽力辅佐自己的侄子成王，可是周公有两个弟弟，一个叫管叔，一个叫蔡叔，出于嫉妒心和各种各样的心理动机，就在外边散布谣言，说周公暗藏野心，觊觎王位。周公的权力太大了，成王年纪又小。那个时候是商朝刚被灭了不久，商纣王的儿子武庚还在，而且被周朝封为殷侯，殷商殷商嘛，他还是个侯爵。他一直被周朝监视居住，周朝当然得监视着他，所以武庚心里一直不爽快，一直在找机会颠覆周朝，盼着周朝发生内乱，他就可以推翻周朝，恢复商朝，自己重登王位。于是武庚就跟管叔、蔡叔串通起来，不仅联络了商朝的残余势力，还煽动了其他几个部落，终于发生了一次大规模的叛乱，这就给新生的周朝带来了巨大的威胁。武庚、管叔、蔡叔所制造的谣言传得沸沸扬扬，就连召公（另外一个非常贤明的贵族）也开始怀疑起周公来了。周公的侄子周成王年纪还小，不怎么懂国家大事，分不清楚是非，连他都开始有点怀疑自己的这个叔叔，对这个叔叔不放心。周公的心里当然难过了。但是他鞠躬尽瘁，问心无愧，所以，他首先和召公长谈了一次，说明白自己是没有任何野心的，希望大家能够同舟共济，顾全大局。感动了召公以后，召公就站在周公这一边。三年后，周公平定了武庚的叛乱，建立了不朽的功勋。周朝是他挽救的，周朝站稳脚跟是因为周公，周武王早就去世了。但是一等到周成王年满

周公 历史上的第一代周公姓姬名旦（约公元前1100年），亦称叔旦，周文王姬昌第四子。因封地在周（今陕西岐山北），故称周公或周公旦。他是西周初期杰出的政治家、军事家和思想家，在巩固和发展周王朝的统治上起了关键性的作用，对中国历史的发展产生了深远影响。相传他制礼作乐，建立典章制度，其言论见于《尚书》诸篇，被尊为"元圣"。

共和 西周从厉王失政，至宣王执政，中间十四年，号共和。共和元年，即公元前841年，是中国历史有确切纪年的开始。《史记·周本纪》："召公、周公二相行政，号曰'共和'。"

二十岁的时候，周公就把统治权力原原本本、毫不犹豫地交还给了成王，自己一退到底。正是周公主持整理了周朝以前的文化，建立了典章制度，确定了国体，开创了周朝八百年天下的基业。

> 《周礼》是儒家文化的经典之一，传统的儒家也一直都相信《周礼》这部书是周公所作。但是后世关于这一点争论很大，那么，《周礼》这部书，到底是不是周公所作？书中都记载了哪些内容？对于后世的政治制度产生了怎样的影响？

《周礼》刚一出现就引起了很大争论，别人觉得太奇怪了：这部书竟然能逃过秦朝的焚书，到西汉中期才被发现，而且形态还相当的完整。所以，一开始有的人干脆就认为《周礼》是一部伪书，它不是真的。后来的学者经过研究发现，《周礼》所记载的行政机构根本就不是周代现实的政治制度。一般认为，它是春秋战国时代思想家，根据西周的旧制度，加以理想化的结果，现实社会中并没有这样的制度。当然，它还是吸收了一些周代的典章制度资料，所以具有相当的史料价值。我们今天想考察古代中国的田制、兵制、学制、刑法等等，都不可能离开《周礼》。再说，它终究还是儒家的经典，对后来历朝历代的政治制度产生了深远的影响。尤其要强调的是，后来中国历史上非常著名的变法，包括汉代王莽新政、宋朝王安石变法，这些变法无一不是描摹《周礼》的制度，深受《周礼》的影响。那么，《周礼》对后来的政治制度到底有哪些影响呢？一部来历不明的书，对后世的政治制度能有什么影响呢？这就必须说到"六官"。

《周礼》 《周礼》是儒家经典，西周时期的著名政治家、思想家、文学家、军事家周公旦所著。《周礼》所涉及之内容极为丰富，大至天下九州，天文历象；小至沟洫道路，草木虫鱼。凡邦国建制，政法文教，礼乐兵刑，赋税度支，各种名物、典章、制度，无所不包，堪称上古文化史之宝库。

什么叫"六官"呢？《周礼》全书大概五万字，分了六个部分，即六官：天官冢宰、地官司徒、春官宗伯、夏官司马、秋官司寇、冬官司空；以天、地、春、夏、秋、冬来分，各配上一套官。这个不是乱配的。比如秋官司寇，这是管刑罚的，过去杀人不会在春天杀的，执行死刑一律在秋后问斩。秋后问斩是有道理的。因为传统的统治者认为，人间的一切政治行为应该和自然现象相吻合，到了秋天，树也落叶了，草也变黄了，生机都没有了，可以杀人了。在春天不行，万物欣欣向荣，在这个时候杀人，是逆时而行，有点晦气。它的配系有它一套宇宙论做背景的。

天官冢宰，在明、清的时候就是吏部，相当于今天的组织部、人事部。地官司徒，明、清的时候叫户部，相当于今天的财政部，还有公安部的户籍管理的那一部分。因为我们现在的户籍管理归公安部。春官宗伯，明、清的时候叫礼部，相当于今天的外交部、教育部、文化和旅游部。夏官司马，明、清的时候叫兵部，相当于今天的国防部。秋官司寇，明、清的时候叫刑部，相当于今天的司法部和公安部的一部分。冬官司空，明、清的时候叫工部，相当于今天的建设部、农业农村部等。

这样一排我们就可以看出来，《周礼》对于管理体制、管理机构设置的影响，实际上一直影响到今天。当然，历史进步了，会有调整，但是，大致的形态还是如此。在中国很长的历史时期里设置六部，还是根据《周礼》来的。所以，我们可以看到，实际上，一直到今天，政府的序列、组织管理体系的架构，恐怕还没有怎么跳出《周礼》的总框架，这难道不就是《三字经》说的"存治体"吗？"著六官，存治体。"保存了治理的这个体制，就保证了治理、管理、统治的最主要的骨架，《三字经》说的是完全符合实际情况的。

《周礼》是中国第一部组织管理与典章制度专著，内容极为丰富，涉及社会生活的所有方面，所记载的礼的体系也最为周全，对于后世的政治制度的建立影响深远，那么，这么重要的一部著作，为什么没有被列入"四书五经"之中呢？

我们前面讲，"五经"并不包括《周礼》，五经是《诗》《书》《易》

《礼记》《春秋》。《周礼》不也是起码在战国那个时候已经成书了吗？为什么"五经"不包括《周礼》呢？《周礼》既然那么重要，为什么在"五经"里面没有它的一席之地呢？这其中的奥妙在哪里呢？这必须要回到《孟子》当中去寻找答案。"其详不可得闻也，诸侯恶其害己也，而皆去其籍。"意思是说，详细的情况不得而知，但是，各个国君都非常厌恶它。为什么呢？《周礼》对自己有害，对自己不利，所以"皆去其籍"。大家都共同行动，把这个《周礼》给搁在一边，甚至毁掉它。我们只要稍微读一读《周礼》，就可以发现，《周礼》大概是那些国君都不会喜欢的。

随便跟大家举一个例子，我们平时都挂在嘴上，今天还经常可以在报纸上读到的一句话就出自《周礼》，就是"礼不下庶人，刑不上大夫"。这句话在过去被理解成什么？这句话被理解成礼法是不用在老百姓身上的，换句话说，对老百姓是没有什么礼要讲的。刑法是不能施加到贵族官员身上的，也就是说，对贵族官员是不能用刑法的。过去我们都是这么理解的。但是，这句话完全不符合《周礼》的本意。《周礼》的本意是什么呢？"礼不下庶人，刑不上大夫"本意是，礼法、礼仪不应该排斥平民，刑法并不能优待大夫。但是，我们后来理解这句话时，把它理解成为对老百姓不用讲礼法，对官员不可用刑法，把这个"下"和"上"这两个动词理解错了。《周礼》要告诉我们的精神和本意恰恰是，礼法不应该把老百姓排除在外，不应该把老百姓放下不顾；刑法不应该优待或者照顾贵族官员。这是《周礼》的本意。

有这样一种思想的一部经典，请问，哪个诸侯会喜欢？我想孟子是非常敏锐的，一语中的，为我们揭示了《周礼》不算在"五经"里边的最关键的原因。

接下来的《三字经》还是讲礼经，这就讲到了早就成名的《礼记》。关于《礼记》的部分，请大家看下一讲。

大小戴¹，注礼记²，述圣言³，礼乐备。

曰国风⁴，曰雅颂⁵，号⁶四诗，当讽咏⁷。

1 大小戴：指汉代的儒家学者戴德、戴圣。

2 礼记：书名，秦、汉以前各种礼仪论著的选集。

3 圣言：圣人的言论。

4 国风：《诗经》的类名，包括了当时十五个诸侯国和地区的一百六十篇诗歌。

5 雅颂：《诗经》的类名，其中，"雅"主要是贵族士大夫的作品，分为"大雅""小雅"两大部分，有诗歌一百零五篇；"颂"是用于宗庙祭祀的乐歌，分为"周颂""商颂""鲁颂"三部分，有诗歌四十篇。

6 号：号称、被称为。

7 讽咏：吟诵。

《礼记》和《诗经》都是儒家文化的重要经典，那么，这两部经典和我们的现实生活有什么关系？注《礼记》的大小戴是什么人？《诗经》中的风、雅、颂代表着什么？而《诗经》又是如何记载并褒贬当时的历史事件呢？

《礼记》和《诗经》都是儒家文化的重要经典，也许很多人没有读过这两部书，但书中的许多成语和词汇，却被我们经常地使用着，这是为什么呢？孔子说："不学诗，无以言。"意思就是，不学《诗经》，就不会说话，真的是这样吗？是谁整理编订了这部《诗经》？《诗经》中的风、雅、颂是怎么分类的？而《诗经》中的诗歌，不仅语言凝练优美，而且记载了周朝诸侯国所发生的许多故事。接下来要讲的《新台》和《二子乘舟》两首诗，是如何对卫宣公荒淫无耻的行为进行嘲讽的？

《三字经》接下来就讲到了"大小戴，注礼记，述圣言，礼乐备"。《礼记》实际上是研究仪礼的，是汉代人编纂的文献。在汉代的这些研究仪礼的学者当中，有两位最有名，一个叫戴德，一个叫戴圣，这就是我们上面提到的《三字经》讲的大小戴。为什么叫大小戴呢？因为前面的戴德是叔叔，后面的戴圣是侄子。这两人是叔侄，所以叫大小戴。大戴注的叫《大戴礼记》，小戴注的叫《小戴礼记》。《大戴礼记》在当时就出现了一些散乱，也混进了并不是大戴的学说，所以，《大戴礼记》我们慢慢地也不怎么用它，我们用得最多的是《小戴礼记》。所以，我们今天讲的《礼记》实际上是《小戴礼记》。

《礼记》《礼记》的内容主要是记载和论述先秦的礼制、礼意，解释仪礼，记录孔子和弟子等的问答，记述修身做人的准则。实际上，这部九万字左右的著作内容广博，门类杂多，包罗万象，集中体现了先秦儒家的政治、哲学和伦理思想，是研究先秦社会的重要资料。

《小戴礼记》全书接近十万字，如果我们要用一个字来形容《小戴礼记》的话，就是：杂。它的内容除了解释当时大部分的仪礼、大部分的规矩以外，它还有好多篇章是独立的，一抽出来就是一部书。我们曾经讲过的《大学》《中庸》，就是从《礼记》里抽出来的，而且一抽出来就是基本完整的。咱们日常使用的语言以及成语，很多就是出自这部《礼记》的，比如苛政猛于虎、瑕不掩瑜、放之四海而皆准、至死不变、诚以正心、格格不入、天下为公等,这些成语的例子还可以举下去。所以,实际上《礼记》里的好多观念、好多思想,已经通过我们习以为常,挂在嘴边的这些成语,深深地进入到我们的传统思维当中,深深地进入到我们的行为准则当中。

接着《礼记》,《三字经》开始讲一部非常有趣的经,一部充满了浪漫色彩,充满了文学色彩的经典,这就是中国的第一部诗歌总集《诗经》。

> 《诗经》是我们比较熟悉的一部经典,那么是谁整理编订了这部《诗经》,《诗经》又为什么会在儒家经典中,占有如此重要的地位? 《诗经》中的诗歌分为风、雅、颂三类,那么风是什么意思? 雅和颂又是怎么回事呢?

今天我们看到的《诗经》,是经过孔子整理、编订,甚至在某种程度上删改过的。

"曰国风,曰雅颂,号四诗,当讽咏。"《三字经》讲"国风",什么叫国风? 国风是《诗经》里一个类别的名称。《诗经》里面有一类诗歌叫国风,风是带有地方色彩的作品,换句话说国风就是当时各个诸侯国的民歌。我们知道周朝的疆域已经很辽阔了,底下是好多诸侯国,这些诸侯国都是独立行政的,或半独立行政的,只不

过拥戴周天子作为天下共主,但是有自己的军队,自己的官员。那么,周天子怎么来掌握每个国家的情况呢? 每个诸侯国具体发生了什么,周天子怎么能知道呢? 当时又没有传真,又没有网络,没有什么特别快捷便利的信息交流的手段。为此,当时就创设了一个制度,叫采风。当时的采风是一种严格的制度,周天子专门设立了官员,摇着铃铛到各地去走,搜集民歌,这就叫采风。同时,每个诸侯国也有责任要把自

己国内的某些诗歌定期采集，汇报给周天子。这后一部分就是两回事了，因为没有任何一个国君，会把民间挤对自己的、嘲笑自己的诗歌，汇报给天子。但是，国风就是由这两部分组成的。汇报到周天子那里，周天子专门有乐官管着。所以，这些国风，这些民间的诗歌既可供周天子掌握天下大事，了解各个诸侯国的民生实际情况，同时又可以配上乐，变成歌词，成为一个音乐作品，一举两得。所谓的风，就是这个意思。

国风就是周朝各个诸侯国的民歌，反映了当时各诸侯国人民的生活状况，也记载了当时各诸侯国发生的许多事件，那么雅和颂是什么意思？对于我们现代人又有着什么重要的影响呢？

《诗经》 中国最早的诗歌总集。它收集了从西周初期至春秋中叶大约五百年间的诗歌三百零五篇。先秦称为"诗"，或取其整数称"诗三百"。西汉时被尊为儒家经典，始称《诗经》，并沿用至今。

雅和颂也是《诗经》的类别和分类。雅一共有一百零五首诗歌，雅里面还分成两种，一个叫大雅，一个叫小雅，那么大雅和小雅有什么区别呢？大雅是诸侯觐见周天子所进献上的诗歌，所进献上的歌词叫大雅。既然各个诸侯觐见了周天子，那么，周天子照例要赐宴、赏宴，和来朝见的诸侯宴会一番，在宴会的场合，所奏响的这些乐歌、所奏响的这些歌词就叫小雅，所以大小雅是有区别的。

那么颂指的是什么呢？颂主要是在宗庙祭祀的时候，对祖先、对各种神灵的一种颂歌，一共有四十篇。因为《诗经》的内容太丰富，涉及的方方面面太广，所以通过学习诗歌，就可以积累自己的学识，使自己成为一个学识渊博的人，这个很容易理解。但是更重要的是，《诗经》在带给人们知识的同时，能够提高人各方面的修养。古人就经常讲："腹有诗书气自华。"

在《论语》里面，记载了孔子和自己的儿子孔鲤的一段对话，孔子非常关心他自己的儿子："你忙忙叨叨的，你是不是已经学《诗》了？你学过《诗》没有啊？"他的儿子回答孔子："还没有学。"孔子语重心长地回答了六个字："不学《诗》，无以言。"就是说，不学《诗经》，你怎么能说出非常优雅的话呢？

孔子认为，一个人不学习《诗经》，就不会说话，这句话是不是仅仅针对古时候的读书人而言的？因为我们现代人很多人都没有学过《诗经》，但是我们也可以讲出优雅的语言，也会写出漂亮的文章，这些难道与《诗经》有什么关系吗？

我来给大家举例子。如果我们要表达一种祝福的意思，比如我们要祝老人家健康长寿，一般说什么啊？"寿比南山"。如果想祝一个伟大的人物健康长寿叫什么？"万寿无疆"。如果有朋友要搬家，"恭贺您乔迁之喜"。如果要恭喜自己的朋友或者亲属结婚，就有婚礼祝福："执子之手，与子偕老""新婚燕尔""天作之合""携手共行""白头到老"。比如有件事情想来想去想不明白，就有"忧心忡忡""辗转反侧""小心翼翼""战战兢兢""如履薄冰""无所适从"。遇到什么事情没办法了，先躲一躲吧，就是"逃之夭夭"。其他如"鸠占鹊巢""赳赳武夫""肤如凝脂""信誓旦旦""一日不见，如隔三秋""人言可畏""衣冠楚楚""不可救药""同仇敌忾""投桃报李""进退维谷"，这一串话都是《诗经》里的。可能我们都没有按照传统的方式读过《诗经》，但是大家脑子里就有《诗经》，大家的文化血液当中就有《诗经》。《诗经》是一种文化基因，已渗透在我们身上，只不过大家可能没意识到。

《诗经》毫无疑问具有重要的价值，其中好多诗歌反映了这么长的一个历史时期：公元前十一世纪到公元前六世纪，五六百年间许多当时重大的历史事件。

《诗经》分别有国风、大雅、小雅、颂四个类型，所以《三字经》中说："曰国风，曰雅颂，号四诗，当讽咏。"而讽咏的意思，就是对在《诗经》中记载下来的事件是有评判的，有嘲讽，有颂咏。我们通过两首国风就能看到，老百姓是如何评判发生在卫国的一个惊心动魄的历史故事的。这是两首什么样的诗呢？

第一首诗叫《新台》：

新台有泚，河水弥弥。燕婉之求，蘧篨不鲜。

新台有洒，河水浼浼。燕婉之求，蘧篨不殄。

鱼网之设，鸿则离之。燕婉之求，得此戚施。

这首诗歌的意思就是说，河边造起一座新的楼台，河水在下面缓缓地流淌，美丽的女孩子啊，你设了一个渔网吧，你的目的是什么？为了打鱼吗？"燕婉之求，得此戚施。"谁知道这么美丽的一个女孩子，居然逮了一只癞蛤蟆！"戚施"是癞蛤蟆的意思。这是一个什么样的故事呢？东周时代的卫国，有一个公子哥，他的名字叫晋。公子晋这个人非常的淫纵不检，修养很差。坏到什么地步呢？他在还没有继位的时候，还是一个储君的时候，就和父亲的一个妾，叫夷姜的私通。私通了以后，还生下了一个儿子叫伋。这个公子晋一看这事儿不对，自己的老爸卫庄公，还在位子上。所以，他就把这个儿子藏到了民间，偷偷地给养起来。卫庄公过世，卫国宫廷里大乱了，经过非常残酷复杂的宫廷斗争，公子晋在公元前718年成为卫宣公，他自己当了国君了。卫宣公一继位，马上就冷落了自己的原配夫人邢妃。他本来自己也是有夫人的。居然就公然宠信自己的庶母夷姜。自己的老爸已经驾崩了，他就干脆跟这个庶母公开地出入各种场合。而且，还把他们私养在民间的伋，给接回来了，立为嗣子，准备把自己的国君之位，传给这个儿子。接回来了，这个伋也就叫太子伋了。因为那个时候马上要当国君，他是被立为嗣子的，已经十六岁了。在古人来讲，十六岁就到了可以婚娶的年龄，打算去聘娶齐僖公的长女。齐国是比较大的一个国家。卫宣公那个时候已经是国君了，还不改淫纵不检的坏毛病。他听说齐僖公的长女很漂亮，也不顾这个是给自己的儿子聘娶的，他开始只想看看齐僖公的长女有多漂亮，但是没有机会。所以他就动了一个坏脑筋，派太子伋出使宋国，这个老头就赶紧在淇河边上造了一个高台，就叫新台，装饰得非常华丽。太子伋不是被他支到宋国去出使了吗？于是，这个卫宣公就自己到新台去迎接齐僖公的长女。卫宣公一看到这个国君的长女亭亭玉立，貌若天仙，就干脆直接把这个齐僖公的长女，又娶成了自己的一个夫人。齐国是以姜为姓的，所以，这个齐女叫宣姜。宣姜来到卫国，原来说好的是嫁给公子的，就是嫁给太子伋的，也知道太子伋十六岁，跟自己年龄相当，没想到自己嫁给了自己的公公，而且公公的样子又老又丑，大失所望，但是她也没有办法。有人就编了一首民间诗歌叫《新台》。而在《新台》后面还跟着首诗，叫《二子乘舟》：

二子乘舟，泛泛其景；愿言思子，中心养养。

二子乘舟，泛泛其逝；愿言思子，不瑕有害。

在古代，子是一种尊称，比较有地位的人称为子，如孔子、老子、庄子等。这首诗翻译成现代白话的意思是，就说两个公子，两个比较有地位的年轻人，乘船远行，水里飘荡着他们的倒影，我思念你们，心中忧愁而牵挂。

《新台》嘲讽了卫宣公先与庶母私通，又强娶儿媳的荒淫无耻，然而《二子乘舟》却表现出对两个公子深深的思念。那么这两首诗之间有什么关系？《二子乘舟》又讲了一个什么样的故事呢？

紧接着《新台》出现这么一首诗，大家马上就会想到这诗背后还有故事。孔子为什么这样编呢？一定有他的道理。那么，根据一些注解，根据一些古人的解释，再去探究，就可以知道，这个诗就是接着《新台》这个故事讲的。这里面的二子是两个公子，一个就是太子伋，就是那个公子伋。他出使宋国回来，满心欢喜，以为父亲给自己把媳妇娶好了。以为太子妃娶好了，回头一看却变成自己妈了。当然不是嫡母，是变成自己庶母。太子伋回来后马上面临着的，就是新台丑闻。但是，这个太子伋很好，可能因为他早年一直被养在民间，身上没有皇室贵族公子常有的那种骄纵，反而从民间吸取了非常好的道德滋养，非常恪守孝道，非常温和。他发现原来要给自己迎娶的齐国国君的长女宣姜，现在已经成了自己的庶母，并没有任何怨言。而这个名叫宣姜的美女，一连给卫宣公生了两个儿子，长子叫寿，次子叫朔，即公子寿、公子朔。说到公子寿和公子朔，是亲兄弟不错，但是这两个人的性格完全不一样。虽然是异母所生，公子寿和太子伋兄弟两个却非常友爱。但公子朔就跟他的哥哥公子寿，截然不同，非常狡诈和阴险。公子朔自己想当国君。他想当国君就面临着两个障碍，一个就是太子伋，还没废掉；一个就是他嫡亲的哥哥公子寿，这两个都成了他继承国君道路上的绊脚石。这个公子朔是小儿子，就经常地在自己的母亲宣姜身边进谗言。

> 公子寿与公子朔虽是亲兄弟，但哥哥公子寿善良温和，弟弟公子朔却野心勃勃，公子朔和母亲宣姜一起，不停地向卫宣公说太子伋的坏话，卫宣公终于下定决心要除掉太子伋。那么卫宣公会采用什么方法去杀害太子伋？而结果又是怎样的呢？

公元前701年，齐僖公攻伐纪国。齐僖公现在变成卫宣公的岳父了，于是，齐僖公就叫自己的女婿一起派兵共同讨伐。卫宣公就命令太子伋出使齐国，并且把一个使节授予了他。过去使节是使者的身份标志，现在我们讲的外交使节就是从这个地方来的。而在卫国到齐国的路上，卫宣公就和公子朔安排了杀手，准备把太子伋杀了，这一套都策划好了。但是大家别忘了，还有一子公子寿却跟太子伋的关系非常好。公子寿有一次进宫去探望自己的母亲宣姜的时候，得到了消息。这就知道了自己嫡亲的弟弟、国君还有自己的生母，准备把自己的异母大哥铲除掉。但这个公子寿是一个性情非常温和的人，一个非常讲兄弟友爱的人。他拼命劝自己的母亲，但是，没有什么效果。他母亲跟他讲："你父亲这么做，包括你弟弟这么做，完全是为了绝后患，能够保护你妈妈和你弟弟，包括你的性命。你千万不能泄漏。"但是这个公子寿，跟自己大哥太子伋关系非常好。他知道事到如今，再去向自己的父亲进谏，已经没有什么用了，所以他就私下见太子伋，劝他赶紧避出去："你也不要出使了，你赶紧逃掉吧，留一条性命。"然而，太子伋是一个非常有意思的人，他的回答是："为人子则从命为孝。"作为儿子，必须听从父亲的命令，这样才是孝。"弃父之命即为逆子。"如果把父亲交给他的使命扔在一边，自己跑掉了，那他就是逆子。再说了，即使跑又能跑到哪里去呢？他没有地方去了。所以他做好了一切准备，不听公子寿的劝告，就上路了。公子寿心想："如果我的哥哥这一次真的被人杀了，那么父亲卫宣公，就要立我为太子了，那我怎么办？我将来怎么对天下的人呢？"子不可无父，弟不可无兄，他就很两难。所以，就决定替哥哥先走一步。他设了一个计，代自己的哥哥而死，希望自己的父亲，能够由此感悟，饶过自己的哥哥。于是，公子寿又找来一艘船，太子伋一艘，公子寿一艘，这就是二子乘舟。两艘船在一起，因为太子伋马上要出使齐国了，公子寿就陪自己的异母哥哥太子伋喝酒，为他送行。他知道劝也劝不住，没什么用了，为太子伋送行的时候，公子寿自己心里是明白自己的计划的，自己控制酒量。但是，太子伋心情很郁闷，因为他完全知道这个阴谋，却只能去死。没有办法了，所以心情很坏。这心情一坏，喝闷酒很快就醉了。当他醉了的时候，公子寿就拿了他的使节，开着船先走。同时，留了一封信给他自己的哥哥。当然，这一走就碰到了事先安排好的这些杀手。这些杀手就把公子寿杀了，把脑袋割下来，放在盒子里。这些杀手杀人很简单，他们看见有使节的人，以为就是太子伋，于是就把他杀了。太子伋酒醒过来一看：自己弟弟的船怎么已经开了，再看到自己弟弟留给他的信，大吃一惊，赶紧就下令自己的随从开船，去追赶公子寿。这就是"二子乘舟"这个故事的由来。

"二子乘舟"表达了当时的百姓对于两位公子的同情和颂咏，那么后来公子伋知道了公子寿被杀害后，会如何反应？两位公子最后的结局是什么？而孔子又为什么要把这两首诗编订在一起呢？

太子伋的船往前追，就看到公子寿的船，正好迎面向自己驶来。此时，公子寿已经被杀了，但太子伋不知道，他很聪明，就喝问："主公交给你们办的事情办好了没有？"这些杀手不知道这个太子是谁，他们也不认得，以为是卫宣公派来的密使，就捧上这个盒子："我们办好了，已经把太子伋给杀了，我们应该来请赏。"太子伋打开一看，里边装着自己弟弟的头颅，当然就非常地哀痛，当时就叫冤枉。旁边的杀手觉得很奇怪："这有什么好奇怪的！父亲杀儿子，有什么好冤枉的？"这个时候太子就回答："我才是真正的太子伋，我得罪了自己的父亲，父亲要杀我，但这是我的弟弟，他有什么罪？他得罪了谁？你们为什么要杀他？"这些杀手到了这个时候，才知道自己搞错了。而太子伋就告诉这些杀手："我不会跑的，我跑你们也没有办法交差。这样吧，你们现在知道我是太子伋了，干脆把我的头也砍下来。能够完成国君交给你们的使命，也好弥补你们误杀之罪，误杀以后回去没法复命。"由此可见太子伋是一个心地非常厚道的人。这些杀手一听这话，当然也就不客气了，就把太子伋也杀了。他们把这两个公子的头都装好，回到卫国，向卫宣公复命。卫宣公听到太子伋和公子寿居然同时被杀的消息，当时就昏过去了，因为毕竟是两个儿子，而且公子寿他还是喜欢的。所以就叫："宣姜误我。"他就怪在女人身上。由于这样的过错，一下子把自己已经立好的储君，和将来可能要立的接班人全杀了。不久，卫宣公就是因为痛心和悔恨病倒在床，很快，也就半个月，卫宣公就死了。卫国的人非常同情这两位公子，但是，又不好明说，因为这两个公子之死，完全是自己国君下令干的。但是，任何阴谋终究是瞒不过人民的，所以卫国的人民就写了这么一首诗叫《二子乘舟》在民间传唱。

春秋时代，各个诸侯国宫廷继位的问题不断发生，有血缘关系的亲属彼此之间的仇杀，从来没有停止过。也因此，这个时代被孔子视作天下大乱的时代。既然孔子认识到，这个时代是天下大乱了，那么，孔子觉得自己有什么办法吗？请大家看下一讲。

诗既亡，春秋作，寓褒贬，别善恶。

三传者，有公羊，有左氏，有穀梁。

1 诗：《诗经》。
2 春秋：书名，相传是孔子根据鲁国
　的史书编写而成。
3 寓：寄托。

4 别：区分。
5 公羊：书名，即《春秋公羊传》。
6 左氏：书名，即《春秋左传》。
7 穀梁：书名，即《春秋穀梁传》

　　《三字经》在讲完了《诗经》之后，接着开始讲《春秋》。
那么，《春秋》是谁编订的？这部史书为什么叫《春秋》而
不叫《冬夏》？《春秋》还有一个名字叫《麟经》，这里面
又有一个什么样的故事呢？

孔子认为《诗经》的精神是非常美好的，所以说："诗三百，一言以蔽之，曰：思无邪。"但是，"诗既亡，春秋作"。《诗经》中美好的精神为什么会灭亡呢？传说中导致周王朝衰败的美女褒姒（sì），是否真有其人？而周幽王烽火戏诸侯又是怎么回事？孔子是在什么情况下编订《春秋》的？《春秋》中寓褒贬、别善恶的重要作用，又是如何体现出来的？后来的人们常把"春秋"作为史书的代名词，但为什么这部史书叫《春秋》而不叫《冬夏》呢？《春秋》还有一个名字叫《麟经》，这里面又有一个什么样的故事呢？

孔子在编订《诗经》的过程当中，心中有一种哀怨，他觉得里面反映了好多血淋淋的故事，好多伦常之变。孔子认为天下大乱了。那么，面临这样大乱的世界，在政治上从来没有很得志过的孔子，手中只有刀和几块竹简的孔子，有什么办法来应对这个大乱的世界呢？他只有一个办法，编订《春秋》。所以《三字经》接着讲："诗既亡，春秋作，寓褒贬，别善恶。"《诗》已经完了，所以孔子就编订了《春秋》。编订《春秋》是为什么呢？并不仅仅是为了记录这一段历史，而是把褒贬之意，把他要表扬的、要批判的东西包含在《春秋》里，把他对善良的、丑恶的这种区分蕴含在《春秋》里。

首先我们要说明，什么叫"诗既亡"，难道诗歌都没有了吗？当然不是这个意思。我们今天不还是能够看到这三百零五首诗歌吗？《孟子》里有一段话："王者之迹熄而《诗》亡，《诗》亡然后《春秋》作。"实际上是指诗的精神，就是我们前面讲到过的，诗教的精神消失了。这种美的东西、善的东西、柔的东西、和谐的东西没有了。这样，就有了一部《春秋》，通过孔子的编订出现在世间。

"诗既亡"的历史背景是什么？从哪个时间开始？从哪一个事件开

始标志着天下大乱，标志着《诗经》的精神终结了呢？这又是一个和女性相关的故事。在中国的传统社会中往往把各种各样的罪过推诿于女性，毫无疑问这是不对的。接下来发生的这个故事就标志着中国历史进入新的一页，就标志着天下大乱的开始。什么事呢？我相信大家都听说过，就是所谓的烽火戏诸侯，也就是那个非常著名的美女褒姒的故事。历史上，究竟有没有过褒姒这个人？这是多少有点争议的。但是，根据《史记》的记载，褒姒应该是历史上真实存在过的一位女性，一位美丽但却命运悲惨的女性。

> 传说褒姒的美貌倾城倾国，是古代中国的第一位大美女，因此也被很多文人斥为导致周王朝灭亡的"红颜祸水"。那么褒姒究竟是一个什么样的女人，她怎么会和烽火戏诸侯有关系？又为什么说，烽火戏诸侯是天下大乱的开始呢？

公元前781年，与卫国发生的这两幕悲剧大致相当的年代里，周宣王去世。周天子是当时最大的王了。周宣王去世以后，他的儿子继位，这个儿子就是臭名昭著的周幽王。周幽王昏庸无道，唯一感兴趣的事情，就是到处寻找美女。他有个大夫叫越叔带，劝他应该理理朝政，把心思放正一点。周幽王恼羞成怒，就革去了这个大臣的官职，把他撵出去，撵到荒远的地方。中国的士大夫是有一种精神的：一个人进谏不行，第二个人跟着上。第二个人是谁呢？一位姓褒的大夫，他一看，周幽王怎么那么糊涂啊？他接着进谏，结果又被周幽王关进了监狱。但是，这位姓褒的大臣，在监狱里关了三年，被放出来了，为什么放出来了呢？这位大臣的儿子进献了一个美女给周幽王，所以周幽王就把这大臣放出来了。这个美女就是褒姒。看样子，这个褒姒是这个大臣的家人为了救他到民间去寻找来的一位美女。但是把自己家族的

周幽王 西周末代君主。姓姬，名宫，周宣王之子。出生于周宣王三十三年（公元前795年）。宣王四十六年（公元前782年）即位。在位时，沉湎酒色，不理国事，各种社会矛盾急剧尖锐化。公元前771年，申侯联合犬戎举兵入攻西周，幽王被杀。

姓给了她，让她姓褒，实际上未必是褒家的骨肉，而是民间一位天生丽质的苦命美女。周幽王一见到褒姒就特别喜欢。但是，这个褒姒整天皱着个眉头，不论周幽王怎么去讨好她，怎么去逗她，褒姒就是不笑。周幽王就很着急，觉得自己贵为天子，居然没办法叫个女孩子笑，很失落，没有成就感。这时旁边就来了一个人，叫虢石父，也是一个大臣，就对周幽王讲："我有一个主意，能够叫褒大美人笑给大王您看一看。"周幽王当时觉得天底下最大的事情就是让褒姒笑一笑，没有比这个再大的事了，所以就说："你赶快告诉我。"这个大臣就跟周幽王讲："您别忘了，从前为了防备西戎，也就是西边的少数民族，来侵犯我们的国都，我们不是在山上造了二十几座烽火台吗？"这周幽王说："是啊，有烽火台，烽火台怎么了？"虢石父说："这个有意思。因为原来我们跟周围的诸侯国是约定的，只要看见这二十几座烽火台点火，那就说明天子您遭到威胁，各国诸侯就必须带着兵马前来勤王，要保护您。您想想看，您把褒姒带到旁边看着，叫人点火，各国的诸侯肯定是汗流浃背往这里赶，千军万马在山底下赶来赶去，多好玩？褒姒肯定没见过这个场面，她能不笑吗？"这周幽王就是糊涂，连声说："好办法，好办法，赶快点火！"

> 当时的周王朝地域广阔，但西边的游牧民族常来侵犯，那时候通信不便，就建立了很多烽火台，只要周王的烽火台一点燃，各诸侯国就会马上集合军队赶来勤王。昏庸的周幽王为了博美人一笑，竟然点燃了烽火台，这就是著名的烽火戏诸侯。那么烽火戏诸侯的结果是什么呢？

烽火台的特点是白天点烟，晚上点火。烽火台不是整天点火的，白天点火远处看不着，白天点的烟叫狼烟。晚上点火才看得到，所以周幽王就找了个晚上点起火来，这一点当然满天是火光了，二十多座烽火台都点起来。邻近的诸侯看见烽火，赶紧带着兵马，全副武装往京城赶。赶到京城一看，听说大王在山上，还以为大王已经逃出京城躲到山上去了，又赶紧带着兵马赶到山下。结果一看，怎么一个人没有啊？只听见山上奏着音乐，唱着歌，一点事没有。大家都不知道怎么办，你看看我我看看你，都不知道是怎么回事。这个时候周幽王就笑着跟他们说："诸位，辛苦了，这里没有敌人，你们回去吧，别在这儿待着了。"诸侯们都想，动员全国的兵力赶过来上一个大当，很愤怒，但是敢怒不敢言。因为，那时候周天子还是天下共主，周幽王就是最后一代天下共主。于是，只能灰溜溜地带着自己的兵马，整队，向后转，回去了。褒姒一看，这太好玩了，就嘿嘿一笑。周幽王大为高兴，重赏了出主意的虢石父。周幽王变本加厉，他本来就是个很昏庸的王，大肆压榨老百姓，剥削老百姓。他任命了一个非常不好的大臣，叫虢石父，主持朝政，引起了国人的怨恨。他太宠爱褒姒了，又听信了褒姒的话，废掉了自己的王后和太子，把褒姒正式立为王后，立褒姒之子伯服为太子。原来的王后和原来的太子就逃回了自己的国家申国。公元前771年，申侯，等于是被废王后的娘家家长看不过去了："我这个嫁过去的女儿又没有什么过错，你凭什么把她废了？我的外孙也没过错，本来是太子，你怎么把他废了？"于是，就联合犬戎，那可是西北非常彪悍的少数民族，开始进攻西周。周幽王一看，这可怎么办？就赶紧点起烽火。可是，这一下诸侯谁也不来了："我上次来跑一次，就换你褒姒笑一笑，汗流浃背又回去了，你这次再点火，我知道你干吗？"所以诸侯谁都不来，一个救兵也不到。京城的兵马本来就不多，只有一个人叫郑伯友的带头出去抵挡了一下。但是，这个人兵马太少，而且一出去就被叛军乱箭射死。京城就被攻破了，周幽王被杀，虢石父被杀，出主意点火的这个人也被杀了，褒姒被掳走。褒姒是不知所终的。

周幽王烽火戏诸侯，虽然博得褒美人一笑，却失去了作为天子的信用，最后导致了国破身亡的结局。周幽王虽然死了，但周王朝并没有因此而结束，但为什么说，从此就天下大乱了呢？

152

原来被废的太子就成为天子，就是周平王。周平王把都城迁到了洛阳，这是中国历史的一个分水岭。周幽王之前叫西周，周平王把国都迁到了比较靠东的洛阳，所以这以后叫东周。东周开始于公元前770年。东周又分为春秋和战国两个阶段，这个时代的特征是什么？四个字，天下大乱。为什么？没有人再拥戴周天子了，周天子就是一个傀儡。接下来就是春秋争霸、战国七雄。整个中国战火连天，连个统一的象征都没有了。东周还有周天子，大家别忘了，周天子一直有的，很晚才被灭掉的。但是，号令不行，谁都不理，已经没用了，政教不修。周天子有点自暴自弃了，就躲在洛阳，对那些日益强大的诸侯束手无策。这个天子就躲在那里，好像没有一样。这天子有什么用啊？各国诸侯怎么会把这样一个天子放在眼里呢？谁都不理他。于是，各国当然就不采风了，这个制度就取消了，国风就没有了。那些诸侯国也不去拜见周天子了，大雅消失了。周天子也没有诸侯好宴请了，谁都不来看他了嘛，小雅消失了。谁还会在意去祭祀自己的祖宗呢？乱世啊，庙都没人管了，颂消失了。风、雅、颂都消失了，诗歌的精神当然也就亡了，所以叫"诗既亡"。"世衰道微，邪说暴行有作，臣弑其君者有之，子弑其父者有之。"到了这个份儿上完了，世道乱了。乱到什么地步呢？各种各样非常邪恶的学说，完全不以真善美为追求的学说，开始横行。周天子名存实亡了，没有规矩了，谁也管不了谁了。暴行满眼皆是。"臣弑其君者有之"，臣子怎么能杀国君呢？按照中国传统伦理当然不行，可是这个时候有。"子弑其父者有之"，中国传统当中什么时候容忍儿子杀父亲？这个时候也出来了，动不动儿子杀老子。于是，"孔子惧，作《春秋》"。孔子看到世道乱成这个样子，人几乎要变为禽兽了，孔子害怕了，于是就作《春秋》。所以叫"诗既亡，春秋作"。孔子没有什么办法，他就是一介文人，一介书生，他唯

《春秋》 儒家经典之一。相传由孔子据鲁国史官所编《春秋》加以整理修订而成，记载自公元前722年至公元前481年共二百四十二年间的史事，是中国最早的编年体史书。

孔子 孔子（公元前551年—公元前479年），春秋末期思想家、政治家、教育家，儒家学派的创始人。名丘，字仲尼。鲁国陬邑（今山东曲阜东南）人。提出了"仁"的思想，开创了私人讲学的风气，曾周游列国，晚年专心从事古代文献整理与传播工作，致力于教育，整理《诗》《书》等古代典籍，删修《春秋》。其学生将其思想言行记载于《论语》中。

一的办法就是编订《春秋》。

> 周王朝名存实亡，诸侯争霸，天下大乱，《诗经》的精神
> 已经不复存在了，于是孔子开始编订《春秋》。《春秋》是一
> 部编年体史书，所以后来的人们常把"春秋"作为史书的代
> 名词，但这部史书为什么叫《春秋》而不叫《冬夏》呢？又
> 为什么说孔子是编《春秋》，而不是说写《春秋》呢？

为什么说孔子不是写《春秋》？为什么说《三字经》说"《春秋》
作"？这个"作"为什么不能理解为今天的写？只能理解为今天的
编？因为我们知道，《春秋》实际上是比孔子更早的时代就已经有的
一种书，是一种编年体的史书。为什么叫"春秋"不叫"冬夏"呢？
这个是有道理的。中国传统文化的东西一般都有它的道理。为什么？
古人特别重视春、秋两季。为什么？春天播种，秋天收割。所以就
用春秋来形容时间的流逝，就好像我们去买东西，没有人
说买南北的。为什么说"买南北"就不行呢？为什么非要
叫"买东西"啊？据说，那是因为东西对应的是金木，南
北对应的则是水火，过去买东西拿个篮子，买个金属、买
个木头可以拎回去，但是，能买一篮子水和火回去吗？这
有五行学说在里面的。所以古人的一些称谓，背后都有
非常特别的思想，不是随便叫的。所以叫《春秋》不叫
《冬夏》。

那么，孔子是怎么修订《春秋》的呢？根据司马迁的《史记》，孔
子完全按照自己的意思和标准，对历史事件和人物下断语、作评价，
希望以此来确定是非、善恶的标准，希望通过历史来确定什么是对的，
什么是错的，什么是善的，什么是恶的，什么是应该做的，什么是不
应该做的。孔子已经没有办法了，他只希望通过自己的笔，给后人留
下一种标准。在这样的乱世里，孔子最担心是非的标准都没了，善恶

的标准都没了，将来的人连什么是善的、什么是恶的都分不清楚了。孔子觉得这才是最严重的事情。所以《三字经》讲："寓褒贬，别善恶。"每个字都有它的立足点，都不是随意讲的。"别善恶"还好理解，因为记一件事情，会把一件好事记下来，比如这个人拾金不昧，一般认为这个人总归是好的。可是，怎么去"寓褒贬"呢？怎么能够把褒贬蕴含在一部历史学的著作里呢？孔子又是怎么做的呢？那就是春秋笔法。什么叫春秋笔法呢？

> 《春秋》与在此之前的各诸侯国的史书，最大的不同之处，就是它有着寓褒贬、别善恶的重要作用。而这种作用，主要是通过春秋笔法体现出来的。那么什么叫春秋笔法？它又是怎样寓褒贬，别善恶的呢？

春秋笔法就是用间接的，表面上很平淡的、不带个人好恶、不带个人感情色彩的文字，寥寥几笔，对历史事件和人物做出结论。孔子在这方面用词就极其讲究。比如弑，古人对于杀人有好几种说法，弑就是其中一种。如果孔子讲甲杀乙，这就是一个事实，那么，估计孔子也不去分辨到底是甲对还是乙对。但是，如果叫甲弑乙，那么，甲一定是有罪过的，甲一定是错的，乙是对的。因为弑是指以下杀上，以小辈杀长辈，以坏人杀好人。就这一个字，褒贬就出来了。再比如说讨，说甲讨乙，那就说明甲是有道理的，因为讨是以有道伐无道。甲讨乙一定是乙有问题。这个就叫春秋笔法。据说，孔子《春秋》一个字的评语既可以表彰伟人，也可以将乱臣贼子钉在历史的耻辱柱上："一字之褒，荣于华衮（gǔn）；一字之贬，严于斧钺。"《春秋》只要有一个字赞扬某人，某人就荣耀得不得了，就好比穿上国君赏赐的华贵的服饰。如果他在《春秋》里边对某人有一个字是贬斥的，对某人有一个字是批判的，那么，这个人甚至比被斧子砍脑袋还惨，比死还难受。因为死是一时一刻的，但是，名声就留下去了。在人间活八十岁，死了，但是，臭名后面三千年还在传播呢。自己死了不要紧，但还有子孙呢，子孙也抬不起头来。这就叫"一字之贬，严于斧钺"。所以孟子讲："孔子成《春秋》，而乱臣贼子惧。"孔子把《春秋》编好了以后，乱臣贼子都害怕，老想去打听打听孔子怎么说他的，里边到底对他是褒还是贬，还是孔老夫子把他给忘了？忘了也不错。这就是孟子的话。当然，真的要去和历史上的真实情况作考核的话，恐怕也未必。真正的乱臣贼子谁怕《春秋》里的两个字啊？该干什么还不是照样干？这只不过是儒家的一个理想，儒家传统的一种梦想，一种美好的梦想，希望文字具有天大的力量，希望灌注着中国文化传统的文字，有至高无上的力量。可惜，历史证明这只能是一种希望而已。

《春秋》还有一个非常文雅的名字，叫《麟经》，大家知道的不多。为什么会有这样一个名字呢？这里边有一个令人哀叹的故事，而且也是一个时代结束的标志。

> 孔子作《春秋》，用心良苦，寓意深刻。直到今天，我们仍能从《春秋》之中感悟到，孔子对那个时代中各种事件的鲜明态度。但《春秋》为什么又被称为《麟经》？这里面有一个什么样的故事？又为什么说这个故事标志着中国一个时代的结束呢？

鲁哀公十四年的春天，孔子七十岁，正好在修订《春秋》，编《春秋》是孔子晚年最重要的工作。这个时候，有个猎人捕获了一只野兽，猎人不认识。打猎的人，野兽认识多了，但就这只野兽他不认识，就去请教孔子。按照中国古代的传统，儒者是什么都要懂的。孔子当然是懂了，最起码在当时的老百姓心目当中，孔子是知识非常渊博的。所以，这个猎人扛着这只怪兽就去问孔子："我今天打到个什么东西？"孔子一看，眼泪就流下来了，孔子哭了，哀叹道："这是麒麟啊，麒麟啊麒麟啊，你到这个乱世来干什么啊？"麒麟是中国传统当中一种神兽，非常吉祥的一种兽，它代表着祥和，代表着幸福，代表着太平。孔子认为，这个时候天下大乱，麒麟在乱世跑过来干什么啊？这不是被人打死了吗？也正因为这只麒麟被打死，孔子就停笔了，《春秋》就没有再编下去了，就停在这一个时间上。两年以后，孔子去世。

《春秋》上起鲁隐公元年，那是公元前722年，下迄鲁哀公十四年，就是麒麟出现的那一年，那是公元前481年，而公元前479年孔子去世。《春秋》记载了鲁国十二位国君在位的二百四十二年间各个诸侯国的历史。这个二百四十二年，就因此被称为"春秋"时代。换句话说，这个二百四十二年原来只不过是东周历史上的一段，并没有专门的名称，就因为《春秋》被称为"春秋"。我们都知道，这个年代的古书，都是写在或者刻在竹简上的，又有所谓春秋笔法的限制，所以文字非常的简略。简略到什么地步？整部《春秋》记载二百四十二年的历史，总共才一万八千多字，也就是说平均每年不到八十个字，平均每个月不到七个字，平均每个星期一个半个字不到。《春秋》就简略到这样的地步。后人读起来怎么会轻松呢？读起来怎么会容易呢？怎么会不需要解释和注解呢？

> 《春秋》作为一部史书，在历史上有着非常重要的作用，但因为当时各种条件的限制，短短的《春秋》读起来却十分难懂，所以就有后人为《春秋》作注解，也被称为传记。那么历史上主要有哪三个人写的传记？这三个传记又各有什么特点呢？

所以《三字经》接着讲："三传者，有公羊，有左氏，有穀梁。"《三字经》的作者非常明白，仅仅去看一万八千来字的《春秋》文本是没法看的，必须根据后人的注解才能阅读《春秋》。在汉代，讲解《春秋》的主要就是这上面讲的三家。《春秋公羊传》的作者叫公羊高，《春秋穀梁传》的作者叫穀梁赤，都是属于今文学派。他们都比《左传》的作者要晚一百来年。按照宋代学者的说法，《公羊传》和《穀梁传》是传义不传事，也就是说它偏重于解释《春秋》的微言大义。《春秋》里边当然有很多微言大义，我们不是讲春秋笔法吗？《春秋》里面有褒贬，有善恶。《公羊传》和《穀梁传》主要是解释它的意义的，重点不在于补充说明《春秋》背后的历史故事，主要是阐释

《春秋》所特有的道德的意义、评断的意义、是非善恶的意义。但是，《左传》不同，它属于古文学派，主要是通过历史的事实来说明《春秋》的笔法，并且补充了好多《春秋》文本没有记载的事实，所以《左传》特别受到史学家的重视。《左传》的作者大家一般都知道，是左丘明。孔子没有来得及为《春秋》作传就去世了，孔子门下的弟子也没有谁有能力来给《春秋》作传。这个左丘明本身是鲁国的史官，他和孔子的关系是什么呢？亦师亦友，他跟孔子的关系不是一般的弟子和老师的关系，他当然很尊重孔子，把孔子当老师，但同时也像朋友一样交往，孔子也未必把他当学生。所以他主动接过孔子的工作，为《春秋》作传。而作传的时候，左丘明已经失明，他是盲人。《左传》是他口授，由他的弟子整理成书的。《左传》以叙事为主，文笔生动，渲染表达能力极强，几千年来吸引着无数的人。"春秋无义战"，这是非常有名的话。春秋时代战争很多，但没有哪场战争是真正有道义的，就是打来打去，只不过是为了争霸。《左传》描写战争场面的文字特别有名。《左传》还特别擅长刻画人物，比如描写晋文公、描写楚灵王，都是神来之笔。人物性格都非常丰满，曲折复杂，这对后来中国的小说，都产生了深刻的

影响。

　　《春秋》是《三字经》所讲的最后一部经。那么接下来应该读什么呢？请大家看下一讲。

经既明，方读子，撮其要，记其事。

1 经：儒家经典。   4 子：诸子百家的著作。

2 明：明白、懂得。   5 撮：撮取。

3 方：方才。   6 要：要点。

    先秦诸子百家各抒己见，言论观点各不相同，而这其中尤以儒、道、墨、法、名五家的思想对于后世影响最为深远。那么，这其中都包括哪些思想？它们的代表人物又是谁？又留下了哪些有趣的故事？

《三字经》作为儒家思想的启蒙教材，在将儒家的经典全部讲完以后，开始介绍先秦诸子的思想。先秦诸子，是中国传统文化思想的代表人物。诸子百家各抒己见，言论观点各不相同，尤其是对于一些社会问题和人生问题，都提出了自己独到的见解，而这其中尤以儒、道、墨、法、名五家的思想，对后世影响最为深远。那么，这其中都包括哪些思想？它们的代表人物又是谁？又留下了哪些有趣的故事？

"经既明，方读子，撮其要，记其事。"这些话从表面上看很清楚，也就是说"经"都给大家讲清楚了，这才开始读"子"书。怎么读呢？"撮其要，记其事。"也就是说大致记住里边的要点，记住里面记载的一些事件就行了。表面上看没有什么需要解释的，实际上恐怕未必如此。因为《三字经》的作者，无论如何是一位笃信儒家学说的学者，这一点毫无疑问。那么，《三字经》的作者就认为，儒家以外的诸子学说就不那么纯粹，这就意味着诸子的学说里边，固然有值得学习的东西，但是，也有需要防范的东西。

《三字经》作为儒家思想的启蒙教材，在将儒家的经典全部讲完以后，开始介绍先秦诸子的思想。诸子百家各抒己见，言论观点各不相同，那么，这其中都包括哪些思想？它们的代表人物又是谁？历史上"百家争鸣"的局面又是如何形成的呢？

春秋中期，在中国的文化史上发生一场巨大的变动，什么变动呢？从学在官府变成了学在民间。在春秋中期以前，假如一个人想要学习什么东西的话，只能到官府里去跟随官员学习。在民间是没有办法学东西的，没有这个条件。而到春秋中叶以后发生了变化，各种的学问、各种的学说在民间开始传播。到了战国时代，由于有学在民间的前提，社会又剧烈地动荡。前面我们讲过，战国时代的关键词就是争雄，战火纷飞，整个社会不太平。各个学派的代表人物在民间慢慢形成了自己的思想，议论政治，讨论时事，激扬文字，这就是著名的"百家争鸣"。

"百家争鸣"是中国文化史上非常辉煌的一页。这个百家是不是真有一百家呢？这个家不是流派，一个流派里边会有好几家，比如儒家里边，孔子、孟子、荀子，这就是三家，当然还不止这三家。所以，这个百家是指成名成家之家，并不是指流派。而在当时，主要的流派是儒、道、法、墨、名、纵横、杂，这么几个大派是"百家争鸣"里面最重要的。当然还有别的一些派，相对就不那么重要了。

在《三字经》里面，主要讲的就是儒家，道家接下去也会讲到。在诸子部分里面，我特别想给大家简单介绍一下墨家、法家和名家。为什么我选择这三家跟大家讲呢？这是有依据的。国学大师章太炎先生就认为，除儒、道以外，这三家最重要。

章太炎是何许人？民国初年，北京大学国学门或者中文系的教授，一大半是章太炎先生的学生。鲁迅先生就是章太炎先生的学生。章太炎还是一个革命者，参加了辛亥革命，反对袁世凯称帝。他怎么反对的？他拿着一把扇子，下面吊着一个吊坠儿，这个吊坠是什么呢？是袁世凯授予他的大勋章。他把这个大勋章做成一个坠子，扇着扇子，跑到袁世凯的宫门面前，大骂袁世凯包藏祸心，想恢复帝制，把共和的成果给毁掉了。这样一个了不起的人物，袁世凯也不敢杀他，就把他软禁起来。章太炎先生面对袁世凯派来软禁他的军警，要求这些军警每天向他

官学 中国古代社会由朝廷直接举办和管辖的，以及历代官府按照行政区划在地方所办的学校系统，包括中央官学和地方官学。地方官学与中央官学共同构成中国古代社会最主要的官学教育制度。

私学 中国古代私人办理的学校，与官学相对而言。历时二千余年，在中国教育史上占有重要的地位。私学产生于春秋时期，以孔子私学规模最大，影响最深。

章太炎 名炳麟（1869年—1936年），初名学乘，字枚叔，后改名绛，号太炎，浙江余杭人。清末民初民主革命家、思想家、著名学者，研究范围涉及小说、历史、哲学、政治等等，著述甚丰。

磕头请安，为什么呢？"你们是伺候我的嘛，不是袁大总统叫你们伺候我的吗？来来来，磕头吧。"章太炎先生不仅学问好，而且人格、道德也鼎鼎大名，非常值得人敬仰。章太炎先生就认为，儒、道、墨、法、名五家是诸子里面最重要的，所以我想重点给大家介绍一下这几家。

先秦诸子，是中国传统文化思想的代表人物。诸子们对于一些社会问题和人生问题，都提出了自己独到的见解，而这其中尤以儒、道、墨、法、名五家的思想，对于后世影响最为深远。那么，在这五家中的墨家，它的主要观点是什么？与孔子为代表的儒家学派又有什么不同？

墨家 前期墨家在战国初期有很大影响，与儒家并称"显学"。它的社会伦理思想以兼爱为核心，反对儒家所强调的社会等级观念。它提出"兼相爱，交相利"，以尚贤、尚同、节用、节葬作为治国方法。它还反对当时的兼并战争，提出"非攻"的主张。

后期墨家汇合成两支：一支注重认识论、逻辑学、几何学、几何光学、静力学等学科的研究，是谓"墨家后学"（亦称"后期墨家"）；另一支则转化为秦汉社会的游侠。

墨家的创始人据说是墨子，墨子的理论和孔子的理论大不相同。可以说，在战国时代，儒家的主要反对者就是墨家。墨家在当时的影响，丝毫不亚于儒家，两家的好多意见是针锋相对的。比如，儒家比较讲究慎终追远，比较讲究孝，讲究对祖先长辈的恭敬，所以，儒家就提倡厚葬。当人去世以后，要有非常丰厚的陪葬，丧事要办得很风光、很隆重，有的时候往往流于铺张。但是，墨家旗帜鲜明地主张薄葬。人走了，随便裹裹埋了就是。又比如，儒家讲仁爱。仁爱是有等次之爱。什么叫有等次之爱呢？仁爱具体说来并不完全一样，比如儿子对父亲的爱、儿子对爷爷的爱、儿子对叔叔的爱、儿子对阿姨的爱，那是不一样的，是有轻重等级的。所以，什么样的亲属去世了，要服丧的时间就长短不一，有的要服三年，有的要服三个月。有的亲属去世要穿麻布衣服，有的亲戚去世麻布衣服绳边，都有规矩。墨家则主张兼爱。什么叫兼爱呢？墨家的爱是没区别的，天底下的仁爱是一样的，无等次。所以，也有人攻击墨子无父无君，就是说他既然讲大家都一样的，那么父亲和君主是不是也没区别，跟普通人也一样啊？

墨家还有一点非常有意思，它的思想方法和近代实验科学的精神很接近，对中国古代的几何学、物理学、光学、工程技术，都有重要的贡献。

据记载，墨子会造好多器械。大家看过电影《墨攻》吗？当人家来攻城的时候，来了一个墨者，墨者就是墨家学派的成员了，全城人顿时觉得有救了。因为墨者有技术，懂当时的科学，会筑城，会设计各种各样的机械来对抗进攻。《墨经》里面有好多牵涉到古代中国科学技术和科学思想的内容，今天依然没有得到足够的解释，还有待于进一步的研究。这方面的内容很深奥，今天读起来还是不能说完全都读通了。同时，墨家非常强调实践，有这样的说法，叫"赖其力者生，不赖其力者不生"。非常强调亲身实践，这个观念在当时也是相当特别的。墨家反对天注定，反对每个人的命是定死了的。墨家对自己要求极其刻苦，甚至到严苛的地步。《庄子》里面有一句描写墨子的话，非常有趣而有名，庄子盯着墨者的腿看，看了大腿再看小腿，发现只要是墨子的门徒，大腿上没毛，小腿上也没毛。为什么会这样呢？因为他们经常卷着裤腿，要么抗击洪水，要么就在从事农业，这样的人腿上的毛自然都没了。庄子觉得很奇怪。但这也反映墨家学派的人对自己的确非常严苛。

墨子不仅是一位杰出的思想家，同时他在中国古代科学家的行列中，也堪称佼佼者。墨子主张兼爱、非攻，他的思想不仅体现人文主义关怀，同时还闪耀着人道主义的光辉。然而在诸子百家中却有一家，他们始终用一双冷眼直面人生，那就是法家。那么，法家都有哪些主张？又有哪些代表人物？他们的学说对于后世又产生了怎样的影响？

对于法家这个名字，我们大家当然都耳熟能详，法家相对来讲在民间的知晓程度要比墨家高。法家一般都尊重谁呢？管子、商鞅、韩非。尤其后两者，是法家的代表人物，非常著名。商鞅变法更是一个非常有名的故事。商鞅到了秦国，被秦孝公接纳，任命他当左庶长。这是一个比较高的官，委托他在秦国进行变法。商鞅很快就把变法的方案、各种法规给拟定了。但是拟定了却没用，为什么呢？秦国过去有好多法规，言而不信，朝令夕改，老百姓根本就不把秦国的法律当回事。商鞅看到了这个问题所在，就想改变老百姓这种心态。怎么改变呢？想了一个办法，在南边的城门竖了一根木头，这个木头也就一丈来高。那时的一丈来高也就比一个人高一点。他颁布左庶长令：有将这个木头从城南搬到城北者赏十金。老百姓看着法令很纳闷，这叫什么法令啊？这个木头又不重，扛着走一二十里

商鞅 商鞅（约公元前390年—公元前338年），卫国（今河南安阳）人。战国时期政治家、思想家，法家著名代表人物。应秦孝公求贤令入秦，说服秦孝公变法图强。孝公死后，被贵族诬害，被处以车裂之刑。在位执政十九年，秦国大治，史称"商鞅变法"。

地都没问题。城南到城北才两三里地，扛着这个木头走一次，就给这么多黄金，谁信啊？结果没人理。商鞅一看，果然，法律的威严和信誉没有建立起来。于是又颁布一条法令：有人将这个木头从城南搬到城北去的，赏五十金。重赏之下必有勇夫，就出来一个人，把木头扛起来，从城南一会儿就跑到城北。商鞅就在城北等着他，二话不说，马上兑现，奖励五十金。从此，秦国的百姓都知道，左庶长商鞅颁布的法令不是开玩笑的，那都是有信誉的，言必信，行必果。从此，秦国才开始走向变法成功的道路，后来才会统一中国。

法家是先秦诸子中，对法律最为重视的一派，主张以法治国，而且提出了一整套的理论和方法。这为后来建立中央集权的秦朝，提供了有效的理论依据。在法家的代表人物中，除了商鞅还有一位重要的人物，那就是韩非子。

至于韩非子，那更是集法家大成的人物。韩非子的著作我建议大家去读读。韩非子的文笔干净利落，非常好。但是，我建议大家不要在半夜读，为什么呢？夜深人静的时候，会觉得阴森森的：怎么那么漂亮的文字下面，隐藏着那么深的忧虑，那么深的心机，那么苛刻的眼光和判断。比如，防八奸。所谓"八奸"就是有八类人很奸恶，君主要特别防范。哪八类啊？就是"同床""在旁""父兄""养殃""民萌""流行""威强""四方"。在此，依次做一下解释。

什么叫同床呢？就是君主要把皇后、妃子当作贼来防，要把她们的娘家人防住。因为她们太接近君主了。同床，都睡在一起了，她们还有什么不知道？君主要防住她们。

什么叫在旁呢？在旁边的人、亲近的人，越是跟你亲近的人，越是要把他像奸贼一样地防住。

什么叫父兄呢？君主的嫡系亲属、血脉之亲，也要把他们像奸贼一样防住。正因为他们跟你有血缘之亲，也就随时可以威胁到你，有资格随时夺掉你的王位。

什么叫养殃呢？就是指臣下用美女、用各种各样的手段来诱惑君主，要防住这样的臣下。今天这个臣子进献个美女，明天那个臣下劝诱微服私行，这样的臣下要把他当贼来防。

什么叫民萌呢？就是指那些自己对老百姓施惠的臣子。如果有大臣对老百姓施以恩惠，老百姓很拥护，就得把他当贼防。因为老百姓将来只认他的好，不认君主的好。

什么叫流行呢？就是指臣下，权威很重，养着好多门客，养了好多学者，到处操纵舆论，应该把他当贼防。

什么叫威强呢？这是指如果臣下在蓄养一些壮士，如果发现某一

法家 韩非子之前，法家分三派。一派以慎到为首，主张在政治与治国方术之中，"势"，即权力与威势最为重要。一派以申不害为首，强调"术"，政治权术。一派以商鞅为首，强调"法"，法律与规章制度。韩非子认为"不可一无，皆帝王之具也"。明君如天，执法公正，这是"法"；君王驾驭人时，神出鬼没，令人无法捉摸，这是"术"；君王拥有威严，令出如山，这是"势"。

个大臣家里突然来了几个武林高手，来了几个亡命之徒，注意了，应该把他当贼防着。

什么叫四方呢？就是如果发现大臣当中有和外国的关系特别好的，经常往来的，就要把他当贼防。

这就是"八奸"。这种观点大家想想，多么冷酷！不能说它完全没有道理，但是它把人情、把人性看得太冷酷，以一种极度冷酷的眼光，来看待世间人情。

韩非子是法家集大成的一个人物。他的代表作《韩非子》，文笔犀利，观点冷酷，让人读起来不禁望而生畏。那么，韩非子本人是个什么样的人呢？他的这种观点得到了谁的认可？最后，韩非子的结局又是怎样的呢？

韩非子的故事在《史记》里有，见于《老庄申韩列传》。司马迁绝对是超一流的史学家，他把老子、庄子、申不害和韩非放在一个传里，说明他非常清楚地知道，这些人在精神上是相通的，这些人是一脉相承的。根据司马迁的记载，韩非子是韩国的公子，是一个贵族，喜欢刑名法术之学，而归本于黄老。他的学说的源头在黄老之说，这是一种阴柔之说。韩非子这个人自小口吃，是极其严重的结巴，所以在辩士纵横，大家经常要去游说的氛围里，他不是靠口舌，而是靠写书。韩非子和李斯都是荀子的学生，而李斯非常清楚自己不如韩非子。我们知道，李斯先到秦国，得到了秦始皇的重用。刚开始的时候，李斯把韩非子的一些著作进献给了秦始皇，原来的想法或许是想炫耀炫耀。哪知道，秦始皇看了这些书以后说："嗟呼，寡人得见此人与之游，死不恨矣。"当时他还不是秦始皇，还是秦王嬴政，这话是说："寡人我如果有机会见到韩非，并且荣幸和他交往的话，我死而无憾啊。"秦始皇对韩非子的评价如此之高，李斯一看吃醋了，李斯这个人心眼很小。秦国进攻韩国，某种意义上也是逼迫韩国交出韩非子。韩国就派韩非子出使秦国。秦王一看，韩非子来了，非常高兴。但是，由于李斯在旁边作梗，韩非子没有得到重用。不久，李斯就把韩非子下狱了，而且还派人把毒药送了进去。他是饮毒药而死的，这就是韩非子的一生。

但我们知道，李斯后来的命也很惨，他是被腰斩的。所以，法家的结局的确都不太好。

> 先秦时代，诸子周游列国，为诸侯们出谋划策，从而形成了"百家争鸣"的局面。在那样一个氛围中，诸子除了要有独到见解之外，还要具备一副好口才。而在诸子中，尤以诡辩见长的一家，就是名家。他们的言论常常令人瞠目结舌，哭笑不得，就连被称为语言巨匠的庄子，也甘拜下风。那么，名家这一学派是怎样形成的？他们都有哪些代表人物？在历史上又留下了哪些有趣的故事？

什么叫名家呢？孔子曾经讲过"必也正名乎？名不正则言不顺，言不顺则事不成"，就是首先要把一些概念，要把一些名称给搞清楚。名家就是主要致力于辩明一些概念的。

这一派的著名人物有邓析、惠施、公孙龙，都是一些非常有名的人。邓析是郑国的大夫，这个人经常好辩明概念，常跟子产这样非常重要的大官辩论。因为他会诡辩，所以子产辩不过他，经常被他辩得张口结舌。于是，子产急了就把他给杀了。邓析没有什么学问传下来。

惠施是宋国人，比庄子的年龄略大。就连庄子那么有名的一个人，也特别害怕惠施这张嘴，他说不过

名家 所谓"名家"，是一个学派，它主要活跃在先秦的春秋战国时期，以善于辩论、善于语言分析而著称于世。

惠施 惠施，宋国（今河南商丘市）人，战国时政治家、辩客和哲学家，是名家的代表人物。惠施是合纵抗秦的最主要的组织人和支持者。他主张魏国、齐国和楚国联合起来对抗秦国，并建议尊齐为王。

惠施。惠施的著作现在没有了，但是当时很多人引用过，所以，我们今天还能了解一点。特别是庄子，提到惠施的地方很多，就把惠施的好多言论给记下来了。比如，惠施有这个理论，叫"天与地卑，山与泽平"。天地一样的，没有什么天高地矮的；山与泽平，山和湖泊是一样平的。大家一想肯定不对，这怎么可能对啊？山怎么和湖泊一样平啊？惠施的说法是什么啊？这有什么奇怪的，如果从宇宙的角度看，可不就差不多嘛，它们之间的差距不就忽略不计了吗？

还有一个学说："我知天下之中央，燕之北、越之南是也。"就是说天下的中央，在燕地的北面，燕地类似于咱们的北方，越国就在江浙这一带。他说天下的中心居然是在燕的北面、越的南面，这不胡扯吗？这不是胡扯，惠施应该知道地球是圆的，只要用地圆的学说一想不就对了吗？当然找得到这一点，在南方的南方、在北方的北方，是有这么一点是"天下之中央"。这就是惠施的学说。

名家还有一个非常有名的人叫公孙龙，赵国人，是平原君的门客。《公孙龙子》今天还存有五篇。他最有名的理论就是"白马非马"：白马不是马。为什么说白马非马呢？白是描写颜色的，马是描写这个动物形状的，颜色和形状是两回事，白马就是白和马。马跟白马有什么关系？白马怎么是马？他就是这样的一种理论。这个理论实际上类似于近代的逻辑学。这是什么意思呢？马的外延比白马大，因为马里面有红马、黑马；白马的内涵则比马大。所以，在他看来白马不是马。这样的一种学说在当时名家里边非常多。

名家有些命题听起来很有趣，比如白狗黑，这也是名家的一个理论。白狗是黑的，白狗怎么会是黑的呢？他说这有什么意思啊？如果把黑的，当初就叫成白的，白的和黑的不是一样的吗？白和黑都是人命名的，如果说他穿的白衬衣当年叫黑衬衣，那么，他今天不是穿着黑衬衣、白西装来了吗？所以他叫白

公孙龙 公孙龙，相传字子秉，魏（今河南省北部）人，战国时期的思想家。他的生平事迹已经无从详知。《汉书·艺文志》名家有《公孙龙子》十四篇，今存六篇。《迹府》，是后人汇集公孙龙的生平言行写成的传略。其余五篇是：《白马论》《指物论》《通变论》《坚白论》《名实论》，其中以《白马论》著称于世。

狗黑。

还有一个非常著名的命题，叫"一尺之棰，日取其半，万世不竭"。一根棒槌一尺长，每天砍它的一半，一万年也砍不完，这就是无穷小的概念。这就是名家的理论，这一派在当时很盛。但是，庄子就指出他们的问题："能胜人之口，而不能服人之心。"名家在跟别人辩论、在游说别人的时候，有时会弄得别人瞠目结舌。但是，大家心里都不服啊。白狗怎么会黑了，虽然心里不服，但是，的确说不过他。在战国以后，名家的学说没有能够很好地传承下来。今天看来这是一件非常可惜的事。因为名家的学说里面有好多早期的逻辑思想，那是非常可贵的遗产。它告诉我们，中国曾经一度有非常发达的逻辑精神。我们都讲中国的传统文化，缺乏一种逻辑精神，其实在先秦是有的，但是这一支没有很好地传下来。

> **文忠寄语**
>
> 名家的思想证明了中国曾经一度有非常发达的逻辑精神。

《三字经》对我们应该读哪几家子，是有很独到的看法的。那么，它建议我们读哪几部呢？请大家看下一讲。

（上）

五子者，有荀扬，文中子，及老庄。

1. 荀：荀况，战国时代儒家的主要代表人物。
2. 扬：扬雄，西汉著名文学家和思想家。
3. 文中子：隋代的思想家王通。
4. 老：老聃，春秋末年人，道家的开创者。
5. 庄：庄周，战国时代道家的主要代表人物。

《三字经》的作者为什么只向我们推荐荀子、扬雄、文中子、老子和庄子这五位？而在这五位当中，扬雄和文中子的主要学说究竟是什么？为什么《三字经》的作者，会对他们如此重视？他们的思想对于后世又有着怎样的影响？

《三字经》告诉我们，读书求学必须遵守次第，要先通读儒家的经典之后，方可涉猎诸子百家的内容，接下来，《三字经》就推荐了诸子中五位重要的人物，他们分别是荀子、扬雄、文中子、老子和庄子。诸子百家，人物众多，各派各家，思想纷呈。《三字经》的作者为什么只向我们推荐了这五位？而在这五位当中，我们后世对于扬雄和文中子的了解，可以说是知之甚少。那么，他们的主要学说究竟是什么？为什么《三字经》的作者会对他们如此重视？他们的思想对于后世又有着怎样的影响？

上一讲，我们把诸子的几个主要流派，向大家做了一些介绍。《三字经》推荐给我们五子，在诸子当中它认为有五个人是比较重要的。哪五子呢？"五子者，有荀扬，文中子，及老庄。"

荀子很有名。至于扬子，这个"扬"历来有两种写法，到现在也不知道哪个确切，一个是"杨"，一个是"扬"。不过，这是指扬雄，我们都知道。"文中子"也是一位非常著名的学者，"及老庄"那就是老子和庄子。《三字经》为什么特别推崇这五子呢？

荀子（约公元前 313 年—公元前 238 年），名况，赵国人，战国时期的思想家、教育家、文学家。当时的人尊称他为荀卿，后来也有写成孙卿的。为什么呢？因为中国古代要避讳，比如，中国古代做儿子的，是绝对不能提到父亲的名字的，是绝对不能提到母亲的名字的，做学生的不能提老师的名字，这要避讳。这个规矩是极严的。所以，为了避汉宣帝刘询的讳，荀卿就被人写作孙卿，"孙"和"荀"这两个字在古代读音是很近的。避讳学在古代非常重要，今天咱们已经

荀子 荀子（公元前 313 年—公元前 238 年），名况，字卿，后避汉宣帝讳，改称孙卿。战国时期赵国猗氏（今山西新绛）人，著名思想家、文学家、政治家，儒家学派代表人物，时人尊称"荀卿"。

不太讲究了，过去则是有一套规矩的。

荀况一生到过很多地方，韩非子和李斯都是他的学生，他门下出色的弟子很多。晚年到了楚国，历史上很有名的春申君黄歇就任命他担任兰陵令。兰陵大致相当于今天山东的苍山。他担任过这么一届官，后来也不当官了，就在家写书，死后葬在兰陵。

> 荀子是继孔子、孟子之后又一位儒家的大师级人物。可是，荀子的两位学生韩非子、李斯，却是法家的代表人物。儒、法两家的学说完全不同。为什么身为儒家的荀子，却教出了两位法家的学生呢？那么荀子最主要的学说是什么？他的思想究竟给后世带来了怎样的影响？

荀子是战国后期儒家的主要代表人物，他最著名的学说，就是反对天命，反对迷信，他提出一个重要的学说，叫"制天命而用之"。如果大家不熟悉这个的话，那么，"人定胜天"大家就熟悉了。"人定胜天"就是这位老先生的学说。在政治上，他主张礼治和法治并用，这就使他和他的学生产生了区别。李斯、韩非子基本上就是讲法治的，而荀子还没有那么极端，他还是强调礼的。他重视王道，提倡礼义，同时主张"法后王"。儒家的学说基本上主张法先王，即效法过去的王：尧舜禹，了不起；文武、周公，了不起。儒家的学说是要学习过去的贤王，当今的王都不怎么样。但是，荀子提出"法后王"。以前这些君主离我们太远了，也未必像说的那么好，所以应该重视后面的这些王。这个学说是开了法家的先河的。他赞成用武力兼并天下，用法禁、刑赏来治理国家，这就决定了他是法家的一脉，决定了为什么他的那么多弟子里头，著名的人物都是法家。

荀子最重要的就是在人性问题上，提出了性恶之说。他公开讲，人性是恶的，"其善者伪也"。"伪"在这里是人为的意思，即人性善是后天培养出来的。这句话是什么意思呢？也就是说人性本来是恶的，但是他之所以善，是因为后天改造的结果，是后天学习的结果。如果放松学习，如果不重视学习，人性就要恶，因此终究是靠不住的。正因为如此，荀子非常强调学习和教育的重要性。在先秦诸子当中，荀子将对教育的提倡、对教育的重视、对教师地位的重视，都提到了一个前所未有的高度。

> 荀子虽是儒家的继承人，但他并没有盲目地将儒家学说全盘接收。反之，荀子将儒家学说融会贯通、加以发挥，提出性恶论。荀子认为人的善良是后天教育出来的，如果不用礼法去约束，人的行为永远不会变善。那么，荀子在教育方面都有哪些独到见解呢？而这些古老的文字对于我们现代人又有着怎样的启发呢？

在这里我特别想跟大家介绍荀子的《劝学》篇。《劝学》篇开宗明义告诉大家"学不可以已"，就是说学习必须持之以恒，不可中断。他非常著名的话就是"青，取之于蓝而青于蓝；冰，水为之而寒于水"。这就是"青出于蓝胜于蓝"最早的来源。

荀子认为，学习必须勤奋，不急不躁，持之以恒。他又善用比喻，所以《荀子》这部书是很好读的，当然我说的好读也是相对的，它毕竟是古籍。比如这一段："蚓无爪牙之利，筋骨之强，上食埃土，下饮黄泉，用心一也；蟹六跪而二螯，非蛇鳝之穴无可寄托者，用心躁也。"什么意思呢？蚯蚓没有爪牙，但是，它居然可以上食埃土，下饮黄泉。蚯蚓是在地下打洞，也出来吃吃土，下面喝点水。在荀子看来，蚯蚓凭什么

《劝学》 荀子所作，分别从学习的重要性、学习的态度以及学习的内容和方法等方面，全面而深刻地论述了有关学习的问题。他强调学习的作用，提倡虚心求教、学无止境等等，都是学习经验的总结，值得后人借鉴。

做到这一点呢？用心一也。因为蚯蚓专心致志这样往上钻往下钻。"蟹六跪而二螯"，蟹身体两旁到底是不是六条腿，我觉得应该是八条，此外有两个大螯。那么，荀子少数两条。但是，"非蛇蟮之穴无可寄托者"，螃蟹只能住在蛇住过的洞里，螃蟹自己不会打洞的。为什么呢？"用心躁也"。螃蟹都比较躁，不像蚯蚓那样，比较专心。所以，螃蟹不打洞，找蛇的一个洞，往那儿一待就行了。这就强调学习必须埋头苦干，发挥蚯蚓精神，可以"上食黄土，下饮黄泉"。为什么？"用心一也"。

荀子通过《劝学》篇告诉我们，只有持之以恒、专心致志地学习，重视每一天的积累，不能稍有松懈，人才会慢慢成为一个有学问的人，才会最终成为一个君子。我想，这也正是《三字经》的作者，特别强调荀子的原因所在。所以，我再三强调读古书，甚至包括像读《三字经》那样好像很浅的古籍，也得用心思量，不能把任何一个字，包括其间的顺序轻易地放过去。

假如说，大家对荀子多少还有点了解的话，那么扬雄，恐怕就不是非专业的朋友们所熟悉的了。

> **文忠寄语**
>
> 读古书时要用心思量，不能放过任何一个字，甚至是文字的顺序。

《三字经》中所提到的扬雄，是个什么人物？既然他在诸子中有如此之高的地位，那又为什么后世对他却知之甚少呢？历史上关于扬雄又留下了哪些记载？

这个扬雄，肯定没有《水浒》里面的病关索杨雄有名。只要看过《水浒》都知道病关索，在民间不说家喻户晓，也是知之甚多。其实，《三字经》讲的扬雄，可真不是一个无名小卒。这个扬雄，在《汉书》里面是有传的，能够在正史里面有传的，毫无疑问不是一般人。

> **扬雄** 扬雄（公元前53年—公元18年），一作"杨雄"，字子云，西汉蜀郡成都（今四川成都郫都区）人。西汉后期著名学者，哲学家、文学家、语言学家。

扬雄（公元前 53 年—公元 18 年），字子云，西汉蜀郡成都人，西汉后期著名学者，哲学家、文学家、语言学家。扬雄认为，"经莫大于《易》""传莫大于《论语》"。经里面最大的就是《周易》，传里面最大的就是《论语》，所以，他模仿《周易》写了一部书叫《太玄》，又模仿《论语》写了一部书叫《法言》。在当时，扬雄得到过很高评价。司马光曾经将扬雄的著作和《孟子》《荀子》加以比较，司马光的结论是"《孟子》之文直而显，《荀子》之文富而丽，《扬子》（指《法言》）之文简而奥"。就是说孟子的文字直白，但是比较显露；荀子的文字非常的富赡、非常的华丽；扬子的文字简明但是深奥。可见，在司马光的眼里，扬雄更深奥一点，这是司马光对他的评价。

司马光的评论当然可以证明，扬雄起码到宋朝都是地位很高的。那么，大家也许会问，为什么在宋朝地位那么高的一个人，后来怎么就变得好像一般人都不太知道他，这是为什么呢？

王湘绮 王闿（kǎi）运（1833 年 — 1916 年），字壬甫（或作壬父），又字壬秋，号湘绮，学者称湘绮先生，原籍湘潭，生于长沙。史称，王闿运少时家贫苦读，有大志，后来终于学贯经史，成绩斐然，成为一代经学宗师。

主要的原因是，攻击他的人也不是没有。而且攻击他的人中，有的人的地位也很高，给扬雄致命一击的就是朱熹。他在《通鉴纲目》里面用了六个字"莽大夫扬雄死"，这就宣判了扬雄的死刑。"莽大夫"，说他是王莽的大夫，这就把他人品给否定了。因为王莽是新朝以外戚身份篡夺汉朝天下的人物，在中国历史上，从来不是一个正面人物。虽然对他的评价有分歧，但基本是负面的。举一个例子，袁世凯窃国想当皇帝的时候，曾经找了全国好多大学者，希望能够获得支持。前边讲过的章太炎破口大骂根本不支持，袁世凯还找了王湘绮先生。那是杨度、齐白石的老师，湖南的一位大儒。这位老人家被袁世凯连逼带哄，带到了北京。他要表明自己的态度，自己并不愿意跟袁世凯合作，一合作就要被士大夫骂，在中国传统当中毫无地位。但是，如果不合作呢，他又不像章太炎那么倔，登门大骂，他又做不出来。那么，他是怎么做的？他晚年一直跟一个老女佣人在一起，关系很好。他就是坐车，搭着这个用人，来到了新华门。他擦擦眼睛："怎么是新莽门啊？"新莽，就是指王莽建的新朝。他假装眼花，但一下子就揭露了袁世凯的本质。袁世凯一听：这个老头厉害。他老花眼又不能说他什么，总不能把他关起来啊！但是，他的态度已经昭示天下：我认为袁世凯是新莽。

朱熹在这里用"莽大夫扬雄死"，正是春秋笔法，一字之贬，严于斧钺。我们讲过春秋笔法的："一字之褒，荣于华衮；一字之贬，严于斧钺。"这一斧子，基本上把扬雄砍死了。但是，历史上的扬雄究竟是怎么回事呢？我想我们还是应该有所了解。

　　　　正所谓近朱者赤近墨者黑，宋朝的朱老夫子就认定了，扬雄和王莽沆瀣一气，彻底否定了扬雄的人品。然而司马光却对扬雄称赞有加。那么为什么历史上对于扬雄这个人褒贬不一呢？在真实的历史中，扬雄究竟是个什么样的人？

扬雄从小勤奋好学，精通《易经》，精通《老子》，善于写赋，文笔非常好。年轻的时候他非常仰慕屈原和司马相如，曾经以司马相如的赋为本，写了好多华丽的辞赋，辞藻非常华丽。他被汉成帝看中后就当了官。

他在当官的时候，恰巧与王莽是同一时代。王莽那时候也在当官，他们两个曾经同朝为官。王莽篡权建立新朝以后，扬雄依然在当官。但是，实际上，扬雄并不是一个趋炎附势、同流合污的小人。他甘于寂寞，不参与朝政，天天在天禄阁校书。天禄阁是汉朝藏书的一个地方。那么，为什么朱熹还要称他为"莽大夫扬雄"呢？为什么要用这样一种严厉的笔触在历史上给他下定论呢？扬雄就是一个天生的读书人，但是，没有摆脱这种厄运，洗不尽他跟王莽的干系。这又是怎么回事呢？

刘歆的儿子，也是汉朝的一个学者。刘歆跟扬雄也是同朝为官的，他的儿子为了讨好王莽，就伪造了一道符命。什么叫符命呢？在中国古代，假如要拍马屁，就说早就发现这个人将来可能要当皇帝，或者当大官的，于是就伪造一样老天传下来的东西，上面说，这个人比较有用，他将来能当大官。还有个例子，"苍天已死，黄天当立"，这就是黄巾军起义时在民间流传的符命。李自成起兵以后，一些读书人伪造了一个符命，就说"十八子当主神器"，就是讲古代有这个预言：李不是十八子吗？姓李的注定要掌握最高的位置。李自成当然很高兴，觉得自己要当皇帝了。

刘歆的儿子就把伪造的符命进献给王莽。哪知道，这个马屁拍得太心急了。王莽是中国历史上最著名的一个伪君子，他那个时候还没准备好当皇帝呢，堂而皇之地把一个符命进献给他，这不是要他的命吗？所以，王莽大怒，刘歆的儿子拍马屁拍到马蹄上，就被抓起来流放了。那么，这跟扬雄有什么关系呢？还真是有关系，刘歆的儿子是拜扬雄为师学古文字的，这就牵连到了扬雄。治狱的官员就到天禄阁来抓扬雄，扬雄跳阁自杀未遂。他以后一直默默无闻，活到了七十一岁。

天禄阁　天禄阁为汉宫御用藏典书籍和开展学术活动的地方，是我国，也是世界上最早的国家图书馆。西汉的著名学者扬雄、刘向、刘歆等都曾在天禄阁校对书籍。

由此，扬雄在中国文化史上就被快速遗忘，特别在宋朝理学兴起之后。这里面有好多历史的无奈，也有好多传统因素在其中。但是，我想，其实扬雄在中国的文化史上应该有他的一席之地的。

荀子和扬雄的思想都是在儒家传统文化思想的基础上，进行自己的创新和发展，从而建立了自己全新的学术思想，对后世影响也极为深远。那么，接下来要介绍的这位文中子又是何许人也？为什么《三字经》的作者会如此重视他呢？

接下来，就要讲到五子中中间那"子"，即王通。王通 (584 年—617 年)，字仲淹，门人私谥曰文中子，隋朝绛州龙门（今山西河津人），著名教育家、思想家。

王通从小家学渊源，据说他很早就开始教学活动了。十五岁时他已经把"五经"读完了，读完了以后就开始教书了，边教书边学习。十八岁的时候有四方之志，游历访学，就开始周游天下，遍访名师同道。这个人读书极其刻苦，"不解衣者六岁"，据说六年都没有脱过衣服。这当然可能会有点夸大，但是，也正说明他极度勤奋和刻苦。

王通 王通(584年—617年)，字仲淹。隋绛州龙门（今山西河津）人。是隋代山西的一位私人教育家，其死后，门弟子私谥为"文中子"。

隋文帝的仁寿三年，也就是公元603年，王通参加科举，成功以后就到了长安，很受隋文帝的赏识。这样一个少年才俊，他的命运会是什么呢？一般都会受到排挤，他也果然受到朝廷大臣的排挤。因为王通才气太大了，所以受到冷落。后来，也当过一些很小的官，但没什么兴趣，所以早早辞职回家写书。他志向极高，写书的目的是为了接续六经。所以，他用了九年的时间，写成一部书叫《续诗》。《续诗》《续书》《礼论》《乐经》《易赞》《元经》叫"王氏六经"。王通写这些书的时候恐怕也就二十多岁，他的志向就如此之高远。他写书的宗旨是"服先人之义，稽仲尼之心。天下之事，帝王之道，昭昭乎"。就是说，写这六经是为了尊崇先人的经义，探究孔夫子最深刻的思想；天下的事情，帝王之道在这个六经里边，非常明白了。

> 文中子王通，潜心研究孔子思想，主张振兴儒学。虽年纪轻轻，却辞官著书，志向高远。但是这样一位少年才俊，却不幸英年早逝。那么，他的思想又是如何得以传承的呢？

如此年轻的一位学者，在写了六经的同时，他还聚徒讲学。学在民间，他就开始招了好多的学生。当时，他的名声之大，门下弟子之多，以至于他的门下专门叫"河汾门下"。"河"就是黄河，"汾"就是汾河，因为他家就在今天山西那一带，所以用这两条河来称呼。河汾门下弟子过千人。后来在唐朝鼎鼎大名的一些人，都是他的学生。比如魏征，千古一臣，就是这位文中子的学生，后来辅佐唐太宗。后来开了唐朝盛世的一批人，就是这位年轻的文中子的弟子。他希望能够在魏晋动乱和儒学衰败之际重新振奋儒学，为儒学在隋唐之际的发展和重兴准备了基础。在他死后，弟子，包括当时好多人，称他为至人，就是至高无上的人。还有的人，干脆称他为王孔子。这个人真是了不得。

这么一讲，我们就明白，《三字经》强调他是有道理的，尽管他今天名声不大，尽管今天记得他的人不多。但是，他的地位极其重要，主要反映在承前启后这四个字上。换句话说，他是董仲舒为代表的汉代大儒和以二程、朱熹为代表的宋代大儒的中间环节。理学当中好多重要的概念、重要的范畴，好多重要的治学方法、重要的修身方法就是王通首倡。

很可惜的是，王通三十三岁就去世了。这么短的生命，注定了他不能发挥更大的作用和贡献。但是，谁还能对他有更高的要求呢？就凭借着在人世间短短的三十三年，文中子王通就奠定了自己在中国传统文化史上的崇高地位。

王通死后，弟子为了纪念他，就模仿孔子门徒记《论语》的做法，编了《中说》，就是指文中子说。这部书也叫《文中子》，也叫《文中子中说》，用讲授记录的形式保留了王通讲课时的主要内容，书中有他和弟子、朋友的对话，一共分为十个部分。这部书今天还能找到，有兴趣的朋友也不妨看一看。这是一位值得我们纪念，值得我们去阅读的重要人物。

接下来的两子，就是对于中国传统来讲怎么评价都不过分的两个人物：老子和庄子。请大家看下一讲。

（下）

五子者，有荀扬，文中子，及老庄。

1 荀：荀况，战国时代儒家的主要代表人物。

2 扬：扬雄，西汉著名文学家和思想家。

3 文中子：隋代的思想家王通。

4 老：老聃，春秋末年人，道家的开创者。

5 庄：庄周，战国时代道家的主要代表人物。

　　老子和庄子是五子当中最重要的两个人物。孔孟是儒家文化的代表，老庄则是道家文化的代表。关于老子和庄子，民间有许多神奇的传说。那么，老子和庄子究竟是什么样的人？老庄的哲学思想，对于中国传统文化和我们现代人，都有哪些重要的影响呢？

《三字经》中的五子，都是先秦诸子百家中的代表人物，而老子和庄子在中国传统文化中的影响更加重要。老子与孔子是同一个时代的人，庄子与孟子是同一个时代的人，就像孔孟是儒家文化的代表一样，老庄就是道家文化的代表。关于老子和庄子，民间有许多神奇的传说，那么，老子和庄子究竟是什么样的人？老子和庄子的主要思想是什么？在儒家思想占主导地位的中国传统文化中，老庄的道家思想对中国的知识分子起到了什么样的作用？而老子是在什么情况下写出的《道德经》？庄子的文章又有什么特别之处呢？

《三字经》在这里讲到"及老庄"，就是老子和庄子两个人，他们是道家的代表性人物，对于中国文化和中国人来讲，这"两子"的重要性是怎么估计都不会过分的。有不少学者认为，倘若不真正地理解老子和庄子的思想，那么，恐怕是不能够真正地理解中国传统思想的。首先讲老子，最流行的说法是，他姓李，名耳，字伯阳，曾经当过周朝的守藏吏，不是很大的官，类似于今天的国家图书馆馆长，是负责保管周朝的图书、经籍的。老子的生活年代不明确，大致在春秋的末期。

在中国传统文化中，老子几乎是个神仙。比如，传说当中说，老子的妈妈姓理。老子的妈妈有一天感应到一颗流星，一下钻到自己肚子里去了，于是怀孕了。这一怀孕有多久呢？最长的说法是怀孕八十一年，这已经肯定是神话了。所以，老子一生下来就是白头发、白胡子，他在娘胎里待了八十一年，待成老头了。生下来就是一个白头发、白眉毛、白胡子的老人。老子的妈妈就非常感慨："怎么生下个老子？"老子的母亲还因为难产而去世，老子待的时间实在太长了。相应衍生出来一个传说，说老子怎么生下来的

老子 姓李名耳，楚国苦县（今河南周口鹿邑县）人，是我国古代伟大的哲学家和思想家，道家学派创始人。

呢？老子还是剖宫产生的，这剖宫产不是剖宫，而是剖左腋，产在李子树下。因此他姓李，因为他生在李子树下。在李子树下剖开他母亲的左腋，把白头发老子给拎出来了。这当然也是神话传说。

> 关于老子的出生有许多传说，都是用来证明老子不是一个平凡的人，那么，老子到底是一个什么样的人呢？老子和孔子是同一时代的人，那么，孔子是怎么评价老子的呢？老子所写的《道德经》，虽然只有五千多字，却被誉为中国传统文化中最重要的经典之一。那么，《道德经》是老子在什么情况下写成的呢？

老子是掌管图书的，所以博学多闻。当时的名声就很大，很多人跑去向老子请教。那么，老子又是怎么会写《道德经》的呢？历来关于这件事情的记载和故事就很多。现在我们知道的大致情况是，公元前520年左右，周王室发生大乱，又碰到战乱了，周景王死了。周景王有个庶子叛变，带着大量的典籍逃到楚国。大家别忘了，老子是负责这些图籍的，那就脱不了干系，只好辞职，离开周朝的都城，打算从此隐居，就不在人间露面了。走到函谷关，函谷关有个关吏叫尹喜子，就请求说："先生，您要隐居了，请您为我们后人留下点东西吧！"老子应这位关吏之请，口授《道德经》。原本这样一段历史事实，后来被演绎成一个非常精彩的故事。这个故事很早就开始被演绎了，早期有一部书叫《神仙传》，这是非常著名的一部书，里边就有这样一段故事，说有一天早晨，尹喜子在楼上望气。古人有这个习惯，每天早上登高去望望气，东南西北的气怎么样，然后来判断今天应该干些什么，要发生哪些事情。他突然看到从东面来了一道紫气，紫气东来，就断定，今天有圣人要通过函谷关往西走。这个尹喜子也比较好学，一看到有紫气东来，有圣人要来，就下定决心要向这个圣人学道，请教点学问。果然，须

《神仙传》 《神仙传》，书名，东晋葛洪撰，十卷。书中收录了古代传说中的八十四位仙人的事迹。虽事多怪诞，但其中不少人常为后世养生文献所引用；有些内容对研究中国古代养生术也有一定参考意义。

发皆白的老子，倒骑着一头青牛，往这个关口来，要求出关西行。尹喜子就要老子出示证件，出关都要证件啊，可老子没有。尹喜子就说："那老人家您可得给我点好处费了。"老子穷得连驴都买不起，他是骑头牛来的，哪里有钱给什么好处呢？尹喜子说："你既然没好处，也没钱，那行，您给我写部书吧，留部书给我也行。"老子被逼无奈，写了一部《道德经》作为过关的好处费，贿赂了尹喜子，所以我们才有了这部经。于是，老子就过关了，他去了印度，碰见了释迦牟尼。碰见释迦牟尼以后，老子就劝导释迦牟尼，结果把释迦牟尼劝成佛了，这就是中国历史上非常著名的"老子化胡"说。这个说法明摆着是佛教传进来以后，由于佛教势力非常大，道教徒为争第一自己编的故事。

> 《道德经》仅五千余字，但文约义丰，博大精深，涵盖天地，很难读懂。自韩非子的《解老》《喻老》至今，据说《道德经》的译注本不下千种。《道德经》不仅对中国的传统文化产生了深刻的影响，而且在现代社会中开始引起了世界上许多著名学者的关注。但是，这部经典为什么会起名叫《道德经》呢？

为什么要叫《道德经》呢，因为它的上篇的开头第一句是"道可道"，取了一个"道"字；下篇的开头是"上德不德"，取一个"德"字，所以，这部经叫《道德经》。不过有一件事情非常重要，大家应该知道，在长沙的马王堆，出土了西汉时期老子的一部抄本，上下篇的顺序正好跟今天相反。如此说来，《道德经》在西汉的时候可能叫《德道经》。但是，这不那么重要，因为文字的变化不太大。

接下来就是关于庄子。庄子名周，据说还有个名字叫子休，他是老子的思想和学说的继承者和发扬者。在中国传统当中，历来把他们并称为老庄，就像孔孟一样，这正好是配对的。

中国传统文化主要是受儒、释、道三家思想的影响，儒家思想最主要的代表人物是孔子和孟子，而道家思想最主要的代表人物就是老子和庄子了。那么，庄子是一个什么样的人？他的哲学思想是什么？他又给我们留下了哪些经典著作呢？

庄子，他主要的性格特征，或者主要的处世方式，很明确地有这样一些特点：淡泊名利，修身养性，清净无为，顺应自然。

庄子和他弟子的思想主要体现在他的著作里，那就是《庄子》。《庄子》一共分内、外、杂三篇。其中，集中反映庄子思想的主要是这么三篇，一篇叫《齐物论》，一篇是《逍遥游》，一篇是《养生主》。庄子写文章的方式和先秦诸子都不大一样。他有一种独特的"庄周的风格"，就是大量使用寓言。孔子是直接给你讲道理的，"学而时习之，不亦乐乎"。孟子也直接给你讲道理，人无恻隐之心，怎么样怎么样。荀子也是跟你讲道理的。韩非子更跟你讲道理，"八奸"这种都给你讲出来。老子实际上也是直接跟你讲道理，只不过老子的道理比较抽象，"道可道，非常道，名可名，非常名"。庄子不是，他是给你讲寓言。所谓寓言，就是你一眼一看，在现实生活当中没有的事情。或者讲人，但是他不通过人讲，而是通过某种动物来讲，让你自己去思考，让你去感悟。这就决定了庄子的思想像水一般地流淌，很难被别人断章取义。庄子的话是一个寓言，如果拿掉一段寓言，这个故事就不完整。所以，庄子的思想不惧怕后人的肢解，这是第一点。

第二点，庄子的观点不容易被历史所淹没。这是为什么呢？因为这些都是非常有趣的寓言，都是一则一则发人深省的小故事，我们屡读屡新，所以不易遗忘。

《庄子》里最重要的一个故事，也是他接触到我们人生最根本的

庄子　庄子（约公元前369年—公元前286年），名周，字子休（一说子沐），后人称之为"南华真人"，战国时期宋国蒙（今安徽省蒙城县）人。是道家学派的代表人物，老子哲学思想的继承者和发展者，先秦庄子学派的创始人。后世将他与老子并称为"老庄"，他们的哲学称为"老庄哲学"。

问题的故事，就是"庄周梦蝶"。有一次，庄子做了一个梦，在梦里边突然发现自己变成了一只蝴蝶，这只蝴蝶在梦里边飞舞。但是，他很清楚地知道，这只蝴蝶所有的思考方式，蝴蝶在做的事情，就是他本人要做的事情。等他一觉醒过来，发现自己又是庄子，而不是蝴蝶了。所以，他就提出了这样的问题："不知周之梦为蝴蝶与？蝴蝶之梦为周与？周与蝴蝶，则必有分矣。此之谓物化。"庄子跟咱们一般人不一样。咱们做了个梦也就随它去了，做到一个好梦高兴五分钟，做到一个坏梦出门多看两眼，也就这么回事。但是，庄子他要琢磨，所以他是伟大的思想家。他觉得这个事情怪了：到底是我在梦中变成了蝴蝶呢？还是我是蝴蝶在梦中变的呢？他就在琢磨这事儿。但是，他想来想去觉得，庄周与蝴蝶总归是不一样的。他得出一个结论，"此之谓物化"。为什么说这个寓言，或者说《庄子》里的这段话，涉及人生最根本的问题呢？

庄子在梦中变成了一只快乐的蝴蝶，梦醒之后，庄子开始怀疑，到底是自己做梦变成了蝴蝶，还是蝴蝶做梦变成了自己？而得出来的结论就是，"此之谓物化"。那么，物化是什么意思呢？这个寓言隐含着一个什么道理呢？又为什么说"庄周梦蝶"是对人生终极问题的思考呢？

这个故事是中国哲学史、思想史上一个永恒的话题，已经被后来无数的学者诠释了上千年，但是，恐怕还未必能完全讲得清楚。实际上，这个故事讲的并不一定是梦，庄子只不过借梦和觉，来比喻死和生。他的梦和他醒过来，在他这个故事里边都是一个比喻，庄子对于人生的处境有深刻的体会，生死就是庄子对人生体会最深刻的内容之一。

我们都说庄子达观，他很追求自由，而达观实际上正是对某种无可奈何的处境的态度，或者说一种处理方式。

> **文忠寄语**
>
> 生和死，是庄子对人生的体会中，最深刻的内容之一。

抛开无可奈何这个前提而言，也就无所谓达观不达观了。那么，生死正是每个人所必须面对的这样一种无可奈何的处境，生死你避得了吗？生不是你选择的，死也不是你想逃就能逃的。庄子在这里要告诉我们的是，生和死的确是有分别的。就像蝴蝶和庄子、梦和醒，终究是有分别的一样。那么，庄子用什么来解释呢？或者庄子要告诉我们什么呢？就是告诉我们：此之谓物化。这就是要顺应变化。

不要拧着干，不要觉得非要怎么样，非要活个三百岁来瞧瞧，庄子认为没有必要。梦里的我是蝴蝶，可以充分享受作为蝴蝶的一种自由自在的乐趣。醒来的我是庄子，那么不妨实实在在地去过庄子应该过的生活。至于孰生孰死、孰梦孰觉，孰为蝴蝶、孰为庄周又何必斤斤计较呢？是没有什么必要去计较的。说清楚点，庄子想告诉我们的是，死既然是不可知的，干吗去恐惧它？死亡一如西方哲学家维特根斯坦所说，既然并不是生命中的事件，又何必过多地去担心它呢？没有什么必要。现在需要知道的就是，我就是活着的庄子，就要尽到活着的庄子的本分。死后，或者变为蝴蝶，或者最后化为黄土。那蝴蝶也自有它的本分事，黄土也有它的本分事，跟活着的庄子没有什么关系。庄子就用这样一个故事，来讲述一个很难讲清楚的，却在每个人心间都存在着的一个问题。这也就是《庄子》这部书有无穷魅力的最根本的原因。

死亡，是大部分中国人所避讳而不愿谈论的问题。当孔子的学生向孔子请教关于生死的问题时，孔子说："未知生，焉知死。"意思就是说，生的事情还没弄明白呢，为什么要考虑死的问题呢？颇有些避而不谈的态度。而庄子却敢于直面生死，那么，庄子对于生与死，到底是如何理解和思考的呢？

讲生死的问题，庄子也用别的比喻。一天，庄子到楚国去，在路边看到一个死人的头盖骨，他就在路边敲着头盖骨："哎呀！老兄啊，如今你这番样子，是不是因为你活着的时候太纵欲、太荒唐了？或者是你的国家破灭了，你受了斧钺之苦被人砍杀的呀？或者是因为你过去有什么不轨的行为，给家族丢脸了，然后被扔在这里啊？还是你受不了冻，挨不了饿，倒毙在路旁的？还是你年寿已高，寿终正寝在这里的啊？"庄子就捧起这个头盖骨，枕在头底下睡觉。所以，也难怪庄子经常做梦。半夜，他又做梦了，这次不是梦见蝴蝶，而是这个头盖骨托梦，来见庄子："哎，这位老兄，白天你敲了我半天了。从白天你这番话看来，你这个人能言善辩。不过，好像你境界不行。听你所说的都是活着的一种忧患，只有活着，才会有死亡的恐惧。你别管我，你别管那么多闲事，别管我是正常死亡还是非正常死亡，反正我死了，我死了以后我怎么还会有死的恐惧呢？你怎么样？要不要听听关于死亡的哲学啊？"那么，在梦里庄子讲："好，洗耳恭听。"这个头盖骨就侃侃而谈。头盖骨讲："死亡的王国里没有国君，没有高高在上的国君，也没有在下的臣子，也没有冬暖夏凉四季，自由自在，无拘无束，能与天地同存。这份快乐，人间的帝王也比不了。"这头盖骨就在跟庄子讲死亡的快乐。庄子当然不相信。在梦里，庄子就不相信，死比生还要快乐。他就对这个头盖骨讲："哎呀！老兄，咱俩有这个缘分，我可以叫司命之神，来恢复你的身形，让你长出骨肉、肌肤，让你回到你的父母、妻儿、邻里、朋友那里，去享受人伦的快乐。怎么样？你愿意吗？"在梦里，这个头盖骨，也不知道怎么回事，突然皱起眉头来："谢谢你，我怎么能放弃死亡王国的快乐，而回到人间去备尝辛劳呢？你这个人，我真是不能跟你讲道理。"这个头盖骨一边说一边就在梦里面一溜烟地跑了。这也是庄子的故事，也是庄子的一个梦。这个梦告诉大家的也是关于生与死的，这种非常终极的问题。所以我讲，阅读《庄子》是一种非常特别的享受。

庄子通过他的寓言故事，把死亡理解成一件快乐的事情，甚至比生还要幸福。所以，庄子在自己的妻子去世之后，竟然鼓盆而歌，毫不悲伤，他认为妻子是到另外一个快乐的王国去了。庄子对于死的态度如此独特，那么，庄子对于生又是一种什么态度？庄子所代表的道家学说，在中国传统文化中，能起到什么作用呢？

庄子认为，人生的最高境界是逍遥自得，是一种精神的自由，不受限制。绝对不要太在意俗世的这些名利。他认为这些名利没有什么意思，名利会成为一种枷锁，把你牢牢地绑住。人在追名逐利的途中，无形当中给自己绑上了一道一道绳索，戴上了一副一副锁链。你失去的是自由，但你未必能得到名利。

这种本于自然的人性论和伦理观，为后来的中国知识分子提供了另外一种选择的可能性。中国后来的知识分子，基本上都是按照儒家文化的传统培育出来，成长起来的。如果只有儒家学说作为他的价值观、世界观、人生观，大家想想会是什么样子？而庄子则提供了另外一种选择。中国很多知识分子，在非常得意的时候，修齐治平，出将入相，立功、立言、立德，追求"三不朽"，成为一代名将，一代名相。但是失意了呢？人生不如意事十之八九，如果你达不到自己的目的呢？庄子就此提供了另外一种选择，就是不妨独善其身，退而跳出名利的框框，退而追求内心世界的一种自由，退而追求精神的自由。所以，庄子的学问和儒家的学问，在中国的文化传统中成为互补的一种形态，这就使得中国的文化传统呈现出一种比较稳定的状态。

庄子对后世的中国产生了重大的影响。如果儒家学说代表着官方意识形态的话，那么，庄子就对后世的非官方意识形态产生了重大影响。传统当中，另外还有一个世界，

文 忠 寄 语

人在追名逐利的同时，无形中给自己绑上了锁链，失去的是自由。

文 忠 寄 语

道家思想和儒家思想的互补，使中国传统文化保持了某种平衡和稳定状态。

那就是江湖。你看武打小说当中，这些人都是不怎么听政府话的，自己立一套规矩自己打，自己有自己的规则。"江湖"这个词就是出自《庄子》。江湖上的好多价值观念和官方是不一样的。比如盗，强盗在官方意识形态当中，怎么可能是好的呢？抓住了都要处罚的，重的是要砍头的。但是在江湖上就不一定吧，据说有义盗。《水浒》就有好多义盗，武打小说里一堆义盗，叫作"盗亦有道"。即使做强盗我也有我的道理，我也有我的价值观。这话出自哪里？出自《庄子》。"江湖"也好，"盗亦有道"也好，这种观念全部是《庄子》里出来的。所以，庄子实际上提供了某种民间意识形态的一个规范和标准。换句话说，我们完全可以讲，中国武打小说的真正鼻祖是庄子。因为在武打小说当中，寄托了太多现实当中不可能想象的理想，其中的武功、其中的爱情、其中的凶杀、其中的追求、其中的义气、其中的道义都是一种理想。从这个角度来讲，庄子是真正的鼻祖。

同时，庄子还有一个非常重要的思想，崇尚天人合一。用庄子自己的话来讲，天地与我并生，万物与我为一。天人合一这样的一种精神境界，就是不把人和人所存在于其中的大自然给切割开来。他认为人和大自然是和谐共处的，是互为一体的，谁也离不开谁。这个思想在近年来，受到了高度的关注。我们知道，在台湾去世的著名国学大师、一代大儒钱穆先生，临终前的最后一篇文章讲，他想了一辈子，也研究了一辈子中国的学问，最终认为中国的精神和文化的最高境界是"天人合一"。而就在海峡的此岸，在我们祖国的大陆，也有一位大师级的学者季羡林先生同样得出了这个结论。他曾反复地讲，中国文化能够贡献于这个世界的最重要的学说和精神就是"天人合一"以及"和谐"的观念。

不要把人和自然割裂，不要对自然一味地征服，一味地开发，一味地掠夺。如果这么做的话，自然必将报复人类。

钱穆　钱穆（1895 年—1990年），中国现代历史学家，江苏省无锡人，字宾四，笔名公沙、梁隐、与忘、孤云。斋号素书堂、素书楼。

《三字经》到这里就把"四书"、"五经"、诸子讲完了。接下来，《三字经》就用寥寥的两百多字，为我们讲述了一部完整的中国历史。这些请大家看下一讲。

经子通，读诸史，考世系，知终始。
自羲农，至黄帝，号三皇，居上世。

1 经：儒家经典。

2 子：诸子百家的著作。

3 诸史：各种史书。

4 世系：帝王家族世代相承的关系。

5 终始：王朝兴亡的始末。

6 羲：伏羲，传说中的远古帝王，我国古文明的开创者。

7 农：神农，传说中农业和医药的发明者。

8 黄帝：传说中我国中原各族的共同祖先。

9 上世：上古时代。

　　《三字经》以凝练的语言，叙述了中国五千多年的文明史，是从伏羲、神农、黄帝讲起的，那么，关于这三个人都有哪些神奇的传说？他们三个人又为什么会被尊称为"三皇"呢？

《三字经》认为，经书都读通了，就应该学习历史了。中华民族有着五千多年的文明史，关于中华民族的起源，就有许多的神话传说，比如盘古开天地、女娲补天等。但《三字经》中的历史，是从被称为"三皇"的伏羲、神农和黄帝讲起的。那么这三个人为什么会被尊称为"三皇"？民间流传的伏羲和女娲的交尾图，记载了一个什么样的故事？伏羲为什么被尊为中华民族的人文始祖？神农对中华民族的发展又做了哪些巨大的贡献？而关于"三皇"之一、"五帝"之首的黄帝，又有哪些神奇的传说呢？

从这一讲开始，《三字经》进入了中国历史部分。它的引子实际上相当有深意，虽然表面上看来非常的平淡。"经子通，读诸史，考世系，知终始。"《三字经》的作者认为，读史有一个前提和要求，就是必须熟读儒家经典，大致把握儒家以外的其他诸子的重要学说。以此为基础，就可以在读史之前、在读史之中，逐渐形成一套比较可靠的标准，来分辨历史事件和历史人物的善、恶、功、过，来判定哪些是我们应该吸取的经验，哪些是我们应该警惕的教训。

只有这样，才能够把读史转换成为一种非常有益的活动，而不仅仅是去看历史的故事，不仅仅是去看热闹。

古今中外的政治家也好，教育家也好，思想家也好，都非常强调历史的教育。我们早在先秦时代就有"殷鉴不远，前车之鉴"的说法。那么，就让我们来看看《三字经》，是如何为我们来讲述中国历史的。"自羲农，至黄帝，号三皇，居上世。"这里的"皇"不能理解为

三皇 三皇有以下说法：1. 燧人、伏羲、神农（《尚书大传》）；2. 伏羲、女娲、神农（《风俗通义》）；3. 伏羲、祝融、神农（《风俗通义》）；4. 伏羲、神农、共工（《风俗通义》）；5. 伏羲、神农、黄帝（《古微书》）；6. 天皇、地皇、泰皇（《史记》）；7. 天皇、地皇、人皇（民间传说）。第五种说法由于《古微书》的影响力而得到推广。现一般认为伏羲、神农、黄帝为中国上古的三位帝王。

我们通常认为的皇帝，这不是一回事。而"三皇"这个说法，更是到战国后期才出现的。至于"三皇"是哪三皇，中国传统中的说法也不一致，有的说法是"女娲、伏羲、神农"，还有的说法是"燧人、伏羲、神农"。《三字经》的说法是"伏羲、神农、黄帝"。所以，《三字经》的说法也只是诸多传统说法当中的一种而已。

中国民间关于人类的起源，有许多的神话传说，比如盘古开天地、女娲补天等。《三字经》在讲历史时，却是从"三皇"开始讲起，虽然关于"三皇"有不同的传说，但比较公认的就是伏羲、神农和黄帝。那么，这三个人为什么会被称为"三皇"？他们又有哪些神奇的传说呢？

我们先来看看伏羲，他是中华民族的人文始祖，这一点大家没有什么争议。讲到他的出生，那当然又是一个神话故事，但是，这个神话故事背后是有历史事实的影子的。我们不能完全把上古的神话故事，看成是先人的杜撰，这无非是他们的一种表达方式。就像前面讲的庄子喜欢用寓言一样，我们的先民就喜欢用这种方式来讲述历史。

据说，有一位生活在华胥之国的姑娘，她叫华胥氏。我们知道，古代的女性，好多是没有名字的，只有个姓氏。她到一个叫雷泽的地方去游玩，那里的风景非常秀丽。她在游玩的过程当中，看到有个很大的脚印，也不知道谁留下的，就好奇地踩了一下，结果这一踩就怀孕了。她生下了一个儿子，就是伏羲。这当然是神话故事，反映了母系氏族社会的一个特点：只知有母，不知有父。那个时候，夫妻制度都还没建立起来。母系氏族的人不知道爸爸是谁，只知道妈妈是谁。所以，他说不出爸爸的名字，就讲爸爸是个大脚印，正反映了一种历史的事实。而这个脚印是谁留下的呢？雷神。这位雷神长着人的头，是龙的身子。龙到底什么样啊？龙是有变化的。最早的龙，不像后来发展到清朝，我们在故宫里看见的那么辉煌的龙。最早的龙差不多就是一条蛇。所以，我们知道盘古、女娲都是人头蛇身。但是，这个蛇身叫龙。《山海经》里面讲："雷泽中有雷神，龙身而人头，鼓其腹。"肚子很大，这个龙神还比较胖。所以，在中国的传统当中，伏羲本来就是一个龙身人首的龙种。同时，他也是我们中国人认为的女性祖先女娲的哥哥，他们是亲兄妹俩。在我们的传说当中，兄妹俩成婚，生儿育女，成为人类的始祖。

从流传下来的伏羲和女娲交尾图中，我们可以看到，在远古的传说中，伏羲和女娲都是龙身人首，他们兄妹二人成婚，生下了许多儿女，这就是中华民族的起源，而伏羲和女娲就是我们中国人的始祖。但是，亲兄妹怎么能成婚呢？而我们中国人又为什么要自称为华夏子孙呢？

亲兄妹成婚，今天看来是不可思议的。但是，在世界古代民族当中，很多都有这样的传说。西方也有传说，人类是亲兄妹两个人的子孙。他们两个当然就是人类的始祖。又相传，伏羲是古代华夏部落的杰出首领。伏羲根据天地间、阴阳间的变化创制了八卦，用八种简单而又寓意深刻的符号，来概括天地间的万事万物，概括它们之间变化的道理。哪个地方跟伏羲的关系最大呢？今天的甘肃天水，那里有一个古称，叫"成纪"。当地到现在还有大规模的伏羲庙，把正月十六日作为伏羲的生日，把农历的五月十三日作为伏羲成仙的纪念日。所以，每年这个时候在甘肃天水都有规模非常盛大的祭祀人文始祖伏羲的仪式。这也相传许多年了。

伏羲创制的八卦，成为后来《易经》的基础。而中华民族的文明史，就是从伏羲开始的。但我们从流传下来的伏羲图可以看出来，伏羲生活的年代，还属于原始社会。那么，被尊为中华民族人文始祖的伏羲，为人类文明的发展，还做了哪些贡献呢？

根据传说和我们的史籍记载，伏羲作为人类文明的始祖，或者作为我们华夏子孙的始祖，首先，他的主要功绩是教会人们织网打鱼。古代河里的鱼，比今天多得多了，比较能够解决人的饮食问题，这就提高了当时人类的生产能力。同时，他还教会人们驯养野兽，于是就有了家畜，好多野兽被驯化了。

第二点非常重要，他还变革婚姻习俗，倡导男聘女嫁。他自己来历还不清楚，但是，他开始建立了男聘女嫁这一套婚姻制度，而且是由血缘婚改为族外婚。不同氏族之间才能结婚，同一氏族之间男女不能婚配。这样一个风俗一直延续到我们今天。当然今天也有新的无奈。照道理是同姓不婚的，我姓钱就不能娶姓钱的。但是，现在好多姓已经几千万人了，要说姓王的不让娶姓王的，这还不出现好多非常悲惨的爱情故事？当然，我们姓钱的不娶姓钱的，还比较容易办到，因为我们是小姓。虽然百家姓排在第二位，但实际上是小姓。所以，伏羲的另一个功绩就是建立了族外婚，这是有道理的。现在的国家婚姻法还是有规定的，哪一步的亲戚之间不许结婚，这是有医学遗传的依据的。当时伏羲就规定了这样的制度，结束了长期以来子女只知其母而不知其父的状态。伏羲时代实际上意味着中国从母系氏族向父系氏族开始转变。他就是这样一个关键人物。

第三点也很重要，他创造书契，用于记事，取代了以往结绳记事的风俗。他开始创造了这种刻上一点字，或者写点符号的记录习惯。在他之前，人们都是结绳记事的。现在中国有好多少数民族，还保留着结绳记事的习惯，家里都有根大绳子，那个大绳子上打了好多结。

你去一看，那是一堆绳子，实际上这是一本书，它能告诉你，每个结不一样。比如这个结，哪年哪月，谁跟我吵了一架；这个结，哪年哪月，谁跟我借了五块钱，它都知道。但是，到伏羲时改变了。

第四，他发明了陶埙、琴瑟等乐器，开始创作歌谣。将音乐带入人们的生活，这样就使人有了一种艺术的、超越现实生活的追求。

第五，将他的统治地域分而治之，开始任命官员进行社会管理。这个也很重要。

第六，创造古代历法。原来我们没历法，不知道哪天是哪天，正是他创造了历法。

当然，最重要的还是他创制八卦，这个是大家都相信的。但是，要找到历史的确凿证据是不可能的，因为年代太久远了。刚才我讲的这些，已经成为我们这个民族的共同记忆，我们都认可。也正因为我们共同认可这样的东西，才是一个民族。

文忠寄语

我们因为认可一个共同的人类起源的历史，我们才是一个民族。

伏羲、神农、黄帝共为"三皇"，我们知道了伏羲是华夏子孙的始祖，那么，神农是一个什么样的人呢？他为中华民族的发展做出了什么重要的贡献，而被人们尊为"三皇"之一呢？

神农，从名字我们就知道，他是我们农业、医药、中医的发明者。远古的人民，过着很原始的生活，神农发明了耒（lěi）耜（sì），即用木头做的农具，教会人民进行农业生产。伏羲代表了从母系氏族社会向父系氏族社会转变，神农则代表着中国从渔猎和采集的社会向农业社会转变。因为古人生存主要是靠打猎、抓鱼、采集，随便采点野果子吃，有了上顿没下顿。有了农业当然不一样，有播种，有收割，不管产量有多低，基本上可以有一种预期，大致清楚明年这块地有什么吃的东西，人的生活当然就比较安定了，这就是神农的功绩。神农为什么会发明农业，为什么会开始种五谷呢？有些古籍上是有记载的，比如汉代的一部典籍《白虎通义》就有记载："古之人民皆食兽禽肉，至于神农，人民众多，禽兽不足，于是神农因天之时，分地之利，制耒耜，教民劳作，神而化之，使民易之，故谓神农也。"古代人们是吃禽兽肉的，人多了，动物给吃光了。环境问题当时就出现了，不够吃了。于是神农出来了，教给人民创制农具，教给人民根据天气、根据土地的情况来耕作，这是比较正规的史籍的记载。而根据《拾遗记》，这也是一部相当古老的史籍的记载，那就带有很大的神话色彩了。有一天，一只浑身通红的鸟嘴里衔着一颗五彩九穗谷，这个稻谷，五种颜色，九个穗儿，飞在天空中，掠过神农头顶的时候，它把九穗谷吐下来，刚好掉在神农的面前。神农很厚道，他以为这是上天所赐。古人经常把鸟当作上天的使者，古人也没看到过飞机，反正看到一只鸟飞过来挺怪的，就把它埋在地里。哪知道第二年，长成一片。神农就用手把这个稻谷给搓开，一尝，味道很好，所以就由此得到了启发，开垦土地，发明了农业。神农也正因为如此，被称为五谷爷，也把他叫作农皇爷。神农也是井的发明者。古代如果没有井，就没有办法有计划地灌溉。现在据说还有一口井是神农井，在神农老家那里。经常有人走一百里地，跑到这里来打这水。为什么呢？当地的人们相信，这个井水大补，可以治病，比营养液好多了。据说这是神农井，不过考古上没有证据。后人为了纪念神农这样的功绩，就建造了好多庙宇，来祭祀神农。神农的生日也被定下来了，定在正月初五。所以每年的正月初五到正月二十，实际上是祭祀神农的日子。这个现在不太讲究了，而在过去，在这个时候祈祷，播种的庄稼就一定能五谷丰登。

神农 神农氏是传说中的农业和医药的发明者。他发明制作木耒、木耜，教会人民农业生产。又传说他遍尝百草，发现药材，教会人民医治疾病。继伏羲以后，神农氏是又一个对中华民族有颇多贡献的传说中的人物。

如果说伏羲代表了人类社会从母系氏族社会向父系氏族社会的转变，那么，神农就标志着人类从渔猎和采集的社会向农业社会的转变，但神农的贡献还不止于此。在中国民间，广泛流传着神农尝百草的故事，那么，神农在尝百草的时候，都有哪些神奇的经历呢？

当然，在民间来讲，神农最重要的贡献就是他曾尝百草，我们把中医药的发明权也是归为神农的。神农尝百草，这在古籍当中就有记载，民间也有传说。在这里，我给大家介绍两则传说。一则叫头顶一颗珠，这名字很怪，头上顶着一颗珠子。这是一个什么故事呢？有一次，神农在深山老林里采药，忽然遇到整整一群的毒蛇，毒蛇把神农给缠住了，想置神农于死地。神农没有办法，也被咬伤了，流血倒在地上，浑身也肿起来了。这时，神农就叫："西王母啊，西王母啊，快来救救我！"从这个传说来讲，西王母这个神仙在当时好像已经被他认可了。西王母就是王母娘娘。王母娘娘听到了神农喊救命的声音，就派了她的一个使者，王母娘娘的使者是谁呢？是青鸟。这青鸟就在嘴里衔着一颗救命的仙丹来救神农。它在一片森林当中看到了流血倒地的神农，就把仙丹喂到了神农的嘴里，神农就被救过来了。青鸟一看，已经完成任务了，就开始往回飞，走了。神农太讲究礼貌了，尽管自己被咬伤了，看见王母娘娘派个使者把药送过来，一看这使者要走了，就赶快爬起来，高声向青鸟说："谢谢！"结果一张嘴，药掉地上了。掉了以后，仙丹就长成一棵青草，草顶上有一颗红颜色的珠子。神农一看，怎么跟刚才掉的一样啊？就把那个珠子摘下来吃了，他的病也好了。这个药，神农就把它叫作"头顶一颗珠"，实际上就是后来的延龄草，专门治蛇毒。这是一则传说。

第二则传说，就是所谓神农尝百草的传说。我们知道，上古时代各种植物都长在一起，没有像现在这样这一亩是稻子，那一亩是麦子，上古时代都长在一起。哪些东西可以吃，哪些东西有毒，哪些东西可以当药，这是没有人知道的。神农看到了老百姓的疾苦，就率领这些老百姓，要把草药给寻出来，解除人民的疾病和痛苦。据说，他从老家随州的历山出发，一直往西北走，走进了西北的大山里。山里边有好多奇花异草，香气扑鼻。但是，他也碰见了好多狼啊，虎啊，豹啊，这些凶猛的野兽，把神农一行给围住了。神农下令随行的人，用鞭子去抽打这些野兽，打走一批，又上来一批，打走一批，又上来一批，传说是整整打了七天七夜。当时好像所有的野兽，都上来挨两鞭子打，所以，今天的野兽身上都有一条一条的斑纹，据说都是神农给打出来的。好多人劝神农回头，说不能去了，野兽太多，山也太高，爬不上去，神农拒绝了。神农就教会了人民伐木。古代的树都很高，搭起架子，往更高的山上爬，而这些架子现在认为就是脚手架的来源。现在建筑工人使用的脚手架，发明权也被认为是神农的。当然，神农最早的想法是去采药，没打算造房子。神农就通过这个架子，爬到了山的最深部、最高部，发现了好多药。神农自己去尝，好几次中毒，差点中毒身亡，但是都被救过来。那么，使他发病的草当然就是毒药了，把他救过来的草就是治那个毒的。神农一共挑选了三百六十五种药，而这些药，后人就把它总结成了神农本草。也正是因为如此，我们把中医的发明权归为神农。大家还记得那些脚手架吗？就是神农为了爬到山上去，叫人砍的那些木头，搭成架子的。神农在山上待了很久，因为他要尝那么多药，等他要下山的时候发现，不对了，这脚手架都已经长成树了。这就是今天的神农架，神农架的名称就是这么来的。这就是神农尝百草的故事。

> 黄帝是"三皇"中对中华民族影响最大的一位，他不仅是"三皇"之一，而且也是五帝之首。那么，关于黄帝都有哪些传说，黄帝对于中华民族的发展，又都有哪些巨大的贡献呢？

"三皇"里面的第三位，当然是今天影响最大的、占据地位也最高的黄帝。黄帝姓什么呢？姓公孙，是复姓，出生在轩辕之秋，所以又叫轩辕氏。黄帝出生在今天河南的新郑一带，这是大家公认的。他葬在陕西的桥山，也就是今天的黄帝陵，这个陵今天还在。不仅是中国的领导人，好多国家的领导人也多次到过黄帝陵。中国自古有这样的民谣，什么民谣呢？叫"拜祖到新郑，祭祖到黄陵"。黄帝是古代传说中的人物，关于他的传说最有名的当然就是战争，就是黄帝和炎帝的战争、黄帝和蚩尤的战争。最终，都是黄帝取得了胜利，被各部落拥戴，成为华夏民族共同的君主，统一了中国各部落。黄帝主要的功绩是什么呢？推算历法；数学，据说是黄帝发明了数学；组建军队，从黄帝开始，有比较正规的一支军队了；音乐，据说黄帝时期的人定了五音十二律；医药，就是大家熟悉的《黄帝内经》；文字，在黄帝时候，创制了文字，据说我们的汉文字从这里开始；铸造，黄帝开始采铜铸造货币，黄帝之前没有货币这个概念。另外，我们现在认为舟车、弓箭、房屋都是黄帝发明的。还有衣服，从黄帝开始，人才会纺织学穿衣服，之前都是拿兽皮或树皮披一下。关于黄帝和纺织的关系，民间的传说，相当一致，都把纺织和黄帝的两位夫人联系起来。有一年春天，一位少女当时在桑园里面养蚕，碰到了黄帝。黄帝看到这位少女的身上，穿着一件黄颜色的东西，他也不知道什么东西，闪着轻柔而温和的淡黄颜色的光，地面上堆着一堆蚕茧，黄帝没见过。黄帝那时候估计也是身上系着树叶或披着兽皮，就问少女这个是什么。少女就跟他说怎么种桑树养蚕，怎么搞茧子，怎么从里面抽出丝来。黄帝听后想到人们现在还是夏天披树叶、冬天穿兽皮，一年都没有什么保障，打得到野兽就穿了，打不到野兽就不穿，总归不是一件长久的事，就觉得这个很重要，可以让人们又是像农业一样，能够固定找到一种东西来遮体。黄帝就娶这位少女做了自己的妻子，让她向百官和人们传授纺织之术，这个少女就是嫘祖。

因为嫘（léi）祖发明了蚕丝，人类才有了衣服穿。所以，嫘祖被人们尊为纺织的始祖，直到现在，许多地方还有供奉着嫘祖的庙堂。但在有的传说中，嫘祖仅仅是蚕丝的发明者，而并不是纺织的发明者。那么，纺织的发明者是谁，又和黄帝有什么关系呢？

我们现在把丝绸的始祖称为嫘祖，这个嫘祖就是黄帝的正妻。那个时候，黄帝年过三十，岁数在当时已经不小了。黄帝封这个嫘祖为正妻之后，嫘祖就组织了一大批女子，上山去种桑树，去养蚕。但是，很快就碰到一个问题，什么问题呢？蚕养得很多，茧子也很多，但是如何更好地去纺织，嫘祖却不会。这个时候，在她带上山的一群女孩子当中，有一个身材非常矮小，皮肤很黑，面目丑陋的女子，发明了蚕丝的纺轮。当时，这可是一个重大发明，纺轮可以把丝理清楚。她还发明了织机。黄帝知道以后，对这个发明大加赞赏，就让这位黑黑的、丑陋的女孩子向大家传授技艺。当时大概最高的表彰，就是又把她娶为自己的妻子，这位就是嫫（mó）母。据说这个嫘祖，黄帝的正妻，还撮合了他们一下。那么，嫘祖、嫫母是中国丝绸业的始祖，现在我们一般都知道嫘祖，但是把嫫母给忘了。在中国传说当中，就出现一个非常特别的情况，什么情况大家知道吗？如果在古代一个帝王有一个正妻的话，那另一个就是妃，对吧？但是在传说当中，嫘祖和嫫母这两位都被认为是黄帝的妻子。总之，黄帝在位时间很长，而相传，尧、舜、禹、汤都是黄帝的后裔。所以，黄帝被奉为中华民族的共同始祖，黄帝和炎帝并称。我们因此称自己为炎黄子孙。

接着"三皇"，《三字经》又必须把这个传说当中的世系给我们讲述下去，一一排下去，接下来的世系如何呢？请看下一讲。

唐有虞，号二帝，相揖逊，称盛世。

1 唐：传说中的远古帝王唐尧。

2 有虞：传说中的远古帝王虞舜。

3 揖逊：禅让王位。

　　人们常常用"尧天舜日"来比喻太平盛世，用"尧舜之治"来作为后世德政的典范。那么，尧是一个什么样的人？他为什么不把王位传给自己的儿子，而传给舜呢？尧是如何考验舜的？关于尧舜，还有哪些神奇的传说呢？

"三皇""五帝"被奉为中华民族的始祖。而《三字经》接下来就会向我们介绍"三皇""五帝"中的其中两位，那就是尧和舜。千百年来岁月更迭，但是尧和舜，这两位上古时代的圣王，却一直留在中华民族的记忆中。现在人们常常用"尧天舜日"来比喻太平盛世，用"尧舜之治"来作为后世德政的典范，而最为我们炎黄子孙所口碑载道的，就是尧将王位禅让给了舜。那么，尧为什么要这么做？舜又有哪些过人之处？尧又是如何考验舜的？在那遥远的尧舜时代，曾经发生过哪些故事？关于尧舜，历史上还流传着哪些神奇的传说？

五帝 五帝有以下几种说法：1. 黄帝、颛顼、帝喾、尧、舜；2. 宓戏（伏羲）、神农、黄帝、尧、舜；3. 太昊、炎帝、黄帝、少昊、颛顼；4. 少昊、颛顼、帝喾、尧、舜；5. 黄帝、少昊、颛顼、喾、尧。

其中第三种说法最为流行，意指东、西、南、北、中五个方位的天神，东方太昊，南方炎帝，西方少昊，北方颛顼，中央黄帝。

"三皇"以后，要接着讲"五帝"。所以《三字经》接着讲："唐有虞，号二帝，相揖逊，称盛世。"也就是说，在我们中华民族的历史上，第一次盛世开始了。根据司马迁的《史记·五帝本纪》，五帝的顺序是黄帝、颛（zhuān）顼（xū）、帝喾（kù）、唐尧（yáo）、虞舜（shùn）。《三字经》在这里就是讲了五帝本纪里的后面两位：尧和舜。

尧是中国古代传说当中的一位圣王，黄帝的玄孙，帝喾之子，名放勋，号陶唐，中国上古"五帝"之一。因为封在唐这个地方，所以他也叫唐尧，这个"唐"字在古汉语里有伟大的意思，实际上这个称号就叫伟大的尧、大尧。

关于尧是怎么来到这个人世的，依然是传说，而且这个传说很奇妙。尧的妈妈是帝喾的第三个妻子，叫庆都，她是伊耆侯的闺女，等于尧的外公叫伊耆侯。庆都非常有意思，嫁给帝喾以后，她住在娘家，而不住在夫家。这一年的春正月末，尧的外公外婆带上尧的妈妈，一起坐了一条船游览。正午时分，就在游览的时候，突然刮起一阵大风，迎面天上就卷来一朵红云，在小船上空形成了龙卷风，一朵红云在小船上空盘旋。这朵云为什么是红的呢？因为这朵云里有一条赤龙。外公外婆吓坏了，没见过。但是，庆都一点不怕，还冲着这个龙卷风在那儿笑，外婆外公看着很奇怪，但是也不知道怎么回事。傍晚时候，风住云散，龙也不见了，龙卷风散掉了。

第二天，还是乘着这条船，在回家的途中，又刮起了大风，又出现了那条赤龙，但是，好像变小了，传说当中只有一丈来长，不像原来那么大。外公外婆这次也不太害怕了，因为昨天也碰到过了，再加上也变小了。晚上，尧的外公外婆睡着了，庆都怎么也睡不着。迷迷糊糊之中，她就做了一个梦，梦见这条龙扑到她的身上。等她醒过来，庆都的身上留下了这条龙的很腥臭的口水，身边还留下一幅画，画着一个红色的人像。这个人像非常怪，上锐下丰，上面是尖的，下面是圆的，八采眉，长头发，画上据说还有四个字，叫"亦受天佑"，就是说受老天保佑了。庆都就把这个画藏了起来。

庆都住在丹陵，怀孕十四个月生下了尧。庆都想起这幅画了，拿出来一看，尧跟画上面的人一模一样。帝喾知道生了个儿子，很高兴。但是，就在尧生下的时候，尧的奶奶去世了。帝喾是个大孝子，就为尧的奶奶守孝三年。所以，尧从小是跟着自己的妈妈住在外公家的，没有在自己的父亲身边长大。尧长到十岁的时候，才回到父亲的身边。

尧，是中国上古的一位圣王。千百年来，凡属史籍经典、民间传说，对尧无不颂扬。尧既是伦理道德方面的理想人格典范，又是治国平天下的君主楷模。尧的时代，天下安宁，政治清明，世风祥和，万邦协和，整个华夏民族一片太平盛世。那么，尧为什么能够把国家治理得这么好呢？

尧非常礼贤下士。政治之所以能够清明，是因为他曾经到汾水的

尧 尧，中国古代传说的圣王，姓尹祁，号放勋。因封于唐，故称"唐尧"。

许由 尧舜时代的贤人。帝尧在位的时候，他率领许姓部落活动在今天颍水流域的登封、许昌、禹州、汝州、长葛、鄢陵一带，这一带后来便成了许国的封地，他从而也成为许姓的始祖。

北岸，去拜访过四位有道之士：方回、善卷、披衣、许由。这也说明他把贤人看得很重，把人才看得很重。尧访问贤人，古籍当中记载最多的是访问许由。尧知道许由很贤明，就去拜访他，而许由却到处躲着尧。在有一次躲的路途当中，许由碰到了一个人，那个人就问许由："你躲什么啊？尧来拜访你，又不是什么坏事，尧是个很贤明的王，你躲他干吗？"许由的回答也很有意思，很深刻，看得很远，许由讲："尧这个人轰轰烈烈地推行仁义，我怕尧将来要被天下人耻笑。"旁边人就问他原因，许由讲："尧以后的后世，恐怕会有人吃人的事情发生。"为什么呢？许由讲："尧现在把他的希望寄托在贤人的身上，我看靠不住，这种想利用一个人的决断来管理天下的想法是危险的。尧只知道贤人的好处，他不知道贤人会有坏处。尧只知道重用贤人，但是他想过重用贤人后面的事情吗？"许由的见解非常深刻，他在这里反对的其实是人治。你尧一个人在推行，你走了以后呢？恐怕就靠不住了，恐怕就会人吃人了，百姓就会逃散了。可见，中国那么早就有这样一个人，已经注意到人治的弊端，光靠一个人来推行仁义是不行的，是有危害的。

文忠寄语
光靠一个人来推行仁义是不行的。

许由躲来躲去终于没躲过尧，被尧撞见了。尧见了许由以后，讲了这么一段话："太阳出来了，火把还不熄灭。在光照宇宙的太阳光下，火把不就是多余的吗？"可见，尧把许由比喻成太阳，把自己比喻成火把。"大雨下过了，我还去浇园子，这不是徒劳吗？"就是把许由比喻成沛然大雨，把自己比喻成一勺一勺的水。"作为天子我很惭愧，占据的地位不合适，请允许我把天下托付给先生，先生如果接了天下这个重任，天下必然太平。"尧也很有意思，随时都不想当王，随时都想把位子让掉；而当时的贤人也很有意思，看着这个位子都躲着跑，谁都不要，所以许由的回答是：“你治理天下升平日久，既然天下已经治理得很好了，你还要让我代替你去做一个现成的天子，这不是陷我于一个很尴尬的境地吗？天底下的人，不是会以为我许由很好名吗？”许由不愿意。但是，尧给我们留下了很多尊重人才、礼贤下士的故事。当然，最为中国传统所珍视的、最为我们所称道的，是尧选择了传贤不传子。

尧在位七十年，他到晚年已经感觉到有必要选择一个继位的人了。他认为，自己的儿子丹朱凶顽不可用，他对自己的儿子认识很清楚。因此就跟四方的贤人商量，谁可以来接帝位。所有的人都推荐了舜。

> 尧礼贤下士，任人唯贤。在寻找合格接班人的问题上，他更是不敢马虎。尧决定传贤不传子，想将王位禅（shàn）让于舜。可是，舜有没有能力接替尧呢？于是，尧在将王位传给舜之前，就对舜进行了一番严格的考察。那么，尧是如何考验舜的呢？

尧也真厉害，先把自己的两个闺女，一个叫娥皇，一个叫女英，嫁给了舜，把舜变成了自己的女婿，通过自己的女儿，来观察舜的德行，看看舜是不是能处理好家务。尧是很有深意的，他把两个女儿都嫁给舜，就想看看舜怎么处理。结果发现舜处理得非常好，姐妹两个对舜都非常倾心，家庭和睦。尧又派舜去负责推行德教，将父义、母慈、兄友、弟恭、子孝这五种美德去推行给人们，向人们传输一种教化，人们都很乐意听从舜的教导。尧觉得不错，于是就让舜去总管百官，处理政事，而百官又很服从舜的领导，政务无一荒废，井井有条，毫不紊乱。尧又派舜去管理明堂，明堂就类似今天的国宾馆，负责接待四方前来朝见的诸侯或者宾客，发现舜跟这些人都处得很好，而且这些宾客都非常敬重舜。最后，尧还不放心，就让舜一个人到深山老林里面去，经受

禅让制 传说中的部落联盟首领传袭制度。据说尧年老时，经民主推举和自己长期考察，确认舜才德出众，将首领位置让给舜；舜老时，如法炮制，传位于禹。禅让制实际上是古代以传贤为宗旨的民主选举首领制度。

大自然的考验。他发现，舜在暴风骤雨当中，能够不迷失方向，路走得非常好，一点问题没有，显示出非常强的抵抗灾难、独立生活的能力。经过三年各种各样的考察，尧对舜满意了，于是决定把这个位置禅让给舜。他在正月初一的时候，举行禅让仪式，把自己的位置让给了舜。这样，舜就接替了天子的位子。

现在人们常常用"尧天舜日"来比喻太平盛世。用"尧舜之治"来作为后世德政的典范，同时尧舜二人并称，也成为人们口碑载道的一代圣王。然而，舜，虽贵为一代圣王，但他却遭遇过常人无法承受的生活磨砺，几次甚至险些丧命。那么，舜都经历过哪些磨难？他又是如何化险为夷的？关于舜，历史上又留下了哪些动人的传说呢？

舜 舜，传说中的上古帝王名，父系氏族社会后期部落联盟领袖。姚姓，有虞氏，名重华，史称虞舜。相传因四岳推举，尧命他摄政。他巡行四方，除去鲧、共工、驩兜和三苗等四人。尧去世后继位，又咨询四岳，挑选贤人治理民事，并选拔治水有功的禹为继承人。

"唐有虞"，这个有虞就是指舜，名重华，字都君。他是个平民，舜也是传说当中的圣王。舜又称虞舜，因为他的国号是有虞。先秦有时就以国号作为姓氏，所以，他也称为有虞氏。

舜的家世非常寒微，虽然他的祖先也是五帝之一颛顼之后，但是到了他已经五代都是庶人。所谓的庶人就是平民百姓，没有任何官位和地位了，处在社会的下层。不仅如此，舜的遭遇和成长经历非常的不幸。他的父亲叫瞽叟，就是眼睛瞎了的老人，所以舜的父亲是个盲人。而舜的亲生母亲很早去世，这个瞽叟又娶了个老婆。这个继母，又生了个儿子叫象。舜生活的环境，按照古籍的说法叫"父顽、母嚣、象傲"。父亲非常顽劣，脾气不太好；继母非常嚣张，非常暴烈；异母弟弟非常悖傲，非常狂傲。他们三个人串通一起，非要把舜置于死地不可。但是，舜对父母依然非常孝顺，对弟弟十分友善，多年如一日，没有丝毫的懈怠，谁都挑不出舜的毛病。舜在家里人要加害他的时候，每一次都逃开，躲开。过了这段时间，稍有好转，马上又回到家人的身边去履行他作为长子的义务，尽可能地帮助家人，所以古籍里讲"欲杀，不可得；即求，尝（常）在侧"。什么意思啊？就是舜的爸爸、后母和他的异母弟弟，想杀舜的时候，找不到舜；当他们突然想到有些什么事情搞不定了，有些什么活太苦太累了，又想到舜的时候，突然发现舜经常就在旁边。

> 舜，虽贵为一代圣王，但却遭遇如此恶劣的成长环境。他不但得不到家庭的温暖，而且还会引来杀身之祸。那么，面对一次又一次的致命陷害，舜又是如何巧妙逃生的？经历过一次又一次的生活磨砺，舜又将如何面对自己的家人？

尧对舜很满意，所以就给了舜好多赏赐。赏赐的主要是什么东西呢？细布衣服、牛羊，还赏赐给了舜一把琴；并且，由尧出钱，为舜修造了房子。舜家太贫寒了，舜得到这些赏赐以后，他的亲生父亲和继母以及异母弟弟非常嫉妒，就琢磨着把舜给杀掉。有一次，尧赏给舜的房子有点漏雨，瞽叟就叫舜到上面把屋顶给补好，别让它漏雨。舜当然听从父亲的意见，就登到屋顶上去补。这个时候，他的后母和他的父亲，还有他的弟弟就在底下放火。我们知道，旧时候的房子都是茅草顶，这一放火就是打算把舜给烧死。但是，舜很聪明，他带了两顶斗笠，多带了一顶斗笠随时防备。古代的屋子也不会很高，他就一手拉着一顶斗笠，像用降落伞那样，从屋顶跳下来跑了。

另外一次，瞽叟和舜的后母以及弟弟，又准备把舜给害死。家里没井，他们让舜去挖井。舜当然听他们的指令，就去挖井。井挖得已经很深的时候，这个瞽叟也真坏，就和象在上面往下铲土，准备把这井给填了，把舜给活埋了。但是，舜在下面挖井的同时在旁边横着挖了一个道。他随时提防着亲人害他，就挖了这样一个侧道，自己跑了。跑了以后，舜就出去躲了一段时间。瞽叟和舜的后母，好像就觉得这个事情完了，舜可能已经埋在里头了，所以就开始瓜分舜的财产。这个象看样子还真是一个花花公子，是个纨绔子弟，这个异母弟弟就要舜的两个太太，也就是尧的两个女儿娥皇和女英，然后还要那把琴；舜的父亲和舜的后母要房子，要牛羊。舜逃了一段时间又回来了，因为舜是"即求，常在侧"，他担心自己的家里人啊。等他回来一看，弟弟正好在那里弹琴。他的弟弟回头一看，吓坏了，原来以为被埋死了。但是，这个弟弟真的很恶，弟弟告诉他："我思舜正郁陶！"什么意思？哎哟，我正心里想着舜呢，我想得这个深啊，我想得这个急啊，所以我排遣一下，弹弹琴。但是，舜也没在意，一如既往地对父母、对弟弟都非常好。

> 尧将王位禅让给了舜，舜即位之后，处处以身作则，任人唯贤，依靠道德的力量使人向善齐贤，从而达到治理国家的目的。那么，舜都采取了哪些独特的管理方式呢？他的这种管理方式对后世又有什么样的影响呢？

舜执政以后，他的一系列重大的政治活动对后来有很大的影响。比如重新修订历法，祭祀上帝，祭祀天地，祭祀山川群神。他非常看重祭祀，并且对诸侯重新进行了管理。他怎么管理的呢？他找一个借口，把诸侯手上的信圭，就是当时的委任状全部收回来。收回来时找了一个吉日，在黄道吉日重新召见诸侯，正式颁发信圭，这样就强调了对他们的管理权，不能由着他们胡来。而他在继位的当年就开始出巡，周游名山，召见诸侯，考察民情。并且规定每五年天子必须出行一次，以考察各地的政绩，以确定赏罚。也就是说，从舜开始，加强了华夏各个地域的联系，原来还是比较松散的，都是土皇帝，但是舜开始统一管理。

舜在治国的时候，还规定了五种具体的刑罚。但是，他用流放用得比较多，不大采取肉刑，就是抽鞭子、打板子、砍头、剁脚、削鼻子，这类的刑罚不大用，他主要是用流放。鞭刑和扑刑等，是对那些不肯悔改的、罪大恶极的人才会用。这就说明他很仁慈。

舜在年老的时候，真正地继承了尧的精神。尧不是认为自己的儿子丹朱不能用吗？舜也考察了自己的儿子商均，觉得不孝，自己的儿子也不行，所以就确定了当时威望最高的禹作为继任者，并由禹先来摄行政事，负责常务工作，加以考察，最后，把位子禅让给了禹。据说，舜在尧之后在位三十九年，他去世的时候，正好在南方巡视，所以，他死于苍梧之野，葬在江南九嶷山，叫"零陵"。

> **舜的孝行感天动地，舜的品格令人敬仰，他是一个既仁又智的名副其实的圣人。那么，他身体力行地去创造和推行的这样一种良好的道德品质，对后世的文化思想产生了怎样的影响呢？**

舜和尧一样，是先秦时期儒墨两家共同推崇的古昔圣王。这一点非常重要，我们前面讲过，儒家和墨家彼此有点对立，虽不能说完全对立，但墨家经常反对儒家的学说。就是这两家在当时势力最大，但都推崇尧和舜。舜对于儒家有特别重要的意义。什么意义呢？儒家的学说重视孝道，而关于舜的记载，关于舜的传说，最重要的就是孝。孟子在孔子之后对儒学做出了很大的发展，他就特别推崇舜的孝行。孟子再三倡导，大家要向舜学习，要向舜看齐，要做舜那样的孝子。孟子曾经讲过："舜，人也；我，亦人也。舜为法于天下，可传于后世，我由（犹）未免为乡人也，是则可忧也。忧之如何？如舜而已矣。"孟子自己讲，我是人，舜也是人，但是，舜已经成为天下人的楷模，而我未免为乡人，我还只不过是一个太普通的人，这样的事情实在太让我担忧了。"忧之如何？"你担忧怎么办呢？"如舜而已矣。"只有一个办法，向舜学习。孟子非常看重舜的孝心，看重到什么地步呢？看重到孟子开始为舜胡思乱想，他胡思乱想什么呢？他就假设一个情况：

舜是一代贤王，非常公正，执法严明，他要管那么多人。但是，舜这个父亲瞽叟不是一个好人。孟子就假设，万一瞽叟犯法了，舜怎么办？你不去抓他、不去处罚他，就不是个贤王。但是，作为儿子去抓了爸爸，又不是一个孝子。孟子很担心，这个舜会怎么办？孟子给舜找出了一个解决的办法：舜一定会先把他爸爸给抓起来，关在牢里，公开审判，执行国法。但是到了半夜的时候，舜一定会偷偷溜进牢里，背起他爸爸就跑，跑到一个地方隐居下来，从此不问政事，因为他没有办法再当国王了。这就是孟子的一段胡思乱想，非要替舜去想一道难题，想好难题还要替舜做解答。由此也可以看出孟子多么看重舜作为孝子的形象。

接下来，《三字经》依然为我们描述中国早期的历史，有关这些请大家看下一讲。

夏有禹，商有汤，周文武，称三王。

夏传子，家天下，四百载，迁夏社。

1 禹：传说中远古部落联盟的首领，因为他治水有功，人们亦尊称他为"大禹"。

2 汤：商代的开国君主成汤。

3 文武：周代的开国君主周文王和武王。

4 传子：传位给儿子。

5 家天下：把天下当作一家的私产。

6 载：年。

7 迁：转移。

8 社：社稷，即国家政权。

　　大禹和尧舜一样，是历代人们尊崇的圣王，大禹治水的故事在民间广泛流传。那么，钱文忠教授会带给我们一个什么样的大禹传说？为什么在大禹之后，禅让制被家天下所取代？最终又是谁断送了夏朝四百年的基业呢？

作为启蒙读物的《三字经》，自觉承担了让每一个孩童了解民族历史的责任。到了这里，《三字经》开始讲述我国历史朝代的更替与发展，并在简洁朴素的语言当中，表达了后人对于历史人物的品评与褒扬。大禹是和尧舜并称的古代圣王，那么，在中国传统文化中，什么样的君主才有资格被称为"王"？大禹"三过家门而不入"是一个什么样的传说？而在大禹之后，家天下怎样取代了禅让制？最终，又是谁断送了夏朝四百年的基业呢？

"夏有禹，商有汤，周文武，称三王。"《三字经》的历史部分，到了这个阶段，就具备了非常特殊的意义，为什么呢？因为和前面《三字经》讲的三皇五帝这些传说时代不同，这里讲的夏商周，基本上都有考古发现和文献记载可以明确证明的朝代。夏朝还有一点点问题，但是越来越多的人相信，夏朝也是一个切实存在过的朝代，那么至于商和周，当然没有问题，所以它和以前的传说时代不一样，它进入一个完全有文献记载的、有考古发现可以证明的、崭新的历史时期。

首先要提请大家注意的，依然是数字问题。《三字经》在这里，又用数字给咱们开了一个小小的玩笑："夏有禹，商有汤。"我们知道这是指大禹和商汤，"周文武"则是两个王，周文王、周武王，但接下来讲"称三王"，这当然不是《三字经》的作者不会数数，而是因为他讲的是三个朝代的明王，所以大致"称三王"，这是第一；第二，周文王和周武王之间的关系，在中国历史上非常特殊，这一点，我们要留到后面来讲。

大禹在中国的文化传统当中，是一个家喻户晓的人物，没有哪个中国人不知道大禹。夏朝的大禹，在

禹 禹，通常尊称为大禹，与尧舜并为传说中的古圣王。在传说中，禹的家世比较显赫，"黄帝之玄孙而帝颛顼之孙也"。禹于舜时为司空，治理水土，其主要工作是治水，接续其父未竟的事业。

儒家的传统当中，是一个理想的君主，没有谁比他更符合一个儒家传统当中的君主形象。孔子赞美的人不太多，他眼光很高，但是对于大禹，完全不吝赞美之词，在《论语》的《泰伯》篇里面就有这样一段话："禹，吾无间然矣，菲饮食而致孝乎鬼神，恶衣服而致美乎黼（fǔ）冕（miǎn），卑宫室而尽力乎沟洫。禹，吾无间然矣。"

这段话的意思很清楚，对于大禹，我没有什么好批评的。为什么呢？他自己吃得很坏，但是，把祭祖先、祭神的祭品办得非常的丰盛；他自己穿得很坏，但是把祭祀时穿的衣服做得很华美；他住得也很坏，不住好房子，但是却把力量完全用在水利建设上面。这就足够证明，在孔子的心目当中，大禹的地位是多么的崇高。当然，我们都知道，在历史上，在我们中华文化传统当中，大禹最有名的事迹是治水，大禹治水已经成为我们文化传统的一个核心话题，具有一种永久的核心价值。

文忠寄语

大禹治水的精神，在中华文化传统中具有永恒的核心价值。

> **大禹治水是载入史册的丰功伟绩，"三过家门而不入"是大禹公而忘私精神的具体写照。大禹的功绩在后世人们当中口耳相传，大家以故事传说的方式，表达了对大禹的无比敬仰。**

传说，大禹在新婚的第四天就离开家出去治水了。为了治水，大禹到处奔波，一离家就是十三年。在这十三年当中，大禹没有回过家，所谓"三过家门而不入"这个典故就是从大禹这里说出来的。

在古汉语当中，"三"这个字往往是虚的，形容多，其实就是多次经过家门，但是他不进去。不过，在民间传说当中，就把这个"三"落实成非常具体的三次。哪三次呢？

第一次，是在大禹开始治水以后四年的一个早晨，大禹第一次路过自己的家门。他开始想进去，但是，当他走近家门口的时候，突然听见自己的家里传来了孩子的哭声，又听见自己母亲非常着急的骂声。可能是孩子太调皮，奶奶着急，骂他两句。按照常人来讲，这个时候肯定要进去的，看看出生以来自己没有见过的儿子，看看自己离别了四年的老母亲，但是大禹没有。因为，大禹怕进去以后，惹自己的妈妈生气。所以第一次过家门，他就没进去，转身又接着去治水了。

第二次，是在他治水的六七年以后，大禹又一次路过自己的家。这一次他登上了家门口的小山，去看自己的房子，看见炊烟正在袅袅地升起，远远地听到了自己已经五六岁的儿子欢快的笑声，也听见了自己老母亲很欢快的笑声。孩子长大了，也懂事了，所以大禹觉得很宽慰，也没有进家门，扭身又去治水。

第三次，是又经过了三四年以后，有一天晚上，大禹再一次经过自己的家门。当时，正好遇上了瓢泼大雨，大禹就躲在自己的屋檐下避雨，听见母亲对自己的儿子讲：你爸爸马上就要回来了，等他治完了洪水，他就会回家看我们的。常人肯定就进去了，而大禹没有，而是更加坚定了他治水的信心，扭头又去治水。

这就是民间传说留下来的大禹"三过家门而不入"的故事。

公而忘私、坚忍不拔的精神，让大禹成为和尧舜齐名的古代圣贤，科学的治水方法体现了大禹丰富的劳动智慧。那么，大禹不同于前人的治水方法是什么？他的临终遗言又会是什么呢？

大禹之所以得到我们后人很高的评价，主要在于他治水的方法和前人不同。在大禹之前，也有好多治水的人，他们是怎么治的呢？两种方法：堵、塞。结果，大家可想而知，洪水大到一定程度，麻烦更大。而大禹是中国治水历史上，第一个采取疏导方法的人。疏导这两个字就是从大禹身上开始用的。大禹把河流的洪水疏导到海里去，这样就彻底地解除了水患。

这样，千百条河的洪水，就被大禹用疏导的方法解除了。正因为大禹治水有大功，所以就被当时的四方部落共同推举为部落联盟的首领。《庄子·天下》篇中墨子称道说："禹，大圣也。"

大禹生活得非常俭朴，根据《史记》的记载，大禹一路治水，要不断巡查治水的结果，因为水患还会不断地再来的。当大禹巡视江南的时候，在今天浙江绍兴的会稽山去世了，当时他已经是一百岁的高龄了。一个百岁老人依然在奔波！他留下了十六个字的遗言："衣裘三领，桐棺三寸，坟高三尺，勿伤农田。"意思就是，我死了以后，有三层衣服，就够了；用桐木做的棺材有三寸厚就够了。过去的棺木一般是很厚的。"坟高三尺"，古尺的三尺一米都不到，就起这么一个小坟堆。"勿伤农田"，就是不要把墓修得太大，占了农田。这就证明，现在我们能够看到的，非常巍峨的、美轮美奂的大禹墓、大禹庙，应该都是后人为了纪念他修建的。因为这完全不符合大禹当时的遗言。

> 大禹是中国历史上的一座丰碑，是万世敬仰的先贤圣王。而在中国传统文化中，并不是什么君主都可以被尊称为"王"的，那么，"王"的含义到底是什么？而我们现在经常说的"小康社会"，又有着怎样的历史渊源呢？

讲到这里，还有几点要提请大家注意一下：第一，在中国历史上，历来有这么一种传说，大禹是北川人。在"5·12"汶川大地震震塌的废墟当中，就有被震倒了的一尊大禹像。当然，我相信，这个大禹像，马上就会在重建当中被重新树立起来。因为我相信，灾区的人民也好，现代的中华民族也好，都还是需要大禹精神的，需要他的象征意义和价值。

文忠寄语

我相信，中华民族需要大禹精神，也会继续发扬大禹精神。

第二，要跟大家解释的，就是这里讲的"称三王"的"王"字。尽管虽然不一定符合学术意义上的文字学的原理，但是民间老百姓对这个"王"字，一直是有这个解释的。这个"王"象征什么呢？三横，三横就是象征着天地人三才，那么中间这一竖是什么呢？这一竖就是道，也就是孔子讲的："吾道一以贯之。"民间是这么解释的。许慎的《说文解字》讲："王，天下所归往也。"换句话说，"王"应该代表着天地之间的大道，是人们的典范。这是在中国文化传统当中，对"王"的非常朴素的定义；不是这样的人，称不了"王"。你也许可以称霸，你有霸道，但是你没有王道，就得不到人民的拥护。

不过，我们千万也不要以为，《三字经》里讲的夏、商、周三代，像后来的朝代一样，都是一个统一的大国家。中国的大一统要从公元前 221 年秦王朝统一中国才算开始。其实，它们只不过是当时中华大地上众多的小国家当中的一个。一直到周代的初年，仅仅在我们今天的中原地带，就有三千多个国家。只不过夏、商、周的国力比较强大，国君比较有道德上的威望，所以受到别的小国的拥戴，起到主持公道、主持正义、领袖群龙的作用。

儒家对夏、商、周这三代，是有独特的看法的。儒家认为，尧、舜、禹这样的时代是天下为公的"大同时代"。我们知道孙中山先生最喜欢题"天下为公"，这四个字就是出自儒家的。儒家传统认为，夏、商、周已不再能够做到天下为公，因为大家已经有私心了，每人都有自己的小算盘，但是毕竟还能够遵守礼仪，君臣、父子、夫妇、兄弟之间的规矩还没有乱。并且，能够按照才能来使用人才。所以，夏、商、周是"小康社会"。这就是我们讲的"小康社会"最早的原型和来源。"小康社会"最早就是用来形容夏、商、周的。当然，这跟我们今天讲的"奔小康"的"小康"不是一个意思。今天咱们的"奔小康"，已经有新时代的意义了，但是它的历史渊源就在《三字经》里提到的夏、商、周三朝。

"夏传子，家天下，四百载，迁夏社。"

按照黄帝直至尧舜以来的传统，王位的更替一直采用推举贤能的方式，也就是禅让制，包括大禹也是依靠自己的才能和德行，才走上了王位。然而到了大禹即将离世的时候，禅让制度被打破了，中国历史从此进入了家天下的时代。

接下来《三字经》就要一一讲述夏、商、周这三个朝代。夏朝，《三字经》用了十二个字："夏传子，家天下，四百载，迁夏社。"我们知道，大禹是中国历史上最后一位真正的"相揖逊"禅让的国君。什么叫"相揖逊"呢？很好理解，相互作个揖，很谦逊，大家很客气，推举贤能，谁贤明、谁有贡献、谁有才能谁就来当首领，这就叫禅让。此后的中国历史当中也有各种各样的禅让的说法，我们都知道，曹操的儿子曹丕，也是禅让来的，王莽也是禅让来的。可是，这些个禅让都是假的。唐太宗，也从他爸爸那里禅让的位子，那是逼的。中国历史上最后一次真正的禅让就是大禹，大禹以后就没有了。

为什么说大禹是最后一个禅让的君主呢？因为大禹将他的首领位子或者王位，传给了自己的儿子启，这就是家天下。这天下不再是属于大家的。原来天下是属于大家的，谁当王没有说论血缘的，没有说你是谁的儿子就注定可以当王，而是要看贡献的。到了大禹不是了，变成看血统了。大禹把自己的王位传给了自己的儿子。不过，从历史上看，这并不是大禹本人的意思。大禹并没有想把这个位子，传给自己的儿子，他看中的是和他一起治水的助手伯益。大禹认为他的儿子没有什么功劳，而这个助手伯益在协助他治理洪水的过程当中贡献巨大。他的本意，是想把自己首领的位子禅让给伯益的。但是问题出来了，出在哪儿啊？

第一，大禹的儿子启不是一般没有贡献的人，更不是一个没有本事的人，他应该也是一个杰出的人才。

第二，当大禹年老的时候，启的岁数已经很大了。大禹照传说是一百岁去世的，那他这个儿子，也应该有七八十岁了，他也有自己的力量，也有自己的拥戴

启 夏禹的儿子，姓姒氏，为夏朝君王。禹曾让位于伯益，但人民怀念禹的功绩，乃拥戴启继位。启通过征伐巩固了自己的地位，并确定君主世袭的局面。在位九年而卒。

者，也有自己的干部队伍。所以，在大禹死后，启和伯益之间就发生了冲突。大禹是想用禅让的方式传给伯益的，但是启本人和启的拥戴者认为，启应该接位。所以就打了一仗，这一仗的结果是夏禹的儿子启获得了胜利，伯益就没有能够接成位。从此开始，首领的位子、国君的位子，就在某一个家族里代代传承。禅让的方式，从此彻底退出了历史舞台，成为一个遥远的梦想，很美好，但是现实当中不存在。

从大禹的儿子启废除禅让制亲临王位开始，差不多四百多年后，夏朝覆灭了。那么，又是谁断送了中国历史上的第一个家天下王朝？他到底是一个什么样的人呢？

夏朝到底传了多少代？夏朝到底有多少王？这还不像后来的商和周那么清楚，有好多种说法，但是总的年数，应该是传了四百年左右。所以《三字经》讲"四百载"，《三字经》里的每一个字都是有来历的。

那么，夏朝是怎么灭亡的？这就要说到夏朝的末代王，那就是臭名昭著的夏桀。他在位的年数很长，长达五十三年。他是中国历史上非常有名的暴虐荒淫的国王。但是，桀并不是一个没有本事的人物，他文武双全，不仅非常有文采，而且武功非凡。历史上记载，他徒手就可以把铁钩给掰直了，可见是一个很有力量的人。然而，他生性残暴，压榨百姓无所不用其极。根据中国古籍《竹书纪年》的记载："筑寝宫，饰瑶台，作琼室，立玉门。"造了非常漂亮的亭台楼阁，门是用玉石做的，非常地奢侈，不像夏朝的祖先大禹那么刻苦。他藏了好多美女在后宫。任何一个暴君，基本上都是喜欢美女的。而且，他还有很绝的一个事，就是造酒池糟堤取乐。他挖了好大的池塘，里面是酒，用酒糟来筑一个堤坝，叫酒池糟堤。这个酒池大到可以在里头开船。夏桀经常带着好多美女坐在船上，饮酒取乐，或者唱歌。好多美女，要么就已经在船上喝醉了，扑通掉下去，淹死了；要么就是一不小心摔下去，连淹带醉死了。

还有比这更荒唐的。夏桀宠爱一个妃子，名字叫妹喜。妹喜有一个怪毛病，喜欢听丝绸、布帛被撕破的声音。别的音乐也不要听，就要听这个。夏桀为了讨好她，居然就叫人拿了好多整匹的丝绸和布帛，天天撕给她听。妹喜一听就高兴，夏桀也很高兴。

《竹书纪年》 战国时魏国史书。该书原无名题，后世以所记史事属于编年体，称为"纪年"，又以原书为竹简，也称为"竹书"，一般称为《竹书纪年》，亦称《汲冢纪年》《汲冢古文》或《汲冢书》。《竹书纪年》凡十三篇，叙述夏、商、西周和春秋、战国的历史，按年编次。

> 夏桀是中国历史上有名的暴君，虽然他很有本事，但极度地荒淫残忍，他把夏朝带上了一条不归之路。他宠幸爱妃，开了中国历代昏君"女色误国"的先河，而妹喜也成了断送夏王朝的"红颜祸水"，成为夏桀的替罪羊之一。其实，一个女子又怎么能够毁掉一个王朝？真正毁灭江山社稷的，是昏君的荒淫欲望和残暴。那么，面对天下百姓的怨愤，夏桀又抱着一种什么样的态度呢？

夏桀还有一种病态的自信心。他有一句很有名的话："天上有太阳，我就是太阳，你们谁看到太阳掉下来过呢？哎，没有吧，只有太阳掉下来，我才会灭亡呢！"当时的老百姓恨死了，但是又不敢说，不敢骂这个夏桀，当时老百姓骂什么呢？骂太阳。老百姓怎么骂呢？"天上的太阳啊，你老人家什么时候给我掉下来啊？你快点掉下来吧！我们愿意和太阳同归于尽。"这是民歌，见于《诗经》和很多古籍。大家想想，到了这样的地步，哪个王朝能不亡？

夏作为中国历史上第一个家天下的朝代，统治延续了四百来年，大致相当于公元前二十一世纪到公元前十六世纪。夏统治的中心区域当然不大，不像我们今天想象的大一统的帝国，它就在今天的山西、河南一带。我们对夏朝的知识还不丰富，还有很多问题有待于解答，正在探索和研究当中。但是，考古发现已经告诉我们，在山西、河南那一带，确实存在过相当发达的文明。夏朝是一个真实存在过的朝代，而不是神话传说，这是可以断言的。比如，孔子就高度地称赞过夏朝的历法。夏朝的历法水平很高，我们今天用的农历、阴历，讲究的话叫夏历，据说这就是夏朝的历。

那么，《三字经》接下来讲述的是什么？又是谁灭掉了夏呢？请大家看下一讲。

汤伐夏，国号商，六百载，至纣亡。[1]　　　　　　　　　　[2]

[1] 伐：讨伐。　　　　　　　　　　[2] 纣：商的末代国君纣王。

　　通俗简明的《三字经》，每一句话都蕴含着丰富的历史知识。商汤伐夏建立了商朝，创造了辉煌的殷商文化，而末代君王商纣，却和夏桀一样残暴荒淫。商汤是如何推翻夏朝的？而对于商纣王的功过是非，钱文忠教授又会怎样评价？为什么说殷商文化为世界文明的发展做出了杰出贡献呢？

　　在《三字经》通俗简明的语言背后，蕴含着丰富的历史知识和文化内涵。这里短短的十二个字，讲述了一个朝代六百年的盛衰兴亡。贤明的商汤成功讨伐了荒淫残暴的夏桀，建立了商朝，创造了辉煌灿烂的殷商文化。然而历史却惊人地相似，五百多年后，商朝出现了一个和夏桀一样的暴君纣王。商纣和夏桀都有哪些相似之处？对于商纣王的功过是非应该如何解读？为什么说殷商文化为世界文明的发展做出了杰出的贡献呢？

　　"汤伐夏，国号商，六百载，至纣亡。"这就是讲商朝的历史。

　　商原来是夏朝国都东方的一个小国。商原来应该就是一个部落的名称。汤是商灭夏后成立的商朝的第一位君主。当然，汤不可能是商族的第一个首领，他之前还有好多商族的首领。中国历史上有一句话叫"汤有七名"，汤有七个名字，恐怕还不止。商的活动区域，主要在今天的河南北部、河北南部、山东的西南。到了汤，商实际上已经传了十几代了。国都也一直是在搬迁。经过八次迁徙以后，商朝的国都才搬到了今天的河南商丘。之所以起名商丘，就是因为它做过商朝的首都。

文忠寄语

　　汤的宽厚仁爱为商的强大奠定了坚定的基础。

　　商这个部落，在当时相当有地位，为什么呢？商的祖先原来在尧的手下担任过负责教化的官员，别的祖先又曾经协助过大禹治水，所以在当时众多的部落当中，商部落拥有特殊的地位。到了汤担任这个部落首领的时候，或者担任商国的小国君的时候，商的国力得到了很大的发展，开始强大起来。一个国家的强大，当然有多方面原因。但是，商强大的原因，我们后来首先就归结为，汤的为人非常仁厚，非常仁爱。

《史记》记载着这么一个故事，说明汤的为人非常宽厚仁爱。汤有一次外出游玩，走到一个树林子里头，看见有一个人张网在那里捕鸟。古人抓鸟都是用网，因为古代的鸟比今天多。听见这个人在那里喃喃自语："不论天上来的还是地面来的，还是四面八方来的鸟，都飞到我的网里来吧。"这时，汤听不下去了，就对他说："你太过分了，你这样所有的鸟都会被你捕尽！你撤掉三面，留下一面就可以了。"那么，这个网当然就是网开三面，但是，这个故事慢慢就变成网开一面。这就是成语"网开一面"的来源。汤就说："鸟啊，你们愿意往左的就往左吧，愿意往右的就往右吧，你们中间那些不听我的话的，就钻到网里来吧！"既然汤对鸟都那么仁爱，对人当然就不用讲了。这样，汤的名声就传播出去了，就导致很多人来投靠他。在古代，一个小国或者一个部落，人口众多是非常重要的。商在汤的时候人口开始增多，汤的势力开始壮大。

作为一个小国的国君，汤非常仁爱宽厚，美好的名声让很多人来投奔商。然而，想成为一个伟大的君王，光靠仁爱是不够的。那么，汤还具有哪些卓越的能力和胆识呢？

汤还有一个重要的特点，就是极其善于用人。汤擅长在人群当中识拔人才，为他所用。在这方面最有名的佳话，就是汤识拔伊尹。汤曾经好心把伊尹进贡给夏桀，哪知道夏桀把他赶跑了。伊尹本来的身份极低，他是汤的妻子陪嫁过来的一个奴隶。那么低的身份能够干什么呢？汤就让他在厨房里干活，做饭去。伊尹是一个有才能的人，他想了一个办法让汤知道有自己这么一个厨师的存在。他怎么让汤知道呢？照道理说，一个厨师天天把菜做得很美味，国王就一定会知道。可是，伊尹不这么去做。他今天把这个菜做得美味无比，明天就把这个菜做得难吃无比；今天把这个菜做得很淡，明天就做得很咸。汤想不明白："你这个厨师是怎么回事啊？"按照一般国王的做法，就会把厨师拖出去砍了，再换一个。但是，汤非常宽厚，他不会随意杀人，伊尹也吃透了汤这一点。汤就把这个厨师给叫来问话。于是，伊尹就以奴隶的身份，得到了见国君、和国君交流、向国君阐发自己韬略的机会。汤被伊尹洋洋洒洒的发言所打动，一下子就把这个故意乱做饭的厨师，提拔成了右相，来帮助自己治理商国。也正是在伊尹的谋划下，商开始从长计议，准备灭夏。

此时，夏桀已担心汤的势力过于强大而威胁自己。有一天，夏桀就下令叫汤到夏的国都。汤当然不能违抗，他明知有危险，也只能去了。去了以后就让夏桀给扣留了。那个时候，伊尹在后方，拼命地贿赂夏桀身边的官员，用各种手段，让汤得以释放，回到了自己的商国。于是，汤就在伊尹的辅佐下，开始紧锣密鼓地采取行动。伊尹确实是一个谋略非常深沉的人，他先从剪除夏桀的羽翼入手，一方面扩展自己的实力，一方面看看夏桀有什么反应。

> 在伊尹的大力协助下，汤开始慢慢试探夏桀的态度。他们以正当理由，连续攻取了几个荒唐无道的部落，扩大了自己的地盘，也扩大了自己的影响。接下来，到了直接试探夏桀反应的时候，伊尹又提出了什么样的计策？汤又是怎么做的呢？

一段时间以后，汤就准备攻灭夏朝。但是，伊尹劝他暂缓攻夏，还是要看看夏桀的反应。怎么看呢？先不进贡了。汤就根据伊尹的谋划，停止进贡。夏桀就下令九夷族进攻商国。伊尹一看，九夷族还听从夏桀的命令，说明夏桀还有号召力，就赶紧叫汤道歉，写检讨，赶紧恢复进贡。又等了一年，时机终于到了。原来听从夏桀指挥的九夷族也开始民怨沸腾，逐渐和夏朝离心离德。这个时候，汤和伊尹才决心对夏朝大举进攻。夏毕竟已经家天下四百多年了，以商一个小国，想推翻夏的统治，不是一件很简单的事情。所以，汤和伊尹非常地慎重，他们做了一件事情，在当时是不多见的。伊尹叫汤召集将士，由汤亲自领着将士誓师："我不敢进行叛乱，实在是这个桀作恶多端，老天的旨意要我消灭他，我不敢不听从天命啊！"这是古籍记载的，《尚书》里就有《汤誓》。接着，汤宣布了非常明确的赏罚条例，有功怎么赏，有过怎么罚。商汤借着上天的旨意，来动员将士，再加上当时各国将士，也恨不得这个桀早点灭亡，只不过没有一个领头的，一看有领头的，大家当然积极响应。桀得到消息以后，马上率军赶到鸣条，御驾亲征。夏朝的军队和商国的军队，就在鸣条，也就是今天山西运城安邑镇的北边附近打了一仗。两军交战，桀就登上旁边的小山顶观战。这个时候，一场大雨从天而降，桀赶紧从山顶上跑下山去躲雨。夏朝的这些军队，本来就不愿意为夏桀卖命，一看国王带头跑，就一哄而散。夏桀只能仓皇逃到城内。商军在后紧追不舍，桀在国都里也不敢久留，就带着喜欢听丝绸被撕破声音的妹喜和珍宝坐船渡江，逃到了南巢，就是今天安徽的巢县附近。后来，汤派兵追上，就把这个夏桀和妹喜给抓住了。汤很宽厚，他没有杀夏桀，而是把他们流放到了当时还很荒芜的安徽。

桀和妹喜习惯了养尊处优，不会干活。所以，一种说法是，就在这里活活饿死的。还有一种说法，桀最后是病死的。不管哪种说法，夏朝宣告灭亡，被新兴的商朝代替了。历史上，对于这次商伐夏的战争，有一个专门的名词，叫"商汤革命"。"革命"这个词最早就是用于这场战争的。当然，今天讲的革命跟当年商汤攻灭夏桀的革命，不是一个意思。当时的意思是改革天命：原来的天命在夏朝，现在的天命在商朝。

汤做部落首领大概做了十七年，做商朝的开国国君大概做了十三年，也就是在位三十年，病故。根据史籍记载，病故以后不封不树，一看就是一个非常贤明的王。什么叫不封呢？埋好了以后，不起陵墓。就是不堆起来，埋了就算了，浅葬。不树，就是指不在坟上种树。按照中国的传统，坟上要种树的。所以严格意义上讲，后人没有办法知道商汤葬在哪里。

革命胜利后，商汤对待夏桀的态度，再次表现了他的宽厚仁爱；而他对自己身后事的安排，也让我们再次想起大禹的薄葬爱民。正因为有了汤这样一位圣明君王，为商朝打下了坚实的发展基础，才有了后来辉煌灿烂的殷商文化。那么，商朝又是怎么衰落的呢？

十代以后，商王盘庚将国都从今天河南洛阳的偃师，也就是玄奘的故乡，迁到了殷城，就是今天河南的安阳。所以，商王盘庚以后的商朝叫殷商。现在的考古工作者，发现了殷商时期许多大型的贵族墓葬，出土了无数珍贵的文物。非常成熟的考古工作足以证明当时商朝拥有高度的文明。商朝总共传了十七代，三十一个王。这期间，当然也出了不少的危机，因为它也是家天下。但是，这些危机都安然度过了。

然而，到了最后一代国君纣王的时候，却出现了和夏桀一模一样的情况。

什么样一个情况呢？首先，就要搞明白商纣王是怎么样一个人。根据《史记》的记载，商纣王和夏桀很像：

> **商纣王** 商代最后一位君主。中国历史上有名的暴君。据正史所载，商纣王博闻广见、思维敏捷、身材高大、膂力过人。他曾经攻克东夷，把疆土开拓到我国东南一带，开发了长江流域。后兵败自焚。

"帝纣资捷辨疾，闻见甚敏；材力过人，手格猛兽。知足以拒谏，言足以饰非。矜人臣以能，高天下以声，以为皆出己之下。"

可见，商纣王广闻博见，知识渊博，思维敏捷，身材高大威猛，力量无穷，可以徒手和野兽搏斗。他又是一个文武双全的人，他的智慧足以让他拒绝忠言，他的言谈足以掩饰过错。他非常善辩，明明做错一件事情，经他一说，好像立了一个功一样。他的能力足以向臣下自夸，他的声望足以轻视世人。除此以外，他跟夏桀的毛病一模一样："好酒淫乐，嬖于妇人。爱妲己，妲己之言是从。"他喜欢美女，而其中最有名的一个就是妲己，只要是妲己的话他都听。

另外，他还不祭祀，把祭祀鬼神的事情给忘了，这在当时是很要命的。一个帝王不祭祀，老百姓也认为你不合法，大家都会觉得你太过分。

> 历史惊人地相似，五百多年后，商朝的亡国之君纣王，和夏桀十分相似，同样文武双全，同样贪恋美色，同样傲慢无比。那么，商纣和夏桀还有哪些惊人的相似之处呢？

他跟夏桀最像的地方在哪里呢？"以酒为池，悬肉为林。""酒池肉林"这个典故就出在商纣王身上。商纣王也挖了一个大池塘，里面全是酒，好像这些昏君都不大耐烦拿瓶子喝酒，也不耐烦拿缸喝酒，非要挖个池塘来喝酒。所谓"肉林"，就是把一条条的肉吊在那里，像树林一样，要吃就割。

这个人还极度的残忍，怎么残忍？有两件事情，在中国历史上留下了千古恶名。

第一，炮烙之刑。拿一个铜柱子，底下架上柴火烧，令犯人爬行其上，犯人堕入火中而死。谁要向他进谏、谁要反抗他、谁要劝他别这么荒淫，就会被强迫受炮烙之刑。大家想这个人还能好吗？底下生火，铜柱被烧红，人当然就活活被烧死了。

第二，活剖比干。比干是商纣王的一个臣子，是中国历史上著名的忠臣。比干看到商纣王那么荒唐，就向他进谏。商纣王就嘲讽他："来了个圣人嘛！我可是听说，圣人的心有七窍啊，把他的心剖出来我看看！"就把比干当场活剖："哦，原来你的心没有七窍，你算个什么圣人。"

比干 比干为商王太丁之子。从政四十多年，主张减轻赋税徭役，鼓励发展农牧业生产，提倡冶炼铸造，富国强兵。商末帝辛（纣王）暴虐荒淫，横征暴敛，比干遂至摘星楼强谏三日不去。纣问何以自恃，比干曰："恃善行仁义所以自恃。"纣怒曰："吾闻圣人心有七窍，信有诸乎？"遂杀比干剖视其心，终年六十三岁。

他身边好多有才华的大臣，看不下去的、有良心的人，守着这么一个暴君，就只能离开他逃掉了。其中比较重要的一个就是非常著名的箕子，逃到了朝鲜半岛。一直有这么一个传说，朝鲜半岛上有一支人就是箕子的后代。还有一个非常重要的人，即他的太师，那是一个很重要的大臣了，就带着祭祀乐器，投奔了周。他把祭祀鬼神的乐器、礼器给带走了、卷走了。这些东西我们在今天看来，不就是个乐器嘛，古人可不这么看。祭祀的礼器是神圣的，把礼器给丢了，这个国家也差不多就完了。

比起夏桀的荒淫残暴，商纣王有过之而无不及，于是，在中国历史上，夏桀商纣就成为暴君的代名词。商纣王也像夏桀一样，断送了先祖们创立的王朝。那么，商纣王有哪些是非功过呢？

当然，客观地来看商纣王，现在学术界也有好多人认为，他并不一定那么差。商纣王真的就一无是处吗？也未必。这个帝王当然荒淫、暴虐、残酷，但是也做了一点事情，从比较长的历史阶段来看，还是有利的。比如，第一，他开拓了山东、淮河下游和长江流域。商纣王经常派兵出去打仗，这个人孔武有力，想法也多，就把当时还没有开发的淮河下游、山东、长江流域给开发了。商朝疆域的扩展，促进了中原文明的传播，这当然有助于华夏大地生产的发展，这是毫无问题的。

第二，商纣王也曾经推行过一系列革命的措施，反对神权，改革旧的风俗。

第三，他打破了奴隶主世俗贵族的世袭制，大量地提拔新人。

第四，学术界也有人认为，商纣王为古代中国的最终统一，在某种程度上，提供了思想的和物质的基础，是统一中国的一位先驱。当然，这最后一点评价，并没有得到大家的公认，但是有不少学者，确实在提这个看法。这也说明，历史上任何一个恶的人，也要去具体分析。这些在后来的历史上，发挥了积极作用的事情，却在当时导致了商朝的灭亡。为什么呢？因为要去开发淮河、开发长江流域，就要用兵；用兵就要消耗国力，就要征发人民，就会导致民怨沸腾。所以，历史相当的复杂，不能简单地一概而论。

> 在三千多年前的殷商时代，中华民族创造了灿烂的殷商文化，也创立了中国最早的文字——甲骨文。殷商文化不但为中华文明作出了重大贡献，也为世界文明作出了杰出贡献。

有一点请大家注意，《三字经》里边讲商朝"六百载"，不够准确。《三字经》不够准确的地方不多，而这是一个。因为我们知道，商朝实际上延续了五百年左右，也就是公元前十六世纪到公元前十一世纪。在公元前十六世纪到公元前十一世纪之间，整个世界是什么格局？大家想一想，只要不把自己的思维和眼光局限于中国，就会马上明白：古代埃及王国进入极盛时期，在遥远的埃及，古埃及文明发展到接近顶端的鼎盛时期；两河流域的巴比伦王国正在兴起；古希腊的迈锡尼文明也在崛起。它们和商朝东西辉映，对整个人类的文明做出了重大的贡献。当时的世界，可以说是文明一片兴盛。

甲骨文 甲骨文主要指殷墟甲骨文，是殷商时代刻在龟甲兽骨上的文字。十九世纪末，在殷代都城遗址（今河南安阳小屯）被发现。是中国商代后期王室用于占卜记事而刻（或写）在龟甲和兽骨上的文字。它是中国已发现的古代文字中体系较为完整的文字。

此外，我们前面也提到过，据说在商朝灭亡以后，一些商的移民到了朝鲜半岛。甚至在国际学术界，今天还有人在推测，也有一些人完全相信，商朝的一些移民到达了美洲，这就牵涉到后来玛雅文明的起源了，也牵涉到印第安人的来源。这是个非常大的课题。也有人相信，这一部分人到了美洲，这就对当地的文明发展做出了重大的贡献，因为商的文明程度比较高。而商朝对于我们中华文明，最重要的贡献就是甲骨文。商朝的甲骨文，是我们汉字迄今为止知道的最早的成熟的形态。甲骨文以前，当然还有别的形式，但是不成熟，也不成体系，字的数量也不够，没有形成这种比较大的记载量。甲骨文则是最重要的。

　　纣王的腐败导致了商朝的最终灭亡，那么，是谁灭亡了商朝？商朝灭亡的过程又是怎样的呢？请看下一讲。

周武王，始诛纣，八百载，最长久。

1 诛：诛杀。

　　周武王伐灭商纣王后，建立了周王朝，周王朝历时 800 年，成为中国历史上最长久的朝代。历史上著名的周公和姜太公，就是辅佐周武王灭商建周的重要人物。那么，周武王是怎么伐灭商朝的？而关于周公和姜太公，都有哪些神奇的传说呢？

商纣王昏庸无道，激起了各诸侯国的不满，而这时在西北有一个诸侯国开始崛起，这就是周国。周文王不仅以仁爱治国，而且广招天下贤士。中国有句俗话，"姜太公钓鱼，愿者上钩"。那么，姜太公钓鱼和周文王纳贤有什么关系？而孔子最崇拜的周公又是一个什么人物？周文王和周武王是如何前赴后继，终于伐灭商纣王，建立了周王朝的？周朝后来为什么要向东迁都洛阳呢？

商朝的最后一个王——商纣王，腐败、荒淫、昏聩，最终导致了商朝的灭亡。当然，任何一个王朝的灭亡，只有内因是不够的，还有外因。比如一幢楼再烂，如果不用外力把它推倒，它依然还能矗立一阵子呢。那么，谁灭了商？当然我们都知道是周。《三字经》里讲："周武王，始诛纣，八百载，最长久。"这就更加明白地告诉我们，是周武王灭掉商纣王的。周武王摧毁了商朝，建立了周朝。周王朝统治800年，是历史最长久的朝代。

周的前身也是一个小国，崛起于中国西北，而商地处东部。它为什么叫周呢？因为它建国于周原，所以就以这个地名作为国名。周人的文化底蕴深厚。不仅如此，周人和早期的商人一样，也拥有特殊的声望。

什么声望呢？第一，周的祖先是尧的农官，即管农业的后稷。周人是后稷的后代。后稷是中国的农业神，而中国是以农业立国的，所以后稷的地位很高。周人的农业水平也很高，在中国古代这就意味着国力强盛。农业水平高，收成好，人民可以吃饱，国家就有积蓄。

第二，在周的祖先身上还发生过一些非常让人称道的事情。周的原始居住地在西北，一直受到北方游牧民族的侵扰。周当时的首领叫古公亶父，他认为：对侵扰者，一般说来，是我跟你打，但这样的话，双方一定有伤亡。那我就不跟你打，把原来的地方让给你。于是迁到了后来的周原。周围的小国十分佩服古公的气度，纷纷来投靠。古公有三个儿子，小儿子季历最贤能。古公就打算把自己的王位传给小儿子。但是，老人家又担心小儿子的两个哥哥，即老大、老二不服，这会很麻烦。一般情况下，兄弟会反目成仇，这在中国历史上屡见不鲜。那么，古公的三个儿子会怎么样做呢？这两个哥哥知道了父亲的心思以后，居然为了不让父亲为难，自愿跑到当时非常荒凉的南方去谋生了。

> 任何一个王朝的兴衰，都是有其内在原因的。周在灭商之前只是中国西北地区的一个诸侯国，但周国农业发达，民风淳朴，国君仁爱，兄弟相让。正是这些因素，使得这个诸侯国渐渐强盛起来。那么，当时的商纣王对于日渐强盛的周国，会采取什么态度呢？

商纣王在位的时候，周朝正好是赫赫有名的周文王姬昌当政。《三字经》前面讲的"周文武，称三王"里面，周文武是两个王，即周文王、周武王。周和商还有什么关系呢？他们不陌生，周和商世代联姻、通婚，他们是亲戚。所以，商王就将管理西北诸多小国家的责任交给了周国的首领。因此，周文王当时还有个名字叫西伯。周文王对商纣王的行径实在看不惯，就在背后悄悄地发了一点牢骚和说了点批评的话。商纣王很厉害。古代帝王都有一种控制、钳制部下的手段。商纣王也不例外，他有一套信息传递系统，类似于特务机构。他得知周文王在说他的坏话后，就立即把周文王抓起来，关了整整七年。怎么办呢？老办法。周文王的臣子赶紧向商纣王的亲信行贿，花钱买命，终于将周文王救了出来，并且官复原职。后来，周文王又主动向商纣王献出一大块土地。但是，他提出一个条件，就是请求商纣王废除那些特别残忍的酷刑。这一招很绝，商纣王接受土地并答应了条件。周文王则是为民请命，美名为天下传扬，很多人就来投靠周文王。虽然周文王被释放以后不久就去世了，但是，他给继位的周武王留下了足以和商朝对抗的物质基础和精神财富。所以，一般按照中国历史传统，将周文王视作周朝的开国君主。实际上，周朝的第一个王应该是周武王。可是，中国历史上历来把文武二王相提并论。《三字经》也是这么提的，所以才会出现"夏有禹，商有汤，周文武，称三王"。周文王给周武王留下来的最珍贵的财富，就是杰出的人才和仁义的名声。这些人才当中最有名的有两个：周公，也就是周公旦，以及中国老百姓都知道的姜太公。这两位也受到后来儒家学者的高度赞扬。那么，这两位究竟是何等人物？

　　　　周文王留给周武王最宝贵的财富，就是杰出的人才。周公和姜太公都是历史上的著名人物，那么，周公和姜太公都有什么样的才能呢？他们在中国历史上的作用有哪些呢？又为什么会得到儒家学者的高度赞美呢？

周公制礼　西周建立后，在周公主持下，对以往的宗法传统习惯进行补充、整理、完善，制定出一套以维护宗法等级制度为中心的行为规范以及相应的典章制度、礼节仪式。

　　周公旦，他的字是什么已不可考了，只知道他的名叫旦，生卒年月不详，享年大概66岁，在当时也不算短寿。他是周文王之子，当时受封于周原，是第一位周公。他是西周时期著名的政治家、军事家、教育家、思想家，在儒家的传统当中被称为元圣。元圣，就是最早的圣人、最大的圣人，所以，他也被视为儒学的先驱。他和武王是亲兄弟。武王死后，武王的儿子成王当政，周公旦摄政。他辅佐成王，平定叛乱，营建东都洛阳，制礼作乐。中国的礼乐传统，主要是周公旦制作的。并且，当成王成年以后，还政于成王，其心胸、操守都是无可指责的。他完全可以自己当王，大家都很佩服他，但是，他把王位交给了自己的侄子。他在巩固和发展周王朝的统治上，起了关键性的作用，对中国历史产生了极其深远的影响。

周公的言论至今还保留在《尚书》里。他被尊为儒学的奠基者，是孔子最崇敬的古代圣人。《论语·述而》里讲："甚矣，吾衰也！久矣，吾不复梦见周公。"意思就是说，"惨啊，我老了，老到什么地步啊？很久我都没有梦见周公了。"孔子认为，梦不见周公是一件很不好的事。可以看出，周公旦在孔子心目中有很高的地位。

> 孔子一生中最大的愿望，就是恢复周礼，而周公在孔子的心目中，几乎就是周礼的代表。可见周公在儒家思想中的重要地位和影响。那么，姜太公是一个什么样的人呢？中国有句俗话，"姜太公钓鱼，愿者上钩"。关于姜太公，都有哪些神奇的传说呢？

姜太公是家喻户晓的人物，几乎被神化了。姜太公是历史上真实存在过的一位了不起的人物。他姓姜，名尚，又叫吕尚，是辅佐周文王、周武王灭商的第一功臣，功劳最大。他在没有被周文王发现的时候比较惨，躲在今天陕西渭水流域那一带，正好是周族的领袖姬昌，也就是后来的周文王统治的地方。姜太公在那里，当然希望周文王能够注意到他。我们前面讲过，伊尹让商汤注意他，采取的是乱做饭的办法：今天好吃，明天难吃，今天咸明天淡。那么，姜太公采取了什么办法呢？钓鱼。姜太公钓鱼很有名，经常在渭河边上钓。一般人钓鱼肯定用弯钩，而且上面一定有鱼饵。姜太公钓鱼，用的钓钩是直的，就一根铁针，奋拉着，上面也没有鱼饵。大家一般知道的就到这里为止，实际上不止这些。姜太公用的这根直直的铁针，它不但没有钩和鱼饵，还吊在离水三尺高的地方。非得有条找死的鱼奋不顾身跳上来，才能撞在他这根针上。他一面钓鱼一面自言自语："不想活的鱼啊，你们愿意就上钩吧。不想活你就上来，想活你就别来。"他是这么钓鱼的。有一天，一个打柴的人走到姜太公钓鱼的地方，看到姜太公这么作秀，就对他说："老人家啊，像您这么钓鱼，一百年也钓不到一条。"姜太公说："对你说实话吧，我这不是在钓鱼，我是在钓王侯。"他不钓鱼，也不钓一般的人，而是要钓王侯。姜太公天天坐那儿钓。慢慢地，他的事儿就传到了姬昌周文王的耳朵里。周文王心想：我的领地居然有这么怪的一个人？就派一位兵士去请他。姜太公一看来了一个小兵，理都不理。他是要钓王侯，没说要钓小兵，所以只顾自己钓鱼，嘴里说个不停："钓啊钓，鱼儿不上钩，虾儿来胡闹。"这当兵的一看挺没趣儿的，就回去禀告周文王，说："他不理我。"周文王一看："哟，这架子挺大，那行，派个官去吧。"就派个官去请姜太公。姜太公依然不理，一边钓一边说："钓啊钓啊，大鱼不上钩，小鱼别胡闹，一个小鱼来干啥？"周文王得知此情之后，做出了判断：在那儿摆出这副钓鱼姿势的人一定是个人才，看样子得我亲自去请，我不请估计不会来。周文王就吃了三天素，洗澡换衣服，带了厚礼，亲自去请姜太公。姜太公终于钓到王侯了，这个姿势也不摆了，把鱼竿一收，很高兴，答应可以出山。但是，姜太公还提了一个要求，他对周文王说："大王，我老了，这么着吧，我走不动，我可以为您效力，但您要用车拉我，您也别派别人，您得自己拉。"

> 姜太公钓鱼的目的，就是要引起周文王的注意，也是为了要得到周文王的重用。现在周文王终于来请姜太公了，姜太公为什么还要让周文王亲自拉车呢？周文王会不会亲自拉车？关于周文王拉车，又有一个怎样神奇的民间传说呢？

周文王一想，礼贤下士嘛，二话不说，拉起姜太公就走。周文王毕竟是一个王，什么时候干过这个活？拉了一段路，实在拉不动了，就停下来。他回头对坐在后面的姜太公讲："老人家，我实在太累了，现在就拉您到这里，您看成不？"姜太公坐在后面说："我早就听说周文王敬重人才，果然如此啊。今天你拉了我800步，好，我保你周朝800年。"周文王一听急了："好，我接着拉。"姜太公哈哈一笑，说："算了，大王，天意如此，再拉也没用。"这个民间故事传说，如果有一点史实的影子，那就是为了印证周朝天下800年。为什么是不长不短800年呢？后人想不明白，就说那一定是拉姜太公的时候没拉够。后来，姜太公辅佐文王兴邦立国，还帮助文王的儿子武王灭了商朝，而自己也功成名就，被周武王封在齐地。他就是齐国的第一位国君。

周武王做好了一切准备，就准备继承其父周文王的遗志，遵循既定的战略方针，加紧落实。他首先在孟津，也就是今天河南孟津的东北，与诸侯结盟。他把那些对商纣王都很反感的诸侯请到一起来，并派出间谍打探商朝的情况，做好起兵的准备。商纣王已经觉察到周朝对自己形成的威胁太大，决定对周朝用兵，先下手为强。然而，正在他想用兵的时候，东夷公开反叛。东夷就是江浙一带、山东南部一带的那些部落。因为周武王还没公开反叛，所以，商纣王只能派人先去全力扑灭东夷的反叛。这样一来造成西北面兵力空缺，防周朝防不住了。而与此同时，商纣王又干了很多不仁不义的事。比如他把比干杀了，剖看比干的心，无情地逼走大臣。他已经到了众叛亲离的境地。于是，周武王就向诸侯发出号召，说："殷有重罪，不可不征伐。"这就牵涉到中国历史上非常重要的一个年份——周灭商的这一年。我们国家前几年花了好多精力和资金，投入一项重大的工程叫"夏商周断代工程"。因为夏、商、周历史比较早，很多年代不清楚。国家搞了一个工程，希望通过综合研究，调动全国学者的力量，来把夏商周一些重要的年代断定清楚。其中，有一个相当重要的年份，也许可以说是最重要的年份，就是周武王灭商的年份，把这个年份断定了，别的年份就比较好办了。

由于时代久远，史料缺乏，周灭商的年份，很难推算得十分准确，但是，在许多学者的多方考证下，这个年份大致确定下来了。那么，周武王是在什么时间发起了讨伐商纣王的战争？又是如何取得胜利的呢？

现在一般认为是公元前 1046 年，还有一种说法是公元前 1057 年。这就很不错了，3000 年的历史才差 11 年。那年正月，周武王统率兵车 300 乘、虎贲 3000 人，甲士 4.5 万人，浩浩荡荡东进伐商。正月下旬，到达了孟津，就是他原来跟诸侯开过会的地方，跟那里反商的部队会合。这个日子非常清楚——正月二十八日，由孟津迅速冒雨东进。仅仅六天的行程，于二月初四拂晓抵达目的地。在漫长的历史里，日期可以精确到这个地步，很难得。二月初四拂晓到达牧野，周军进攻的消息传到了商朝的都城朝歌，商朝的朝廷上下当然一片慌乱，商纣王无奈之下只好仓促部署防范。当时，守卫商朝国都的军队大概一共 17 万人。有一种说法是 70 万人，学者认为不大可信，大概 10 多万人是有的。商纣王也很勇猛，他自己亲自率军出征，开赴牧野，与周的军队交战。二月初五凌晨，周军布阵完毕。古代打仗都要先布阵，不能乱打。周军就在牧野庄严誓师，下决心要攻灭商朝，这就是著名的"牧誓"。武王在阵前声讨商纣王听信谗言，不祭祀祖宗，并且招诱四方的罪人和逃亡的奴隶，暴虐残害百姓。这下，以周为统帅的多国军队的斗志被激发起来。接着，武王宣布了非常严格的作战要求和军事纪律。按照记载，周朝的军队是几十个国家和部落汇聚在一起的。他要求，每前进六七步就要停止取齐，保持队形。大家往前走六七步就要停一停，不要一个人冒进，不要把队伍拉散。所以，周军的阵脚非常稳定。而同时，周武王又下令，不得杀害俘虏，这一下就起到了瓦解商军的作用。

武王下令对商军发起总攻击。那么，率领精锐的突击部队的是谁呢？就是当年钓鱼的姜太公，他也参加了这场战斗。姜太公把商军的阵脚全部打乱，加上商军早就心向武王，觉得周武王非常仁厚，纷纷临阵倒戈。商的十几万大军，顷刻土崩瓦解。商纣王在当天晚上，即二月初五的晚上，狼狈逃回朝歌，登上鹿台，就是他当年造的一个高楼。商纣王死得讲究，不像夏桀死得很难看，被抓住流放了，不是活活饿死了，就是病死了。商纣王是穿着自己的锦衣华服，自焚而死的。于是，周武王乘胜攻击，攻占朝歌，灭了商朝。

> 周武王伐纣，灭了商朝，建立了周王朝的天下。周王朝统治中国 800 年，是中国历史上历时最长的王朝。那么，在周朝，都发生过哪些重大的历史事件？从什么时间开始，中国历史上所有的重大事件，都有了准确的记载，而这些记载，又具有什么深远的历史意义呢？

周王朝建立起来以后，也发生过许多重大的事件，其中最重要的是公元前 841 年，国人暴动，周厉王逃奔到彘。由于周厉王信用奸臣，导致国政曾经一度由大臣执掌，而不是由周王做主。公元前 841 年就是中国历史上鼎鼎大名的"共和元年"。"共和"这两个字最早是在公元前 841 年用于年号的，从此有了"共和"这个词，有了这么一个概念。周时被用于"共和"的概念是指由当时一些贤臣共同执政。"共和"，能够求得一种和谐、和平。这是共和的本意。

就是从这一年开始，中国历史上所有的重要事件，绝大部分都有了明确无误的纪年记载。此后，每一个帝王的在位、驾崩时间都有明确纪年，这在世界文化史上独一无二。中国以自己漫长悠久的历史和历史学的传统而骄傲，这是我们中国文化，或者中华文明最特殊的一点。

没有其他任何一个民族，没有其他任何一种文化、一种文明，有如此漫长的明确纪年。换句话说，将近 3000 年

文忠寄语

周王朝"共和"的本意就是，由一些大臣共同执政，求得一种和谐与和平。

文忠寄语

中华文明最值得骄傲的一点，就是鲜明的历史感和悠久的史学传统。

以来，中国历史上发生重大事件的年份，我们都是比较清楚的。

> 从公元前 841 年开始，中国历史进入了一个有明确纪年的年代，这不仅是中国人的骄傲，也是对世界文明史的巨大贡献。那么，根据史料记载，周朝后来还发生了一些什么事情呢？

事情的确发生得也不少，但是，周朝的国体基本上是安稳的。到公元前 770 年，发生了一件使周朝国运由盛转衰的大事，这就是《三字经》上讲的"周辙东，王纲坠，逞干戈，尚游说"。"周辙东"，周朝的车轮印子往东走了，这就是迁都事件。"王纲坠"，王法废弛，管不了了，周天子管不了底下了。还出现了一个什么情况呢？"逞干戈"，大家不再讲仁义道德了，而是凭武力、凭国力来说话，不太在乎过去大家所讲究的一些伦理道德。"尚游说"，大家非常推崇游说甚至空谈，这一下，民风、社会基调都发生了变化。"周辙东"这个重大事件发生在周幽王统治前后。他刚继位的时候，周室的都城，就在今天西安附近，发生了大地震。大地震以后，连年旱灾，民众饥寒交迫，四处流亡，社会动荡不安，周朝的国力衰竭。就是在这样一个大背景下，周幽王继位，而周幽王恰恰又是一个荒淫无道的昏君。他重用的佞臣虢（guó）石父，是中国历史上非常著名的奸臣。周幽王听信奸臣的话，反而在这个时候加重盘剥百姓，激发了社会矛盾。国内那么乱，在外边就别惹事了。而这个周幽王真的是昏庸，对外又攻伐少数民族戎狄。没打赢，而且是大败。这个时候，有些大臣实在不忍看到周朝的灭亡，纷纷拼死上谏。在这些上谏的大臣当中，有一个姓褒的大夫，屡次劝谏周幽王。周幽王根本不听，还下令把褒大夫关押起来。这一关，关出一场闹剧，关出中国历史上十分荒唐的一段史事。这是一段什么史事呢？请看下一讲。

周辙东，王纲坠，逞干戈，尚游说。

始春秋，终战国，五霸强，七雄出。

1 周辙东：指周王朝把国都迁到洛阳。

2 王纲：王朝的统治。

3 坠：衰落。

4 逞：显示、炫耀。

5 干戈：长矛和盾牌，概指武力。

6 尚：崇尚。

7 游说（shui）：谋士们来往于各诸侯国之间，凭口才劝说君主接受他们的主张。

　　周王朝历时 800 年，但是为什么要向东迁都呢？是什么原因，导致了周天子王纲的坠落？而各诸侯国又为什么要争相称霸、同室操戈呢？《三字经》中所指的"五霸"都是哪几个人？他们又是怎么成就霸业的呢？

传说姜太公在渭水边钓鱼，周文王到河边请姜太公出山辅政，姜太公要求周文王亲自给他拉车，周文王用尽力气拉了800步。姜太公笑道："我保你周王朝800年天下。"周王朝果然历时800年，成为中国历史上最长久的王朝。那么，周王朝是怎么开始衰落的？又为什么要将国都向东迁移呢？周王朝东迁之后，史称东周，而东周又分为春秋、战国两个时期。此时周天子一统天下的地位，已经名存实亡，各诸侯国争相称霸，战火四起。这就是《三字经》中所说的："五霸强，七雄出。"那么，"五霸"都是哪几个人？他们又是怎么成就霸业的呢？

周朝到了公元前770年左右，发生了一件大事，这件大事导致周朝的国运发生了根本的变化。《三字经》里讲："周辙东，王纲坠，逞干戈，尚游说。"这件事情的起因是由于周幽王。他是一个无道的昏君。有一位姓褒的大夫上朝劝谏，周幽王不但不听，还下令把他关押起来，褒大夫的族人千方百计要把他救出来。他的族人听说周幽王好色，就拼命寻找美女，并终于找到了一个非常漂亮的姑娘，便将她买下来，加以培训，教她唱歌跳舞，给这姑娘起名褒姒（sì）。这个名字其实是很奇怪的，在古汉语当中，"姒"一般指比较年长的女孩子，或者在同辈里面，排行靠前的女性，所以，"褒姒"可以是褒大娘，也可以是褒大妈、褒大姐，怎么都不能称为褒小姐。这个褒大姐，被族人打扮好、培训好，献给了周幽王，去替褒大夫赎罪。这个可怜的女孩到底姓什么没人知道，只不过起了一个姓叫褒，因为是褒大夫献的。褒姒长得非常美丽，《东周列国志》是这么描写这位褒大姐的：

褒姒 周幽王的妃子。宠冠周王宫。生子伯服后，幽王对她更加宠爱。褒姒平时很少露出笑容，周幽王为博其一笑，悬出重赏，虢石父遂献"烽火戏诸侯"之计，幽王终因此失信于诸侯。公元前771年，犬戎兵至，幽王被杀，褒姒被掳（一说被杀）。

"目秀眉清，唇红齿白，发挽乌云，指排削玉，有如花如月之容，倾国倾城之貌。"周幽王一见褒姒，惊为天人，非常宠爱，马上就立她为妃，并且同时把褒大夫放了。周幽王得到了褒姒以后，生活也就更加荒淫无度。我们当然还是要声明，周幽王本来就荒淫，这个女孩子很无辜，是牺牲品。根据史书记载，形容她"艳若桃李，冷若冰霜"。周幽王便荒唐地悬赏："普天下有谁能够使我爱妃破颜一笑的，立赏千金。"于是，奸臣虢石父就想了一个主意，这就是中国历史上非常有名的一个故事——烽火戏诸侯。

> 周幽王为博美人一笑，点燃了报警的烽火，各国诸侯以为敌人入侵，马上带兵赶来勤王，到了之后才发现受了骗。后来犬戎真的来进攻时，周幽王又点燃烽火，但各国诸侯都不再来了。结果周幽王被杀，都城变成一片废墟。犬戎撤走后，各诸侯立原太子为周平王，周平王向东迁都洛阳，史称东周。

为什么说"王纲坠"呢？难道迁都就意味着国君没有号召力了吗？当时的情况比较特殊。周王室东迁以后，政治格局不可能不发生变化。首先，从西安迁都到洛阳，在今天都是了不起的事情，何况当初。在大搬迁的过程当中，秦国、晋国、郑国立了保卫王室的大功，他们帮助王室完成了东迁。为了酬谢各有功国，周平王就将原来直辖的一些中心区域，奖励给秦国，这就使原来偏居西北一隅的不起眼的秦国，骤然强大起来。这在相当大程度上改变了中国几千年的历史轨迹，因为后来统一中国的就是这个秦国。

其次，王室东迁以后，许多原来的制度、规矩没有了。这就是孔子讲的"礼崩乐坏"。诸侯之间动不动就干戈相见，弱肉强食，相互兼并，许多小国随之消失了。中国历史上一个非常重大的问题，就是当初那些消失的小国到底是怎么回事？从数字上看，西周初年中原地带就有3000多个国家，到了春秋，就只剩下1800多个国家，春秋末年，则剩下 20 来个。2000 多个国家被灭了，而到了战国，大家经常提及的也就是战国七雄了。

第三，周室东迁以后，原先由周王室经营的文化事业、经济事业都不再掌握在王室手里，本来附属于王室的人失去了固定的职业，成了"自由职业者"，所谓"皮之不存，毛将焉附"。这些人丢了铁饭碗，他们有的去从事教育行业，有的下海经商，有的参政，在各诸侯国之间游说，充当诸侯的工具，同时，也伺机实现政治抱负。最突出的代表，就是诸子百家的纵横家。所谓纵横，表面意思就是横着来直着去。当然，后来有了别的含义。这难道还不是"逞干戈，尚游说"吗？所以《三字经》里面这六个字是一种惜墨如金的高度概括。

东周 公元前 770 年周平王由镐京迁都于洛邑（今河南洛阳），史称东迁后之周王朝为东周。周赧王五十九年（公元前 256 年），东周为秦所灭，共传 25 王，历时 515 年，东周又分为春秋与战国两个时期。

周平王东迁之后，史称东周，此时的周朝虽然还存在，但周天子一统天下的地位已经名存实亡了。各诸侯国争相称霸，战火四起，所以历史上把东周又分为春秋和战国两个时期。那么，春秋和战国时期在历史上，又留下了哪些著名的人物呢？

"始春秋，终战国，五霸强，七雄出。"

"五霸"就是指春秋时期的五个霸主。春秋也是东周的一部分，东周"王纲坠"，周天子的话没人听了，周天子也担任不了诸侯之间纠纷的仲裁者了。有纠纷谁来仲裁？就由诸侯之中最强大的人来当霸主，替代了周天子的地位。在春秋时期，一般公认有五大霸主，所以叫"春秋五霸"。

那么，春秋五霸是指哪五霸？为什么说他们"五霸强"呢？他们以什么形式来体现霸主的地位呢？开会，当时叫会盟，就是霸主召集大家都来开会，共同商量一件事情，实际上是霸主说了算，这就是"五霸强"。他们实际上替代了周天子号令诸侯的地位。一般来说五霸为：齐桓公、宋襄公、晋文公、秦穆公、楚庄王。这五霸之间彼此关联，一环绕一环，一个牵着一个。这五霸中的每一个人，都有非常精彩的人生经历和故事。但个性都不相同，有的刚烈，有的狡诈，有的迂腐，有的愚稚可笑。

　　我给大家逐一做个介绍。先说齐桓公。齐桓公是春秋时期齐国的国君，大概是公元前 685 年到公元前 643 年在位，姓姜，姜太公的后代。齐桓公的名字非常有意思，叫小白。齐桓公任用一位非常著名的人物进行改革，他叫管仲，就是管子，是一位了不起的理财家、财政专家、行政专家。他选贤任人，加强武备，发展生产。管仲这个人了不得，孔子对他有很高的评价。在《论语》里大家可以看到，孔子谈到管仲很尊敬。当时姜小白，也就是齐桓公，打出一个口号非常有名，叫作"尊王攘夷"。"尊王"，就是他尊敬周天子，实际上也是说说的，他也不把周天子当回事。"攘夷"，就是抵抗外族入侵。齐桓公是春秋五霸之首。在历史上，这个齐桓公要说精明是精明，要说愚昧也愚昧，要说仁爱也仁爱，可要说他残忍也是真残忍，而且结局很悲惨。

齐桓公　春秋时齐国国君（公元前 685 年—公元前 643 年）。姓姜，名小白。任用管仲改革，号召"尊王攘夷"，助燕败北戎，援救邢、卫，阻止狄族进攻中原，国力强盛。联合中原各国攻楚之盟国蔡，与楚在召陵（今河南郾[yǎn]城东北）会盟。安定了周朝王室内乱，并多次会盟诸侯，成为春秋时第一个霸主。

　　　　齐桓公是春秋五霸之首，他重用管仲进行改革，国力日渐强大，成为众诸侯国的领军人物。但为什么说齐桓公是个既精明又愚昧、既仁爱又残忍的君主呢？他都做了些什么事情，最后落得一个悲惨的结局呢？

　　齐桓公的一位大臣叫易牙。中国菜好吃，中华烹调艺术举世无双，烹调行业一般都认易牙做老祖宗。这个易牙，《管子》里面记载："夫易牙以调和侍公。"调和"这两个字在今天就是调和矛盾的调和，在古汉语当中没那么复杂，调和就是调和百味，就是把各种各样的味道调和得很美。古代没有味精，也没有鸡精，各种鲜味是靠调和的，南方话叫"吊"，就是用什么东西把什么味道给吊出来。如高汤，就是吊锅熬，用吊锅把味道给吊出来，"调和"就是这个意思。这个易牙就是御用厨师长，但他是个大奸臣。

有一天，易牙又去伺候齐桓公，"以调和侍公"。易牙问："您还有什么味道没尝过啊？"齐桓公说："蒸小孩还没吃过啊。"这易牙怎么干？他回去把自己的长子给蒸了，献给齐桓公。易牙就是这么一个人。

齐桓公四十一年（公元前645年），大臣管仲病重，齐桓公就问他："群臣当中，谁能够替代您做相国？"管仲老练，他怎么敢先推荐啊？

管仲 管仲，名夷吾，又名敬仲，字仲，春秋时期齐国著名的政治家、军事家，颍上（今安徽颍上）人。经鲍叔牙力荐，为齐国上卿（即丞相），被称为"春秋第一相"，辅佐齐桓公成为春秋时期的第一霸主。管仲的言论见于《国语·齐语》。另有《管子》一书传世，系后人依托之作。

他先去试探国君的想法，所以管仲回答："了解臣下的，没有人比得过君主啊。"意思是你齐桓公应该最了解臣子，你应该知道谁能接替我管仲。齐桓公问："易牙如何？"管仲的回答是："杀掉孩子来讨好君主，不合人情，不可以。"管仲一下说到底了。齐桓公又问："开方如何？"管仲说："背弃亲人来讨好君主，不合人情，也不行。"齐桓公又问："竖刁如何？"这个竖刁为了讨好齐桓公，自己把自己给阉割了。管仲说："阉割自己来讨好君主，不合人情。"但管仲死后，齐桓公没有听管仲的话，重用的恰恰是这三个小人。

管仲十分清楚地看到，这种不择手段讨好君主的人，不仅个人品德恶劣，而且一定有着不可告人的卑鄙目的。这样的小人一旦执掌大权，那将是人民的灾难，国家的末日。但是，齐桓公被这三个小人奉承得非常舒服，并因此失去了判断力，他不听管仲之言，重用了这三个小人，这将带来什么样的后果呢？

齐桓公四十三年，也就是公元前 643 年，齐桓公病重。他的五个公子，各率党羽争位，都想接替霸主的王位。冬十月初七，齐桓公病死。他死于宫廷政变，是被易牙等三个奸贼禁闭在寝宫里活活饿死的。那么喜欢吃的一个人，最后是被饿死的，民间说这是报应。他吃了易牙的儿子，最后在易牙参与下，把他禁闭在寝宫里饿死。而他五个儿子没一个管他，各自发兵在打对方，要夺位。齐桓公的尸体就放在那儿，撂了 67 天，下场极惨。

齐桓公重用贤臣管仲，国家日渐昌盛富强，于是齐桓公当上了春秋五霸之首。但是功成名就的齐桓公，开始喜欢并重用那些不择手段讨好君主的奸佞小人，结果自己被活活饿死。可见，重用什么样的人，对于一个国家是多么重要！那么，春秋五霸的第二个霸主是一个什么样的君主呢？

第二个霸主，是宋襄公。宋襄公的称霸在今天我们看来是一幕滑稽戏。为什么呢？因为宋襄公这个人实在太迂腐。但是我个人对于宋襄公一直抱有一份敬意，因为他迂得令人同情。宋襄公大概在公元前 650 年到公元前 637 年在位。宋国的实力，实在是说不上强大，但是他却抵抗不了成为霸主的诱惑。齐桓公去世以后，宋襄公也一心想当霸主。前面讲齐桓公五个儿子彼此打来打去，其中有一个叫公子昭的没打过另外四个公子，来投奔宋襄公。宋襄公一看机会来了，霸主的儿子来投靠了。当然他本身也比较仁义，但历史人物的内心是很复杂的，我们不能简单地去判断他。在很复杂的心境下，宋襄公收留了公子昭。

公元前 642 年，也就是齐桓公死后一年，宋襄公就自作主张，通知各国诸侯说："大家一起把公子昭护送回齐国当国君，你们各国都要派兵相助，壮壮声威。"大部分诸侯一听是宋襄公，没人理会，只有几个小国，比宋国还小的国家，派了一些兵马来了。宋襄公就带着这么一支小国联军杀向齐国。当时齐桓公刚死，齐国正乱着，看见宋襄公带着兵马杀过来，而且里边好像还不只是宋国的兵马，还有好多别国的兵马，也不知道虚实，一下就软了。公子昭这个人在齐国很有口碑，大家也都同情他。所以，齐国的人把几个奸臣杀了，把易牙赶跑，在当时的国都临淄迎接公子昭回国。公子昭回国以后当上了国君，这就是齐孝公。宋襄公由此自我膨胀得厉害，他认为，齐孝公是靠着他宋襄公，才当上齐国国君的，所以他自以为做了一件惊天动地的大事，到了有足够的威望来当霸主的时候。于是他也想开会，召集诸侯把自己盟主的地位给确定下来。宋襄公就派使者先去两个大国，楚国和齐国，把会盟诸侯的事情先跟他们商量一下，沟通沟通，先取得楚国和齐国的支持。

> **在诸侯争霸的春秋时期，要想取得霸主地位，第一个条件，就是要国力强大。宋襄公仅仅做了一件帮助齐孝公登上王位的事情，就觉得自己有资格来争霸主之位了，别的国家会同意吗？楚国和齐国的两位国君会采取什么态度呢？**

当时楚国的国君楚成王，接到宋襄公送来的信，觉得太可笑了，说："这世界上还有宋襄公这样不自量力的人啊！"本来就不想去，但是楚成王旁边有个厉害的军师，就建议楚成王参加这个会，说正好利用这个机会进军中原确定霸主地位。所以楚成王是有自己打算的，就答应来开会。宋襄公很高兴，楚国的国君要来了。宋襄公十二年，也就是公元前639年，到了这一年秋天开会的时候，楚、陈、蔡、许、曹、郑六国国君都来了，只有齐孝公和鲁国国君没来。开会的时候，宋襄公首先发言，他说："诸侯都来了，我们一起开会。我要模仿齐桓公的做法，订立盟约，共同辅佐王室。"他的想法还是比较单纯的，辅佐周王室，停止相互之间的战争，希望天下和平。楚成王心怀鬼胎，他说："没错，但是谁是盟主啊？谁是霸主啊？"宋襄公一听，心想：你还不把我当霸主啊？这会是我开的啊。宋襄公就说："这好办，有功论功，无功论爵。"宋襄公这话有意思，有功论功，宋襄公认为自己有功，齐孝公是他送回去的，把齐国的内乱解决了。退一步讲，认为他宋襄公没功，那么没功论爵吧，谁爵位高谁当盟主。楚成王明白他的心思，就说："那行啊，楚国早就称王了，我是王，你宋襄公是公啊，公侯伯子男，王爵在上头，你比我低一等，我看我来当霸主吧。"楚成王一下就坐在霸主位子上。宋襄公一看，这不瞎闹嘛，自己折腾了半天来开会，一开会开出一个

主席来。宋襄公涵养再好也忍不住，就拍桌子大骂："我的公爵是周天子封的，普天之下谁不承认啊？而你这个王是你们楚国自己封的，你有什么资格做盟主啊？"楚成王立即反击说："你莫名其妙，你说我这个王爵是假的，你把我请来干什么？这不是你请我来开会的吗？"宋襄公说："楚国本来是子爵，你今天假王压真公！"就是说一个假的楚王压他真的宋襄公。就在这个时候，只见楚成王带来的随从开始当众脱衣服，等袍子一脱下，里面全部是铠甲。参会人员猛然惊醒：楚成王是想好了来的！

　　宋襄公认为，自己想当霸主，是为了辅佐周天子，平息战乱，让天下太平。却不知在那个战乱的年代，争霸本身，就已经意味着战争了。楚成王也想当霸主，但他是靠拳头说话的。那么，有备而来的楚成王，会怎样对待宋襄公呢？

　　在场的诸侯一看楚成王带着兵来了，都逃掉了。楚成王下令把宋襄公抓起来，然后，指挥500乘大军浩浩荡荡杀向宋国。宋国本来想当霸主，现在国君宋襄公被人给抓了，押在车子上。人家率领大军攻打宋国，幸好宋国那时还比较有朝气，都有防备。所以楚成王没能一下子灭掉宋国，最后，他也只能率兵撤退。但是撤退的时候，楚成王

把宋襄公拖到自己的车子上，顺便带回楚国去了，宋襄公就被俘虏了。一直过了好几个月，在齐国和鲁国的调停和请求下，楚王觉得抓宋襄公也没什么用，就把宋襄公放回来了。从那个时候起，宋襄公就对楚国怀恨在心，但是由于楚国兵强马壮，他拿楚国也没什么办法。终于有一天，宋襄公听说，郑国实际上是积极支持楚国做霸主的。因郑国很小，国力不强，宋襄公想出出心中怒气，想把郑国灭了。不久，郑国国君去拜会楚成王。公元前 638 年夏天，宋襄公不顾反对出兵伐郑，一打郑国，郑国肯定向楚国求救，楚国肯定要救郑国。楚成王很厉害，他直接发兵杀向宋国，宋襄公这下慌了，这边郑国还没攻下来，自己老巢就快被楚成王打进来了，所以赶紧撤军。到了一个河边，扎好营盘，这个时候楚国的兵马也到了对岸。历史上最富戏剧性的一幕开始了。

宋襄公旁边一个随从跟宋襄公讲："楚军只不过是为了救郑国，现在我们已经从郑国撤退了，咱们又打不过楚国，别打了，跟楚国讲和。"宋襄公不同意，他说："楚国虽然人强马壮，可是楚国不讲仁义啊，说好开会不带兵的，他却带着一帮当兵的，披上一件外衣就来了，他不守信用。我们虽然兵力单薄，可是我们宋国是讲仁义的，不义之兵怎么能打得过仁义之师呢？"所以宋襄公叫人特意做了一面大旗，上面绣着两个字：仁义。宋国打算就举着这个大旗跟楚国决战。到了第二天早晨，历史上最好笑的一幕上演了。

宋襄公高举仁义的大旗，真的能打败楚军吗？历史上的宋楚之战，到底发生了什么可笑的事情？而国力弱小，又始终没有能够真正成为霸主的宋襄公，为什么能够名列春秋五霸之中呢？

楚兵开始过河，宋襄公这边在河对岸等着。宋襄公身边有个叫公孙固的大臣就跟他说："楚军白日渡河，等他们渡河渡到一半的时候，我们就杀过去，一定能够取胜。"宋襄公回头非常庄严地指着那面仁义大旗就讲："人家连河还没过完你就打人家？这算什么仁义之师啊？我们等，等他们渡完河再打，堂堂正正地打。"等楚军已经渡过来布阵的时候，公孙固又劝宋襄公："主公啊，他们河都渡过来了，现在阵脚没稳，我们应该冲锋，把他们击垮。"宋襄公又庄严地指着仁义大旗说："你怎么老出歪主意，人家阵还没布好，你就去打他们，这叫仁义之师吗？"他又不打，宋襄公的话刚说完，楚军布阵布好了，又一路杀过来。而宋襄公的确非常勇敢，他第一个带头往前冲，但是他这一冲冲得太快了，直接冲到楚军的阵中间去了。宋襄公平时大概是对下属不错，所以下属拼命把他救出来。他回头还找那杆大旗，旗子也不知道哪儿去了。宋国的老百姓对宋襄公骂不绝口，说他导致宋国大败，本来完全可以取胜的。宋襄公一瘸一拐地还在那里唠叨，说："讲仁义的军队就是要以德服人，我奉仁义打仗，不能乘人之危。"这里面就有了一个成语，叫"不擒二毛"。什么叫"二毛"呢？不是两根毛，是头发已经斑白了，黑头发和白头发已经都有了，"二毛"在当时是指上了年纪的人。说不仅不能乘人之危攻人，还不能擒人二毛，只要看到头发花白的，还不能抓他，这才叫仁义之师。所以我们知道，这位宋襄公是一个堂吉诃德式的人，是一个愚得可笑的人物，但是又的确愚得让人同情。公元前637年，受伤大败的宋襄公伤口感染，结束了他悲壮的一生。在春秋乱世当中，他是那种不切实际的、空谈古时君子风度的人，为了恪守迂腐的信条，在政治军事斗争中经常处于被动，把仁义滥用在敌国甚至敌军的身上，以至于他争霸的过程其实是一个不断受辱的过程。宋国是小国，宋国吃了败仗，证明宋襄公对仁义的理解有问题，也证明他对自己的实力完全不了解。但是，也正是因为他的讲信用、讲仁义，才使这一位弱小的宋襄公，名列春秋五霸的第二位。那么，剩下的几霸又都是谁呢？他们又是如何成就霸业的呢？请看下一讲。

始春秋¹，终战国²，五霸强³，七雄出⁴。

1 春秋：指公元前 770 年—公元前 476 年这段历史时期，大体上因儒家经典《春秋》而得名。

2 战国：指公元前 475 年—公元前 221 年这段历史时期，因当时的各个诸侯国连年战争而得名。

3 五霸：春秋时代的五位霸主。

4 七雄：战国时代的七个强国。

　　春秋五霸都有哪些精彩的人生经历？他们能够成为霸主的原因又是什么呢？我国两个非常重要的节日——寒食节、清明节，它们的由来与晋文公的坎坷遭遇有关，他又是怎样最终成为一位英明威武、为民拥戴的一代霸主的呢？

前面已经介绍了春秋五霸中的前两位，齐桓公、宋襄公，那么，其他三位霸主，晋文公、秦穆公和楚庄王，他们都有哪些精彩的人生经历？他们每个人的脾气秉性又是什么样的？他们之所以能够成为霸主的原因又是什么呢？千百年来，人们可能会忘却他们的名字，但是与他们有关的成语词汇却至今令人记忆犹新，比如退避三舍、一鸣惊人等等。甚至于我们生活中，两个非常重要的节日，寒食节、清明节的由来，也与五霸中晋文公的坎坷遭遇有关。那么，这两个节日的由来是什么？在晋文公的身上又发生了什么故事？他又是怎样最终成为一位英明威武、为民拥戴的一代霸主的呢？

春秋五霸中的每一个人都有自己独特的故事。其中第三位就是非常著名的晋文公。晋文公，名重耳，是晋国的国君，公元前 636 年至公元前 628 年在位。

当初，晋文公的父亲把国君之位传给了小儿子，所以重耳只能流亡国外。公元前 644 年，重耳听说齐桓公的相国管仲去世了，就跑到齐国想为齐国国君效劳。当然，他也希望能够得到齐国的帮助，或者是保护。他到了齐国以后，生活很安逸。所以，他也就不怎么打算再回到晋国去了，似乎不是一个胸有大志的人。齐桓公送了他 20 辆马车，他就觉得过得蛮舒服的，而且齐桓公还将自己的宗室之女，叫齐姜，嫁给了重耳。

公元前 639 年发生了一件事情。重耳的两个手下人，躲在一棵桑树底下商量如何帮助重耳离开齐国回晋国、夺回国君之位的事。他们在商量的时候，没想到有个女奴正好在这棵桑树旁待着。她完全听清了这两人所说的话，就赶紧一五一十地汇报给重耳的妻子齐姜。哪知道这个齐姜不是一般的女性，很了不得，她认为嫁给了重耳，那就是晋国的贵族，她认为自己的夫君不应该躲在齐国享受，而应该胸有大志，回晋国去。当时她很残酷地把女奴给杀了，因为怕女奴进一步泄露这一重大机密。齐姜又去劝告重耳赶快走，想办法离开齐国。重耳却不肯走，他手下的一些人一看没办法，就把他灌醉了，抬到马车上，往外跑。重耳醒过来大怒，抓起一把长矛，追着他的手下要刺，因为他发现自己已经离开齐国了。

> 晋文公重耳，最初还以贵族公子自居，心安理得地享受着齐国的礼遇，乐不思蜀，安于现状。但是，在妻子齐姜以及大臣们的努力之下，晋文公只好离开了齐国，他们先到了曹国，那么，曹国的国君对他会是什么样的态度呢？

中国民间传统认为，大人物都长得跟一般人不一样，中国的正史里讲开国的帝王，一般都有大人物的相貌。大人物的相貌最主要有两条，一个叫双耳垂肩；第二叫双手过膝，就是手臂很长，超过膝盖。重耳也有异相，他的肋骨居然是连成一片的。曹国国君听说重耳有异相，就想去看看他到底是不是肋骨连成一片的，于是趁重耳洗澡的时候偷看重耳的裸体。重耳察觉后很不高兴，大怒，所以对曹国国君很反感。

> 曹国国君的行为，让重耳感到无比羞辱，同时也让重耳尝到了寄人篱下的辛酸。重耳毅然决然地离开了曹国，继续流亡生涯。后来他到了楚国，当时的楚成王，虽然也很热情地接待了他，但却问重耳："准备将来如何报答楚国？"那么，重耳是怎么回答他的呢？

在这个当口，重耳又显现出他的本色。所以历史人物很复杂，不能从一件事情上去论断，必须综合判断。重耳回答："谢谢您款待我，我将来一定会报答楚国，将来如果有一天晋国和楚国之间开战的话，我会命令我的军队退避三舍。"即后退90里，这就是成语"退避三舍"的来源。退避三舍意思是让对方一步，海阔天空，其实这句话是有点软中带硬的，有杀气的。那个时候重耳还不是晋国国君，他接受楚成王的款待，但是他意识到，将来如果有一天夺回晋国国君之位，要跟楚国开战，因为你款待过我，所以，我先命令我的军队后撤90里，让你90里，这就叫退避三舍。在落难的时候，重耳依然是不卑不亢的。当时，楚王身边有个大夫，就建议楚成王马上把重耳杀了，因为这个人将来必定是楚国的大患。但是楚成王没有动手，让重耳又走了。

重耳经历了19年的流亡生活，颠沛流离、寄人篱下、背井离乡。但是在这种近乎逃难式的生活中，这个贵族公子也得到了锻炼，坚定了他复国图霸的心志。后来，重耳在秦国的帮助下，重新回到自己的国家，当上了国君，并最终称霸天下。中国民间的寒食节和清明节，就与晋文公有关，那么，这两个节日的由来是什么？

寒食节和清明节跟晋文公有关，准确地说是因介子推而来。

介子推是重耳的大臣。重耳逃到了卫国，卫国不敢收留，于是他逃往齐国，到了齐国他娶齐姜为妻。但是在从卫国去齐国的路上他断粮了，贵公子沦落到没饭吃的地步，只好以野菜充饥。重耳是个公子哥儿，他哪里咽得下野菜啊！这时候，他手下有个人叫介子推，就割下自己大腿上的一块肉，煮成一碗肉汤献给重耳，并且骗他说这是麻雀汤。重耳吃了以后，说："这麻雀汤真好喝。"重耳在逃亡途中一路上是坐车的，而介子推是一瘸一拐徒步走着的。重耳看到这番情景，赶快问原因。当得知介子推对自己这般大义大忠时，大受感动，并且承诺，将来自己当了国君以后，一定重重报答介子推。后来他果然当了国君，成了历史上赫赫有名的春秋一霸晋文公。当年跟他一起逃难的人，都受到了封赏，但是，独独忘了介子推。而介子推真的是一位君子，他觉得无所谓，就算当年自己不割腿上的肉给主公吃，主公也饿不死，他也会当上国君。所以，介子推就带着自己的老母亲躲到了山里，不要封赏。当时有很多人为介子推鸣不平，写了诗歌，到处传唱，来讥讽晋文公忘恩负义。这些诗歌很快流传开来，最终也传进了晋文公的耳朵里。晋文公觉得很内疚，就亲自带着大臣，到介子推藏身的绵山去迎请介子推。但是，介子推已经心灰意冷，拒绝出山。重耳手下有众多大夫、臣子，有人非常嫉妒介子推，看见自己的国君对介子推那么尊重，就出了一个很阴险的主意，说："介子推不是不愿意出山吗？但介子推是个孝子，他带着老母亲在山上，我们就放把火烧山，介子推为了保护母亲也一定会下山，放火的时候只要三面放火，留出一面不放火，又烧不坏他，他就肯定逃出来了。"晋文公想，这倒是个好办法。哪知道这几个人四面放火，没有预留出口。晋文公带着属下到山上的时候，发现介子推和他的老母亲抱着一棵大树已被活活地烧死了。晋文公非常悲痛，就下令那一天不许点火，不许煮饭，只能吃寒食，所以叫寒食节，这就是寒食节的来源。不仅如此，第二年的寒食节，晋文公非常想念介子推，便素服来到这棵柳树下祭奠介子推。晋文公突然发现，这棵柳树居然活了，柳树没死。所以，晋文公就下令，把这棵柳树封为清明柳，后来又有了清明节。

第四位霸主，就是晋文公的岳父秦穆公。

秦穆公不仅是晋文公的岳父，而且也是在他的帮助下，晋文公才当上了晋国国君。秦穆公身为一代霸主，最大的特点就是招贤纳士、任人唯贤，对于人才倍加爱惜。那么，秦穆公是怎样渴求人才的？历史上又流传着哪些关于秦穆公求贤的故事呢？

秦穆公是怎么渴求人才？怎么识拔人才的呢？我讲两个故事。

第一个故事非常有名，叫秦穆公羊皮换贤，用羊皮去换有用的人才。公元前655年，秦穆公派了一个公子叫絷（zhí），到晋国去代自己求婚。晋献公就把自己的大女儿许配给了秦穆公，当时的规矩是要陪嫁奴仆，其中有一个奴仆叫百里奚。百里奚并不是一个天生的奴隶，他是被灭掉的一个国家的大夫，原来也是有身份的人。晋献公本来想重用他，百里奚却宁死不从，所以就沦为奴隶。公子絷带着百里奚这批陪嫁的奴隶返回秦国的途中，百里奚逃跑了。秦穆公和晋献公的大女儿结婚以后不久，发现少了一个叫百里奚的奴仆，就问公子絷，公子絷也不当回事，心想一个奴隶看那么重干什么？但是，秦穆公手下有一个从晋国投奔过来的人了解百里奚，马上就跟秦穆公讲："谁跑都可以，这个人跑了对秦国是个损失，他可是个人才。"秦穆公一听是人才，就下定决心一定要找回百里奚。而百里奚一路乱跑，他的国家已经亡掉了。他跑到楚国的边境线上被楚兵给当作奸细抓了起来。百里奚说："你们抓我干吗，我是一个无国无家之人，我是亡国之人，我是给有钱人家看牛的啊。现在国家灭亡了，我就出来逃难，我不是奸细。"楚国士兵一看，一个60多岁的老头，一副老实相，也不像个奸细，所以就把他留下来了。百里奚就留下来替楚国士兵养牛。百里奚真会养牛，把牛养得又肥又壮，慢慢地在当地大家都知道养牛大王百里奚。楚国的国君楚成王想他既然能把牛养得那么肥，为何不让他去养马呢？于是就把百里奚派到很远的南海去牧马。

百里奚其实已经离秦国非常遥远了，秦国在西北，百里奚在南边

百里奚 生卒年不详，秦穆公时贤臣，著名的政治家。原为虞大夫，虞亡时被晋停去，作为陪嫁之臣送入秦国。后出走入楚，为楚人所执，又被秦穆公以五张黑羊皮赎回，任用为大夫，称为五羖大夫。与蹇叔、由余等共同辅助秦穆公建立霸业。

养马。秦穆公费尽心机，打听到百里奚没死，现在在楚国南海养马，就准备了一份厚礼，去请求楚成王把百里奚放回来。这个举动有点过分了，却反映了秦穆公如何求贤若渴。但实际上可能会事与愿违的，秦穆公手下有个大臣就赶快进言，说："主公万万使不得。楚成王让百里奚去放马，是因为他没有意识到百里奚是个有用的人才，他让百里奚放马，说明百里奚在楚王眼里地位不高，您一下弄了那么一份厚礼去换一个奴隶，明摆着提醒楚成王这个人很值钱。楚成王还会把他放回来？各国国君都在网罗人才啊。"秦穆公一想，有道理，就问这个大臣应该怎么办。大臣说："用五张羊皮换。"当时奴隶的价格就是五张羊皮，按照市场上通行的奴隶价格送五张羊皮给楚成王，编个故事把他弄回来。于是，秦穆公派了一位使者去见楚成王，说："我们有个陪嫁奴隶叫百里奚，他跑了，听说躲在贵国，我要把他赎回去问罪，我不能按照通行的价格，就准备了五张上等的黑羊皮表示对楚成王的尊重。"楚成王一听，这算什么事，就把百里奚给弄回了秦国。百里奚莫名其妙被装上囚车，他估计到了秦国也绝对没好日子过。哪知道秦穆公当场拜他为相国，百里奚当然很感动，所以又推荐了自己的朋友蹇叔和蹇叔的两个儿子。不久以后，百里奚的儿子听说父亲在秦国当了相国，也不远千里投奔秦国，后来成了秦国非常出名的将军。五张羊皮换来了五个大臣，这是中国历史上非常著名的一个渴求人才的故事，是关于秦穆公的千古佳话。秦穆公还跟一个咱们非常熟悉的人打过交道，他就是伯乐。伯乐相马也是中国人都知道的一个典故。

秦穆公 春秋时代秦国国君。嬴姓，名任好。公元前659年至公元前621年在位。谥号穆。秦穆公非常重视人才，任用百里奚、蹇叔、由余为谋臣，击败晋国，俘晋惠公，灭梁、芮（rui）两国。后被晋军袭击，大败。转而向西发展，攻灭12国，称霸西戎。

> 春秋时代各国国君，都在招兵买马，招贤纳士，增强国力。而在那个时代有一种人才最被看重，那就是相马的高手。因为只有很好地改良马种，才能提高国家的作战和运输能力。但是，千里马常有，而伯乐不常有。如今，伯乐年事已高，

不能再帮助秦穆公相马了，所以秦穆公希望伯乐能给他推荐一个人，那么，伯乐会向他推荐谁呢？

秦穆公有一天跟伯乐聊天，说："伯乐先生，您现在年纪大了，您的子孙能不能接您的班呢？"伯乐说："不行，我的子孙能相马，但是不一定能找到最好的马。良马都是若隐若现，似有似无，混在马群里的，要在马群里慧眼识马，我的后代不如老臣，没有这点本事。但是，向您推荐一个人，这个人是当年和老臣一起捡柴火的，他叫九方皋。"秦穆公召见了九方皋，命令他出去相马，九方皋三个月以后回来禀告说："好马找到了。"秦穆公说："在哪儿啊？"九方皋说："在沙丘。"秦穆公就问："什么样的马啊？"九方皋说："黄色的母马。"秦穆公一听大喜，派人到沙丘去一看，却是一匹黑色的公马。秦穆公当时就暴怒了，他跟伯乐说："您老人家真够厉害，您说推荐一个能相马的，连公母都分不清，连颜色都分不清，还是一个色盲，他能相什么马啊？"伯乐也很厉害，他说："九方皋相马居然已经到了这个境界了，那是千万个我也比不上啊。九方皋看中的是内在的素质，说这匹马一定是好马，而不在乎它的皮毛，是关注它的内在。所以九方皋这个人比再好的马都宝贵。"伯乐拼命为九方皋说话。根据记载，这匹马的确是天下最好的马。秦穆公善于任用人才的故事，为历史留下一段佳话。

伯乐 伯乐，相传为秦穆公时的人，姓孙，名阳，善相马。后指发现、推荐、培养和使用人才之人。

楚庄王是春秋五霸中的最后一位霸主。而我们经常会用到的一个成语"一鸣惊人"，说的就是这位楚庄王。但是，在楚庄王称霸以前，他却是一个贪玩的君王，那么，他是怎样当上霸主的呢？"一鸣惊人"的典故，说的又是什么故事呢？

楚庄王当国君已经三年了，但是整天打猎、喝酒，不理政事，不好好管理国家。不仅如此，他还在宫殿门口挂起一个大牌子，上面写着六个字："进谏者，杀毋赦。"就是不让人劝谏。很多大夫实在看不下去，有一位叫伍举的大臣就来拜见楚庄王，楚庄王左手举着一个酒杯，口中嚼着鹿肉，醉醺醺地在观赏歌舞。一看到伍举就说："你是来喝酒还是来看跳舞？"伍举说："我来是因为有人让我猜个谜，我猜不出来，我来向大王您请教。"楚庄王醉醺醺地说："你说来我听听。"伍举说："楚京有大鸟，栖在朝堂上，历时三年整，不鸣亦不翔。令人好难解，到底为哪桩？"意思是说在楚国的都城有一只大鸟，楚庄王当然是只大鸟了，他天天在朝廷上趴着，整整三年，他不叫，也不飞，这是个什么东西啊？楚庄王其实是很明白的人，当时他觉得自己还没有到成就霸业的时候，他一听就说："这不是一只普通的鸟，这只鸟三年不飞，一飞冲天；三年不鸣，一鸣惊人。"这就是两个成语的来源："一飞冲天"和"一鸣惊人"。伍举大夫一听心里有底了，他知道国君还在韬光养晦，不是一个昏君，因为他知道这只鸟要鸣的，这只鸟要飞的。过了几个月，哪知道楚庄王这只大鸟还是不鸣也不飞，照常打猎、喝酒，天天泡在歌舞声中。又有一位大夫忍受不住了去劝谏，楚王一听，大怒，说："你这老头真是想找死，我早就说过，进谏者杀毋赦，你明知故犯。"这位大夫非常痛切地跟楚庄王讲："我是傻，我明知死也来，但是大王您比我更傻，倘若您将我杀了，我死后还能够得到忠臣的美名，而大王您如果再执迷不悟，这样下去，楚国早晚要灭亡，而您就是亡国之君，您不是比我更傻吗？"楚庄王把酒杯一扔，站起来说："你和以前几位大夫说的都是忠言，你们看错我了，我一定照你们说的办。"当场下令解散乐队舞女，从此干出一番大事业，一鸣惊人，率领楚国终于成就霸业，成为春秋五霸之一。

春秋五霸的故事都给大家讲完了。春秋以后，历史进入了著名的战国时代。请看下一讲。

楚庄王 春秋时楚国国君。楚穆王之子，公元前613年至公元前591年在位。在位期间非常重视人才，赏罚分明，群臣和睦，百姓安居乐业，国力日益强盛，陆续使鲁、宋、郑、陈等国归附，成为春秋五霸之一。

一鸣惊人 出自《史记·滑稽列传》："此鸟不飞则已，一飞冲天；不鸣则已，一鸣惊人。"比喻平时没有突出的表现，一下子做出惊人的事情。

（上）

赢秦氏，始兼并，传二世，楚汉争。

1 赢（yíng）：秦国君的姓氏。
2 传：传承。
3 楚：西楚霸王项羽。
4 汉：汉王刘邦。

　　春秋战国时期，诸侯争霸，战火连天，当时地处西北的秦国，异军突起，横扫六国，完成统一大业，从此中国历史进入了一个中央集权的帝制时代，秦始皇也就成为中国历史上第一位皇帝。那么，秦始皇为什么能够完成统一大业呢？他又为什么会选择"皇帝"这两个字作为自己的头衔？

经过春秋时期的兼并战争，诸侯国的数量大大减少。到了公元前249年，逐渐形成了七个最有实力的诸侯国，这也就是《三字经》所说的"七雄出"。那么，这七雄都是指哪几个国家呢？这其中地处西北的秦国，异军突起，横扫六国，完成统一大业，从此中国历史进入了一个中央集权的帝制时代，秦始皇也就成为中国历史上第一位皇帝。那么，秦始皇为什么能够完成统一大业呢？他又为什么会选择"皇帝"这两个字作为自己的头衔呢？秦始皇开创了一个伟大的时代，然而在秦统一六国之前，历史处在分裂混战的战国时代，那么战国时期与春秋时期会有什么不同？而历史上又发生了什么事情，标志着战国时代的开始？

战国时代是怎么开始的？战国时代的开始是由几件很不寻常的事情作为标志的。这些事情并没有烽火连天，也没有干戈四起，但是，在中国历史上，却成了一个时代开始的标记。

第一件标志着战国时代开始的事情，就是所谓的"三家分晋"。从字面意思就知道，晋国被三家给分掉了，这三家就是韩、赵、魏。这三家本来都是晋国的大夫，他们把自己主公的国家给分掉了，这在中国传统当中就是犯上作乱。

公元前403年，也就是周威烈王二十三年，韩、赵、魏三家派使者到洛邑，也就是大致相当于今天的洛阳，去见周威烈王，要求周天子把他们三家也封为诸侯。

三家分晋 春秋晚期晋国由韩、赵、魏、智、范、中行六卿专权。这六卿又相互争斗，智、范、中行先后被灭。从此，晋国为韩、赵、魏三家所分，晋君成为附庸。周威烈王二十三年（公元前403年），周天子正式承认三家为诸侯。

诸侯都是周天子封的，哪有自己去强烈要求当诸侯的？这不是明摆着不把周天子当回事吗？周威烈王，其实既不威也不烈。一看，不承认也没有用了，因为这三家已经造成既定事实，完全控制了晋国，不如做个顺水人情，就把这三家正式分封为诸侯。从此往后，晋国就变成了三个国家，就是后来战国七雄里面的韩、赵、魏。司马光的《资治通鉴》是人类史学著作中的一部名作，司马光非常有见识。《资治通鉴》记载了这么一件事情，很简单："周威烈王二十三年，初命晋大夫魏斯、赵籍、韩虔为诸侯……"《资治通鉴》就把这一年的这一事件作为春秋和战国的分水岭，之前叫春秋，之后叫战国。而现在我们经常讲的三晋大地，不是指的有三个晋国，而是韩、赵、魏，这么大一块区域叫三晋大地。"三家分晋"是中国历史上具有划时代意义的重大历史事件，也是春秋与战国的分界线。

第二件事情，也是作为春秋和战国分水岭的标志性事件，发生在姜太公所在的国家——齐国，就是"田氏代齐"。我们知道，齐国原来的国君姓姜啊，就在当时，有一个姓田的取代了姓姜的位置。怎么回事呢？春秋末年，战国初年，齐国的贵族田氏，逐渐控制政权，并且最终取代姜氏成为齐侯，成为齐国的国君。田氏是老谋深算的一个家族，这个家族里有个人，经常笼络人心。怎么笼络呢？小斗进，大斗出。老百姓来找他借粮食，他用大斗出借，还的时候用小斗。这样的话，就让老百姓普遍得到了恩惠，民心就被他笼络过去了。

田氏代齐 齐景公时，田桓子用大斗出贷、小斗收进等办法，以笼络人心。他联合鲍氏，攻灭栾氏和高氏。晏孺子时，田乞攻灭国氏等，杀晏孺子，立齐悼公。继又杀齐悼公，立齐简公。周敬王三十九年，田成子杀齐简公，从此齐国由田氏专政。周安王十六年，周天子正式承认田氏为诸侯。

大量的人就投奔到田氏门下，田氏的势力越来越强大。公元前386年，周安王正式册封田和为齐侯，称为齐太公。公元前379年，田氏在齐国的统治地位彻底确立，也就是说，齐国进入战国以后，跟姜太公没关系了，而是跟齐太公有关系了。换句话说，周朝的分封制度彻底被打乱，彻底被冲垮。这也充分表明，周王朝已经沦落成一个无足轻重的小王国，谁都不把周天子当回事了。

公元前367年，进入战国时代的周国，分成了西周和东周两个小朝廷，这个跟大的西周、东周不是一个概念。公元前256年，这两个小朝廷都被秦国给灭了。战国时期的大国，有秦、楚、齐、燕、韩、魏、赵，就是所谓的战国七雄。在七雄的同时期也有一些小国，如宋国、鲁国、郑国、卫国、越国，但是这些小国没有什么用，对当时的政治格局，对当时的社会格局产生不了什么影响。

战国早期，一个中国历史上著名的改革家李悝（kuī）登上历史舞台。李悝变法，使魏国首先强大起来，并夺取了大量的土地。这必然引起了周围的国家比如韩国、赵国的不安，于是他们就邀请齐国、秦国介入。魏国在公元前 362 年败给了秦国，失去了战略要地河西。第二年，魏国迁都大梁，大梁就是今天的开封了，其目的是躲避秦国的兵锋。公元前 340 年，魏国再次败给了赵国、韩国、齐国，从此沦为一个二等国家。战国七雄里第一个衰弱下来的是魏国。

公元前 356 年，中国历史上最著名的改革家商鞅登上了历史舞台。商鞅在秦国开始变法。但是大家知道，商鞅是从魏国到秦国的。当然他本身是卫国人，但他先是在魏国当官。商鞅变法是以耕富国，以农业富国，以战强国，因此秦国迅速地从一个无足轻重的诸侯国发展成为一个大国、强国。战国时代，各国普遍在变法，但是谁也没有秦国的变法来得彻底。秦国靠着商鞅变法快速强大，然后就向东方、向南方扩张，这就使得在秦国以东的那些诸侯非常惊恐。

当时齐国也很强大，所以秦国并不能很顺利地完成统一大业。形成了西面的秦国和东面的齐国对峙的局面。这就引发了当时政客的分派。当时在各国的政客就分成了两派，一派叫连横派，连横是什么呢？主要是指拥护秦国，连横的主要主张就是侍奉秦国，以求得自保。拥齐的那一派主张合纵，合纵也就是大家联合起来对付秦国。这种对峙导致了一百多年的连横合纵战争。在这个战争过程当中，西北的秦国一直占据优势，到了公元前 241 年，离秦国统一六国只不过 20 年了，最后一次合纵攻秦失败，也就是说拥护齐国对抗秦国的政策经过一百多年的战争彻底破灭。公元前 241 年以后，在中国大地上已经没有什么力量可以阻挡秦国发动大规模的统一战争了。又经过 20 年的战争，秦国灭掉了东方六国，也扫荡了那些无足轻重的小国，中国第一次在一个中央集权的专制政府下统一了，这个时间是公元前221年。

这也就是《三字经》讲的，"嬴秦氏，始兼并，传二世，楚汉争"。"嬴秦氏"，秦国姓嬴，"始兼并"，开始了兼并各国的战争。实际上，秦国的统一事业是从秦孝公开始的。为什么这么说呢？因为正是秦孝公开始任用商鞅变法，要求统一的呼声已经占了主流地位。孟子就曾经说过，只有统一才能带来安定。秦国统一中国的100多年前，统一已经是当时中国的政治家、普通民众和知识分子的主流意见，所以秦国的统一才会相对来讲比较顺利。谈到统一，我们当然要提到秦始皇。秦始皇是公元前246年继位的，继位时，继承了一份非常丰厚的家底。为什么？秦孝公任用商鞅开始变法，到秦始皇已经六代人。就在这六代人当中，秦国积聚了强大的实力。当然，秦国统一天下的伟业是在秦始皇嬴政手上完成的。他是第一位完成中国统一的帝王，所以后来人们称他为千古一帝。他姓嬴，名政，出生在赵国，他在公元前246年的时候继王位，这里边当然有吕不韦很大的功劳。

秦始皇 （公元前259年—公元前210年），即嬴政。公元前246年—公元前210年在位，任用李斯，派大将攻灭六国，公元前221年，完成统一大业。建立了中国历史上第一个中央集权的封建国家。

秦王亲政以后听取了李斯的意见，开始灭六国，着手规划统一中国。他的整个战略方针是，由近及远，集中力量，各个击破。所以，他先解决了韩国，中间灭掉了赵国，过几年又灭了魏国，然后再进攻楚国、燕国和齐国。从公元前230年到公元前221年，不到十年时间他采取了远交近攻政策。隔得比较远，一时打不着的国家，建立外交关系，先维持交好关系。靠得近的，攻击并消灭。正因为跟远方的国家形成了一种交好的关系，在进攻靠近的地方时，这些国家也不会支援。远交近攻，分化离间，把六国给搞得矛盾重重。秦王十七年灭韩，十九年灭赵，二十二年灭魏，二十四年灭楚，二十五年灭燕，二十六年灭齐，短短的几年，秋风扫落叶。秦王嬴政最大的贡献正是统一中国，这个统一绝不仅仅停留在军事层面，应该说从根本上影响了中国接下来的历史进程。

第一，书同文。这是非常有名的。大家都知道，殷商以后，文字渐渐普及。作为官方文字的金文（金文是指刻在铜器上或者铸在铜器上的文字），已经比较一致了。但是，春秋战国时期的兵器、陶器、帛、简上的民间文字存在着巨大的差异。秦始皇就下令让李斯进行文字的整理和统一。李斯就以战国时代秦国人所通用的大篆作为基础，吸取了齐国、鲁国这些地方通行的蝌蚪文的优点（蝌蚪文的特点是笔画比较简单，不像大篆那么复杂），创造出一种形态上比较均匀整齐、笔画比较简略的新文字，叫秦篆，也就是我们今天讲的小篆，作为官方规范文字，同时下令废除其他的异体字。因为他统一了中国，可以号令天下。当然这也给以后的学术研究造成巨大的困难，正因为秦始皇的这一废止，六国文字没人认识了，所以咱们现在各地出土的六国文字都成为专家学者也许要花费毕生的精力去破解的文字。

据说在这个时候，有一个人叫程邈（miǎo），他是衙门里的一个吏，因为犯罪被关在监狱里。程邈坐牢十年，做了一件惊天动地的事情，就是发明了隶书。他对当时这种隶变，也就是字体的变形进行研究，在牢里琢磨。他的举动受到了秦始皇的赏识，所以秦始皇还是会用人的，就把他释放出来，不仅释放出来，还提拔为御史，命令他定书。什么叫定书？就是定一种字体，所以他就创造出一种新字体叫隶书。隶书打破了古代汉字的传统，奠定了楷书的基础，大大提高了书写的效率。假设咱们今天还写篆书，你能写多快？还是写楷书快。隶书是一个重大的发展，也是在这个时候完成的。

第二，度同制，即统一度量衡。我们知道战国时期各国的度量衡和货币制度是很不一致的。我们今天是公制，50克一两，10两一斤，二斤一公斤，1000公斤一吨，都比较清楚。但是有的时候大家会碰到麻烦，比如到中药店去配药，它是老秤，16两制，就是一斤16两，如果讲几钱几钱的，很多人就很糊涂。现在如果出去旅行，比如到我国香港地区、台湾地区，那边也用老秤，比如说一两怎么感觉不是一两，一斤也觉得不对，所以度量衡不统一是很麻烦的。而从秦朝开始，先统一了货币，规定货币分为金和铜两种，金称为上币，是地位比较高的货币。金币主要是供秦始皇赏赐臣下用的。民间通用的是铜钱，铜钱就定型为圆形方孔。这就是后来所说的"孔方兄"。为什么称钱为孔方兄呢？因为它中间的孔是方的，照道理应该叫方孔钱，但是叫孔方兄好像更含蓄一点，更像一个人名。秦始皇是以秦国的度量衡为单位，淘汰此前各种各样的度量衡单位。如秦规定，六尺大致为一步，六尺相当于今天的 230 厘米，240 步为一亩。

第三，车同轨。六国时马车的形制是不一样的，轴的宽度也是不一样的，有的宽有的窄，这辆马车到了另一个国家就不能跑了。秦统一后规定车宽六尺，也就是大致相当于今天的 230 厘米。一车就可以通行全国，因为全国的道路都按照这个来修，这就很方便了。

> 秦始皇对于文字、货币、度量衡等的统一，将一个多民族的国家，天然地融合到一起，这不仅有利于中央集权的加强，而且对于后世影响深远。不仅如此，秦始皇还是妇女守节的首倡者。那么，秦始皇都做了哪些规定呢？他又为什么要做这样的规定呢？

第四，行同伦。原来讲秦朝统一，一般提书同文、车同轨、统一度量衡。还有一项大家忘了，叫行同伦，就是要端正风俗，建立起统一的伦理道德和行为规范，在这个方面秦始皇是很重视的。举个例子，公元前 219 年，秦始皇统一中国后的第三年来到泰山脚下。这里原来是齐国的故都，齐国被誉为礼仪之邦。所以秦始皇就命令在泰山上刻上："男女礼顺，慎遵职事，昭隔内外，靡不清净，施于后嗣。"什么意思呢？要求男女之间的界限分明，不要混在一起，要以礼相待，女治内，男主外，各尽其责，要给后代树立好榜样。他觉得齐国这方面做得不错，就把礼仪之邦的实际内容加以总结刻在泰山上让大家效仿。秦始皇三十七年，也就是公元前 210 年，秦始皇南巡到达会稽，也就是今天浙江绍兴，又刻石铭文，这次刻石铭文就不是表扬了，而是批评。因为那时浙江会稽这一带，被秦始皇认为风俗淫泆，即风俗比较轻放，不大重视男女大防，秦始皇看不惯，所以，他在这里公布了一条："杀奸夫无罪。"他还批评、抨击当时会稽这一带不像礼仪之邦，不如北方的齐国那样风正俗严。

除此之外，秦始皇还推行郡县制，修筑长城。但万里长城可不是秦始皇一个人造的，秦始皇之前的魏国、赵国都有长城，秦始皇把它们连接成一个整体。

秦始皇作为中国历史上第一位皇帝，开创了一个伟大的时代。但是，自古以来，他就是一个备受争议的人物。人们对他褒贬不一，有人称他是千古一帝，有人却说他是千古罪人。那么，秦始皇到底做了些什么事情，会让人们对他有着截然相反的评价呢？

当然，这个千古一帝也做了很多后来受到批评的事情，比如焚书坑儒。

焚书坑儒 秦始皇三十四年（公元前213年），博士淳于越反对郡县制。丞相李斯反驳其议，主张禁止儒生以古非今、以私学诽谤朝廷。秦始皇采纳了李斯建议，下令焚书。次年，将460多名儒生坑杀在咸阳。史称焚书坑儒。

秦始皇焚书也不是什么书都焚的，不是看见书就焚的，比如占卜的书、种树的书、讲医学的书不焚。焚的重点是六国史籍，也就是被他灭掉的那些国家的历史书。因为他不希望统一后的中国还记得过去的那些事情，过去齐国有自己的史书，燕国有自己的史书，赵国有自己的史书，他焚书主要是焚这个。至于说坑儒，他也不是所有的儒都坑的，而主要是坑那些方士。为什么坑那些方士呢？因为当初有人骗他。帝王老了以后最要紧的一件事是什么？想长生不老，他要永远当皇帝，享受荣华富贵。秦始皇也不例外，他就想长生不老，所以就找了各路方士。这些方士跟他说："我能给你求到不老仙丹，但你得给我钱，提供大量人员车马。"好多人往往骗了钱就不回来了，秦始皇等半天也没等着，这是一种。第二种要不就骗始皇吃药，但没什么效用，秦始皇就很恼火。比如我们知道的徐福东渡，这不就是骗秦始皇吗？他说海里有神仙岛，岛上有药，这个药吃了以后可以长生不老、永远年轻。秦始皇一听高兴了，说："你要什么条件？给你准备船，带上 500 个童男童女。"结果他走了，走了以后再也没回来过。秦始皇被一而再、再而三地骗，越骗自己身体越不好，逐渐老病，一怒之下，就把这些儒生给坑了。这些儒生里大多是方士。

又比如大兴土木，他造了好多宫殿，生活极度奢靡。所以后代对秦始皇有好多负面评价。总之，对秦始皇评价分歧很大，争论很激烈。

秦始皇，他横扫六合，威加海内；他雄才大略，飞扬跋扈，残暴不仁；他受到的批判和赞颂一样多。但无论是褒还是贬，都不得不承认，这是一个影响过历史的人，是一位了不起的皇帝。也就是这样一位君主，给自己确定了一个亘古未有的称号——"皇帝"。那么，秦始皇为什么会选择这两个字作为头衔呢？"皇帝"这两个字究竟代表着什么样的含义呢？

天下初定，秦王嬴政第一件急着做的事情就是给自己确定一个称号。在春秋战国的时候，各国的君主都称为君或者王。战国后期，有人称帝了，秦国也开始称帝，齐国也称帝的。大家不要以为帝这个名字是秦国第一个用的。不过这个称号在当时不流行，已经统一天下的秦王嬴政觉得这个称号不改一改，和自己取得的巨大成功配不上，不够辉煌。李斯就说，秦始皇功绩"自上古以来未尝有，五帝所不能及"。意思是说从来没有那么大功绩啊，五帝都不及。而古有天皇，有地皇，有泰皇，泰皇最贵，刚开始的时候是建议秦始皇用泰皇作为称号。所以本来秦始皇是应该叫秦泰皇的，有过这个动议，但是秦始皇不满意。他只用了一个"皇"字，后面用了一个秦国在战国时期已经用的"帝"

字，创造出皇帝这个头衔。皇帝这两个字是秦始皇创造的，在他之前没有人这么用，以后皇帝成为古代中国国家最高统治者的称谓，一直到 1911 年，都叫皇帝。皇帝称谓的出现不仅仅是简单的名号变更，还反映了一种新的统治观念。什么观念呢？在古代，皇的意思是大。大家对祖先神和其他的神灵有时就称为皇的，帝是上古的人们想象当中主宰万物的最高天神。秦始皇将皇帝两个字合起来，第一，他拥有至高无上的地位和权威，而且这个地位和权威是上天给予的，是神授的，这就是君权神授。第二，也反映了他不满足于只做人间的统治者，他还要当神的统治者的主观愿望。秦始皇可不满足仅仅管老百姓，他还要管天上的神，可见皇帝这个称号的意义。秦始皇做中国历史上第一个皇帝，所以他叫始皇帝。他规定，自己的帝位传给子孙的时候，后面就称二世皇帝、三世皇帝，他希望自己的秦帝国能够万代不绝。

为了使皇帝的地位神圣化，秦始皇采取了好多尊君的措施，比如自称为朕，这是从秦始皇开始的。秦始皇之前没有哪个帝王称朕的。根据方言，要么称我，要么称俺，秦始皇统一了，称朕，而且朕只有皇帝才能用，别人谁都不能用。

另外，他还规定，要严格避讳，就是在写文章的时候不能提到皇帝的名字，如果犯忌，就要灭族。而且提到皇帝和始皇帝的时候，要提行顶格，这个到清朝还是这样。

从秦始皇开始只有皇帝使用的、用玉雕刻的大印才能称为玺。在过去，玺不是皇帝专用的，百姓也可以刻一个玺用，但是秦始皇规定百姓刻的东西叫章，皇帝的章叫玺。

这些规定的目的都在于突出天子的特殊地位，强调皇帝独一无二，强化皇权在老百姓心目当中的神秘感。秦始皇梦想用这种手段让他的家天下可以世世代代传下去。但是秦始皇过于迷信暴力了，他对自己的军事力量太自信，又整日生活在阿谀奉承当中，最终使他的秦帝国埋下了走向毁灭的种子。

秦始皇之所以自称"始皇帝",就是希望他所打下的江山能够千秋万代地传承下去。但是,此时已经被胜利冲昏了头脑的秦始皇,却刚愎自用,残暴不仁,黎民百姓苦不堪言,秦王朝的丧钟马上就要敲响了。那么,秦始皇和他的秦帝国,最后的结局究竟是怎样的呢?

公元前 210 年,秦始皇在巡游途中去世。他死时的岁数有各种算法,反正 50 岁左右。他去世以后皇室密不发丧,不敢让人知道秦始皇死了。大家当时都觉得秦始皇不会死的,这个人怎么会死呢?他不是一般的人啊,他是皇帝。当时运他的遗体时,把他和一车鲍鱼放在一起运,鲍鱼烂了以后很臭,尸体在夏天运的时候也会发臭。如果尸臭味道散出来大家就会知道,所以就故意拉上一车鲍鱼,这样就可以暂时混一下了。

继位的秦二世胡亥是在赵高等阴谋小人的协助下夺取帝位的,他上台以后杀戮亲属大臣,严酷压迫人民。就在秦始皇死后的第二年,秦二世继位没多久,陈胜、吴广揭竿而起,"揭竿而起"这个成语就是从这个地方来的。公元前 209 年,中国历史上第一次大规模的农民起义,敲响了秦帝国的丧钟。在陈胜、吴广的影响下,秦朝遍地烽火,不仅是农民起义,被灭掉的东方六国的旧部族也起来反抗。此后,好像六国又复活了,好像中国又进入了战国时代,有的人打着赵国的旗号,有的人打着燕国的旗号,纷纷立国称王。其中最有力量的就是由楚国的贵族后代项羽率领的军队,还有平民刘邦率领的军队。中国历史就此进入了《三字经》所讲的"传二世,楚汉争"这么一个阶段。

那么,楚汉究竟是如何相争的?对于中国后来的历史产生了什么样的影响呢?请看下一讲。

（下）

嬴秦氏，始兼并，传二世，楚汉争。

① 嬴（yíng）：秦国君的姓氏。
② 传：传承。
③ 楚：西楚霸王项羽。
④ 汉：汉王刘邦。

    在推翻秦朝的过程中，项羽和刘邦的军队都立下了赫赫战功，但为了皇帝宝座，昔日的朋友马上变成了敌人。在楚汉战争中，刘邦是怎样逐渐扭转了被动局面？对于最后的胜利者刘邦和失败者项羽，后人都有什么样的评说？汉朝建立后，为什么还会发生一段令人震撼的悲壮故事呢？

秦朝在秦始皇统治的后期，就已经走到了尽头。人们不堪暴政，揭竿而起，各地义军风起云涌，其中项羽和刘邦的军队逐渐成为灭秦的两大主力。在咸阳被攻破、秦朝真正灭亡后，这两支昔日的友军很快变成了争夺天下的对手。一直处于劣势的刘邦是怎样扭转被动局面的？对于胜利者刘邦和失败者项羽的性格和作为，后人都有什么样的评说？而在汉朝建立后，还有哪些人坚决不向刘邦俯首称臣，并留下了一段悲壮刚烈的故事呢？

秦始皇原来打算把自己皇帝的位子传到万世，但实际上，正如《三字经》讲的一样，他只传了两代。在他去世后不久，就爆发了以陈胜、吴广为代表的全国性的起义反抗，其中最主要的两支力量就是《三字经》讲的"楚汉争"，一支是由楚国贵族后裔项羽率领的楚军，一支是由平民刘邦率领的汉军。

项羽是楚国贵族的后裔，非常有号召力，而刘邦是一介平民。楚汉相争，在中国历史上引发了一段跌宕起伏的故事，长久保留在我们的文化记忆中。且不说京剧《霸王别姬》和其他的戏剧形式，单看中国象棋的棋盘就知道了，楚河汉界，就是楚汉相争留在民族记忆当中的一个痕迹。

这个过程历史记载得相当清楚。公元前207年，也就是秦始皇驾崩之后的第三年，项羽以少胜多，在巨鹿大败秦朝主力军。公元前206年，刘邦则率领他的军队攻破了咸阳。咸阳是秦朝的国都，所以就以公元前206年为标志，宣告秦朝覆灭。公元前206年到公元前202年共四年时间，也正是楚汉战争最为激烈的四年。汉王刘邦拜韩信为大将，韩信将兵，多多益善；拜萧何为丞相，整顿后方，训练兵马。公元前206年8月，刘邦和韩信率军攻打关中，关中老百姓已经被秦朝的统治压得透不过气来，所以，他们对刘邦有好感，并盼望刘邦能把秦朝消灭。汉军一到，关中基本没有抵抗，这里不到三个月就成了刘邦的地盘。

> 在揭竿而起的抗秦大军中，项羽和刘邦的军队逐渐成为两支主力，最终推翻了秦朝。为了争夺天下，两支友军很快就变成了敌人，历时四年的楚汉战争马上拉开了序幕。这其中到底都有哪些曲折呢？

灭秦之战中，主要的仗都是项羽打的，但国都却是刘邦攻下的，所以项羽大有气不平之处，也率军攻破函谷关，打入了咸阳。公元前206年12月，项羽40万兵强马壮的军队驻扎在新丰，就是今天陕西临潼东北面。项羽驻扎在鸿门，就是鸿门宴的发生地。当时只有10万人的刘邦自知不敌项羽，就去鸿门赴宴，表示一种归顺，不跟项羽争。鸿门宴以后，项羽正式率兵进入咸阳，自立为西楚霸王，封刘邦为汉王，所以刘邦的汉王是项羽封的。刘邦的封地就在巴蜀的汉中。与项羽的任人唯亲相反，刘邦非常注意招揽人才。他采纳萧何的策略，将封地治理得井井有条，成为非常稳固的后方根据地。公元前206年，刘邦起兵攻打项羽的老家彭城，彭城在今天徐州一带，楚汉战争正式爆发，这是一个历史上的节点。本来项羽没把刘邦当回事，也准备发兵攻打刘邦。但是这时，东边出了大事。项羽把一个部将封为齐王，齐国的旧贵族不干，发兵把这位齐王赶跑了，这个问题很严重。因为齐国对项羽很重要，所以项羽只能先去对付齐国。而汉王刘邦趁着项羽在齐国忙着打仗的时候，就攻下了彭城，把项羽的老窝端了。项羽一看老家被打了，只能放下齐国赶来跟刘邦作战，结果刘邦大败，他根本打不过项羽。史书记载掉在河里淹死的汉军不计其数，连刘邦的老父亲和夫人都被项羽俘虏了。刘邦只能率军退到荥阳，也就是今天河南荥阳一带，收拾残兵。这时，萧何从关中调来了一

鸿门宴 公元前206年刘邦攻占秦都咸阳。不久项羽率40万大军进驻鸿门（今陕西临潼东），准备消灭刘邦。经项羽叔父项伯调解，刘邦到鸿门跟项羽会见。酒宴上，项羽的谋士范增让项庄舞剑，想乘机杀死刘邦。最后，刘邦在项伯、樊哙（kuài）等人的护卫下乘隙脱险。后人用鸿门宴喻指暗藏杀机的宴会。

支人马，韩信也带着军队来和刘邦会合，汉军又一次振作了。刘邦采取以攻为守的战法，一方面守住荥阳，用不多的兵力拖住项羽的部队，一方面派韩信率兵往北攻占了魏国、燕国、赵国。

> 论实力，刘邦绝对无法跟项羽相比，可是刘邦却敢于向西楚霸王发起挑战，其实，就是敢于向皇帝宝座发起挑战。刘邦首先用离间计让项羽失去了自己的智囊谋士，接着又不断地扰乱项羽的部署，慢慢地改变了局势。那么，刘邦到底是怎样扭转了被动局面呢？

公元前 203 年，项羽在东边打了胜仗，可是成皋失守，所以又率兵往西对付刘邦。楚汉两军在荥阳附近又开始对峙。这时发生了历史上非常著名的一幕。楚军的后勤力量没有那么强，而刘邦有萧何和陈平组织后勤。日子一长，楚军的军粮不够了，刘邦又躲着不打，项羽就去骂刘邦。刘邦脸皮厚不理他。项羽实在没招，想起刘邦的老父亲还在自己的手上，就把他老父亲绑起来，搁在一个杀猪的案子上，说："刘邦如果不投降，就把你爹给宰了，剁了煮成肉羹吃。"这个时候，刘邦滚刀肉的本事就出来了，一般人肯定会气坏，刘邦却说："行，反正我跟你曾经结拜为兄弟，那么我爹也就是你爹了，你如果非要把咱们的爹杀了吃了，那请分我一杯羹。"这就是我们经常用的"分一杯羹"这个说法的来源。项羽恨得直跺脚，真要杀个老人家也没什么意思，也不真想吃他的肉，弄得很没趣。项羽一看，这也激怒不了刘邦，就派使者传话："现在天下大乱，生灵涂炭，实际上都是为了咱们俩。咱们别打了，单独比个高下，谁输谁认命，这样老百姓可以有一个太平。"刘邦的滚刀肉接着滚，就回答项羽说："我可以跟你斗智，不跟你比力气。"项羽实在没招了，就把刘邦叫来在阵前对骂。项羽骂不过刘邦，刘邦口舌比较厉害。他不停地数落项羽的罪状，说项羽屠杀百姓、不讲信义。项羽说不过他，急了，就下令放箭，有一箭射中了刘邦的胸口。那刘邦真是一代枭雄，一看自己胸口被射中一箭，怕手下的将士看见军心涣散，就破口大骂："小子，只是脚指头被你射了一箭！"汉军的将士觉得，刘邦只不过脚指头被射了一箭，没有什么大碍，大家并不慌乱，只是赶紧把刘邦扶进了营帐。实际上这一箭射得很猛。在这个时候，张良，一位非常著名的谋士，怕军心动摇，就劝刘邦爬起来，到军营里面巡视一遍。汉军一看，原来真的射在脚指头上，还能够出来溜达，项羽又没有达到目的。

项羽听说刘邦没死，大失所望。正在这个时候，韩信在齐国大败楚军，彭越又截断了楚军仅有的运粮通道。刘邦又显示出他老谋深算的一面，因为他觉得还是打不过项羽，就派人跟项羽讲和，条件是把自己的老父亲太公跟他的夫人吕雉放回来，楚汉双方以鸿沟为界。鸿沟在今天河南荥阳那一带，鸿沟以东为楚国，以西为汉国，这就是楚河汉界的来源。项羽一看，也没办法，就把太公和吕雉放回去，自己带着兵马回到彭城。实际上，刘

四面楚歌 西汉司马迁《史记·项羽本纪》："项王军壁垓下，兵少食尽，汉军及诸侯兵围之数重。夜闻汉军四面皆楚歌，项王乃大惊。"比喻陷入四面受敌、孤立无援的境地。

邦的讲和只不过是一个缓兵之计。汉王用了陈平、张良的计策，不出两个月，快速地、悄悄地组织了韩信、彭越、英布三路人马会合，由韩信为总司令，追击项羽，楚汉战争的决战就在这个时候爆发了。公元前203年年底，楚汉重新开战。此时，刘邦兵力已十分强大，他率军将项羽重重包围在垓下，也就是今天安徽灵璧县东南。弹尽粮绝的项羽在这个时候已经没有什么办法。危急时刻，刘邦和他的人才军团又想出一绝招：他们把汉军里楚地的将士组织起来，用楚地的方言楚地的曲调唱歌。项羽一听，四面楚歌，以为自己的江山都被刘邦攻下了，实际上那个时候并没有。项羽觉得无颜面对江东父老，就在垓下拔剑自刎。公元前202年6月，楚汉之争以刘邦的胜利告终，西汉王朝统治了中国，加上后来的东汉，汉王朝统治中国406年。

经过四年的楚汉战争，刘邦终于打败了项羽，建立了汉朝。虽然有句话叫"成者王侯败者贼"，但后世的人们，却给予了

失败者项羽更多的赞赏和同情，这是为什么？刘邦和项羽两个人有哪些不同的性格和行为呢？

实际上，项羽在各方面都占有明显的优势。当时流行着一句话，"楚虽三户，亡秦必楚"。楚国哪怕就剩下三户人家，最后灭亡秦朝的一定是楚国，可见楚国人的强悍，也可见楚国人与秦朝的血仇之深。而在秦末以后的中国，实际上当时的很多人以楚为正统，陈胜、吴广的政权就叫张楚，就是发扬光大楚国的意思。项羽作为赫赫有名的楚国贵族，他的号召力是一介平民刘邦难以比拟的，所以他在早期能够积聚起强大的军事和物质力量，远远超过刘邦。但是，项羽最大的毛病是刚愎自用，优柔寡断，不能与人推心置腹，无法有效地调动和发挥自己的全部力量。而刘邦就不同，刘邦在得到天下以后，曾经有过一段总结："我之所以能够打下天下，完全在于我会用人：运筹帷幄，决胜千里，我不如张良；治理国家，安抚百姓，运输军粮，我不如萧何；统帅大军，攻城略地，我不如韩信。"张良、萧何、韩信就是所谓的"汉初三杰"，也正是因为他们的协助，刘邦才开创了汉朝的基业。项羽和刘邦是完全不同的两种人。项羽是一个贵族，刘邦是底层的平民。刘邦这个人，有的时候举止非常粗鲁。比如一些非常有身份的老人来看他，刘邦当着人家的面洗脚，甚至把老人家的帽子拿下来当尿盆撒尿。项羽力拔山河，英勇无敌。刘邦论武不行，文化水平也不高，一首《大风歌》，也就是喊两句，"大风起兮云飞扬"，武功跟项羽更不能比。项羽讲义气，重感情，爱憎分明。刘邦贪婪好色，反复无常，狡黠多疑。《史记》伟大，就是因为司马迁的眼光独到、史实从真、史德高尚。司马迁写《史记》的时候已经是汉武帝时代了，汉朝建立很久了，而他依然将项羽写成英雄末路，将刘邦写成伪君子，而且堂而皇之地为项羽立传，写成《项

汉初三杰 指汉朝开国元勋张良、萧何、韩信三人。汉高祖刘邦曾问群臣："吾何以得天下？"群臣回答皆不得要领。刘邦遂说："我之所以有今天，得力于三个人—运筹帷幄之中，决胜千里之外，吾不如张良；镇守国家，安抚百姓，不断供给军粮，吾不如萧何；率百万之众，战必胜，攻必取，吾不如韩信。三位皆人杰，吾能用之，此吾所以取天下者也。"

羽本纪》，并将《项羽本纪》放在《高祖本纪》之前。所以，在司马迁的心目当中，刘邦不如项羽。项羽平生战无不胜，可是，就输了这么一次。刘邦屡战屡败，可是就赢了这么一次，就因为最后的这一次决战，历史改观了。刘邦建立汉朝，在中国历史上不仅仅是开启了一个朝代，最主要的是传达出一种信息，平民也可以打天下做皇帝，一句话：平民可以拥有皇帝梦。

虽然刘邦得到了天下，但是在一开始，却未必完全得到了民心。汉朝建立后，仍有不少人不肯向刘邦俯首称臣，其中还演绎出了悲壮刚烈的一幕，至今震撼人心。这又是一段什么样的故事呢？

也有一些人是不跟刘邦合作的，不愿意向他低头。这里边比较有名的一个就是田横。田横生年不详，他是公元前202年自杀的，是当时著名的将领和贤士，也曾经自称为齐王。起初田横主要跟项羽争斗，因为楚王来攻掠齐地，对刘邦，田横只不过是防备。可是，刘邦也想攻占齐地，所以，就派了一个人去劝降田横。田横不知道是计，他不太了解刘邦的性格，还是以一种贵族心态去揣度刘邦，就跟刘邦堂堂正正地签订了一个协议。他刚刚签完协议，把对刘邦仅有的一些防备撤走，韩信就率军突袭济南，攻击济南后旋即攻向临淄，直逼齐国的都城。田横这才知道上了刘邦的当，不幸的是那个使者，被田横给烹煮了。后来田横还曾经自立为齐王，但是实际仅仅是一个空名了。公元前202年，刘邦战胜了项羽，统一了中国，田横一想，刘邦不好惹，自己恐怕逃不了被诛杀的命运，就率领部下500人，逃到了海州东海县，离岸颇远的一个小岛上。刘邦担心：第一，田横是齐国的贵族，有号召力；第二，田横兄弟在这一带经营多年，老百姓心里还是记着他的。刘邦就打算赦免田横，希望把田横召回来。从史籍记载来看，刘邦起初并没有打算杀掉田横，而是想田横只要低头称臣，就赦他死罪，可是，田横不愿这么做。

对刘邦人品德行的失望，应该是田横不愿俯首称臣的原因之一。但在实力悬殊的情况下，在崇尚忠义高于生命的那个时代，田横和他的部下又会做出什么样的惊世之举呢？

田横为什么不愿意呢？田横把刘邦的使者给煮掉了，而这位使者的兄弟，现在还是刘邦手下的大将。田横想："我把你使者烹了，你将来总有一天要报复我。"刘邦知道田横有这个担心，就下令于这个使者的兄弟，将来不许伤田横一根毫毛，否则就灭其九族。刘邦以为这样以后，田横就会投降，替他安抚齐地的百姓。谁知道，田横根本不干，他认为自己是齐国的贵族，刘邦不守信用，又是一介平民，要他现在向刘邦称臣，他低不下这个头。刘邦就下了一道死命令，要么田横回来，封为诸侯，或者给个爵位，否则他就发兵诛杀田横所有的随从。

田横 秦末狄县人。齐国贵族。刘邦打败项羽后登基称帝，田横不肯称臣于汉，率部属500余人逃亡海上，避居岛中。刘邦为除后患诏令赦田横罪而招安。田横被迫携门客二人赴洛阳，于途中自杀。留居海岛者闻田横死讯，亦全部自杀。刘邦感慨于田横能得人心，遂以王者之礼安葬田横。

田横是一个君子，他不愿意连累这500多个跟着他的人，所以就带着两个随从上路往洛阳走，一路走一路想，自己要向刘邦称臣，心里实在不愿意。到离洛阳30里的时候，田横就跟身边两位随从讲："你们先回避一下，我马上要拜见天子刘邦，要沐浴。"于是，两个随从就回避了，而就在这时田横自杀了，两个随从也当即自杀。岛上的500多人听到这个消息以后，也全部集体自杀，死都不肯向刘邦称臣。这500多壮士在中国历史上被视作忠义的代表人物，这个在山东即墨境内的小小的海岛，今天就被称为田横岛，那里成了忠义的象征地。

由于刘邦有很多特殊的机缘，也由于他所具备的特殊才能，特别是他集贤纳士的出色本领和手段，为他战胜项羽起到了至关重要的作用，而且赢得了最终的胜利。刘邦于公元前202年正式建立了汉朝。中国经过一个不算太长的分崩离析的战乱状况，又一次回到了大一统的时代。那么，接下来《三字经》又如何讲述汉朝呢？请看下一讲。

高祖兴，汉业建，至孝平，王莽篡。
光武兴，为东汉，四百年，终于献。

1 高祖：西汉王朝的创建者刘邦，公元前 202 年—公元前 195 年在位。

2 兴：兴起。

3 业：基业。

4 孝平：汉平帝，西汉的末代皇帝刘衎（kàn），公元前 1 年—公元 5 年在位。

5 篡：篡位。

6 光武：汉光武帝，东汉王朝的创建者刘秀，公元 25 年—公元 57 年在位。

7 献：汉献帝，东汉的末代皇帝刘协，公元 190 年—公元 220 年在位。

一个曾经得到皇室器重、得到天下百姓赞誉的"圣人"，原来却是盗取汉室江山的窃贼。他究竟是一个什么样的人？他为什么骗人能骗那么久？又是谁抢回了被夺走的刘家天下？而大汉王朝最终又是如何消失的呢？

汉朝建立后，经过文景之治的休养生息，国力逐渐恢复，又经过汉武帝的开疆拓土、强力治国，汉朝走向鼎盛。但在繁荣的背后，朝廷却危机四伏。一个曾经得到皇室器重、得到天下百姓赞誉的"圣人"，原来却是扼杀汉朝江山的伪君子。他究竟是一个什么样的人？他为什么能欺骗那么多人？而在西汉灭亡不久，汉室得以恢复，史称"东汉"。那么，又是谁抢回了这个被夺走的刘家天下？而大汉王朝最终又是如何消失的呢？

吕后 汉高祖皇后，名雉，字娥姁，秦代单父县（今山东省单县）人。公元前202年，刘邦称帝，封吕雉为皇后。吕后为刘邦剪除异姓诸王侯起了很大作用。刘邦去世后，吕后掌权，又大封吕氏家族。她死于公元前180年，时年62岁，掌政16年。

文景之治 西汉初年，由于多年战乱，经济萧条，到处是荒凉的景象。汉文帝、汉景帝为稳定和巩固其封建统治，采取"与民休息""轻徭薄赋"的政策。文景时期，提倡节俭，重视"以德化民"，社会比较安定，经济得到发展。史称"文景之治"。

刘邦在位只有七八年的时间就驾崩了。太子刘盈继位，这就是汉惠帝，也是汉朝的第二位皇帝，刘盈在位七年也驾崩了。此后，吕后就重用自己的家人，几乎把汉朝变成了吕姓的天下。后来周勃等一批追随刘邦的忠臣，又把天下给夺了回来，把吕后的亲戚诛杀殆尽。汉初20年，皇室内部混乱不堪，虽然说不打仗了，但是社会并没有什么发展。真正给汉朝奠定了400年基业的，是刘邦的小儿子——汉文帝刘恒。刘恒在吕氏集团覆灭以后继位，他宽厚、仁慈、节俭，是中国历史上数得着的好皇帝。刘恒和他的儿子刘启，也就是汉景帝，开创了鼎鼎大名的"文景之治"。文景之治使历经战乱的百姓休养生息，经济也得到了发展，汉朝也因此恢复了国力。

接下来这位皇帝更了不得，那就是汉武帝刘彻。汉武帝外除匈奴，内尊儒术。所谓"罢黜百家，独尊儒术"，就是利用儒家的学术学说来统治中国。但我们不能简单地、错误地理解"罢黜百家，独尊儒术"这八个字。这里的"儒术"不是儒家学术，而是指儒学和法术。法术指原来法家那套传统的严刑峻法和黄老之术的结合。所以，儒术的成分很复杂，绝对不是儒家学术的意思。把中国文化传统中很多不好的东西，甚至把一切不好的东西，都算在儒家的头上是不符合历史事实的。汉武帝的这个政策对中国历史的影响太大，其中的是非功过是一个历史大问题，这里就不详细展开了。

汉朝像别的朝代一样会有各种各样的问题，但是，汉朝最突出的问题是外戚和宦官。我们不禁会问，外戚和宦官每个朝代都有，皇后也有娘家啊，皇帝身边总有宦官啊，为什么就汉朝的外戚和宦官的问题特别严重呢？很简单，只要去看一看汉朝皇帝即位的年龄就知道了。汉朝起码有十个皇帝即位的时候年龄都很小，17 岁当皇帝算大的，还有 1 岁当皇帝的。年龄小，怎么可能管理国家呢？这就只能靠皇后的娘家人管理国家，这就是外戚专权。时间一长，谁能够保证外戚就不生二心？谁能够保证舅舅就不看上外甥的皇帝宝座？这样国家就要乱。但小皇帝总有长大的一天，他长大了以后，怎么会容忍外戚掌握大权？他怎么会容忍自己舅舅家的外姓人掌握大权？小皇帝没有兵，没有钱，没有权，别人信不过，只有信身边的宦官。因为这些宦官是从小陪他长大的，又从小照顾他。宦官有什么本事呢？宫廷政变，因为宦官都在宫廷里边。就这样没完没了地斗来斗去，杀来杀去，葬送了汉朝的江山。

　　经过文景之治和汉武帝的开疆拓土，汉朝进入了鼎盛时期。但表面的繁荣难以掩盖朝廷内部的混乱。在宦官和外戚不断的相互残杀中，一个手段极其高超的伪君子出现了，他就是王莽。王莽是怎样欺骗那么多人的呢？

《三字经》里讲的"王莽篡"，就是讲王莽篡夺了汉朝的江山。王莽是中国历史上著名的伪君子。这个人表面很善良，很慈祥，但内心很坏。王莽，字巨君，大概是公元前 45 年生人，卒于公元 23 年。他是新朝的建立者，在西汉和东汉之间的一个王朝，时间是公元 8 年到公元 23 年，共 15 年，新朝之后就是东汉。王莽是魏郡元城（今河北大名东）人，他是汉元帝的皇后王政君的侄子。要说王莽也真是挺不容易的，小时候，父亲王曼就去世了，不久王莽的哥哥也去世了。王莽年轻时给大家的印象是非常孝敬母亲，非常尊敬自己的嫂子，生活俭朴，饱读诗书，结交贤士，声名远播，形象很正面、很阳光的一个人。王莽对他的伯父王凤，非常恭敬。王凤在当时是大司马、大将军，握有军政实权。王凤也很喜欢这个从小没爹的侄子。所以，王凤临死之前就嘱咐皇后王政君，要照顾王莽。汉成帝的时候，也就是公元前 22 年，王莽开始当官了，先当黄门郎，是宫廷里边的小官。王莽礼贤下士，清廉俭朴，经常把自己的俸禄收入分给门客和穷人，经常施舍，做慈善事，甚至把自己的马车卖掉去救济穷人。所以，他深受人们的爱戴，甚至感动了他的叔父。他的叔父叫王商，也是当时的一个官儿，他觉得自己的侄子实在太感人了，就把自己的封地割了一部分让给侄子。永始元年，也就是公元前 16 年，王莽受封为新都侯。公元前 8 年，他出任了大司马，那一年王莽 38 岁。第二年，汉成帝驾崩，汉哀帝继位。因为汉哀帝的母亲姓丁，所以，丁姓外戚开始权倾朝野。而王

大司马 大司空 大司徒
官名，并称三公。汉武帝罢太尉置大司马；汉成帝时，改御史大夫为大司空；汉哀帝时罢丞相，置大司徒。

莽是王政君的外戚，所以他只能隐居新野，躲起来了。这期间，王莽又做了一件事情，朝野一片叫好：当时大官家里的家奴很多，但国家法律是有规定的，不能随便杀家奴。王莽的儿子杀死了家奴，王莽于是就逼迫儿子自杀偿命。世人对这个举动好评如潮，觉得又一个圣人诞生了。

为了给自己树立一个圣人般的形象，王莽不惜失去亲生儿子。在当时，能够如此狠心的人，也必定有着常人不具备的野心。而这个假圣人，又是怎样一步一步地实现自己野心的呢？

公元前 2 年，王莽回到了京城。公元前 1 年，汉哀帝无子而崩。这个时候的王政君，也就是王莽的姑妈，开始掌管传国玉玺。于是，王莽又一次任大司马，掌管禁军，变成了警卫部队的首领。王莽已经开始参与立皇帝了。他立的汉平帝得到了朝野的拥戴，因为当时大家都没识破王莽，以为他是一个圣人，而且他本来就是皇帝的亲戚，所以大家都很拥戴他。公元 1 年，王莽推辞再三，最后才接受了安汉公的爵位，他已经被封为公了，而且是安汉公，能够安定汉室的公爵，称号都不一样了。随后，王莽又做了一件事，让全国人民一片叫好之声：他把受封为公得来的俸禄分给两万多人，也就意味着，两万多个人今后每年都有工资，可以养活两万多人家。公元 3 年，王莽的女儿成了皇后，王莽就成了皇帝的岳父，地位又高了。公元 4 年，他的位子已经在诸侯王公之上，一人之下，万人之上了。公元 5 年，王莽觉得自己熬出头了，居然把女婿汉平帝毒死了。他把汉平帝毒死后，立仅仅两岁的孺子婴为皇太子。这跟慈禧是一样的，立一个小的他还可以掌权，立一个大的就不听他的了。太皇太后命王莽代天子朝政，称为摄皇帝。公元 6 年，有人起兵反对王莽。在这一场动乱中，不断有人以各种理由向王莽劝谏，其实就是王莽安排的，说王莽你干脆自己当皇帝吧。王莽就做了一件绝事，他派人向对他恩重如山的姑妈王政君索要传国玉玺，这就等于活生生要夺位啊。王政君到这时才看透了自己这个侄子的伪君子面目，一气之下就把玉玺摔在地上，玉玺就缺了一个角。王莽心疼坏了，赶紧叫人拿黄金补了一个角，这就是历史上非常有名的金镶玉玉玺。从那以后，传国玉玺就缺了个角，这个玉玺后来还是有传承的。公元 8 年，王莽接受孺子婴的禅让称帝，改国号为新，改长安为常安，开了中国封建历史上通过篡位做皇帝的先河，他也因此在历史上臭名昭著。

新朝建立了，王莽的真实面目也暴露无遗。虽然王莽费尽心思登上了帝位，但天下百姓却不承认这个皇帝。大家依然认为，王莽是窃取了皇帝宝座，江山仍然是刘家的。因而，天下的刘氏家族肯定不甘大权旁落，当然要奋起争夺。

《三字经》接着讲"光武兴，为东汉，四百年，终于献"。光武帝，即刘秀，他和他的哥哥是南阳蔡阳（今湖北枣阳西南）的豪强，在乡间势力很大，占有大量的土地，还有大量的门客，逐渐拥有一支武装。古代的武装比较简单，拿根棍也能打仗，拿把锄头也能杀人。慢慢地他们人多势众起来。他们对王莽的所作所为非常不满，趁天下大乱的时候起兵。那时，绿林、赤眉、刘秀兄弟，三支人马相互呼应，打了好几个胜仗。

刘秀 刘秀（公元前6年—公元57年），字文叔，东汉开国皇帝，即光武帝。南阳郡蔡阳县（今湖北枣阳）人。王莽时，加入绿林起义军，以恢复汉家制度为号召，力量逐渐壮大。公元25年称帝。后镇压赤眉起义军，削平各地割据势力，统一全国。

昆阳之战是新朝末年，以绿林农民军为主体的汉军，在昆阳地区大破王莽主力的一场战斗，也正是这场战斗基本上宣告了新朝的灭亡。公元23年，绿林军趁王莽的主力向东攻击赤眉的时候，在今天河南的境内，歼灭了王莽的部分军队。而这个时候绿林军的势力发展到10万多人，绿林军立了刘玄为帝。王莽一看绿林军很厉害，就派大司空王邑率军赶赴洛阳，大司徒王寻率军40余万南进，打算一举把绿林军消灭。王莽的军队到达颍川，就是今天河南的禹县一带，迫使刘秀的部队撤回了昆阳。当时昆阳的绿林军只有八九千人，一些将领看见王莽的50万大军浩浩荡荡地杀过来，很多人就不想打了，准备率领这八九千人退回荆州，退回湖北去。刘秀这个时候提出："合兵尚能取胜，分散势难保全。"意思就是大家把兵力合在一起大概还有取胜的可能性，但是如果大家分头跑的话，就没有办法保全了。他说服各位将领，固守昆阳。这个时候，昆阳已经被王莽的军队围住了，刘秀率领13名骑兵，突出重围，到外面调集援兵。刘秀带领了一万多援兵赶回来支援昆阳。当时昆阳外面王莽的军队是几十万，刘秀亲自率领1000多名精锐的骑兵，反复冲杀，把王莽的军队冲垮。昆阳的守军，看见刘秀的援军到了，也打开城门开始攻击，这样内外夹攻，王莽军大败。败的时候赶上雷雨，好多士兵被雷劈死了。所以，昆阳之战在中国古代战争史上是以少胜多、以弱胜强的著名战役。以绿林军为主体，刘秀也在其中，乘胜攻入长安，放火烧了未央宫的大门。王莽逃到了宫里的渐台，所谓渐台就是四面环水的台，但是最后还是被汉兵杀了。新朝只有 15 年就灭亡了。

> 　　刘秀身先士卒奋勇拼杀，在处于绝对劣势的情况下，打了一个大胜仗，彻底动摇了王莽新朝的根基。然而，为了皇位，在这些联合反抗王莽的义军队伍之间，却始终存在着尖锐的矛盾，包括刘秀都几次差点儿被害，但他却能敏锐把握机会、从容化解。那么，新朝灭亡后，刘秀又是怎样当上皇帝的呢？

　　刘秀利用绿林和赤眉之间的矛盾，让他们相互攻杀，在他们两败俱伤之际各个击破。公元 25 年，刘秀称帝，史称光武帝，定都洛阳。公元 27 年，各支农民起义军基本都被刘秀消灭了。公元 36 年，刘秀把各地的豪强、割据武装全部剿灭，恢复了中国的统一。刘秀来自民间，他比较了解民间的疾苦。中国历史上众多王朝，通常开国初期的几代皇帝都比较好，国家能够马上安定，经济能够发展，究其原因在于往往开始的皇帝都是来自民间。刘秀在位期间，多次下令禁止残害奴仆，限制豪强霸占土地，减轻赋税，免除部分县的徭役，兴修水利，对各级官僚、官吏严加考核，罢免贪官，精简官员，裁并 400 多个县。那时候，中国的县很多，到处都是官，他裁并县，重建一种中央集权的政治体制。所以，社会得到了快速恢复。这一段历史被称为"光武中兴"。光武帝有一个非常有趣的特点——经常回故乡。一般的人当了皇帝到了都城以后不大回老家的，光武帝却忘不掉自己的故乡——舂陵。他多次回到故

光武中兴 刘秀建立东汉政权后，以"柔道"治天下，采取一系列措施，恢复、发展社会生产，缓和西汉末年以来的社会危机，使东汉初年出现了社会安定、经济恢复、人口增长的局面。因此，刘秀统治时期，史称"光武中兴"。

乡大摆宴席，宴请父老乡亲。不仅如此，他还下令把他的故乡由原来的春陵乡，升格为县，叫章陵县，而且下令这个县世世代代免除徭役，不用交税，也不用服劳役，这个地方就是今天的枣阳。

> 刘秀推翻了王莽的新朝，恢复了汉室江山，是一个难得的好皇帝。然而，他的雄才大略却无法在子孙中代代相传。几代以后，朝廷再次出现危机。那么，这个曾经被伪君子王莽拦腰斩断的大汉王朝又是如何消失的呢？

东汉在开始时发展得很快，但是，不久问题又暴露出来。皇帝在生育方面出问题了。一连好几代皇帝都是刚会走路，甚至刚会爬的小孩子，这又陷入了外戚干政、宦官干政的混乱争斗当中。不仅如此，在东汉还有更复杂的问题，因为东汉出现了第三种势力——官僚士大夫，就是后面三国时袁绍这些几世几公的人物。他们不是外戚，更不是宦官，他们对外戚和宦官都瞧不上。但是，如果让他们在两者当中选择，这些士大夫往往比较多地选择外戚。外戚起码还是健全的人，跟宦官不一样，所以宦官对士大夫特别憎恨。

东汉中期，即公元89年至105年之间，整个东汉的国势开始衰落，长期地动荡。公元184年，以张角为首的太平道发生了大规模的起义，沉重地打击了东汉王朝。公元189年，汉灵帝驾崩，外戚诛杀宦官，宦官反扑，结果两者几乎同归于尽。外戚把宦官差不多杀光了，宦官也差不多把外戚杀光了。这个时候关西的军阀董卓进入京城，他废黜了刚立的小皇帝，重新立了一个小孩刘协为帝，这就是汉献帝。董卓的行为引起了很多官僚士大夫的不满，因为那时候外戚和宦官都差不多被杀光了，但官僚士大夫还在，他们设计杀了董卓。董卓开了利用手中的军队控制政权的一个极其恶劣的先例。各地的

董卓 董卓，字仲颖，陇西临洮（今甘肃岷县）人。董卓拥兵自重，驻兵于河东，不肯接受朝廷的征召而放弃兵权，正逢京都大乱，何进被杀，董卓趁机进京，控制了中央政权。之后董卓废汉少帝，立汉献帝，自为太师。董卓生性残虐，当权后横征暴敛，激起了民愤，最后被王允和吕布所杀。

官员群起仿效，彼此争斗，谁也不把皇帝当回事，全国一片混乱。当时都城残破到大臣坐在野草丛生的墙角开会的程度，千里无人烟，军阀混战打得大臣饿死都没什么稀奇的。汉献帝就到处流浪，几乎性命不保，皇帝当得很惨。公元196年，控制了中原的曹操，挟天子以令诸侯，把汉献帝留在河南的许昌，加以操纵，此后汉献帝做了20多年的傀儡。公元220年，曹操之子曹丕正式废黜了汉献帝，自己称帝，成为大魏皇帝，汉朝正式终结，这就是《三字经》讲的"终于献"。

汉朝作为一个朝代在历史上有其特殊贡献，把它放到世界文明的大背景下，汉朝期间的中国发生了许多影响世界的事件。那么，对于大家耳熟能详的三国，《三字经》又是怎么论述的呢？请看下一讲。

魏蜀吴，争汉鼎，号三国，迄两晋。
宋齐继，梁陈承，为南朝，都金陵。

1 魏：公元 220 年曹丕在洛阳取代汉献帝称帝，国号魏，历史上又称"曹魏"。

2 蜀：公元 221 年刘备在成都称帝，国号汉，历史上又称蜀或蜀汉。

3 吴：公元 229 年孙权在建业（今江苏南京）称帝，国号吴，历史上又称孙吴、东吴。

4 鼎：喻指统治政权。

5 迄（qì）：至。

6 两晋：西晋和东晋。

7 宋：公元 420 年，刘裕以禅让方式取代东晋称帝，国号宋，建都建康（今江苏南京），史称"刘宋"，以区别后来的赵宋。

8 齐：公元 479 年萧道成以禅让方式取代刘宋称帝，国号齐，建都建康（今江苏南京），史称"萧齐"，亦称"南齐"，以区别于北朝的同名王朝。

9 梁：公元 502 年，萧衍以禅让方式取代萧齐称帝，国号梁，建都建康（今江苏南京），史称"萧梁"。

10 陈：公元 557 年，陈霸先以禅让方式取代萧梁称帝，国号陈，建都建康（今江苏南京）。

11 金陵：南京的古称。

　　汉末天下大乱，出现了魏蜀吴三国相争的局面。《三字经》为什么把这场战争称为"争汉鼎"呢？晋朝是怎么统一的？南北朝又是如何分裂的？南朝的宋、齐、梁、陈这几个朝代又为什么都这么短命呢？

两汉历时 400 余年，在这段时期，中国发生了一些重大的历史事件，对世界文明史产生了重大影响。但汉末天下大乱，出现了魏蜀吴三国相争的局面，这就是中国历史上著名的三国时代。大家对三国相争并不陌生，但是《三字经》为什么把这场战争称为"争汉鼎"呢？最后，又是谁统一了中国，建立了晋朝？而晋朝又是怎么衰亡的？南北朝分裂的格局是如何形成的？南朝的宋、齐、梁、陈的开国皇帝都是谁？他们是怎么夺取帝位的？而这几个朝代又为什么都这么短命呢？

到了汉献帝，汉朝 400 多年的统治就降下了帷幕，中国的历史进入了著名的三国时代。

汉末国运衰微，曹操挟天子以令诸侯，汉献帝已经成为一个傀儡。此时的中国又起战火，以曹氏为首的魏国，以孙权为首的吴国和以刘备为首的蜀国，都企图一统天下，形成了三国鼎立的局面，这就是中国历史上著名的三国时代。但是《三字经》中，为什么把魏蜀吴三国的相争，称作是"争汉鼎"呢？

《三字经》也就用 12 个字，讲述了三国到两晋这段历史："魏蜀吴，争汉鼎，号三国，迄两晋。"《三国演义》等文艺作品、影像作品的广泛传播使大家对这个早就不陌生的三国更加熟悉了。三国的故事我暂且不讲了。我只想给大家解读一下《三字经》中"争汉鼎"的含义。为什么古人把夺取统治权叫夺鼎、争鼎？为什么把确定统治权叫定鼎？这反映了我们中国传统文化一些什么内容呢？根据《史记》的封禅书，禹收九牧之金，铸九鼎。就是说大禹的时候就铸了九个鼎。后世也是如此，比如，商代的大鼎，西周的大鼎，这些都是王室的宝器。这就是说，这种大的鼎，只有王室才有权拥有和使用。久而久之，宝鼎成了镇国的重器，成了国家政权的象征。一个国家倘若保护不了自己的鼎，倘若鼎丢失了，或者鼎被别人抢去了，那就等同于国家灭亡。所以，鼎就有了象征意义。在传说当中，大禹曾经收集天下的铜，铸了九个鼎，每一个鼎代表一个州，九鼎就代表九州。夏朝末年，夏桀无道，商汤灭夏。据说，那个时候夏朝也有九个鼎，这个鼎竟自动飞向商都。当然这是民间的传说。但也说明，商汤革夏命，顺应天意，连鼎都自己飞过来了，都不用抢。而后来的商纣王荒淫无道，周武王伐纣，这九鼎又归了周。据当时的传说，每一只鼎要九万人才能搬动，所以周武王就用了九九八十一万人，才把九个鼎运回都城镐京。到了春秋时代，春秋一霸楚庄王兴兵攻打洛水流域某地的时候，周朝天子周定王，派了一个大夫去慰劳他。因为周定王已经惹不起楚庄王，那时候周室已经很衰微。楚庄王就别有用心地问周朝的大夫："周朝的那九个鼎有多重啊？"这位大臣叫王孙满，当时就回答："周朝虽然是衰败了，周天子虽然不再强大了，但是天命未改，天命还在周天子，鼎的分量不是你能够问的。"而且他还用"在德不在鼎"等话语教育楚庄王，使楚庄王暂时收敛了自己的野心。所以，后来一直用"问鼎"来比喻一些人图谋皇位，比如"问鼎中原"。这就是"问鼎"典故的来源。在这里，《三字经》用了三个字叫"争汉鼎"。

魏蜀吴三国为争夺天下混战多年，最后虽然曹魏占据优势并消灭了刘备的蜀汉，但却被司马氏家族篡夺了权力。司马氏篡位后自立王朝，史称晋朝。晋朝又攻灭了偏安一隅的东吴，终于统一了中国。正应了合久必分、分久必合的历史规律。但是司马氏的晋朝，又维持了多久呢？

西晋并没有吸取三国灭亡的教训。一方面，司马家族大封同姓王，而且把兵权托付给这些人。他们认为，如果司马家族将来遭难，同姓的人手上有军队，可以来帮忙。另一方面，晋武帝司马炎统一中国后洋洋得意，整天吃喝玩乐，不理政事。

司马炎有个傻儿子，这就是公元290年继位的晋惠帝司马衷。这个皇帝是中国历史上典型的昏庸无能的痴呆皇帝。他从小不爱读书，不务正业。司马炎很担心儿子保不住晋朝的基业，但又一想这儿子万一是大智若愚呢？于是就想测验一下司马衷的智商。于是，司马炎出了几道题，叫他的儿子三天时间交卷。三天以后，傻儿子交卷了，回答得井井有条，见解深刻，论断明确。司马炎一看，这儿子真是大智若愚啊！实际上，这是司马衷的夫人帮的忙。起初，当司马衷的夫人得知皇父出题目要考查自己的丈夫时，很着急。她就赶紧把题目拿过来，偷偷地找了几个有学问的老学究帮着答题，瞒过了晋武帝。因此，晋武帝认为儿子虽然表面愚傻，可心里清楚啊。所以，就把皇位传给了他。那位夫人也被立为皇后。晋惠帝继位以后，闹出了好多笑话。

晋惠帝 晋惠帝即司马衷（公元259年—公元306年），公元290年至公元306年在位，字正度。晋武帝第二子。痴呆不任事，初由太傅杨骏辅政，后由诸王辗转挟持，形同傀儡，受尽凌辱。公元306年，东海王司马越将其迎归洛阳，相传被东海王司马越毒死。

如果晋朝在统一中国之后，能够励精图治，休养生息，也是天下百姓之大幸。因为中原大地历经多年战乱，满目疮痍，百废待兴。然而，晋武帝夺得天下之后，不顾百姓疾苦，只图自己享乐。那么，晋惠帝继位之后，又做了些什么荒唐事？这样的人当皇帝，晋朝的天下能坐得稳吗？

晋惠帝在历史上有个外号叫蛤蟆皇帝。

有一年夏天，他带着好多随从到花园里去玩儿，走到一个池塘边，就听见青蛙"呱呱呱"叫。于是，晋惠帝就提出了一个问题，这个问题如果是脑子好的人来问，那可能是很深刻的。他问旁边的随从："那个呱呱呱叫的蛤蟆，它是为公啊还是为私啊？"随从一听，这叫什么问题？但是，不回答也不行，就说："陛下，在公家地里头叫的，它就是为公；在私人地里头叫的，它就是为私。"这皇帝听后很高兴，觉得自己公私分明。

还有一个笑话也是这位皇帝闹出来的。有一年闹饥荒，老百姓没饭吃，饿死的人遍地都是。有人就报告晋惠帝："不得了，陛下，天下大乱，老百姓没饭吃。"晋惠帝回答："哎，没饭吃为什么不喝肉粥啊？"就这么一个皇帝！野心家们谁不动脑筋啊？不久，赵王司马伦就把这个蛤蟆皇帝软禁起来，自己称了帝。这个赵王司马伦，也为我们留下了一个成语，叫"狗尾续貂"。"狗尾续貂"现在指什么？是指拿不好的东西续在好东西的后面，前后不相称。当时是什么情况呢？赵王司马伦把蛤蟆皇帝软禁了以后，大封同党为官，封了好多官。当时当官的帽子上是用貂的尾巴作为装饰的。由于官封得太多了，貂尾没了，只能用狗尾巴装在帽子上，表面看上去差不多。这就是"狗尾续貂"的由来。

公元306年，傻皇帝吃饼中毒而死。各地的诸侯王为了争夺帝位，展开了残酷厮杀。这就是中国历史上著名的"八王之乱"。当初以为封同姓为王，可以保护王室，现在恰恰是这些手握兵权的诸侯王，开始争夺帝位。公元306年，东海王立蛤蟆皇帝的弟弟司马炽为晋怀帝。就在这个时候，外部的五胡之乱也开始了，就是匈奴、鲜卑、羯（jié）、氐（dī）、羌五族攻打中原。公元311年，北方的匈奴贵族刘聪攻陷洛阳，公元313年，他杀了晋怀帝，接着又攻下长安，杀了晋愍（mǐn）帝。至此，西晋灭亡，西晋是亡在匈奴的北汉王朝手上。西晋总共不过祖孙四代，共50多年。西晋灭亡以后，一部分人南渡建立了东晋，北方就进入了五胡十六国时代。

五胡是指匈奴、鲜卑、羯、氐、羌五个民族，十六国是指前后出

八王之乱 西晋时皇族内部历时16年（公元291年—公元306年）之久的争夺政权的战乱。参与者主要有汝南王司马亮、楚王司马玮（wěi）、赵王司马伦、齐王司马冏（jiǒng）、长沙王司马乂（yì）、成都王司马颖、河间王司马颙（yóng）、东海王司马越等八王，史称八王之乱。

现的 16 个割据政权。他们之间以极其残忍的手段攻来打去,杀人如麻,使中国北方陷入水深火热的战乱之中。而逃到南方的晋朝王族在南京建都,是为东晋。至此,中国再次形成南北分裂的格局,史称南北朝。

《三字经》先讲了南朝,"宋齐继,梁陈承,为南朝,都金陵。"宋的皇帝姓刘,齐和梁的皇帝都姓萧,陈朝的皇帝姓陈。

东晋的晋安帝在位 22 年,被自己的将军刘裕谋杀了,继位的晋恭帝也被毒杀。公元 420 年,刘裕接受禅让做了皇帝,他就是宋武帝。这个禅让当然是假的。宋武帝出生于公元 363 年,死于公元 422 年,小字寄奴。他从小母亲就去世了,他的爸爸因为家境贫寒曾打算遗弃这个儿子。刘裕长大以后,"雄杰有大度,身长七尺六寸,风骨奇伟,不事廉隅小节"(《南史·武帝本纪》)。全然堂堂一个伟男子,不拘小节。刘裕对继母非常孝顺。因为刘裕从小家里贫苦,不大识字,主要以编草鞋卖为生。当了开国皇帝后被人称为"寒人掌权",就是贫寒的人掌权。虽然他自称是刘邦弟弟的后裔,但无从考据。刘裕非常会打仗,他发明了一种阵叫"却月阵"。这个阵到底什么样,现在没人知道了。刘裕这个人也很残忍,他在中国历史上开了一个先例,把前朝东晋的皇族斩尽杀绝。这在中国历史上是少见的。

宋武帝 刘裕,字德舆,小字寄奴。先祖是彭城(今江苏徐州市)人,后来迁居到京口(江苏镇江市);南北朝时期宋朝的建立者,公元 420 年至公元 422 年在位。当政时期严禁世家大族隐匿户口和田地,实行土断,省并侨州、郡、县,增强了中央集权封建国家的力量。

南朝的第一个朝代宋传了八位皇帝,一共 60 年。至宋顺帝在位时,被禁军统领萧道成篡位,萧道成建立了齐朝。刘裕的直系子孙刘準(zhǔn)被灭门时,流着泪说了一句非常凄惨的话,这句话在历史上很有名:"愿身后世世,勿复生帝王家。"就是说但愿以后生生世世,再也不要生在帝王的家里了。于是,悲剧再次重演——刘裕一门被他自己的禁军首领萧道成斩草除根。齐朝更短,只有 24 年,就被同宗的萧衍夺了位,改国号为梁。梁朝的开国皇帝萧衍,就是鼎鼎大名的梁武帝。

302

刘裕原为东晋的大将军，他篡得帝位后，竟把东晋的皇族满门杀光。但只过了60年，刘裕的禁军首领萧道成篡位，变宋为齐，又把刘裕子孙满门杀光。这正应验了民间所说的一报还一报！然而仅仅过了24年，萧道成的齐朝，又改换为梁朝。那么，这位也姓萧的梁武帝，又是一位什么样的皇帝呢？

梁武帝于公元464年出生，549年去世，活了80多岁。他多才多艺，学识广博，他的政治、军事才能更为杰出。他在学术研究和文学创作上也非常突出，史书对他的才华给予了很高的赞誉。他十分好学，从小接受正规的儒家教育，所谓"少时习周孔，弱冠穷六经"，把儒家经典都读完了。继位以后，"虽万机多务，犹卷不辍手，燃烛侧光，常至午夜"。虽然公务很忙，但是一直读书，常常读到午夜。这当然是一个非常刻苦的人。他从小聪明，早就有名声。他在当时和七个人一起被称为"八友"，这八个朋友在中国历史上每个都是顶尖的才子。梁武帝萧衍跟他们相比，还多了一样东西——胆识。他不是一个懦弱的文人，骑马射箭都很出色。萧衍做了皇帝以后，初期的政绩是非常显著的。他吸取了齐24年就灭亡的教训，所以勤于政务，不分春夏秋冬，每天五更天就起床，批改公文奏章，甚至冬天冻裂了手也不停下，还虚心纳谏。为了让人们表达意见，为了识拔人才，他在宫门口设置了两个盒子，当时叫"函"，当官的有意见投在一个盒子里，百姓有意见投在另一个盒子里。他随时开这个"函"，去看里面的文书，看有没有好的建议，当然也查看有没有检举揭发的信件。

萧衍也非常节俭。史书上讲他"一冠三年，一被二年"。一顶帽子戴三年，一条被子盖两年。他不讲究吃喝，经常每天只吃一顿饭。他对官员的考核也抓得很紧。但是，他有致命的弱点，就是疑心病太重。他怕开国的功臣夺他的皇位，所以，不重用功臣，而且变相用各种手

梁武帝 萧衍（公元464年—公元549年），字叔达，南兰陵（今江苏常州西北）人。南北朝时期梁的建立者，公元502年至公元549年在位。博学能文，精乐律，善书法。信奉佛教，大建寺院，曾三次舍身同泰寺。后于侯景之乱时饿死。

段把他们活活逼死。他采取的手段就是经常骂人。比如沈约，那么知名的一位历史学家、文学家，当年的八友之一，就老被他谩骂，骂着骂着就把沈约给逼死了。他对功臣也非常吝啬，但对皇室又非常慷慨，所以，导致功臣私下里心里很不服。

> 梁武帝的皇位是篡夺来的，所以怕别人也篡他的权，患了严重的疑心病，用各种方法害死了许多功臣。但也许梁武帝对早年的行径怀有愧疚，后来开始信佛。历史上笃信佛教的皇帝很多，但是，像梁武帝这样信佛的皇帝，却是绝无仅有的。那么，梁武帝信佛，到了什么程度呢？

梁武帝是历史上有名的信佛的皇帝，他动不动就把自己施舍到庙里面去。比如，公元 527 年，他就到了同泰寺，在寺里当了三天的住持和尚。国家没有皇帝怎么办啊？他还活着也不能立新的皇帝啊，大臣们就把他赎出来。这样，国家就要花大量的金钱，把皇帝从庙里赎出来，再当皇帝。过两天，他又把自个儿给施舍出去，又到了庙里，大臣还得把国库掏光，再把他赎出来。所以，南朝寺庙非常多。梁武帝到了晚年，没有心情再去管理朝政，潜心研究佛教理论。他对佛学研究很精深，非常有造诣。汉字当中有一个字是梁武帝造的，这个字就是魔鬼的"魔"。"魔"在汉字当中起先是磨豆浆的"磨"，他改成了一个带"鬼"字的"魔"。

梁武帝在位 48 年，活了 86 岁。但是，由于他晚年行为怪诞，错用侯景，导致了"侯景之乱"。也正是因为错用了这样一个人，最后梁武帝在 86 岁那年，以帝王之尊被活活饿死在台城里。

> 梁武帝死后仅仅 8 年，萧姓的天下就又被篡夺了，这就是南朝宋、齐、梁、陈中的最后一朝——陈。宋朝皇帝姓刘，齐梁两朝皇帝都姓萧，这四个朝代，姓和国号相同。宋、齐、梁三个朝代都是短命的，那么，陈朝的命运又会如何呢？

陈的国力很弱。公元 557 年，陈霸先篡夺了萧方智的政权，建立陈朝，史称陈武帝。陈朝是南朝最弱小的朝代，这个弱小的朝代传了五代以后出了一个因荒唐而出名的皇帝——陈后主。他生于公元 553 年，卒于公元 604 年，他叫陈叔宝。陈后主的特点是，"生于深宫之中，长于妇人之手"。当时有个叫张丽华的穷苦人家的女儿，长得十分美丽。陈后主当太子的时候，张丽华被选进了后宫。张丽华入宫时只有 10 岁，是陈后主妃子的侍女。陈后主有一天到孔妃那里去，撞见了张丽华，陈后主大惊，怎么这么漂亮的一个女孩儿，竟然没有见过？他便盯着张丽华看，然后扭头去找孔妃责问道："我刚才看见那小女孩是天姿国色，你为何藏着这么一个佳丽，不让我见啊？"孔妃回答说："妾以为啊，殿下你现在见张丽华，还太早了点。"在陈叔宝的眼里，国家大事跟他没关系。他认为作诗、作曲是他的正业，和那些美丽的嫔妃一起喝酒、游弋（yì），为她们作诗是自己的本行，管理国家是他的副业。

当隋兵攻到城下进入宫中才发现，告急文书居然连拆都没拆就被扔在床底下，陈后主荒唐到这个地步！他对作为一个皇帝的尊严，也是没有概念的。一看隋兵杀进来，他和张贵妃、孔贵妃三个人抱成一团，躲在一口井里，就是不出来。到最后还是隋兵用绳子把他们一一吊上来的。当隋文帝听到一国之君如此不顾体面，大吃一惊。因为按照当时的风尚，敌我双方要么打仗，要么自杀。陈后主却是找一口干巴巴的井躲在下面，而且还带着两个贵妃。有这等君王主政，不亡国岂不怪哉？

南朝的历史一共 170 年。那么，关于北朝，《三字经》又说了一些什么呢？请看下一讲。

北元魏，分东西，宇文周，与高齐。

1 北：北朝。

2 元魏：即鲜卑拓跋氏所建立的北魏，因拓跋氏贵族后来仿效汉族风俗，改姓元，故称。

3 东西：北魏于534年分裂为东魏、西魏。

4 宇文周：西魏后来被宇文氏所取代，国号周，建都长安（今陕西西安）。

5 高齐：东魏后来被高氏所取代，国号齐，史称"北齐"，以区别于南朝的同名王朝。

　　北朝在五胡十六国混战之后，鲜卑族统一了黄河流域，史称北魏。但是，《三字经》为什么把北魏称为北元魏呢？这个"元"字，包含了怎样的历史事件？而北朝的几个王国，是否也都是短命的呢？

　　西晋灭亡，东晋退守长江以南，中国再次南北分裂，进入了历史上的南北朝时期。南北朝时期，各王朝频频更换。南朝经历了宋、齐、梁、陈四个王朝，但这四个政权都是短命的，加起来总共才170年。那么，北朝的情况如何呢？五胡十六国的混战之后，鲜卑族统一了黄河流域，建立了北魏。但是，《三字经》中为什么称北魏为北元魏呢？这个"元"字，包含了一个怎样的历史事件？北魏后来是怎么分裂成北周和北齐的？晚唐诗人李商隐，有一首诗叫《北齐》："一笑相倾国便亡，何劳荆棘始堪伤。小怜玉体横陈夜，已报周师入晋阳。"那么，诗中的小怜是谁，而玉体横陈，又包含着一个什么样的典故呢？

　　"北元魏，分东西，宇文周，与高齐。"《三字经》这几句话的历史背景是什么呢？公元439年，鲜卑族有一个氏族叫拓跋氏，他所建立的魏国统一了黄河流域，隔长江和南朝对峙。为了避免和中国历史上其他的魏朝相混，这个朝代被称为北魏。那么，为什么在"北"和"魏"中间会加上一个"元"，叫北元魏呢？这就是《三字经》不可及的地方，它虽然很简单，但用词很慎重，每一个字的使用都经过作者仔细考虑。当然，也可能在流传过程当中，经过别的学者的增订或者完善。这一个"元"字，透露出非常丰富的历史信息，它告诉我们，中国历史上发生过一次著名的改革——北魏孝文帝改革。孝文帝生于公元467年，卒于公元499年，寿命不长，他在位是471年到499年，四五岁就登基了。所以，他在位有二三十年的时间，可以让他施展抱负。他是北魏的第七位皇帝，孝文帝是他的谥号。

　　公元471年，孝文帝继位。长大成人后，他决心采取改革措施。孝文帝首先明确规定官员的俸禄标准。原来官员的俸禄是没有规定的，孝文帝将它制度化，并严厉地惩办贪官污吏，实行均田制。在中国历史上类似均田制的这种分田活动进行过很多次。北魏的均田制就是把荒地分给农民，成年男子每人 40 亩，成年女子每人 20 亩，让他们种植谷物，除此之外还给他们一些田种桑树。一个是管食，一个是管衣，这样人民可以衣食丰足，同时也使土地有人开垦，有人耕作。当然，拥有这些地的人必须向官府交纳租税，去服劳役，这样一来，北魏的国力开始强盛起来。

孝文帝 即拓跋宏（公元 467 年—公元 499 年），后改姓元。孝文帝是一位卓越的少数民族政治家和改革家。他崇尚中原文化，实行汉化，改变度量衡，推广教育，改变姓氏并禁止归葬，提高了鲜卑人的文化基准。是西北各民族陆续进入中原后实现民族融合的一次实践，对各民族文化的形成、发展发挥了重要作用。

北魏在孝文帝之前近 100 年中，定都平城，就是今天山西大同东北。孝文帝即位后就下了一个决心——迁都，把都城从平城迁到今天的洛阳。这就进入了中原地带的心脏地区。但是，迁都不是那么容易的。北魏的鲜卑族已经习惯了北方的生活。当时在鲜卑贵族的眼里，洛阳是南方，他们不习惯那里的生活，所以迁都一定会遇到巨大的阻力。孝文帝很有心计，他预计到他的鲜卑大臣们会反对，所以他就全国动员，说要攻打南齐。有一次上朝，他就把这个南伐攻灭南齐的主张提了出来，果然引起大臣们的强烈反对："这里挺好啊，咱们打到南方去干啥？南方都是成片的河流，没有成片的草原，我们是游牧民族，为什么要把马牵到那里？"大臣们纷纷反对，而其中最激烈的是拓跋成。孝文帝见此情景，当场拍桌子发起火来，实际上他不是真的发火。他说："我是一国之主，我想发兵攻打南齐，你们反对什么？！"回到宫中以后，他单独召见拓跋成，跟他说："老实告诉你，刚才我冲你发火，是为了吓唬大家。因为你是群臣之首，所以我冲你发火。我真正的意思是觉得平城，也就是我们的都城是一个用武的地方，这个地方打仗可以，是个兵家必争之地，但是，不适合做一个要发展壮大的王朝的首都，更不适合在平城推进改革。现在我要移风易俗，要改革，所以要迁都。这回我说出兵伐齐，实际上就是想以这个为借口，率领或者逼迫文武官员和那些贵族们，还有军队，跟我一起迁都中原。"拓跋成也是了不起的人物，一听孝文帝这番话，顿时就明白了。

公元493年，北魏孝文帝亲自率领30多万步骑兵南下，从今天的山西大同出发到了洛阳。大家都以为他是要去伐齐，没想到他要迁都。而这个时候，正好是秋雨绵绵，足足下了一个多月，道路泥泞不堪。北魏大量的骑兵行军很困难，但是孝文帝依然下令继续进军。那些贵族们、将领们本来就不打算伐齐，对南朝没兴趣，所以一看阴雨绵绵，有借口了，又出来阻拦。孝文帝毫无退让之意，他说："我们兴师动众，如果半途而废，那岂不是要让后代人耻笑吗？好，既然大家都反对再往南去攻打齐国，要不就把国都迁到这儿，你们看怎么样？"这个时候，大家面面相觑，本来说去打仗的，怎么变成迁都了？孝文帝接着说："大家也别犹豫了，同意迁都的站左边，不同意迁都的站右边。"不得已，大家纷纷表示："就到洛阳，不往南走了，我们就迁都吧。"

孝文帝巧用计谋，终于把国都迁到了洛阳，以洛阳为国都，不仅有利于控制整个中原地区，而且也可以更多地受到中原汉文化的影响，更有利于汉化改革的进行。那么，孝文帝下一步，又进行了哪些移风易俗的汉化改革，而这些改革，给北魏带来了什么样的变化呢？

接着，孝文帝按原定计划，推进改革。

第一，改说汉话。他下令鲜卑族要说汉话，30岁以下的人必须改口说汉话，30岁以上的人改不了，可以慢慢学。只要是30岁以下当官的，一律说汉话，不说汉话就降职或者撤职。

第二，全部穿汉人的服装。在中原民族的历史上有"胡服骑射"的说法。原来汉族上衣袖子很大，底下穿裙子，不好骑马打仗，所以赵武灵王时倡导胡服骑射，就是学北方少数民族改革了服装。这个时候，北魏鲜卑族要求把自己的服装改成汉族服装，同时鼓励鲜卑人和汉族人通婚。

第三，改用汉姓。北魏孝文帝叫拓跋宏，本来姓拓跋，现在改姓元。所以《三字经》里面才用"元"字，叫北元魏。而魏孝文帝从此改名叫元宏了，不叫拓跋宏了。

孝文帝大刀阔斧进行的改革，使北魏的政治和经济有了飞速的发展，而且促成了鲜卑族和汉族的大融合，以一种和平的状态融合，不是通过杀戮，不是通过掠夺人口，而是用主动融入的积极方式，完成了民族的融合。

但是，像孝文帝这样的皇帝，不可能代代都出。所以，孝文帝以后的北魏开始走向衰落。北魏孝明帝年幼继位，他的母亲胡太后辅政，胡太后非常奢靡，同时又笃信佛教，她举全国之力来弘扬佛教。北方的几大石窟，比如云冈石窟，在孝文帝迁都之前，就已经差不多建成了。龙门石窟，从孝文帝时开始修建，延续了400多年才完成。当初胡太后为佛事花费了大量的人力以及大量的财力，这就削弱了北魏的国力。

云冈石窟 位于山西省大同市，东西绵延约一公里。主要的石窟完成于北魏迁都洛阳之前，有窟龛（kān）252个，造像51000余尊，代表了公元5世纪至6世纪时中国杰出的佛教石窟艺术。

龙门石窟 位于河南洛阳城南。龙门石窟始开凿于北魏迁都洛阳（公元493年）前后，延续至唐代，历时400余年。密布于伊水东西两山的峭壁上，南北长达一公里，造像10万余尊。龙门石窟不仅仅佛像雕刻技艺精湛，石窟中造像题记也不乏艺术精品。

北魏时期佛教盛行。那时开始修建的云冈石窟和龙门石窟，现在已经成为世界文明史上的珍贵遗产。但是，也许因为修建石窟耗资巨大，孝文帝改革后形成的强盛国力开始衰弱，北魏又出现了分裂。那么，北魏是怎么分裂成东西两个部分的？他们之间的争斗，又怎样对盛行的佛教，带来了一次毁灭性的灾难呢？

北魏终于发生了大乱，最后，由高欢和宇文泰两个人分掌大权，控制了北魏。北魏慢慢地开始分裂，高欢控制了东魏，东魏的都城在邺（yè）城，也就是今天河北的临漳西南一带。宇文泰控制了西魏，西魏的都城在今天的西安，也就是当时的长安。这就是《三字经》里讲的"分东西"。当然，这两位权臣的后代最后都当了皇帝。东魏高欢之子高洋建立了北齐，因为是高姓建立的，所以也叫高齐。西魏宇文泰之子宇文觉建立了周，因为是在北方，所以叫北周，因为他姓宇文，所以又叫宇文周。这就是《三字经》里"宇文周，与高齐"的来历。

在他们打来打去的过程中，城门失火，殃及池鱼，引发了中国历史上非常著名的一次法难。

北周武帝宇文邕（yōng），生卒年是公元543年到公元578年，鲜卑族，小名叫弥罗突，公元560年到公元578年在位，是宇文泰的第

北周武帝 即宇文邕（公元543年—公元578年），鲜卑人，公元560年至公元578年在位。在位期间禁止佛道两教，使寺院占有的大量人口还俗，向国家纳税服役。建德六年（公元577年）灭北齐，为后来隋的统一奠定了基础。

四个儿子。由于北周、北齐相互攻打，北周很多壮丁死于战乱，人口越来越少，自然灾害也不断侵袭。当时佛教很兴盛，寺庙里的和尚占了人口总数的十分之一，僧人的数量巨大。而这些僧人一不当兵，二不纳粮，三不生产，所以，北周武帝就觉得必须改革政治来取消佛教。取消佛教是希望能够把那些僧人全部还俗，让他们该当兵的当兵，该种地的种地。中国历史上的反佛，历代的法难，往往都是出于政治和经济原因考虑，包括后面我们会提到韩愈的反佛，并不是由于佛教的

教义，或者倡导的观念和价值不对，而是因为僧人太多，佛教太强盛，导致国家纳税、当兵人口减少。灭佛的确带来了实效，北周变得国力强盛，公元577年灭掉了北齐。

佛教自从传入中国之后，经历过多次大的盛衰。几乎每一次，都是出于当时的政治经济的原因。北周把僧人都还了俗，充实了兵力和劳力，国力开始强盛起来，于是举兵灭掉了北齐。那么，北齐在当时是一个什么情况？它被北周灭掉的主要原因是什么呢？

北齐之所以被北周灭掉，外部原因是因为北周采取了各种发展措施，提高了国力，其中包括法难。内部原因是北齐自己不能自主自强，北齐这个朝代最著名的就是出产无能昏庸的皇帝，其中最有名的也是一位后主，叫齐后主。齐后主生于公元552年，卒于577年，565年到576年在位，活了20多岁，名字叫高纬。他奢靡无度，宠信奸臣，十分残忍。他手下有个宫廷乐师，叫曹僧奴。曹僧奴有两个女儿，都很漂亮，被选到宫里。大女儿大概比较端庄，史籍上讲"不善淫媚"，就是不大会去讨好皇帝，高纬就剥碎她的面皮，把她赶出宫去。小女儿曹昭仪就不一样了，她善于弹琵琶，也非常懂得讨高纬的欢心，极受宠幸，所以高纬给这个小女儿大肆建造雕栏画栋。皇后穆氏就想方设法要把极受宠爱的曹昭仪除掉，便诬陷她有厌蛊术。厌蛊术就是巫术，对皇帝不利。高纬也不问明是非，就赐死于曹昭仪。皇后本来挺高兴，可高纬扭头又去宠幸董昭仪，并大肆选美纳妃。穆皇后实在没办法，只能把自己的苦水倒给一个侍女。这个女仆可能是中国历史上最牛的女仆，叫冯小怜。冯小怜一听皇后的难处，就说："让我来，我牺牲我自己，解决皇帝的问题，让他不要去宠爱那么多女人，让他别使皇后您太伤心。"

<blockquote>
冯小怜只是一个侍女，她是怎么牺牲自己，用什么办法去解决昏庸皇帝齐后主的好色问题的？为什么说冯小怜是中国历史上"最牛"的侍女？后来北齐的亡国，又和这个冯小怜有着什么直接的关系呢？
</blockquote>

这个冯小怜貌美聪慧，精通乐器，而且工于歌舞。她对皇后说："我去离间皇帝和各位妃子的关系，您安心等我的好消息吧。"高纬一见冯小怜，立刻倾倒。从那以后坐必同席，出必并马。齐后主还是有点才的，会作曲。《无愁曲》就是专为冯小怜谱写的，表白他从今往后没有愁事了，因为他找到一个最美的女子。他还时常跟冯小怜两个人对弹琵琶，

时人就称齐后主为无忧天子。高纬得到冯小怜以后，将过去曹氏姐妹住过的宫殿送给冯小怜，冯小怜不接受，觉得不吉利。不吉利怎么办啊？重新翻建，重新装修。冯小怜跟齐后主混到一起以后，这齐后主再也没有去惹别的人，但是也彻底忘记了穆皇后。

> 冯小怜的出现，不仅没有解决问题，反而使齐后主更加沉溺于酒色之中。晚唐著名诗人李商隐的《北齐》，就形象地描写了齐后主和冯小怜的荒淫无耻："一笑相倾国便亡，何劳荆棘始堪伤。小怜玉体横陈夜，已报周师入晋阳。"由此可见，齐后主宠幸冯小怜，直至不理朝政、国无政令是北齐亡国的重要原因之一，但是诗中的"玉体横陈"又是怎么回事呢？

齐后主在朝廷上跟大臣议事的时候，居然经常让冯小怜公开坐在他的腿上，或者躺在他的怀里，弄得大臣们满面通红，语无伦次。他还下令，让冯小怜裸体躺在朝堂上，让大臣们同来观赏。这就是"玉体横陈"这一成语的来源。

在齐后主统治时期，有钱就可以做官，有钱就可以杀人无罪，国家乌烟瘴气，好多老百姓活不下去。消息传到北周，宇文邕下令周军伐齐，觉得这个皇帝肯定亡国，备齐6万兵马就向长安进发。而当这个警报来的时候，高纬带着冯小怜正好在打猎。警报一连来了三次，高纬却说："急什么，小怜没事，不急不急，只要小怜没事，战败又怎么了？"第二天，北周的军队就打进来了。高纬只能出兵迎敌，他还不忘带上冯小怜。作战时，冯小怜在旁观战，按史籍的描写，她"画眉刷鬓，涂脂抹粉"。这仗还怎么打？北齐的军队溃败，只有几十个人跟着高纬逃到了邺城。这个时候冯小怜在后头没能够跟上，高纬为了让冯小怜进城来，下令把北城墙凿开，要把冯小怜接进来。这时，一位大臣就说："陛下，您应该登上城墙对守卫城门的将士，发表一个演说以鼓舞军心。"高纬说："你给我拟个稿子。"这个大臣很尽忠职守的，给他准备了稿子，讲了哀兵必胜，大家齐心协力克敌制胜的道理。高纬捧着稿子登上城墙讲话，把稿子打开来一看，他觉得太滑稽了，竟然在城墙上大笑起来，这样的皇帝怎么能够不亡国？北齐50州、162郡的人口都并入北周，北齐灭亡。高纬在位一共12年，从高洋篡权到灭亡一共仅28年。

像南北朝时期的许多朝代一样，北齐又是一个短命的王朝。在那个混战的年代，多少人为争一个皇位，兵戎相见，残忍厮杀，尸横遍野，血流成河。但是，即使争得帝王之位，又能坐得几载江山？北齐被北周灭掉了，那么，北周的皇帝，会如何对待亡国之君齐后主呢？

北周的皇帝逮到高纬后也不把他当回事，没有杀他，就留在军中，而且封高纬为温国公。被北周俘虏的齐国的众多大臣，也都封官授爵。北周的这个皇帝就很厉害，要快速安定嘛。高纬还很高兴，自己这条命算留住了。但他突然想起冯小怜，就向北周的皇帝磕头："请您把小怜找出来，再把她赐给我吧。"北周的皇帝一笑，说："朕视天下如脱屣，一妇人岂为公惜。"意思是我把天下都看得像我脱下的一只鞋子，一个女人，我还会不愿意还给你啊？北周的皇帝就下令把冯小怜找来赐还给高纬，并召他进宫来喝酒。喝到一半的时候，皇上说："高纬，跳个舞给我看看。"高纬毫无难色，趁着三分酒气，得意扬扬地跳了一回舞。就这样一个没心肝、没有羞耻的皇帝，结局可想而知。那年冬天，有人告发高纬谋反，这样的皇帝会谋反吗？一定是北周皇帝安排的，找个借口而已，于是高纬和所有他的人，估计也包括冯小怜，一起被赐死，当时高纬26岁。

公元577年，北周武帝灭了北齐，统一了北方。之后是北周宣帝，宣帝死后，宣帝的岳父杨坚篡夺了北周的政权。公元581年，杨坚建立了隋朝，杨坚被称为隋文帝。中国在经历了270多年的分裂之后，又归于统一，由此进入了隋唐盛世。那么，《三字经》接下来是怎么讲述隋唐的呢？请看下一讲。

迨至隋，一土宇，不再传，失统绪。

1 迨（dai）：等到。

2 隋：581 年杨坚代周称帝，国号隋。

3 一：统一。

4 土宇：天下。

5 再传：指第三代。

6 统绪：皇位的传承。

　　作为开国皇帝的隋文帝，他为什么要把国号定为隋呢？隋文帝的夫人是个什么样的人？隋文帝为什么会惧怕她呢？隋文帝的儿子隋炀帝是怎样取得皇位的呢？他在位不过十几年，隋朝就灭亡了，为什么隋朝会如此短命呢？

隋王朝的建立，结束了南北朝时期中国长期混乱的局面，国家又回到了统一的年代。但是，隋朝的历史非常短暂，前后只经历了两朝皇帝，一个是隋文帝，一个是隋炀帝。那么，作为开国皇帝的隋文帝，他为什么要把国号定名为隋呢？历朝历代，皇帝贵为九五之尊，后宫佳丽又何止3000人，但是，偏偏隋文帝是个"模范丈夫"，是出了名的惧怕夫人的皇上。那么，隋文帝的夫人是个什么样的人？隋文帝的儿子隋炀帝，是历史上出了名的暴君。那么，他又是怎样取得皇位的呢？隋炀帝在位不过十几年，隋朝就灭亡了。那么，隋王朝为什么会如此短命呢？

《三字经》用了整整一节12个字来讲短命的隋朝，这在惜墨如金的《三字经》里是不多见的。但是，大家马上就会理解，这样做是值得的。

《三字经》讲，"迨至隋，一土宇，不再传，失统绪"。到了隋朝，"一土宇"，天下又统一了，"不再传，"就传了两代，"失统绪"，结束了，没有传承了。隋朝总共两位皇帝，从公元581年建立，到公元618年灭亡，还不到40年，是中国历史上统一形态下非常短命的一个朝代。隋文帝杨坚做了很多缺德事。他残酷地杀害了他的前主宇文氏的全族。这在魏晋南北朝的时候，几乎是通例。只要有人夺位一当了皇帝，就要把前朝皇帝的直系亲属全部杀光，一个不留。但是，实事求是地讲，隋文帝应该还是中国历史上一位大有作为的皇帝。

在中国几千年的历史长河中，隋朝的历史非常短暂，前后只经历了两位皇帝，一个是隋文帝，一个是隋炀帝。那么，作为开国皇帝的隋文帝，他是一个什么样的人？他为什么要把国号定名为隋呢？

隋文帝，名杨坚，公元 541 年出生，公元 604 年去世。《北史》中，有关隋文帝的记载是非常正面的，说"美须髯"，胡子肯定特别漂亮；"身长七尺八寸"，不能按照今天的尺寸来算，但当时肯定也是一个一米八九的大汉；"状貌魁伟，武艺绝伦"，隋文帝是会武功的；"识量深重，有将率之略"，非常有见识，非常有雅量，是一个当统帅的人物。

公元 589 年，隋文帝派兵挥戈南下，灭掉了割据南方的陈朝，统一了中国。杨坚这个名字是汉名，隋文帝还有一个鲜卑族的名字，叫普六茹，但是这个"六"在当时读"lu"，现在南方很多方言当中还是读"lu"。他还有个小名，叫那罗延，这是一个梵文的小名，与佛教有关，那罗延的意思就是大力士。这跟他的经历相关。这位隋朝开国皇帝，出生在寺院里，这个寺叫般若（bō rě）寺。一位叫智仙的尼姑，把杨坚抚养长大。他的籍贯是弘农华阴，也就是今天陕西华阴市。他的父亲是西魏和北周的军事贵族。他父亲很厉害，北周武帝的时候当了柱国大将军，被封为隋国公，所以后来他的国号定为隋。

隋文帝 隋文帝杨坚（公元 541 年—公元 604 年），隋朝开国皇帝，公元 581 年至公元 604 年在位，弘农华阴（今陕西省华阴市）人。隋朝建立以后，在政治、经济等制度方面进行了一系列改革。隋文帝下令修建西京大兴城（即后来长安城）和东京洛阳城，隋文帝于公元 584 年命宇文恺率众开漕渠，名广通渠。这是修建大运河的开始。

隋朝的建立，结束了中国长期混乱的局面，使中国又回到了统一年代。但是，由于经历了数百年的分裂，民生积弱，国库空虚，百废待兴。对于这样一个刚刚恢复统一的国家，隋文帝会采取哪些治理措施？这些措施对于后世又产生了怎样的影响呢？

隋文帝有许多影响后世的重大创举。

第一，确立三省六部制。在官制上，中央设三个省，尚书省、门下省、内史省，彼此相互牵制。特别是尚书省，作为国家的最高行政机关，里边分吏部、礼部、兵部、都官、度支、工部，共六部。像这样的六部，实际上一直延伸为后来的礼部、吏部、兵部、刑部、户部、工部，一直到清朝都如此。六部制是隋文帝杨坚创立的。

第二，简化地方官制，修订《开皇律》。《开皇律》即开皇年间修订的法律，这个法律以简明宽平在中国历史上著称。他将前朝的81条死罪、154条流罪、1000余条徒、杖刑及灭族等酷刑一概废止。并缓减罚则。比如原来应该判五年的现在改判三年，原来判七年的现在改判五年。他强调对处置人犯要采取审慎的态度，不能草菅人命，有效地防止了冤案的发生。《开皇律》在中国法律史上很著名。

第三，再次发布均田令，设置粮仓。隋文帝在位的时候，设了官仓和义仓。官仓就是当时全国各地运到中央政府给官员、军队的粮食。他把它们集中分段运输，在黄河沿岸设置米仓存好。根据后来唐朝人的估计，到隋文帝末年，所积存下来的粮食已经够全国人吃五六十年了。还有义仓，义仓就是民间的救济、应急的慈善机构。一旦遇到荒年，可以就近开仓，老百姓不至于马上饿死，这对人民的生活是一项有力的保障。

隋朝开皇年间，盛世气象恢宏磅礴。隋文帝下令修建西京大兴城，也就是后来唐朝的长安。隋朝的大兴城，是当时全世界当之无愧的第一城，它的设计和布局构想，后来极大地影响了日本和朝鲜的城市建设，日本的京都和奈良，都模仿了隋文帝时期修建的大兴城即古长安城的建设格局。

更重要的是，隋文帝在公元584年派人开漕渠。从大兴城的西北引渭水，通过汉代河道，到潼关入黄河，长150多公里，这就是有名的广通渠。广通渠标志着修建大运河的开始。大运河也是隋文帝时候开始修建的。它连接了黄河流域和长江流域，连接了中华文明最重要的组成部分，大运河是很伟大的。大运河作为古代中国的经济主动脉，直到被清朝晚期开始的海运取代，历时1000多年。大运河目前成功入选世界文化遗产名录。大运河沿线的城市都曾是中国历史上最繁荣的城市，比如扬州、苏州、杭州，以及过去的临清等。

> 隋文帝在位期间，政治安定，民生富庶，史称"开皇之治"。但就是这样一位有着雄才大略的皇帝，却惧怕夫人，那么，他到底惧怕到什么程度呢？

隋文帝的皇后姓独孤，14岁嫁给隋文帝。独孤家和杨家是生死之交，两家关系很好。杨坚是中国历史上为数不多的有名的惧怕夫人的皇帝。他的五个儿子均为一母所生。隋文帝非常得意，他以为既然都是亲兄弟，都是同胞手足，就不会相互残杀了吧？他错了，而且大错特错。因为他惧内，皇后对他影响很大。后来他听信了皇后的话，废了长子杨勇的太子位，改立杨广，即后来的隋炀帝。这是中国历史上一个评价分歧很大的皇帝。独孤皇后虽然年轻，但是先走了。在独孤皇后逝世不久的公元604年，悲剧降临了。

> 隋文帝很多事情，都顺着独孤皇后。甚至在选择继承人的问题上，隋文帝也听信了独孤皇后的话，最终酿成了一场悲剧。那么，这其中究竟发生了什么事情？隋文帝最后的结局又是怎样的呢？

公元604年，杨坚到长安西北120多公里外的仁寿宫，就是今天陕西的麟游去避暑。杨广那个时候已被立为太子了，就入宫来侍奉自己的老父亲。当时杨广内心兴奋，觉得自己终于可以快当皇帝了，实在抑制不住，他居然对隋文帝宠爱的陈夫人垂涎三尺。独孤皇后去世以后，隋文帝稍微自由了一点，开始宠爱别的夫人了。谁知道他的太子居然趁陈夫人上厕所时，上去一下把陈夫人抱住，陈夫人拼命挣扎，逃脱了。杨坚那时正在病中，一看自己宠爱的夫人神色仓皇，就问怎么回事。陈夫人垂泪说了四个字："太子无礼。"杨坚已经到了衰老之年，史籍上记载他说了四个字："独孤误我。"因为他听信了独孤皇后的话，把长子杨勇给废了，立了杨广做太子。这时候他还有一口气，就命令自己的两位亲信到长安去召杨勇回朝。杨广得到消息，马上令杨肃将使臣逮捕，不准他们到长安接杨勇。同时他又派人包围仁寿宫，断绝讯息。杨广的一个部属叫张衡，闯进隋文帝杨坚的卧室，把杨坚抱起来，猛击他的胸部。张衡可能是个猛将，打得杨坚口吐鲜血，大喊救命。连陈夫人都听见了，陈夫人和所有的宫女吓得面无人色。杨坚就这样被活生生揍死的。这时继位的就是隋炀帝杨广，历史上对他的评价和他的父亲相比，有天壤之别。隋炀帝是中国历史上声名狼藉的皇帝。

隋炀帝杨广，杀父弑兄，荒淫残暴，生活奢靡，弄得民不聊生，民怨鼎沸，是中国历史上少见的暴君。但也有人认为，隋炀帝继位以后，在某些方面也取得了一些成就，还是应该肯定的。那么，隋炀帝都在哪些地方取得了成就？我们又应该如何看待这样一位皇帝呢？

隋炀帝在大家印象里不是个好皇帝，但是，历史是复杂的，我们很难说隋炀帝没有可取之处。

隋炀帝，公元 569 年出生，公元 618 年被杀。对于国家政治，他有自己的抱负，并且付诸实践。主政以后，他巡视边塞，开拓疆土，开通西域，推动大规模的基础建设。但是，人民又实在忍受不了他再三地穷兵黩武。历史上经常把他比作商纣王和秦始皇。从公元 604 年他派人把老父亲打死，到 618 年他自己被杀死，一共在位 15 年。除了他的荒淫无耻、奢靡以外，他也不是完全没有作为的。按照历史事实，我们可以举出以下几点。

第一，一统江山。公元 589 年，杨坚派他的次子、当时年仅 20 岁的杨广担任了隋朝兵马都讨大元帅，率领 51 万大军攻打陈朝。军队在杨广的指挥下，纪律严明，英勇善战，一举突破长江天堑，所向披靡，而且对百姓秋毫无犯。对于陈朝富足的库藏之产、金银财宝、物资一无所取，全部上缴。在当时博得了人民的广泛赞扬，"天下皆称广以为贤"，普天下都称杨广贤明。20 岁的杨广参与并且在一线亲自指挥了统一中国的大业，结束了三四百年的战乱。

第二，下令继续修建大运河。他的父亲开始修了广通渠，这是第一步工程，只有 150 公里长。隋炀帝下令修建南北大运河，将钱塘江、长江、淮河、黄河、海河全部连通起来，完成如此浩大的工程，十分不易。

第三，开拓西域。公元 609 年，隋炀帝率领大军从长安浩浩荡荡出发，一直到甘肃陇西，西上青海，横穿祁连山，经过大斗拔谷北上，到达河西走廊的张掖郡。这一路上，隋炀帝历经风险，遭遇了暴风雨的袭击，穿越了三四千米海拔的高山，随行的士兵一半左右被冻死，随行的官员大部分失散，隋炀帝也狼狈不堪。在隋炀帝以前，还找不到有哪个皇帝，亲自到达西北那么远的地方。隋炀帝西巡，设置了西海、河源、鄯善、且末四个郡，进一步巩固、稳定了甘肃、青海和新疆政势，使整个大西北成为中国不可分割的部分。

第四，三游江都。隋炀帝乘坐的龙舟，当时记载有四层楼高，浩浩荡荡沿着大运河南下江南，我们都认为他劳民伤财，耗费巨大，这个看法没有错。但是，江南从整体分裂出去已经有几百年的历史了，皇帝去巡视刚刚统一的江南，却也表示了对江南的充分重视。

第五，三征辽东。公元 611 年，隋炀帝认为高句丽是商纣王的叔叔箕子所封之地，所以，他三征辽东。这三次都没有成功，消耗了国力，引发了民怨。但是，从历史上来看，他当时去征伐高句丽是得到人民拥戴的，起码在开始的时候，人民是支持的，只是它的结果和初衷不一定相契合。所谓人的出发点和结果不一定契合，隋炀帝就碰到了这样

隋炀帝 即杨广（公元 569 年—公元 618 年），年号大业，公元 604 年至公元 618 年在位。政绩和暴政都很突出。修建大运河、长城和东都洛阳城，开拓疆土，畅通丝绸之路，三征高句丽，开创科举。巨大的工程和连年的战争使民生不堪重负，引发大规模的起义。在农民军的打击下，公元 618 年隋炀帝在江都（今江苏扬州）被部将宇文化及等缢杀。

文忠寄语

人的出发点和结果不一定契合。

的问题。

隋炀帝在文学上也很有造诣，应该说是有作为的一个皇帝，他的文治武功都有可取之处。但是，我们也要承认，客观、公正地去看，隋文帝的罪恶，也是深重的。

> 隋炀帝的暴行，终将把一个繁荣强大的隋王朝，弄得支离破碎，最后土崩瓦解了。然而，历史好像开了一个玩笑，当年隋炀帝靠政变上台，结果他又在政变中被杀。而杀害他的人，又恰恰是当年被隋炀帝的父亲隋文帝谋害的宇文家族后裔。那么，历史上关于隋炀帝的死，又是如何记载的呢？

隋炀帝有一个喜好，喜欢照镜子。照镜子的时候，他时不时做一件事，一边照镜子一边摸着自己的脖子说："哎呀，好一个脑袋，可惜不知道将来谁来砍它。"这是见于史籍记载的所谓的"揽颈摸脖"。公元618年，禁军将领宇文化及利用隋朝民怨四起的时机发动兵变，将隋炀帝看管起来，最终隋炀帝自己解下自己的汗巾，交给宇文化及的手下，宇文化及的手下就用隋炀帝自己的汗巾，把隋炀帝勒死了。

隋朝存在的时间很短，但是却建立了正式的行政区域，实施有效管辖的国土范围也超过了以往，唐朝都没有完全恢复隋朝的版图。越来越多的学者认为，唐朝或许更多的是隋朝的延续。因为，唐朝的国家体制、政治制度、经济制度，基本上照搬隋朝。辉煌的大隋王朝尽管短暂，但是，它对后世中国历史进程产生了极为深远的影响。隋朝真是一个需要我们好好认识、详细研究、进一步探讨的朝代。某种意义上看，如果要在漫长的中国历史长河中，去寻找一个朝代来和隋朝比拟的话，那么，大概只有秦朝可以与之相比。

隋朝以后的中国就进入了唐朝，唐朝对于中国文化乃至世界文化的意义，我们大家都是有所了解的。那么，《三字经》是怎么来总结唐朝这段历史的？请看下一讲。

唐高祖，起义师，除隋乱，创国基。

1 唐高祖：唐王朝的创建者李渊，618年—626年在位。

2 除：清除。

3 国基：统治的基业。

　　唐高祖李渊开创了大唐王朝300年的基业。李渊为什么能够异军突起，建立大唐王朝？李渊与隋炀帝杨广是什么关系？天下初定，以太子李建成和秦王李世民分别为代表的政治阵营，引发了玄武门之变。这究竟是怎么一回事呢？《三字经》的作者，又将如何为我们描述这样一段历史？

　　隋朝末年，李渊起兵，结束了隋炀帝的残暴统治，开创了大唐王朝 300 年的基业。李渊就是唐朝的开国皇帝，即唐高祖。那么，李渊为什么能够异军突起，建立大唐王朝？李氏家族又有何渊源？李渊与隋炀帝杨广是什么关系？李渊又为什么要把国号命名为唐？然而天下初定，李渊的皇位坐得并不安稳，以太子李建成和秦王李世民分别为代表的政治阵营，展开了激烈的权力斗争，最终引发了玄武门之变。那么，这一政变的来龙去脉，究竟是怎么一回事呢？李世民又是怎么当上皇帝的呢？《三字经》的作者，又将如何为我们描述这样一段历史？

　　对于中国，乃至对于整个古代世界来讲，唐朝实在是太重要了。我想大概也是基于这样的考虑，《三字经》的作者拿出整整一节 12 个字来讲述唐朝开国的那一刻，这个在《三字经》中很少见。一般情况下，《三字经》12 个字要派很大的用场，有的时候把一个朝代讲完，有的时候把几个朝代讲完，但是在这里仅仅讲了唐朝的开国。"唐高祖，起义师，除隋乱，创国基。"字面意思一点都不需要解释，唐高祖起义了，把隋朝末年的动乱给解决了，同时也开创了大唐帝国的国基。

　　隋朝末年，烽火四起。在纷纷起义的群雄当中，唐高祖是一个很特别的人，他的情况和谁都不大相同。唐高祖叫李渊，公元 618 年到 626 年在位，他是唐朝的开国皇帝。他有一个鲜卑姓，叫大野，所以他也可以叫大野渊，字叔德。他的祖父和父亲都是在西魏北周的时候，就已经当了相当大的官。他的父亲，在隋朝时被封为唐国公。所以，唐朝的国名也是这么来的，就像隋朝的国名的来历一样。他的母亲就是隋文帝的那位独孤皇后的姐姐，所以隋唐两家人是亲戚，唐高祖李渊和隋炀帝是姨表兄弟。李渊七岁就继承了唐国公的爵位，16 岁时做隋文帝的贴身侍卫。皇帝对贴身侍卫当然是非常相信的了。作为隋文帝、隋炀帝的亲戚，当时的北方军事贵族，他非常受隋炀帝的重用。李渊后来当了太原留守。太原的地理位置在中国历史上是非常重要的，而且太原城池坚固，钱粮充足，历来就号称中原北大门，更是隋朝抗拒突厥的一个屏障。所以城里边的钱、粮、兵器，积聚了很多。当时，隋末的农民起义势力并不强，但到处都在打仗，李渊很聪明，他看透了仅凭隋朝的力量，是不可能平息这遍地烽火的。他也非常了解自己这个姨表兄弟隋炀帝，了解他的为人，了解他的猜忌，了解他的嗜杀，所以他担心在这样的乱世，难以自保。

当时也确实发生了一件很怪的事情。有一个术士，就是看风水的术士，禀告杨广："龙门一带突然出现了浓厚的天子气。"当时有观云这一说，看天上的云彩能看出什么气来，而这个龙门一带的天子气，一直延伸到太原，在那儿停住了。而且他还算出一卦，说："有一位姓李的大将最终不利于隋朝。"隋炀帝一听，当然就对李渊产生了防范之心，所以他先在太原设立一个宫殿，叫汾阳宫。表面上是他去避暑用的，实际上是监视李渊之所。隋炀帝一度还动过这么一个脑筋，什么脑筋啊？不是有个姓李的大将要对隋朝不利吗？他也不管是今天的大将，还是未来的大将，就先把天下姓李的都给杀了。确实，有数不清的姓李的人遭殃了。其实真要杀的应该是李渊，但是李渊因为是亲戚，所以就躲过去了。

隋朝末年，变乱四起，隋王朝摇摇欲坠。而当时李渊虽贵为皇亲国戚，却仍然无法打消隋炀帝对他的猜忌。为求自保，李渊决定起兵。但是，起兵反隋是件大事，稍有不慎，就会遭灭门之灾。那么，李渊会如何谋划此事呢？

李渊和他的次子李世民，即后来的唐太宗，在大业十三年（公元617年）五月起兵，并且召回当时在外地的长子李建成、四子李元吉。李渊起兵以后，一方面派刘文静出使突厥，希望当时的始毕可汗派兵马相助，一面招募军队，在七月份率师南下。所以，唐太宗有个称号叫天可汗，因为唐朝在起兵的初年，曾经向突厥称臣。唐朝当年使用的军旗是突厥的军旗，上面就有狼头。这一点到后来都讳莫如深了，因为唐太宗太伟大了。有一种中国传统史学观点认为，怎么能够向北方的少数民族低头称臣呢？所以把这段历史全给抹杀了。回到历史当中，其实没有什么可怪的。当时的民族关系不能拿今天的观点来套。当时唐太宗这个李氏一族血脉里边本来就有突厥、鲜卑的血统，他不觉得有什么不妥，同时，当时出于现实政治的需要，必须有突厥的支持。否则，如果从抵抗突厥的北大门太原发兵南下，突厥从背后突然袭击，就无法南下，所以这是必然的。

趁瓦岗军和王世充激战方酣的时候，李渊趁机取了关中。十一月，李渊就占领了长安，由此在关中站稳了脚跟。李渊进入长安以后，就立了隋炀帝的一个孙子为天子，这就是隋恭帝。隋朝按说不止两位皇帝，但通常认为这个皇帝不算，这是假的，是李渊立的。并且李渊还改元为义宁。这一招太毒辣了，他把年号给改了，而且遥尊隋炀帝为太上皇。然后又让这个小孙子授自己好多官衔。小孙子懂什么啊？就授了大都督内外诸军事、尚书令、大丞相，晋封唐王，总理万机。这样就把自己完全合法化了，这就显得跟农民起义不一样，农民起义是造反，他不是，他是隋朝的天子所封的朝臣内属。

公元618年，李渊一看天下那么乱，就自己称帝了，改国号为唐，定都长安。

瓦岗军 瓦岗军是隋末农民起义军中战斗力最强的队伍。大业七年（公元611年），东郡韦城县人翟让到瓦岗寨聚众起事，势力渐强。大业十二年（公元616年），李密加入瓦岗军。李密有胆略，多智谋，在他的策划下，瓦岗军很快就壮大起来。后来瓦岗军却发生了严重的内讧，李密杀了翟让，瓦岗军被宇文化及军和王世充军前后夹击，大败。后李密西走，降于唐朝，瓦岗军终于溃散。

李渊称帝，结束了隋炀帝的残暴统治，开创了大唐王朝300年的基业。然而，就在天下初定，唐王朝建立不久之时，李渊的皇位坐得并不安稳，皇室内部矛盾重重，最终引发了历史上有名的玄武门之变。那么，这一政变的来龙去脉，究竟是怎么一回事呢？

李渊在位期间，皇室内部出问题了，矛盾重重，斗争非常复杂。主要是什么呢？秦王李世民认为，在唐朝建立的过程当中，他的功劳远远超过了太子李建成，但是只不过因为是次子，晚生了几年就当不了皇帝。而太子李建成也清楚地知道，自己能不能安稳地当皇帝，要看李世民。李世民如果让他当，也许还能当成，如果不让他当，这事儿可就难说了，所以矛盾就很突出。李世民和李建成弟兄之间展开了激烈的争夺皇位的内斗。公元626年，发生了著名的玄武门之变。这是唐朝开创初期最重要的一次斗争。这个事件究竟是怎么一回事呢？以太子李建成和他的弟弟李元吉为一方，以秦王李世民为一方，双方在战争期间早就已经有了一种仇恨，而争夺皇位积累起来的仇恨终于表面化了，发展成你死我活、骨肉相残的权力斗争。

李建成和李元吉，在正史上历来被说得一无是处。但是大家别忘了，历史是胜利者书写的，所以未必客观。根据正史的一些记载，李元吉非常喜欢打猎，在战场上反复无常，又是一个好色之徒，还是一个虐待狂。太子李建成则桀骜不驯，沉湎酒色。这些记载很早就有人提出过质疑，这就是《资治通鉴》的编纂者司马光。

李建成是太子，名正言顺地应该继承皇位。而李世民虽只是个秦王，但是，为唐朝东征西杀立下赫赫战功，由他继承皇位也无可厚非。可以说，秦王李世民对于太子李建成构成了极大的威胁。那么，太子李建成将会怎样对待他这位功勋卓著的弟弟呢？李建成和李世民兄弟二人，将会展开怎样的权力斗争呢？

早在公元 621 年，李世民就因为战胜了窦建德和王世充而声誉鹊起。而太子李建成当时大部分时间则在北方的边疆防御突厥人内犯。

按道理说，李建成的担子也不轻。因为在唐朝初年，如果后方不稳定，突厥发兵趁乱进来的话，大家都会被灭。但是，李建成毕竟没有激烈的战斗，他是防御。所以李建成的声望，跟他的弟弟李世民就不能比。而也就在这一年，唐高祖又把李世民的地位提高到全国一切贵族之上，命令他掌握东部平原的文武大权，并且还让秦王李世民把自己的王府放在洛阳。李世民立即组织了一个听命于他的有 50 多个文武官员组成的随从集团。这 50 多个人几乎没有等闲之辈，全部来自被李世民消灭的那些敌人的营垒，都是很有本事的人。他就以此为基础，以他作为秦王的声望，以他控制的东部平原的文武大权，向太子李建成发动了挑战。这一招彻底提醒了太子李建成，李世民已经下决心要来抢皇位了。从这个时候开始，李建成也动手了，开始挖李世民的墙脚，把李世民好多重要的人调开。同时，李建成招募了 2000 多名身强力壮的人，增强他在长安的力量，这支军队被称作长林兵，驻扎在长安。李建成还和李元吉取得了高祖后宫当中很多嫔妃的支持。他们做唐高祖这些嫔妃的工作，经常在唐高祖面前说李世民的坏话，为他们自己说好话，所以，两派之间的矛盾日益严重。最初太子李建成的策略很成功，他还是有优势的。

李建成毕竟是李渊立的太子。在李建成与李世民的权力斗争中，身为父亲的李渊还是向着太子李建成的。但是，接下来发生的事情，却完全改变了局势。那么，究竟发生了什么事情呢？

武德九年六月初四（公元 626 年 7 月 2 日），东宫侍卫的一个总管谋反。因为是太子的侍卫谋反，唐高祖有些犯愁，太子的侍卫谋反总不能还叫太子自己去剿灭吧？也摸不准他跟太子的关系，谁知道是不是太子迫不及待想当皇帝？他毕竟是太子的侍卫。这个时候，唐高祖李渊想到了李世民，他就让李世民率兵去平息这场叛乱，说："等你成功灭掉叛乱以后我立你为太子。"从历史记载上来看是有这种可能性的。李世民很快就扑灭了东宫侍卫的叛乱。而这个时候，麻烦也来了，李建成是合法、公开的已经立了好几年的太子，他也追随父亲起兵，他也不是毫无功劳，他身边也有一帮人，甚至有属于自己的军队，一支非常精锐的部队——长林兵。李世民功劳很大，屡立战功，又扑灭了太子东宫侍卫的叛乱，李渊又曾经口头答应过立李世民为太子。李世民也有自己的王府力量，有自己的谋士，更有自己的军队。李渊很为难，所以他想方设法缓和儿子们之间日益紧张的矛盾。但是，情况太复杂了，他实在是难以判断。也正是唐高祖这种摇摆不定的态度，导致了局势急剧恶化，也导致了李建成和李世民兵戎相见。

太子侍卫谋反案，几乎使李建成失去太子位，李渊甚至亲口说出要改立李世民为太子的话。但是很快，李渊就察觉到太子侍卫谋反案，是李世民一手策划的阴谋。李渊又改口不立李世民为太子了。李渊犹豫不决的态度，更进一步激化了李建成和李世民兄弟二人的矛盾。那么，李建成为保住他的太子之位，又采取了什么措施呢？

公元 626 年突厥人开始侵犯边境的时候，李建成就向唐高祖李渊提议，派李元吉去抵御突厥人。以这个为借口，李元吉就调走了李世民手下最精锐的将军和士兵。同时李建成和李元吉贿赂接近李世民的人，希望他们倒戈。局势到了这么一个状态，李世民身边的人，一再劝李世民对他这两个兄弟采取断然的手段，解决这个问题。我们从史籍记载来看，李世民下决心杀掉他的哥哥、弟弟是很花了一段时间的。最后，一件事情刺激了李世民，促使他下决心动手。什么事情呢？

有人向李世民报告，李元吉要出兵去抵抗突厥，那么作为哥哥，作为秦王的李世民应该去为他送行，以壮行色，而李建成和李元吉就准备在李世民来送行的时候，把他杀掉。这个时候，李世民终于决心先下手为强，要动手了。

李世民就把打扮成道士的房玄龄和杜如晦秘密地接到自己的营地。这两个重要的谋士帮他策划，帮他拟定计划。同时，李世民又收买了玄武门的禁军将领，希望其为自己所用。玄武门是位于长安太极宫北面城墙的中心，是出入皇城的要道，所以禁军都是驻扎在那里边。

阴历六月初三，李世民上一个奏章，这个奏章有点捕风捉影，说李建成和李元吉秽乱后宫，也就是说自己的哥哥和弟弟，和自己父亲嫔妃有不正当的来往。在中国传统社会，这个是很严重的指控啊。于是，唐高祖李渊下令调查。唐高祖的一个嫔妃恐怕还真是跟李建成和李元吉他们有点特殊关系，第二天一早，她就把李世民举报他们的消息告诉了李建成和李元吉。这个时候李建成和李元吉犯了一个致命的错误，什么致命的错误呢？他们决定，不在朝廷上进行分辩。因为如果在大庭广众下进行辩白，是很难听的，因为牵涉到宫里的嫔妃。他们两个想直接去见李渊，向他说明情况。他们没想到李世民会动手，所以没带几个人，骑着马直奔皇宫，希望向自己的父亲李渊去解释这件事情。正在这个时候，李世民率领12位心腹，已经秘密地到达了玄武门，做好了在这里伏击的布置。当李建成、李元吉骑马到达宫门口，也就是玄武门的时候，他们遭到了李世民的袭击，李建成是被李世民当场射死的。所以，是他亲手杀了自己的哥哥。李元吉是被谁杀的呢？他是被尉迟敬德杀的。就这样，太子和弟弟都被杀了。

玄武门之变 玄武门之变发生于唐高祖武德九年（公元626年）。当时的秦王李世民在玄武门（长安太极宫北面正门）杀死太子李建成和齐王李元吉。随后，李渊诏立李世民为皇太子，下令军国庶事无论大小悉听皇太子处置。不久之后李世民即位，年号贞观。

玄武门之变，李世民虽然是胜利者，但是，这却是一场充满着刀光剑影、血雨腥风、手足相残的人间悲剧。李世民为夺皇位，已将自己的两个亲兄弟杀死，那么，对于自己的李世民真的厉害。玄武门事变以后，派尉迟敬德去向皇帝报告这个结果。尉迟敬德前一段差一点被唐高祖杀掉，因为李建成和李元吉老说他坏话，唐高祖想这个人不好，准备杀掉他，是秦王李世民把他保下来的。这个时候，秦王李世民就派杀掉李元吉、参与玄武门之变的尉迟敬德，去跟唐高祖报告。唐高祖正在宫内的湖面上划船，看见尉迟敬德全副武装，扛着戈就进来了。按照唐朝的法律这当场就得被处死，携带武器，全副武装冲进宫内，想干什么？但是，尉迟敬德就这样告诉他，李建成死了，李元吉死了，玄武门的禁军现在听命李世民，发生政变了。所以，李世民是逼李渊立自己为太子的。很快，李渊就宣布退位为太上皇，李世民继位，这就是唐太宗。

唐高祖退位以后，无论在事实上还是名义上，都成了一个退隐的皇帝，很偶尔才出宫，参加一些无足轻重的仪式。我们知道，实际上唐太宗对唐高祖也不怎么样，很冷淡。因为史籍当中记载，父子两个人虽然住得很近，但唐太宗却不怎么去看他，只不过在一些场合，向自己的父亲太上皇敬敬酒，说两句冠冕堂皇的话，而且李世民给他的父亲李渊所修造的陵墓也很小，规格也不高。所以说父子之间的感情很平淡。而这个父亲完全拿自己这个强悍的、有能力的、久经沙场的、羽翼丰满的儿子，一点儿办法都没有。唐高祖李渊在过了一段很失意的生活以后，死于太安宫，庙号高祖，葬于献陵。唐高祖是中国史书上颇受贬低的一位君主，因为他的儿子太厉害。之所以如此，还因为他在位的时间很短，而且是处在中国历史上最突出的两个人中间，前面是他的姨表兄弟隋炀帝，后面则是被中国传统史学认为的政治完人唐太宗，他被夹在中间。第二，他建立唐王朝的功绩被他的接班人，也就是自己的第二个儿子李世民精心地掩盖。因为李世民要掩盖他发动玄武门政变怎么杀兄、逼父、夺位这一段历史事实。

实际上，正是唐高祖李渊、隋文帝及隋炀帝的建朝功绩，使唐王朝在建立的初期就已经拥有了坚实的行政、经济和军事基础。我们完全可以说，唐高祖为自己的儿子唐太宗的辉煌统治奠定了必不可少的基础。我想，这也就是为什么惜墨如金的《三字经》要花整整一节的篇幅讲唐高祖，讲他开创大唐的功业。

那么，接下来《三字经》又告诉我们什么呢？请看下一讲。

二十传，¹ 三百载，² 梁灭之，³ 国乃改。

---

1. 二十传：唐代共有 20 位皇帝（一说有 22 位皇帝）。
2. 三百载：唐代统治延续了 290 年，

说"三百载"是取整数。
3. 梁：公元 907 年，朱温篡位称帝，以梁为国号，史称"后梁"。

　　唐朝共有 20 位皇帝，历时近 300 年。唐太宗的贞观之治和唐玄宗的开元盛世，使唐朝的政治经济得到了极大的发展，成为中国封建社会的鼎盛时期。唐太宗李世民最为后人所称赞的优点是什么？唐玄宗时期又是怎样从盛世走向衰落的呢？

　　唐太宗李世民夺取皇位后，励精图治，开创了唐朝的第一个盛世——贞观之治。而唐太宗李世民最为后人所称赞的，就是他善于纳谏。李世民清醒地认识到："水能载舟，亦能覆舟。"皇帝掌握着绝对的、至高无上的权力，很容易独断专行，要想政治清明，必须能够听得进不同的意见。而唐太宗的宰相魏征，就是以勇于进谏而名垂青史的谏臣。那么，魏征是怎么成为唐太宗的宰相的？他又是如何冒死向唐太宗进谏的？而开创了唐朝第二个盛世的唐玄宗，是不是因为宠幸杨贵妃，而导致了唐朝由盛转衰的呢？

　　《三字经》中的"二十传，三百载，梁灭之，国乃改"，"二十传"是指唐朝皇帝的数量，20位皇帝；"三百载"是指唐朝的寿命，约有300年；唐是被谁灭的？被梁所灭，历史上称作"后梁"；"国乃改"，这个国家改掉了，不再叫唐朝，而是叫后梁了。

　　一般说来，唐朝近300年的历史分成前后两节，分水岭为公元755年。755年以前的唐朝，出现了中国历史上著名的两个盛世，而755年以后的唐朝，就开始由盛转衰，直到灭亡。

　　第一个盛世是贞观之治，是李世民在位时开创的。李世民年轻的时候，就追随他的父亲李渊起兵。由于长年带兵打仗，他对民间的疾苦有切身感受。更重要的是，在他心里一直有很强烈的忧患意识。他清楚地知道，"水能载舟，亦能覆舟"。他把老百姓比喻为水，把唐朝统治比喻为船。船离不开水，船永远是在水面上行驶的，但是，水也能覆舟。如果处理不好这个关系，水掀起波浪即人民反抗了，统治之船最终是会被打翻的。尽管李世民不是一个完人，但他身上有许多别的

贞观之治　贞观之治是指唐朝初期出现的太平盛世。由于唐太宗任人唯贤，知人善用，广开言路，虚心纳谏，重用魏征等；采取了一些以农为本，减轻徭赋，休养生息，厉行节约，完善科举制度等政策，使得社会出现了安宁的局面。当时年号为"贞观"（公元627年—公元649年），故史称"贞观之治"。

皇帝所没有的、令人赞叹的优点，是中国历史上少见的皇帝。他最为人称道的就是善于纳谏。他非常愿意接受臣下的批评意见，并根据这种意见，来修改自己的统治策略、统治手段。

唐太宗李世民清醒地认识到，皇帝掌握着绝对的、至高无上的权力，所以很容易独断专行。历朝历代的教训已经说明，如果皇帝毫无节制地独断专行，最终必将导致亡国。所以，李世民经常鼓励大臣提出意见和建议，而最敢于向李世民直言进谏的，就是唐朝著名的宰相魏征。那么，魏征是怎样成为宰相的呢？

魏征曾经出家当过道士。他早年投靠唐高祖李渊，主要为太子李建成服务。也就是说，魏征在仕途之初，是太子李建成的部下，而不是李世民的部下。由于才华出众，魏征特别受到李建成的器重。后来，李世民发动了玄武门之变，把太子杀了，自己继位当了皇帝。照常理，既然杀了太子，当然也得处置太子身边重要的谋士。但李世民非常清楚魏征的价值，于是，他亲自召见了魏征。当时李世民显得非常生气，质问魏征："为什么要离间我们兄弟关系？"这样，李世民就把兄弟关系不好的原因，说成是李建成身边的人不出好主意。在场的大臣一看李世民的态度，都觉得魏征有杀身之祸。就在这一刻，魏征显出超越常人的气度和姿态。魏征没有解释，而是非常自信地回答："如果皇太子早听我的话，那么，他不会有今天的下场。"这个话相当高明，可以从两方面去理解：一方面，如果太子早听魏征的话，他们兄弟就不会反目成仇。另一方面，如果太子早听魏征的话，弄不好被杀掉的是李世民！李世民听了此言后，不仅马上消了气，还被魏征这种不畏强权的精神所折服，从心眼里开始喜爱、钦佩，甚至还有那么一丝畏惧魏征了。他

魏征 魏征（公元580年—公元643年），字直成，河北省晋州人。辅佐唐太宗17年，以"犯颜直谏"而闻名。他"上不负时主，下不阿权贵，中不侪亲戚，外不为朋党，不以逢时改节，不以图位卖忠"，千百年来，一直被传为佳话。

觉得这个人不寻常，日后便重用了他。

> 魏征的刚直不阿使李世民意识到，这是一个难得的人才。于是马上任命魏征为专门负责给皇上提意见的谏议大夫。李世民并不顾虑魏征曾是太子李建成的谋士，不久就把魏征提到了宰相的位置上。那么，魏征是怎样向李世民进谏的？身为皇帝的李世民真的能够听进不同意见吗？

建国之初，唐太宗励精图治，经常召见魏征，而魏征也越来越显出他胸怀大志、胆识超群的特质。他以实事求是的精神，向皇帝大胆进谏。在魏征任职的几十年里，他共进谏200多次。每一次唐太宗都尽量考虑他的意见，予以采纳。有时，魏征完全是犯颜直谏。所谓犯颜直谏，就是不管皇上高兴不高兴，也不管皇上听得进听不进，认为做臣下的本分，就是应该把真实想法禀告皇上，不阿谀奉承，不顺风媚上。即使在唐太宗大怒的时候，魏征也敢当面廷争，从不退让。所以，唐太宗对魏征的敬畏之心越来越重。史书上有许多有趣的记载。

唐太宗戎马出身，非常喜欢打猎。有一次，他想去秦岭山里打猎，行装都已准备好了。突然，唐太宗下令不去了。大家都觉得奇怪，也无人敢问。魏征问唐太宗，唐太宗苦笑着回答说："当初我确实是忍不住，想去打猎，可后来一想，你大概又要来进谏了，所以我想别惹麻烦了，就打消了这念头。"身为一个皇帝，臣下还没进谏，他就有点害怕。

还有一次，有人进贡了一只鹰，唐太宗很高兴。古时很多人都喜欢鹰的，因为他要打猎，要打仗，鹰可以做助手。他把鹰架在臂膀上，很得意地在宫廷里逛来逛去。忽然远远地看见魏征来了，吓得唐太宗赶快把鹰拿下来，藏在袍子里，不让魏征看见。魏征跟他谈了许久的公务，待魏征走了以后，唐太宗忙把鹰放出来，一看鹰已经给憋死了。唐太宗很心疼，可一句话也不敢说。唐太宗和魏征就是这样一种君臣关系。

> 魏征进谏虽说是以国家社稷为重，一片忠心耿耿，但忠言逆耳，普通人尚且不愿意听到批评意见，更何况是贵为皇帝的唐太宗李世民呢。魏征经常犯颜直谏，李世民有没有忍受不了的时候？一旦皇帝真的发怒了，魏征会不会惹来杀身之祸呢？

不过，李世民气量再大，有时候也忍受不了这个魏征。我们现在偶尔也听听不同意见，涵养好的还接受，但如果每天提十条意见，一般人都会厌烦的。所以有一次唐太宗上完朝，怒气冲冲地回到后宫里，长孙皇后发现他不太高兴，就问其缘由，唐太宗没头没脑地说了一句："我一定要杀掉这个乡巴佬。"皇后问："谁是乡巴佬？"唐太宗说："还不就是魏征，天天给我进谏。"这时候，长孙皇后也显出了不起的一面。一般的皇后也许会说："那你就把他杀了吧，一个乡巴佬算什么，只要你高兴。"可是，长孙皇后没有这么说，她马

长孙皇后 长孙皇后（公元600年—公元636年），长安人，祖先为北魏拓跋氏。从小爱好读书，通达礼仪，13岁时嫁给李世民为妻。李世民登基以后，被立为皇后。长孙皇后生性节俭，母仪天下。贞观十年（公元636年）六月，长孙皇后在后宫立政殿去世，年仅36岁。

上跪下说："恭喜皇帝。"唐太宗一头雾水，皇后继续说："你有这样一个臣下，敢于直面进谏，是因为陛下乃圣明之君。既然是圣明之君，有这样一个贤明的臣子，高兴还来不及啊，怎么能杀掉他呢？杀掉他了以后，怎么证明你是贤明的君主呢？"唐太宗一听，恍然大悟，此后更加虚心纳谏，对魏征倍加敬重，魏征也更加努力地进谏，君臣就形成了一种良性的互动。

贞观十六年，也就是公元642年，魏征生病卧床了，唐太宗派去探视的中使道路相望。中使就是宫中的使臣。什么叫"道路相望"？一拨出去了还没回来，第二批又去探望，整个路上全部是唐太宗派去探望魏征的人。魏征是位很清廉的官，毫无积蓄，而且居然"家无正寝"，就是家里连间像样的卧室都没有。唐太宗立即下令，把自己原来要用来修筑宫殿的材料，给魏征造一间大房子。不久，魏征病逝，唐太宗

亲临吊唁，并且放声痛哭。就在这个场合，唐太宗说了一句话，成为流传至今的千古名言："夫以铜为镜，可以正衣冠；以古为镜，可以知兴替；以人为镜，可以知得失。"用好的铜做一面镜子，可以端正自己的衣冠；以古代的事情来作为镜子，可以知道一个王朝为什么兴盛、衰弱；以别人作为镜子，就可以知道自己的所得，也可以知道自己的所失。

唐太宗虽是一个明君，但毕竟是一个皇帝。俗话说，伴君如伴虎，魏征生前虽然得到了唐太宗最高的礼遇，但魏征死了之后，又发生了什么事情？唐太宗为什么要把魏征的墓碑推倒？

但是，我们不能忘了，唐太宗和魏征毕竟是君臣关系，不是朋友关系，所以他们之间的关系，也有错综复杂的一面。古人讲，人生有四大不可靠，即"春寒，秋暖，老健，君宠"。到了春天，天很快就暖了，春寒是长不了的。到秋天的时候，暖和也是靠不住的，因为冬天马上就来。上了岁数了，觉得自己特别健康，那也是靠不住的，因为人的身体也有自然规律。最靠不住的是君宠，皇帝对臣子的宠爱，是最不能当回事的，因为谁都不知道皇帝什么时候翻脸。这就是中国古人讲的四大靠不住。而李世民和魏征的关系，也的确应验了这个话。

魏征死后半年，因为一件小事，李世民突然怀疑他结党营私。其实是子虚乌有的事。而且当时又有传闻，说魏征曾经把进谏的意见写下来，给别的大臣传阅过。唐太宗当然无法容忍，因为面对面讲是一回事，把进谏的意见写下来在臣子之间传看则是另一回事。唐太宗大怒，居然推倒魏征的墓碑。也就是说，李世民毁掉了自己的镜子。但是，为什么说他们的关系错综复杂呢？的确是一波三折，李世民终究不是昏君。贞观十八年，李世民和臣下商量，是不是要派兵去攻打高句丽的时候，再次想到去世已经一年多的魏征。李世民自负地说："魏征生前劝我不要东征高句丽，但是，魏征的进谏是错的，我李世民当年之所以不说他是错的，是为了防止阻塞言路，错的意见我也听。"当时他很得意地讲了这么一段话。但是，东征失败。李世民此时想起了魏征当年的进谏，不得不对群臣说出了这样的肺腑之言，他说："如果魏征在，绝不会让我东征高句丽，我就不会失败。"此后，又下令把魏征的墓碑再竖起来。

> 唐太宗李世民和宰相魏征的关系，是中国封建帝王时代最理想的君臣关系。正是因为唐太宗的善于纳谏和魏征的勇于进谏，使得当时政治清明，经济发展，开创了唐朝的第一个盛世——贞观之治。那么，唐朝的第二个盛世，开元之治又是谁开创的呢？

唐太宗去世后，唐朝经历了一段混乱和纷争时期。到了第七位皇帝，也就是历史上著名的唐玄宗李隆基登上皇位以后，才平定了内乱，他励精图治，使唐朝出现了第二个盛世，这就是开元之治。唐玄宗在位时间较长，从公元712年到公元756年，共45年。正是开元年间，唐朝真正成为世界上最强盛的国家。唐玄宗继位后所任用的宰相，每一个都各有所长，尽忠职守，所以朝政充满了朝气，吏治情况很好。唐玄宗早期，也像唐太宗一样，虚心纳谏，政治清明，政局稳定，唐朝经济得到飞速发展。然而，人们现在提起唐玄宗，马上就会想起另一个人——杨贵妃。唐玄宗很挥霍，爱享受。其实，唐玄宗早期中期，非常节俭。他规定三品以下的大臣及嫔妃，不允许佩戴金、玉饰物。他还大量遣散宫女，以节省开支。同时，他又清查全国的漏报户口和籍外田地，查到80多万户。在古代，如

唐玄宗 唐玄宗李隆基（公元685年—公元762年），又称唐明皇，公元712年至756年在位。延和元年（公元712年），受禅即位，改年开元。唐玄宗开元年间，社会安定，政治清明，经济空前繁荣，唐朝进入鼎盛时期。唐玄宗后期，他贪图享乐，宠信并重用李林甫、杨国忠等奸臣，终于导致"安史之乱"发生，唐朝开始衰落。

开元之治 开元之治是唐玄宗李隆基统治前期所出现的盛世。唐玄宗治国初期，以开元作为年号，励精图治，并且任用贤能，发展经济，提倡文教，使得天下大治，史称"开元之治"。

果查出一户人，就意味着增加一户税源。这些人曾经都躲起来，户籍是没有登记的，被唐玄宗查出来了，大幅度地增加了唐朝的税收和兵力资源。由于这些措施，唐朝变得非常富裕，粮仓充实，物价十分便宜。当时要出远门，人们根本不带粮食，因为一路上都会有人提供免费食物。

> 开元之治造就了唐朝的鼎盛时期。中国经济文化迅速发展，商业繁荣，国力强盛，世界各国都派来使臣，到当时的长安朝贡，长安城成为国际化的大都市。但是，公元755年，盛唐开始走向衰落。是什么原因造成了唐朝由盛转衰呢？

可惜的是，这样大好的局面，在唐玄宗的晚期被破坏了。公元755年是唐朝历史的分界点。755年也是唐玄宗在位的倒数第二年，唐朝从这个临界点开始，发生了很大的变化，从此盛极而衰。导致这种情况的原因很多，其中原因之一就是地方长官的权力太大，中央政府控制权被消减，出现了内轻外重的局面。朝廷内的那些正直、有见识、负责任的大臣也逐渐老退，后继无人。加上唐玄宗晚年时又特别宠爱杨贵妃，因之牵带出许多是与非。当然，将国家兴亡归于一位女性身上，是非常不客观的。但是，确实由于唐玄宗对杨贵妃的格外宠爱，引发了一系列的政治恶果。这就是杨贵妃和唐玄宗之间的爱情故事在民间既广为传诵又受到民间严厉批判的缘由吧。《长恨歌》里有两句诗"在天愿作比翼鸟，在地愿为连理枝"，就是描写唐玄宗和杨贵妃爱情的名句。杨贵妃早年丧父，是跟着自己叔父过的，后来杨贵妃出嫁，嫁给了唐玄宗的儿子寿王，做了唐玄宗的儿媳妇。开元二十四年，唐玄宗最宠爱的武贵妃去世了。后宫虽然有几千人，但是唐玄宗觉得，没有合自己心意的人，心情很坏。这个时候，旁边有溜须拍马的，就上奏说："有一个人，姿色当代第一，可以召见。"于是就出现了一段历史公案。按照历史的记载，唐玄宗召见杨玉环的时候，杨玉环是道姑。她已经出家了，是穿着道姑的袍子来晋见皇帝的。那么，她跟唐玄宗儿子寿王，到底离没离婚？到底还是不是他的儿媳妇？这在历史上没有很明确的说法，估计是皇帝看中了自己的儿媳妇，但是实在没办法，所以，先叫杨玉环出家，去做道士，然后再把她宣到宫里来。而这个时候的杨贵妃，叫太真。玄宗一见太真，就觉得非同凡响，不久，就给自己的儿子寿王另外娶了一个韦家的女儿，而把太真留在了宫中。不到一年，杨玉环的受宠程度就远远超过了武贵妃。

杨玉环与西施、貂蝉、王昭君并称为中国古代四大美人。据说这四大美人都有闭月羞花之容，沉鱼落雁之貌。那么，这个杨玉环到底有多美丽？为什么唐玄宗会对她如此宠爱？而唐玄宗对杨玉环的宠爱，又为什么会导致盛唐的衰落呢？

从历史记载看，杨玉环应该是姿色丰艳、善于歌舞、精通音律、聪明过人，非常善于讨好和逢迎皇帝。因为她进皇宫的时候，已经不是一个小女孩了，她已经在寿王家生活过一段时间，因此，非常懂得怎么去逢迎唐玄宗。唐玄宗为之神魂颠倒，在宫中不称贵妃，而是称娘子，礼遇等同于皇后。因为称贵妃的时候，不就明确表示，她还不是皇后吗？用一个模模糊糊的娘子一称，等于说这是皇帝的夫人了，那没人敢去区分，她到底是皇后还是贵妃。杨氏有三个姐姐，都有才貌。唐玄宗把杨贵妃那三个姐姐，全部封了夫人的称号，所以"一人得道，鸡犬升天"，杨家的祖、父、姨、兄、弟也都得到了官号和赏赐。

那么，唐玄宗和杨贵妃的关系，后来怎么一步步地，从一个皇帝对一个妃子的宠爱，演变成一件对唐朝的历史，乃至对中国的历史产生重大影响的政治事件呢？请看下一讲。

杨贵妃 唐代蒲州永乐人，字玉环。通晓音律，能歌善舞。天宝三年（公元744年）入宫，得唐玄宗宠爱，封为贵妃，兄杨国忠因此而得以势倾天下。后"安史之乱"，唐玄宗逃离长安，途至马嵬驿（今陕西兴平西），大将陈玄礼和士兵们认为杨家祸国殃民，怒杀杨国忠，迫使玄宗赐杨玉环自缢。

（上）

梁唐晋，及汉周，称五代，皆有由。

1 唐：923 年沙陀人李存勖灭后梁称帝，国号唐，建都洛阳，史称"后唐"。

2 晋：936 年沙陀人石敬瑭勾结契丹贵族灭唐称帝，以晋为国号，建都汴（今河南开封），史称"后晋"。

3 汉：947 年沙陀人刘知远击退入侵的契丹人后称帝，国号汉，建都汴，史称"后汉"。

4 周：951 年郭威灭后汉称帝，国号周，建都汴，史称"后周"。

5 皆：都。

6 由：缘由。

　　唐朝由盛转衰的原因是非常复杂的，但唐玄宗晚年过度宠幸杨贵妃，是导致"安史之乱"的重要原因。那么，"安史之乱"到底是怎么回事？是谁灭掉了唐朝，而盛唐之后的五代，又是怎么回事呢？

唐玄宗早年励精图治，开创了唐朝历史上的第二个盛世——开元之治，使唐朝达到了鼎盛时期。然而，物极必反，盛极必衰。唐玄宗晚年对杨贵妃的过度宠爱，造成了外戚专权，朝纲混乱，最终导致了"安史之乱"。"安史之乱"也是唐朝由盛转衰的转折点。历时300载的唐朝，终于在农民起义的风暴中灭亡了。那么，是谁灭了唐朝？而在唐朝之后的梁、唐、晋、汉、周这五个朝代，都是些什么样的人当了皇帝？这五代王朝，为什么又都是短命的呢？

　　一个王朝的兴亡有各种各样复杂的原因，但是，唐玄宗和杨贵妃之间的关系，的确超越了皇帝和宠妃之间的关系，直接影响了唐朝后期的政局。在某种意义上讲，这也是唐朝由盛转衰的一个重要原因。

　　唐玄宗当时的岁数已经很大了，而杨贵妃相对来讲比他要年轻多了，所以这个皇帝和妃子慢慢地像老夫少妻一样经常会吵架，经常有点小摩擦。天宝五年七月的一天，这对皇帝夫妻又吵架了，这次吵架吵得比较厉害，唐玄宗一气之下就下令把杨贵妃送回娘家。送回没多久，老皇帝就不得劲了。他茶饭不进，且怒冲冲地责罚左右。当时唐玄宗身边有一位著名的太监——高力士，他一看就知道皇帝把这个年轻的贵妃送回家以后后悔了，就赶紧向皇帝求情道："要不给娘子送一些用品过去？"唐玄宗一看有台阶下就说："好，你给她说情，那行，送过去吧。慢，把我吃的午饭送一份给娘子。"这么一来，高力士就赶紧把杨贵妃给接回来，杨贵妃磕个头，道个歉，唐玄宗的怒气烟消云散。这样的结果当然使杨贵妃更加受宠。如此的事情有过多次，每吵一次架，都是杨贵妃更得宠一步。

　　天宝九年，这对夫妻又吵架了，唐玄宗又把杨贵妃送回娘家了。但是，这个时候和以前不一样了，杨家的势力在朝廷里已经根深蒂固，所以杨国忠就托太监为杨贵妃去求情，老皇帝马上派人又是送茶，又是送饭。但是，这一次杨贵妃可不老老实实回来了。杨贵妃剪下自己一绺头发，托人带给皇帝，而且还带了一句话给皇帝，什么话呢？"妾身罪有应得。"就是说她有罪，她的衣服、首饰都是皇帝赐的，但是，只有她的身体、发肤是父母给的。今天人们不太理解这句话的意思，放在古人那里，一个女孩子要剪头发了，基本上就不想活了。唐玄宗一看，这一回干脆也别送饭了，赶紧派高力士把杨贵妃接到宫里来。接到宫里来杨贵妃大概也没道歉，皇帝却一个劲儿地道歉。所以，后来的情形和以前完全不一样了。不久，杨国忠居然当了宰相，并且兼任了剑南节度使，这是两个最重要的职务。杨家越发骄横，骄横到皇帝家里的公主、驸马如果一不小心得罪了杨家，往往连爵位都保不住。

> 　　由于唐玄宗在晚年格外宠爱杨贵妃，杨贵妃的家人便借机开始把持朝政，杨贵妃的哥哥杨国忠无才无德，却依靠杨贵妃的关系，坐上了当朝宰相之位，杨国忠重用亲党，拉帮结派，杨家的权势越来越大。

　　天宝十年，也就是杨贵妃剪完头发的第二年，杨贵妃携杨家数人晚上出去游玩，与广平公主和她的仆人相遇。按常规，臣子的家人当然应该让公主了，可杨家不让。两边人马争执起来，杨家的家奴居然要挥鞭教训公主的奴仆。这就全乱了，公主毕竟是李唐皇室的血脉，杨家怎么着也是个外戚之家，且杨贵妃位居贵妃，又不是皇后。当时，公主的人挥动了一下鞭子，一不小心鞭子的末端擦到了杨贵妃，贵妃在马上一晃，落马了。广平公主的丈夫、驸马陈昌义一看，吓坏了，赶紧跳下马，抢上前来，把那些打架的仆人分开，去扶杨贵妃。旁边杨家奴仆乘机冲上前来，把驸马给打了一顿。这一下广平公主当然很生气，事后就跑到唐玄宗那里去哭。这件事情的结果是什么呢？杨家动手打驸马的奴仆被杀，但是，驸马丢了所有的官职，显然，驸马吃亏了，因为在当时人的眼里杀一个奴仆无所谓。杨家的嚣张气焰竟然到了这样的地步。杨家在极度骄横的时候，一家人娶了两位公主，两位郡主，也就是说，他们已经跟皇室普遍联姻。杨贵妃居然为她的父亲、祖父立了庙，这庙里面的碑文也都是唐玄宗亲笔题写的。

天宝中期，导致唐朝由盛转衰的关键人物安禄山，因为立了边功，受到皇帝的宠信。安禄山来朝见皇帝，唐玄宗叫杨贵妃的姐姐和安禄山结成姐弟，但是，叫安禄山拜杨贵妃为母。这不全乱了吗？因为皇帝宠爱杨贵妃，要安禄山像侍奉母亲一样地侍奉杨贵妃。安禄山这种人心里会怎么想？安禄山是个大概200多斤重的大胖子，为了讨好杨贵妃，竟然跳狐旋舞。大家知道什么叫狐旋舞？古时一种旋转飞快的舞蹈。但是唐朝的狐旋舞更难跳，地上要铺一块丝帕，非常小，只能在这块丝帕上转，不能到处乱跑。200多斤的胖子，为了讨好杨贵妃在那上面转个不停，安禄山当时不敢说什么，但他的内心会怎么想？

唐玄宗年事已高了，想传位给太子，而杨家的人不同意。杨家的人害怕，知道自己得罪的人太多了，如果失去了唐玄宗这个靠山，迟早没命。于是，杨国忠赶紧找杨贵妃商量，杨贵妃就嘴里衔着土块，去向唐玄宗请死。而唐玄宗居然就放弃了传位给太子的念头。杨贵妃一个人的好恶已经影响到李唐皇室皇位的更迭大事。

唐玄宗早年励精图治，开创了唐朝历史上的第二个盛世——开元之治，也使得唐朝达到了鼎盛时期。但是，晚年的唐玄宗，因为宠爱杨贵妃，造成了外戚专权，朝纲混乱。那么，唐玄宗晚年的行为，给唐朝的政治带来什么样的后果呢？

不久，天下大乱，潼关失守。唐玄宗带着杨贵妃逃到了马嵬驿。

太子早就跟禁军的大将暗中商议好，由这位大将出面，杀了杨国忠父子，并且逼着唐玄宗赐死于杨贵妃。杨贵妃是被勒死的，死的时候年仅38岁。匆忙之间，她就被葬在路边，随随便便拿着毯子一裹完事。几年以后，动乱平息，唐玄宗从四川回到长安。那时他已经是太上皇了，但还想着杨贵妃，派人到马嵬驿把杨贵妃重新安葬。在杨贵妃的尸骨旁有一只香囊，太监就把这个香囊带回来献给了唐玄宗。唐玄宗痛不欲生，把杨贵妃的画像挂在自己的宫殿里，早晚都看，天天对着杨贵妃的画像发呆。《长恨歌》里有这样的句子："天长地久有时尽，此恨绵绵无绝期。"关于杨贵妃的死，民间有很多传说。最离奇的说法是杨贵妃并没有死，跑到日本去了。现在日本有很多人知道这个说法。

公元755年，安禄山、史思明带头叛乱。安禄山和史思明是中亚人。这场叛乱就是著名的使唐朝由盛转衰的"安史之乱"。"安史之乱"长达八年，虽然被镇压下去，但是唐朝的元气已伤，国家被折腾得一塌糊涂。安史之乱后的唐朝，基本上是地方割据，节度使手上有兵权，控制一方，根本不听朝廷的招呼，朝廷不能派官去。节度使死了以后，儿子接着当节度使，朝廷根本管不了。到了唐僖宗，也就是公元873年到公元888年在位的那位皇帝，荒淫无度，又加上天灾不断，黄巢、王仙芝于公元875年率领农民起义军，威震全国。公元881年，起义军攻陷长安，唐僖宗逃到四川。黄巢起义后来是被唐王朝组织各路力量扑灭的。在镇压黄巢起义中起家的军阀朱温，于公元907年废掉了唐朝的最后一位皇帝，建立了后梁，定都在今天的开封。

安史之乱 安史之乱是唐朝由盛而衰的转折点。安史之乱系指安禄山、史思明起兵反对唐王朝的一次叛乱。安史之乱自唐玄宗天宝十四年（公元755年）至唐代宗宝应二年（公元763年）结束，前后达八年之久。这次历史事件，是当时社会各种矛盾所促成的，对唐朝后期影响很大。

黄巢 黄巢（？—公元884年）唐末农民起义领袖。曹州冤句（今山东曹县西北）人。屡举进士不第，以贩私盐为业，善击剑骑射。后成反朝廷军将领，曾自立为王，建立大齐。后被唐军围攻，战败自杀。

朱温最终灭掉了唐朝，建立了后梁，这就是《三字经》中所说的"梁灭之，国乃改"。紧接着，是梁、唐、晋、汉、周五个朝代，那么，这五个朝代都有什么共同的特点呢？

"梁唐晋，及汉周，称五代，皆有由。"梁、唐、晋、汉、周，这就是五个朝代。"五代"这个名称是宋朝人发明的，在宋以前没有五代这个说法。为什么宋朝会有五代这个说法呢？因为宋朝的江山是得之于后周的。为了表示自己正统，他把前面这五个北方的朝代也就视为正统了，这样一代一代好像自己传承有序。实际上，这五代其实只是北方的五个小王国而已。除了后唐建都洛阳，其他建都都在开封。相对于五代，还有一个说法叫"五代十国"。当时的南方和巴蜀地区有前蜀、吴、闽、吴越、楚、南汉、南平、后蜀、南唐、北汉各个小朝廷，这个时期也就是五代十国时期。中国这时非常乱，不统一。五代的国名分别叫梁、唐、晋、汉、周，但是这些称呼以前在中国历史上都出现过。后来为了有所区分，由后人给加了一个"后"字，就表明它是后面的那个梁朝、后面那个唐朝等。

五代的寿命都很短，加起来也不过50多年，平均每个朝代10来年。而十国加起来也不到80年。然而我们不能说，这段历史不重要，或者说这段历史微不足道。

下面我就按照《三字经》的顺序一一给大家做一个比较简要的叙述。这些分裂王朝，往往皇室内部的斗争都特别残酷。朱温建立后梁，在位六年，就死在自己的儿子手里。

朱温出身贫寒，没有读过书。他参加农民起义后，又归降了唐朝。当时的皇帝唐僖宗，对朱温大加赏赐，加官封爵，委以重任，并给他赐名朱全忠，实指望他能忠于朝廷，没想到，正是朱温最后灭掉了唐朝，自立王朝为后梁。那么，朱温是一个什么样的皇帝？后梁又为何如此短命呢？

朱温是公元852年生人，912年被杀，活了61岁。他是唐朝宋州砀（dàng）山人，也就是今天安徽砀山人。他的小名叫朱三。他先是参加黄巢起义军的，后来，投降了朝廷，被唐僖宗赐名为朱全忠，希望他完完全全地忠诚于唐朝。但是恰恰相反，灭掉唐朝的就是他。他自己称帝建立后梁以后又把自己的名字改为"晃"，意思就是像太阳之光。

朱温　朱温（公元852年—公元912年），即后梁太祖。五代梁朝的建立者。公元907年至公元912年在位。唐朝宋州砀山（今安徽砀山）人。最初曾参加黄巢起义军，后来降唐。天佑四年（公元907年），代唐称帝，改名为晃，后为其子所杀。

朱温的父亲朱诚是一个乡村的私塾老师，他的祖父也是私塾老师。朱温既然叫朱三，当然是排行老三了。父亲早亡，所以家庭非常贫穷。兄弟三个，随母亲一起投靠到萧县叫刘从的一个地主豪强家里。在寄人篱下的生活环境中，朱温不仅没有形成一般人会形成的软弱怕事的性格，反而格外狡猾、奸诈、凶残。朱温经常在乡里惹是生非，乡里乡亲都非常讨厌他。他的主人刘从当然也不会喜欢他，经常责打他。后来，朱温参加了黄巢起义，成为黄巢手下一员战将，慢慢也成了一位大将。但他后来变节了。唐僖宗在得到朱温归降的消息以后，曾经喜不自胜。因为那个时候正焦头烂额，突然有个大将投靠，正如唐僖宗所说："真是天赐我也。"但是，他没想到，天赐给他的实际上是一只恶狼。唐僖宗任命朱温为大将军，招讨副使，并且给他改名叫全忠。当然，就像没有忠于黄巢一样，他又怎么会忠于唐僖宗呢？在治理国家方面，朱温不是一点好事都没干，他也做了一些有益的事情。但是总体来看，朱温滥杀无辜，荒淫无耻，在历史上是出了名的。

为了保证战斗力，他对待士兵非常严厉。每次作战的时候，如果将领战死，这个将领手下的士兵必须与将领共存亡。即便活着回来，照样杀掉。朱温的部队就是这样规定的，所以他的战斗力特别强。也有些士兵看到将官战死了，这个仗打不胜了，于是就纷纷逃亡。朱温又想了在士兵脸上刺字的办法。这样，如果是逃兵，在关口被抓住，一定是死路一条。

他不但对自己的部下这样残酷地滥杀，而且还滥杀战俘。朱温率领军队在巨野打了一仗，清理战场的时候，突然狂风大作，飞沙走石。朱温便说："怎么天气变了？老天爷不高兴了，看样子我们杀人还没杀够。"于是下令把战俘全部杀掉。还有一次，朱温攻打青州博昌县，也就是今天的山东博兴。打了一个多月没有攻克，这个时候朱温就命令手下一个将领，驱赶着被俘虏的十万民众，命令他们背着石头、木料，牵着牛和驴，在城南筑一座土山。当筑到与城墙一样高时，朱温一声令下，从后面射杀，人就背着木头、石头全部倒下，摞成一座人山，然后再发起攻城。这样的场景惨不忍睹。根据历史记载，当时，哭喊声几十里之外都能听到。攻进城以后，朱温又下令屠城。

对待读书人，朱温也是非常残忍。开国皇帝对于读书人一般都比较爱惜，因为他需要治国的人才，而短命王朝的开国皇帝往往对读书人很残暴。有一年的六月，天都很热了，朱温就带着一群幕僚——里边当然有不少读书人，到一棵柳树底下去乘凉。朱温抬头望了望柳树，说："这棵柳树长得真好啊，正好用来做车毂。"什么叫车毂？就是车轮中间圆的，当中连着车轴的东西叫车毂（gǔ）。旁边有几个读书人直拍皇帝的马屁："对对对，您说得真对，陛下，正好做车毂。"没想到朱温勃然变色："你们这些书生，随口戏弄人，什么东西，你以为我不懂啊，车毂要用榆木做，怎么可以用柳木做？来人，把这几个书生乱刀砍死。"一幕惨剧又发生了。

朱温最后是在病中，被儿子朱有贵带人刺杀身亡的。朱温死的时候61岁，死了以后被人用破毯子一裹就埋在寝殿底下了。

《三字经》告诉我们，后梁是被后唐所灭的。建立后唐的，就是唐朝时晋王李克用的儿子李存勖（xù）。唐末军阀混战时，李克用父子曾与朱温多次交战。后来朱温自立朝廷，当了皇帝。李克用父子则一直在积蓄力量，等待时机。公元908年，李克用病逝，李存勖承袭晋王位，并最终灭了后梁，建立后唐。那么，李存勖是一个什么样的皇帝呢？

后梁被后唐所灭。后唐太祖叫李存勖，与朱温都是老相识，彼此经常交锋。李存勖，生于公元885年，卒于926年，是李克用的长子。他自幼喜欢骑马射箭，得到过唐昭宗的赏赐和夸奖。从少年时代起，李存勖就随父亲南征北战，11岁时跟随父亲向朝廷报捷。当然，唐朝的皇帝也很欣赏他。他成人以后相貌雄伟，读过《春秋》，文化水平不是很高。李存勖还酷爱音乐、舞蹈、戏剧。李存勖是一名非常勇敢的战将，父亲在临死的时候曾经交给李存勖三支箭，嘱咐他要完成三件大事：第一，要讨伐一个叫刘仁恭的人，并要攻克幽州，也就是今北京一带。第二，要征讨契丹。契丹是当时北方的一个少数民族，也就是要解除北方边境的威胁。第三，就是要消灭世敌梁太祖。李存勖就把这三支箭存在家庙里，每次出兵打仗就叫人把三支箭请出来，装进丝绸做的套子里，带着上阵，打完胜仗再供在庙里，告诉父亲今天又做到了什么。他果真不辱父命，一一完成了三项使命，灭掉了后梁，当上了后唐的开国皇帝。

李存勖　李存勖（公元885年—公元926年），即后唐庄宗，五代唐朝的建立者。公元923年至公元926年在位。应州人，李克用长子。自幼喜欢骑马射箭，胆力过人。公元923年攻灭后梁，统一北方，四月，在魏州（河北大名县西）称帝，国号为唐，不久迁都洛阳，年号"同光"，史称后唐。

李存勖在战场上出生入死，不惜生命，是一员有名的勇将。但是，当了皇帝以后，他却暴露出在政治上完全是一个昏庸无知之人。称帝以后，他认为，父亲交给他的事情都办到了，所以不思进取，开始享乐。李存勖从小喜欢看戏，喜欢演戏，即位后不理朝政，天天粉墨登场，穿上戏装，上台演戏。而且给自己取了一个艺名，叫李天下，他自以为得意。有一天，他上台演戏，大概要吊吊嗓子，就叫："李天下，李天下。"这个时候，旁边有一个伶人，跳上去，"啪"就打了皇帝一个大嘴巴。周围的人都吓坏了，一个戏子居然打皇帝一个嘴巴。李存勖很有意思，被打了一个耳光以后也愣住了，问："你为什么打我？"那个戏子说："我就是打你。你刚才不是叫李天下吗？你叫了两声。李天下只有皇帝一个人，你怎么可以叫两声？你只能叫一声。"李存勖一想，有道理，他马上对这个打他耳光的戏子重加赏赐，提拔为官。而且，在李存勖当皇帝的时候，所有的演员可以自由进出宫中，和皇帝打打闹闹，可以任意地戏弄朝廷大臣。那些大臣敢怒不敢言，因为知道这些伶人都是皇帝身边的红人，皇帝经常要跟他们同台演戏的，根本就不敢管。而有的朝廷大臣、大将，为了在皇帝面前得到宠信，还要去贿赂、去讨好这些伶人。李存勖也利用这些伶人做耳目，去刺探群臣之间的言行，置那些追随他身经百战的将士于不顾。只要身边的伶人一出戏唱得好，有时候一嗓子唱得好，就封他为刺史大官，下属极度不满。李存勖也是一个非常荒淫的皇帝。他有的时候还让这些伶人和宦官随便去抢民女入宫，他根本就不选美，有一次居然把驻守魏州的将士们的妻子、女儿 1000 多人，全部抢入后宫。这怎么会不民怨如潮？怎么会不众叛亲离呢？

> 李存勖从小英勇善战，他不负父命，终于完成了父亲的遗嘱，灭掉了后梁，建立了后唐，成为开国之君。但是，当上了皇帝以后，李存勖则完全不懂得应该如何治理国家。那么，李存勖最后的结局是怎样的呢？

公元 926 年，李存勖听信了身边宦官、伶人的谗言，杀掉了身边重要的大将，引起了内乱。各地的将领率兵攻打李存勖，而李存勖正要率兵去抗击叛乱的时候，被伶人郭从谦所杀，所以最后他自食其果。后来他的儿子李嗣源攻入洛阳的时候，发现自己父亲的尸骨，已经被烧得所剩无几了，所以只好草埋。欧阳修这样评价李存勖："方其盛也，举天下之豪杰，莫能与之争；及其衰也，数十伶人困之，而身死国灭，为天下笑。"意思就是当他强大兴盛的时候，天下的豪杰都来也打不过他，这时李存勖是个勇将，非常会打仗；而当他衰败的时候，几十个戏子就使他受困，自己也被杀了，国也灭掉了，为天下耻笑。李存勖死了以后，继位的就是他的儿子李嗣源，这个李嗣源是五代历史上少见的好皇帝。

史书记载，李嗣源经常晚上在宫里点上香，向天祷告："某胡人，因乱为众所推；愿天早生圣人，为生民主。""某胡人"，古人自称是称某。他不是汉人，所以称自己为胡人。这句话意思是说天下大乱了，所以大家就推他做皇帝了，希望老天能够早点儿诞生一个圣人，来为天下的百姓黎民做主。但是，这个皇帝也没有能够使后唐长命，后唐 14 年后就覆灭了。

谁灭了后唐呢？那就是后晋。后晋是由谁创立的呢？后晋登上帝位的是谁呢？那就是中国历史上臭名昭著的儿皇帝石敬瑭。后晋取代后唐的历史进程是什么样的？这位儿皇帝石敬瑭在中国历史上又留下了什么样的痕迹？请看下一讲。

（下）

梁唐晋，及汉周，称五代，皆有由。

1. 唐：923 年沙陀人李存勖灭后梁称帝，国号唐，建都洛阳，史称"后唐"。
2. 晋：936 年，沙陀人石敬瑭勾结契丹贵族灭唐称帝，以晋为国号，建都汴（今河南开封），史称"后晋"。
3. 汉：947 年沙陀人刘知远击退入侵的契丹人后称帝，国号汉，建都汴，史称"后汉"。
4. 周：951 年郭威灭后汉称帝，国号周，建都汴，史称"后周"。
5. 皆：都。
6. 由：缘由。

　　五代十国时期在中国历史上是最为混乱的时期，梁、唐、晋、汉、周五个小朝廷，皇帝一个比一个荒唐，王朝也一个比一个短命。后晋皇帝石敬瑭为什么会留下千古骂名？最终是谁收拾了这种分崩离析的混乱局面？

在上一讲里，讲述了五代十国时期后梁和后唐的历史。后梁皇帝朱温的荒淫，和后唐皇帝李存勖的荒唐，都草草地断送了各自的江山。他们不能以史为鉴，不能克制自己的各种欲望，不能体恤百姓，不能遵守天地正道，因而也逃脱不了可悲的下场。那么，五代时期其他三个小朝廷又都是什么样的命运？还会有哪些荒唐国君出现？又是谁结束了这种战火不断、分崩离析的历史局面呢？

在后唐灭亡以后，接着登上五代第三个王朝——晋朝皇位的，就是在中国历史上背着两重臭名的皇帝——石敬瑭。哪两重臭名呢？第一个是儿皇帝，第二个是汉奸卖国贼。

石敬瑭是公元 892 年出生，公元 942 年去世。他是五代后晋的高祖，也就是晋朝的创立者。关于石敬瑭的评价，历来分歧很大。多数人批评他甘当儿皇帝，指责他是一个汉奸卖国贼。但是，也有一些人并不同意这样的观点，现在看来，对石敬瑭的评价不太全面。他割让国土给契丹的确造成了严重的历史后果，但是，石敬瑭在稳定中原的社会秩序、发展中原的社会生产、健全典章制度等方面也确实做了不少贡献。就算是处理和契丹的关系，石敬瑭也并不是一味地屈从，有的时候他也维护了中原的利益。

石敬瑭 石敬瑭（公元 892 年—公元 942 年），即后晋高祖。五代晋朝的建立者。公元 936 年至公元 942 年在位。清泰三年（公元 936 年），乞援契丹，得以攻灭后唐，并受册封为帝，史称后晋。割燕云十六州予契丹，称契丹王为"父皇帝"，自称"儿皇帝"。

根据《旧五代史》的记载，石敬瑭是太原人，而且，他的祖先还的确是在春秋的魏国，以及在汉朝都当过大夫、丞相，应该说他是汉人。由于汉末关中大乱，这一支十世子孙就流亡到了西北，居住在甘州，也就是今天的甘肃张掖，石敬瑭就是这一支的后人。不过，这一支很早就被胡化了。他的祖先可能是汉族，但是汉朝末年就移居到了西北，几百年以后，大概石敬瑭也不觉得自己是汉族了。有相当多的学者认为石敬瑭应该算是沙陀人。沙陀人就是突厥人的一个分支部落，世世代代居住在今天中国新疆境内。这是一个游牧部落。后来，因为和周围的游牧部落争夺水草，连年战争，向东迁移，受到了唐王朝的接纳和庇护，就被安置在山西大同附近。

　　我们为什么要特别讨论石敬瑭的族属问题呢？道理很简单，如果他不是汉族，那怎么说他是汉奸呢？石敬瑭公元 892 年的农历二月二十八日出生在太原。他性格非常沉郁，也就是非常内向，寡言笑，好读兵书。后唐明宗，也就是前面我们提到过的那位不错的皇帝李嗣源，在当代州刺史的时候十分看重和喜爱石敬瑭，把自己的女儿嫁给了他。所以，石敬瑭应该是后唐的女婿、驸马。李嗣源继位当了皇帝以后，石敬瑭官运亨通，掌握重权。到了李嗣源的晚年，石敬瑭自告奋勇地出任了太原节度使，掌握了很大的权力，特别是兵权。在今天我们的脑海当中，太原是一个离北京很近的城市，而在中国历史上的大多数时期，太原几乎就是中原的北大门，是中原和少数民族拉锯对抗的第一线。所以在太原，往往屯有重兵，城池坚固，粮草充足。石敬瑭在这个时候就谋到了太原节度使的位置。李嗣源死后，继位的是他的养子，原姓王，那么，他跟石敬瑭之间的关系就非常微妙了。他是李嗣源的养子，而石敬瑭是李嗣源的嫡亲的女婿，但是皇位是他坐的，他怎么会不对石敬瑭这个手握重兵的节度使心怀疑虑呢？这样一来二去，就打起来了。石敬瑭因为在太原，离契丹很近，在战争中就请求契丹出兵援助。而在这一场后唐和石敬瑭的战争当中，石敬瑭在契丹军队的支持下取得了胜利。也就是说，石敬瑭是在契丹的帮助下开创了后晋这个王朝的。在他们打仗的时候，石敬瑭已经认契丹的国主为父，并且承诺，只要他登上帝位，只要把后唐灭掉，他就会割让燕云十六州给契丹。燕云十六州包括今天的北京在内，一直到北方山西这一大片国土，共十六个州。割让给契丹后，每年还要贡献布帛 30 万匹。契丹则保证承认并帮助他。公元 936 年，石敬瑭在太原登基，改元天福，改国号为晋。接着他就率大军向后唐的国都洛阳进发。当时后唐已经是不堪一击了。于是，他建立了晋朝。

以割让战略要地为代价、以甘当契丹皇帝儿子为条件登上皇位的石敬瑭，在历史上留下了千古骂名。那么，割让燕云十六州都产生了哪些历史影响？石敬瑭的那位契丹爸爸又是谁呢？

石敬瑭割让燕云十六州带来了非常严重的历史后果。这个地区地形险要，历来就是中原王朝抵抗北方侵扰的天然屏障。过了这个区域，就是大平原，无险可守，而北方游牧民族都是骑兵，一旦南下中原政权怎么保？因此燕云十六州具有非常重要的军事意义。自从石敬瑭把这个地区割让出去以后，就导致在接下来的几百年里，中原王朝一直处在北方游牧民族势力的威胁之下，迫使中原王朝每年都要动用大量的人力、物力加强防御，极大地影响、制约了中原地区的社会、经济、文化的发展，特别是河北地区的发展。河北地区在中国历史上历来是个发达地区，后来慢慢衰落。为什么？因为它已经成为中原王朝抵抗北方游牧民族的最前线。而中原王朝失去了燕云十六州这样险峻的军事要塞以后，如果要设置防线，抵抗北方以骑兵为主的军队，要耗费多大的人力、物力？本来在崇山峻岭里设防，骑兵就没有什么优势，所以说石敬瑭割让燕云十六州确实造成了严重的后果。但是，历史的复杂就在于此。燕云十六州割让给契丹以后，也造成了另外一个后果：它大大地改变了契丹民族政权的性质，契丹也由此从单纯的草原游牧部落形态变为游牧、农耕并重的形态，而且越到后期，农耕性质越明显。也正是在燕云十六州之一的幽州割让给契丹以后不久，契丹就接受了中国的传统政治形式，开始建立国家。契丹建立了辽，耶律德光成为皇帝。虽然后来不是没有反复，但是契丹民族从此逐渐被汉化，最后融入了汉族。《辽史》也成为中国二十四部正史当中的一部。当然，这不是石敬瑭的本意，石敬瑭割让燕云十六州的时候并没有想到契丹会被汉族同化，但是，历史的结果往往不以人的意志为转移。

44 岁的石敬瑭为了取后唐而代之，割让燕云十六州，每年捐布帛30 万匹，认耶律德光为爸爸，而耶律德光当时则仅仅 34 岁。

> **其实，辽国的这位皇帝耶律德光也是一位了不起的皇帝，帮助石敬瑭建立后晋小朝廷的是他；石敬瑭死后，灭掉后晋的也是他。那么，这位耶律德光到底是个什么样的人呢？**

说到这位儿皇帝的契丹爸爸耶律德光，他可不是一般的皇帝。他是辽代开国皇帝耶律阿保机的次子，曾经追随他的父亲东征西讨，北征于阙里，西讨党项、回鹘，东灭渤海，很像李世民，是个很厉害的人物。而在文治方面，耶律德光吸收汉文化，不拘种族吸纳人才，惩治贪官污吏，模仿汉族的先进社会制度进行改革。也正是他，把国号从契丹改成了辽。他尊重各民族的礼教，允许各民族自由通婚，促进各民族交往，振兴农业生产，整顿赋税制度，重教育，定吏法，奠定了辽朝强盛的国基。

石敬瑭死了以后，石重贵继位，他向耶律德光提出一个条件：从今往后晋朝向辽国称孙，不称臣。耶律德光大怒，因为耶律德光那个时候也已经汉化得很厉害，他宁愿要晋朝称臣。所以，耶律德光发兵南下中原，灭掉了后晋。也就是说，后晋是石敬瑭的"爸爸"给灭掉的。但是在灭晋的过程中扰民太重，中原的百姓不断反抗，各路武装也纷纷参战，耶律德光就说了非常有名的五个字，就是："中国人难治。"所以在汴京，也就是后晋的首都开封，他驻留了不到三个月就下令撤军回去了。

公元 947 年，耶律德光当时 45 岁，在率军撤离中原途中，染上了疾病，不断发高烧。在他的胸口腹部

耶律德光 耶律德光（公元902 年—公元 947 年）即辽太宗。契丹名尧骨，汉名德光，字德谨。公元 927 年至公元947 年在位。太祖耶律阿保机次子，自幼智勇。天显二年（公元 927 年），被立为帝。次年改契丹国号为辽。在引军北撤途中病逝。

放满了冰块降温，还是降不下来。身边的医生就让他远离女色。谁知道耶律德光将这个医生臭骂了一顿，说："你们都是不学无术，你们懂什么医啊，我是发高烧，跟远离女色有什么关系呢？"结果没多久，走到栾城杀胡林，口吐鲜血一命呜呼。那死了以后他为什么一定要被运回辽国呢？原来这个时候，远在辽国都城的上京已经获报耶律德光病危的太后，就传了一道旨意："生要见人，死要见尸。"这下，把陪着耶律德光消灭后晋的文武大臣给急坏了。当时是夏天啊，生要见人，不用说了，人已经死了。死要见尸怎么办？谁都束手无策。这个时候，一位御厨出了一个主意，说："干脆我们把皇帝的遗体用腌制的办法处理吧，这样好保存。"当时的契丹人喜欢牛羊肉。有的时候杀了一头牛或者一只羊，一下子吃不完，当时又没冰箱，夏天一般就把牛羊的内脏掏空，用盐给卤上，这样就不会烂了。于是，他们就照此做了，并运回辽，让太后看了一眼。在中国历史上，遗体由厨师处理的皇帝只有这一位。

后晋也只有 12 年，政权就落到后晋的部将刘知远的手里，这就是后汉。后唐、后晋、后汉的皇帝都是沙陀胡人。

后晋灭亡后，接下来的小朝廷是后汉，开国皇帝是刘知远。这个五代中的第四个政权后汉王朝，更是只有四年的寿命。那么，五代中最后一个王朝又会是什么样的命运呢？

五代最后一个王朝就是郭威建立的后周。但是，郭威在位三年就死了，他没有儿子，所以就由皇后柴氏的内侄柴荣继位，这就是著名的周世宗。后来的北宋就是从后周手上，以表面上的禅让方式取得政权的。

周世宗柴荣，生于公元 921 年，卒于公元 959 年，河北邢台人。这个人在历史上的记载是谨厚，谨厚即谨慎、厚重、朴实。他相貌伟岸，精通骑射，而且大体上读过一点黄老之书，懂一点文墨，性格非常内向，话很少。郭威相当喜欢他，把他收为养子，由他继承郭威的帝位。新旧五代史对周世宗柴荣评价都很高。公元954年，柴荣继位。他满怀雄心壮志，大力改革，成就卓著。柴荣是一个勤政爱民、从谏如流、志怀天下、经营四方的人物。在军事上严明军纪、赏罚分明、裁汰老弱，募天下壮士，取而用之，所以他的军队很精壮。在政治上，严禁贪污，惩治失职的官吏。在经济上，招民开垦荒田，均定河南等地60州租赋，也就是说原来国家税收政策、赋税政策是乱的，他把它定下来了。有意思的是，他废除了曲阜孔氏的免税特权。山东曲阜是孔夫子的老家，长期以来都是免征税的，周世宗把它取消了。同时，他扩建京城开封，恢复漕运，兴修水利，修订刑法，考证雅乐，纠

周世宗 周世宗（公元921年—公元959年），即柴荣，一称柴世宗。五代时期后周皇帝。公元954年至公元959年在位。善骑射，略通书史黄老。显德元年（公元954年）继郭威为帝，对军事、政治、经济继续进行整顿。为后来北宋的统一奠定了基础。

正科举的弊端，搜求遗书，勘印古籍。他是个很了不起的皇帝。开封也在他手上开始扩建。当然，后来北宋将其作为首都接着建设，但开封是在他统治时开始变样子的。周世宗柴荣做了许多好事，人们一般不记得，却记得周世宗灭佛。他的灭佛被人牢记在心，进而在历史上被诟病了整整1000年。中国历史上一共有四次大规模的灭佛事件，历史上称之为"三武一宗"，即北魏太武帝拓跋焘，北周武帝宇文邕，唐武宗李炎，后周世宗柴荣。将柴荣跟"三武"并列，客观地说有点不公。因为柴荣灭佛无论是初衷还是手段，和前面"三武"都不尽相同。"三武"灭佛一般是憎恨佛教，或者反感佛教，或者为了独尊儒教，手段残酷、严厉，无端杀了很多人，包括很多僧人。但是，柴荣灭佛主要是因政治和经济方面的一种战略考量。他发现僧人太多，寺院占的土地太多，而国家的土地就减少了，免税的人口增多了，国家的兵源也少了。必须把寺院减少，让僧人还俗，他是从政治、军事角度去考量的。周世宗柴荣虽然是壮志满怀，很有能力，但是仅仅当了四年多的皇帝。他刚登皇位的时候，曾经问一个当时的大夫叫王普。王普非常擅长术数，当时以看相著名。他问王普："我的寿命有多长啊？"王普说："我没

有什么学问，用我的知识来推算的话，30年以后的事情我不太知道。"这个意思是周世宗柴荣起码还有30年的寿命。柴荣一听大喜，他说："还有30年的寿命，我用10年时间开拓天下，10年养百姓，10年治太平，足矣。"柴荣是个气度很大的人，他哪里知道，这个算命的是乱算的，所以算命以后没多久，柴荣率兵攻打幽州，突患重病身亡，死的时候只有39岁。英明练达、果敢敏捷、开明伟岸、正值壮年的柴荣的去世，在历史上一再被人惋惜。人们对五代最后一个皇帝柴荣的评价很高。

> 梁、唐、晋、汉、周，这五个北方的小政权都很短命，皇帝也像走马灯一样地变来变去。与此同时，在中国南方，也有十个小朝廷纷纷登场，其中就包括产生著名词人李煜李后主的南唐。这是群雄并起、军阀混战的年代，被后人统称为"五代十国时期"。这种分崩离析的状态是怎样结束的？又是谁收拾了这个局面呢？

在柴荣去世以后不久，后周的天下就被赵匡胤以黄袍加身的方式夺走了。《三字经》里只讲五代，没有提到南方的各个小朝廷。这绝对不是说他们不重要。比如钱镠（liú）创立的吴越，就对江南的经济、社会、文化，特别是杭州一带的开发，有很大贡献。大家到杭州去旅游，看到留下的保俶（chù）塔，包括鲁迅先生讲的倒掉的雷峰塔，很多是吴越国的。南方的十国也有相当高的文化成就，也对中国的历史做出过自己独特的贡献，这里就不一一展开了。

接着五代十国，再一次使国家（当然燕云十六州不包括在内）得以统一的，就是在历史上非常重要的宋朝。宋朝名义上也是一个统一的政权，但是千万别忘了，北宋以外还有别的政权，北宋所统一的中国远远不是当时中国版图的全部，是有限的统一。

《三字经》里讲，"炎宋兴，受周禅，十八传，南北混"。什么意思呢？宋朝是由赵匡胤在公元960年建立的，为了和南朝的刘宋相区别，称他为赵宋。那么，为什么《三字经》里不叫赵宋兴，而叫炎宋兴呢？这里有很大的讲究。这就是传统五行学说在起作用。宋朝属于火德，所以，宋朝的皇帝都穿红衣服，因此叫炎宋。而且，《三字经》的始创者应该就是宋朝人，用"炎宋"，比"赵宋"，更显尊敬。宋朝有18位皇帝，以公元1126年分界，分为北宋和南宋。所以叫"十八传，南北混"。

在时局动荡、弱肉强食的年代，英明练达的柴荣都难以扩充国力，更何况一个只有七岁的小皇帝？而这个小皇帝身边的文官大臣，早就对手握重兵的赵匡胤产生了疑心，甚至想杀掉赵匡胤。而接下来发生的戏剧性的一幕，说明赵匡胤早有应对的办法。这又是一段什么样的故事呢？

周世宗柴荣准备攻辽的时候，英年早逝，继位的是七岁的儿子柴宗训，也就是周恭帝。公元960年，突然传来了辽兵要南下入侵的消息。小皇帝就派禁军将领赵匡胤率领禁军前往迎战。禁军就好比今天的首都卫戍区这种最强大、最精干的部队。谁知道这就给赵匡胤提供了机会。这就发生了历史上著名的陈桥兵变，也叫黄袍加身。

宋太祖赵匡胤，公元927年出生，公元976年驾崩，是宋的开国皇帝，涿州人。他的父亲赵红英是后唐、后晋、后汉的军官。虽然五代每一个朝代都很短命，皇帝频更，但好多将领并不换的。赵匡胤在后汉初年应征入伍，成了郭威的部下。郭威发动兵变，建立后周，赵匡胤积极参与，所以他是被郭威重用的。他很早就开始掌握禁军这一支中央最精锐的警卫部队。到了周世宗柴荣的时候，赵匡胤已经因为战功升为殿前都点检，也就是掌握了后周的兵权，是最主要的军事将领。

当时柴宗训还小，控制不了朝政，政局不稳，人心浮动，谣言四起。一些忠于后周的官吏，特别是文官，已经敏锐地意识到，大动乱的根源十之八九在赵匡胤身上。所以他们提出，不能让赵匡胤再掌管禁军，甚至有的人提出，先下手为强，把赵匡胤杀掉。但是，周恭帝只不过是将赵匡胤调任为归德军节度使、检校太尉，没有杀掉赵匡胤。这个时候，赵匡胤和他的一些心腹也在积极活动。在周世宗去世后的半年里，当时禁军高级将领的安排和变动，是明显对赵匡胤有利的，跟赵匡胤比较亲近的一些嫡系部下也掌管禁军，他们在做着各种准备。

公元960年，即显德七年正月初一，后周的君臣正在朝贺新年，突然接到辽和北汉联合入侵的战报。大臣们慌作一团，当时的文官也束手无策，只能下令赵匡胤率领禁军前往迎敌。赵匡胤接到出兵命令以后，动身的速度非常快，正月初二就率兵出城。跟随他的还有他的弟弟赵光义和他最亲信的谋士——以"半部《论语》治天下"而闻名的赵普。当天下午，这支军队就到达了离开封几十里的陈桥驿。晚上，赵匡胤命令将士就地扎营休息，普通的士兵当然倒头就呼呼大睡，而一些将领则聚集在一起悄悄地商量。有将领说："现在皇上的年纪那么小，我们拼死拼活去打仗，将来他怎么会记得我们的功劳呢？还不如现在就拥护赵点检当皇帝算了。"大家听了，都说好主意。就推举一个官员，把这个想法去告诉赵光义和赵普。那个官员到了赵光义那里还没有把话说完，将领们都闯了进来，举着大刀，大声叫嚷："我们都已经商量定了，一定要请点检登位。"要请赵匡胤当皇帝了。赵光义和赵普听了以后暗暗高兴，因为作为弟弟和谋士当然早就运作好的，所以很高兴。他们一方面要大家安定军心，不要造成混乱；另一方面又派亲信秘密返回京城，通知还在京城里的其他两位大将，看管好开封的大门，做好准备。没多久，这个消息就传遍了军营，将士们全都起来了，大家闹哄哄地到了赵匡胤住的房子门口，一直等到天色发白。赵光义、赵普忙了一晚上，赵匡胤假装不知道，而且特意把自己喝得大醉，什么都不知道。他一觉醒来，听见外面一片嘈杂，紧接着就有人敲门，高声叫嚷："请点检做皇帝。"赵匡胤爬起来，还没来得及说话就有几个人把早就准备好的一件黄袍七手八脚给赵匡胤披上了，大家马上跪倒在地上磕头，大呼万岁。接着，又推又拉，当然赵匡胤心里也是愿意的，把赵匡胤扶到马上，请他回京城。赵匡胤在这个份儿上还做了一场表演。他骑到马上，开口说话："你们强迫我当皇帝，既然是你们立我做天子，那么，我的命令你们服从吗？"底下的将士当然回答要听陛下旨意了。赵匡胤就发布命令，到了京城以后要保护好周朝的太后和幼主。赵匡胤确实没有对周朝的太后和幼主动手，这也就是为什么后来有《水浒传》里的说法，后周柴家的子孙在宋朝还是有特权的。他下令，不许侵犯朝廷大臣，不许抢掠国家仓库，执行命令有重赏，违抗命令要受罚。赵匡胤本来就是禁军将领，率领的是最精锐的部队，手下的将领都是他的人，所以大家排好队，一路上军容非常整齐，秋毫无犯，浩浩荡荡，扭头回去了。到了汴京，他的两个亲信大将把城门打开，仗都不打了，整个京城就被赵匡胤占领了。赵匡胤的手下把那几个文官请过来，赵匡胤见了这几个文官显出非常为难的样子，跟文官讲："周世宗柴荣对我恩义深重，现在我被部下逼成这个样子，你们看我怎么办？"这些文官一下子愣得也不知道说什么好，而那些将领则在旁边挥刀大叫："我们不认别的人做主人，我们今天一定要逼点检当皇帝。"一帮军士将刀在旁边又晃又弄，那几个所谓的宰相、文官也就只能赶快下拜，周恭帝就这样禅让了。赵匡胤做了皇帝后，国号宋，定都东京，也就是今天的河南开封，历史上称为北宋。赵匡胤就是宋太祖，经过50多年混战的五代时期宣告结束。

那么，宋朝的历史是什么样的呢？赵匡胤本人又是什么样一个结局呢？请看下一讲。

炎宋兴，受周禅，十八传，南北混。
辽与金，帝号纷，迨灭辽，宋犹存。

1 炎宋：960 年由赵匡胤所创建的宋朝，史称"赵宋"，以区别于南北朝时期的"刘宋"。根据传统的五行学说，它应该遵循五行中火德来确定尺度和服饰的色彩，故而人们亦称之为"炎宋"。

2 禅：禅让。

3 十八传：宋代以 1126 年为界分为南宋、北宋，共有 18 位皇帝。

4 辽：916 年由契丹族首领耶律阿保机创建的政权，以契丹为国号，后改称辽，1125 年为金所灭。

5 金：1115 年由女真族首领完颜阿骨打所创建的政权，1234 年在蒙古和南宋的联合进攻下灭亡。

6 纷：变化多端。

7 犹：仍然。

宋朝结束了五代以来的军阀混战局面，然而，开国皇帝赵匡胤的死，却成为千古之谜。当时还有哪些政权与宋并立？宋朝蒙受的最大羞辱是什么？南宋的一桩千古冤案到底是怎样形成的？

后周王朝的将军赵匡胤接受了所谓的禅让，当上了皇帝，建立了宋朝。经过一番征战讨伐，宋朝消灭了其他各个小国，50 多年的战乱纷争局面，终于得到了控制。然而，皇帝赵匡胤却更加忧心忡忡。此时，他最大的担心是什么？为什么说他的死是一个历史疑案？南宋为什么会发生一桩千古冤案呢？又是什么人推翻了北宋的政权？

通过黄袍加身这样一出闹剧，周恭帝又进行了所谓的"禅让"，赵匡胤做了皇帝。赵匡胤是靠着禁军才登上皇位的，因此，他最忧心的是手下掌握着军队的将领，有一天也像他那样披一件黄袍，要做皇帝。所以，他登基以后首先着手解决的就是这个问题，并在中国历史上留下了"杯酒释兵权"的著名故事。

赵匡胤称帝不到半年，就有两个节度使起兵造反，害得他御驾亲征，费了不小的劲儿才把这两个执掌重兵的节度使给镇压下去。从此，赵匡胤心里怎么都不踏实。有一天，他单独召见赵普，跟他商量办法。他问赵普："从唐末以来，五个朝代没完没了地打仗，不知道死了多少百姓，这到底是怎么回事？为什么会出现这样的情况？"赵普说："陛下，道理很简单，国家混乱是因为藩镇手中的权力太大，如果把兵权全部收回，把军队统归中央，不就天下太平了吗？"宋太祖连连点头："说得好，说得好。"赵普又进一步对宋太祖讲："现在的禁军大将石守信、王审琦的兵权太大，还是把他们调离禁军为好。"这两个是什么人呢？就是替赵匡胤打开开封城门的那两个人。通常，赵匡胤率兵出征，这两员大将替他留守朝廷，应该是赵匡胤很信任的人。所以，赵匡胤一听此言忙说："不会，不会。这两个人是我的老部下、老朋友，怎么会反对我呢？"赵普又说："我不担心他们叛变，但是，根据我的观察，这两个人没有什么做统帅的才能，管不住下面的将士，有朝一日，下面的人闹起事来，我怕他们身不由己啊。"赵匡胤一听，直敲自己的脑袋：
"亏得你提醒我。"过了几天，赵匡胤就在宫里举行宴会，请几位老将
喝酒。这件事情发生在公元961年，赵匡胤刚登上帝位，刚平定了几
个节度使的叛乱。酒过三巡，赵匡胤就叫旁边的太监退下，只留下那
些曾经与他同生共死的大将。赵匡胤举起一杯酒，请大家干杯，然后
他说："我要不是有你们帮助，也不会有现在这个地位。但是，你们哪
儿知道，做皇帝也有很大难处，还不如做个节度使自在。不瞒各位说，
这一年来，我就没有一夜睡过安稳觉。"石守信这一批率领禁军的大将
一听，感到十分的惊奇，赶紧问："陛下，这是什么缘故？您怎么睡不
好觉呢？"宋太祖说："这还不明白吗？皇帝这个位置谁不眼红啊？"
这些大将再笨，话说到这里也听明白了，赶紧跪在地上磕头，说："陛下，
为什么说这样的话，现在天下已经安定，谁还敢对陛下三心二意呢？"
宋太祖摇摇头说："对你们这几位，我难道还信不过吗？

杯酒释兵权 宋太祖赵匡胤
为了防止出现部将反叛和分裂
割据的局面，加强中央集权统
治，以闲官厚赏为条件，解除
将领们的兵权。后泛指轻而易
举地解除将领的兵权。

但是，就怕你们部下将士当中有人贪图富贵，把黄袍
披到你们的身上，你们想不干，能行吗？"这个话一
说，所有的大将都觉得大祸临头，赶紧磕头，泪流满面，
号啕大哭："陛下，我们都是粗人，没想到这一点，请
陛下开恩，给我们指一条出路吧。"

> 赵匡胤本身就是靠掌握禁军才当上皇帝的，因此，他对
> 手握重兵的老部下越来越不信任，始终担心部下会篡位。当
> 这些部下明白了皇上最大的担忧之后，赵匡胤又会如何处置
> 他们呢？

赵匡胤说："我替你们几位老哥考虑，你们还是把兵权交出来吧！
到地方上去做个闲官，买点田地房屋，给子孙留点家业，快快活活度
个晚年，我和你们再结为亲家，彼此毫不猜疑，这不更好吗？"这些
大将磕头如捣蒜："谢谢陛下！陛下的恩德太大了，替我们考虑得那么

周到。"第二天上朝,这些人每人递上一份奏章,都说自己年老多病,请求辞职。宋太祖马上准奏,收回他们的兵权,赏给他们一大笔财物,打发他们各奔东西。换句话说,宋太祖不算残忍,不像后来的朱元璋杀戮功臣,他只不过把兵权收回来,让将领们养尊处优去了。历史上就把这件事称作"杯酒释兵权"。

公元 969 年,还有一些节度使,因为这些都是禁军大将,到京城朝见。宋太祖又在宫廷里举行宴会。席间,宋太祖说:"你们都是国家的老臣,现在藩镇的事务那么繁忙,还要你们干这种苦差事,我实在是过意不去。"节度使里有一个很乖巧的人就说:"陛下,我本来也没什么功劳,留在这个位置上不合适了,希望陛下允许我告老还乡。"也有别的节度使不怎么知趣的,就唠唠叨叨地把自己的经历讲了一番,宋太祖听了这些话眉头一皱说:"这些都是陈年老账,提它干什么?"第二天,这些人又马上上表,要求解除兵权。这样,宋太祖赵匡胤就把中央禁军的兵权和地方节度使的兵权全部控制于己。宋太祖建立了新的军事制度,从地方军队当中挑选精兵,编成禁军,由皇帝直接指挥调用。各地行政长官由朝廷直接委派。通过这些措施,新建立的宋朝开始稳定下来。宋太祖的做法一直被后来的皇帝沿用,主要是为了防止兵变。但这样一来,又产生了新的问题。历史的复杂就在这里。发生了什么问题呢?兵不知将,将不知兵。因为军队由中央控制,临时有仗打了,派出一个将军,再调一支部队给他。能调动军队的人不能直接带兵,能直接带兵的人不能调动军队。这样虽然有效地防止了军队的叛变,但是,也削弱了军队的战斗力。所以,北宋的军力一直很弱。在后来和辽、金、西夏的战役中,屡屡失败,其中非常重要的原因就在这里。

按照中国古代社会的传统,皇帝死了之后,要由他的儿子继位。但赵匡胤驾崩之后,却是他的弟弟赵光义当了皇帝。而赵匡胤是怎么死的,也是一个说不清楚的千古之谜。这究竟是怎样一个历史疑案呢?

赵匡胤当了 17 年的皇帝就驾崩了，这是历史上的一桩疑案。这个疑案还为我们留下了一个成语——烛影斧声。关于赵匡胤之死，官修的《宋史》语焉不详，大概是因为此后宋朝的皇帝，是他的弟弟赵光义的直系子孙。许多史料被毁，知道真相的人也不敢说，导致对开国帝王之死居然语焉不详。

直到南宋才在《续资治通鉴长编》里找到了一些解释，但是也没人真看得懂。野史有很多这方面的记载，当然也并不统一。宋朝有个僧人叫文莹，他写了一部流传很广的笔记叫《湘山野录》，曾经记载了烛影斧声的故事。笔记里讲，赵匡胤听了一位算命人的话，觉得自己气数已尽，没有几天可活了，就把自己的弟弟赵光义请进宫，安排后事。当时赵匡胤患病已久，他把宦官和宫女撤走，单独与赵光义谈论后事。喝完酒已经是深夜了，赵匡胤就拿出一把玉斧。皇帝身边的斧子一般都是起礼仪的作用，但是也可以砍死人。赵匡胤拿玉斧就在地上砍，嘴里说着"好做好做"，不知道什么意思。当时肯定是有人听到了，这话被传了出来。当夜赵光义留宿在宫中，而第二天天刚亮，就发现赵匡胤死了。那么，赵光义就受了遗诏，在灵前继位。这样的一个过程引发了很多人的猜疑。因为按照宋朝宫廷的礼仪，赵光义是不能够在宫廷里过夜的，但是他在宫廷里过了夜。另外，太监宫女是不应该离开皇帝寝宫的，而在那天晚上居然一个都不在。所以，很多人说，这里边有一场血腥的谋杀。而另外一部笔记叫《烬馀录》，对这个故事进行了深化。主要是讲赵光义对赵匡胤的一个叫花蕊夫人的妃子，垂涎已久，趁赵匡胤昏睡不醒的时候去调戏花蕊夫人，但是惊醒了赵匡胤。赵匡胤用玉斧去砍他，但是皇上当时已经没有什么力气了，所以这个玉斧砍到了地上，赵光义一不做二不休就把赵匡胤给杀了。反正无论如何，接下来宋朝的皇帝并不是赵匡胤的子孙，而是赵光义的后代。赵光义就是宋太宗，他酷爱读书，打仗的时候也要多带几匹马，驮着他要看的书。中国有

烛影斧声 烛影斧声是指宋太祖赵匡胤暴死和宋太宗赵光义即位这期间所发生的一件谜案。赵匡胤并没有按照传统习惯将皇位传给自己的儿子，而是传给了弟弟赵光义。

两句名言就是他说的，一句是"宰相需用读书人"，还有一句是"开卷有益"。宋朝在文化、学术、思想、艺术上都有很高的成就。但是应该说，北宋从来就称不上强大，终究难逃靖康之耻。抗金名将岳飞留下了千古名句："靖康耻，犹未雪，臣子恨，何时灭。"当然，也有人说，这些话不是岳飞本人说的。这里的"靖康"指的就是"靖康之难"。

> 宋朝开国 150 多年以后，朝廷受到了来自北方的巨大威胁。面对强敌，文弱的皇室步步退让，不停地赔款、割地，但最终也未能保住自己的皇位，反而受到了莫大的羞辱。这是一场什么样的灾难呢？

宋徽宗时期，也就是公元 12 世纪初，北宋王朝在文化、经济、社会都得到发展的同时，军事力量日渐衰弱，而东北的女真族日益强大。女真族有一个部落叫完颜部，首领叫完颜阿骨打。他做首领的时候，兵强马壮。公元 1115 年，完颜阿骨打建立金朝，金兵多次南下，侵扰北宋。宋朝的朝廷里一直是主和派占据上风，都不赞成打仗，所以，屡屡失利。宋朝被迫赔款、割地，而金兵却更加咄咄逼人，屡次来犯。靖康元年，也就是公元 1126 年，在金军还没有攻破东京即开封的情况下，皇室居然已经准备投降了。而开封的军民坚决要求抵抗，当时有 30 万民众决心参战，而宋钦宗竟然亲自到金营求降。皇帝卑躬屈膝，献上降表，并且下令各地的勤王官兵，停止向东京进发，还镇压自发组织起来准备抵抗金兵的民众。于是，金兵更加肆无忌惮，大肆搜刮，东京遭到一场浩劫。就在第二年的二月，金军废掉了宋徽宗、宋钦宗，另立宋朝的宰相张邦昌为"伪楚"帝。张邦昌在历史上也是一个臭名昭著的人物。四月，金军将俘虏的两位皇帝以及后妃、皇子、宗室、贵戚等 3000 多人，加上俘虏的皇室少女、妇女、宫女、民女 1.5 万余人，全部押到金朝，其中大部分人成为妓女。这是一次非常惨痛的灾难。当然，大量的宝玺、舆服、法物、礼器，包括浑天仪在内的物品、物资被搬到金朝。这就是历史上著名的"靖康之难"。后来，宋徽宗、宋钦宗两个皇帝都死在金朝。宋钦宗赵桓实在是苦命，做皇帝只有一年多就被金兵给抓走了，受尽折磨，终身监禁 30 多年。在南宋绍兴三十一年，赵桓在金朝被马踩死，终年 57 岁。这位当了一年多皇帝的人连埋在哪里都不知道。通常，历史学家公认北宋亡于 1126 年。以宋朝的宫室康王赵构为首的一批皇族逃到了南方，苟且偏安，建立了南宋，以杭州为国都。虽然有一些将领，比如像岳飞，在与金兵作战时取得过重大胜利，但是终究没有能够彻底扭转局面。

> 推翻北宋的金是一个新兴的王朝，而此前，统治中国北方的政权是辽朝。金朝是怎么取代辽朝的？宋、辽、金三个王朝又到底是一种什么样的关系呢？

宋朝时，北部中国兴起了多个少数民族政权。有意思的是，《三字经》的各种版本到了这里出现了很大的文字分歧。在这以前，各个版本表述基本上都差不多，没有什么根本性的歧异。而到了这里，表述各异了。有的版本多几句，有的版本少两句。我依据的版本是："辽与金，帝号纷，迨灭辽，宋犹存。"辽、金，指北方的两个王朝；"帝号纷"，它也有皇帝的，帝号也是纷杂的；"迨灭辽，宋犹存"，等辽国被灭掉的时候，宋朝还存在着。

辽朝是公元 907 年建立，到公元 1125 年灭亡，灭亡的时候宋朝当然还在。勃兴于东北的契丹人，在耶律阿保机的领导下，于公元 916 年建年号，统一了塞北的广大地区。耶律德光又取得了燕云十六州，势力从此进入长城以内。在中原先进文化影响下，辽朝快速地学习中原的政治制度、社会制度，适应境内不同民族和不同生产方式的状况。辽朝甚至建立了非常特别的官制，叫"南北面官制"，有点像后来清朝的满官、汉官。所谓"因俗而制"，就是根据不同的民俗进行不同的治理。辽朝与北宋多次交战，也保持了一段平稳的关系。辽朝的社会生产保持了自己非常独特的方式，有牧业，也有农耕，还有狩猎和捕鱼。在内地先进技术的影响下，纺织、矿业、陶瓷、建筑、马具生产等成为辽的经济支撑主体。辽人特别会做马具，马鞍子、马镫、马笼头。辽朝还有自己独特的文字——契丹文。但是，辽朝的文化受汉文化的影响很深。辽中叶以后，统治集团开始腐败。近几年的考古发掘，有关辽朝的发现很多，出现了许多大墓，墓墙壁画金碧辉煌。辽朝贵族生活之奢靡，得到了考古学的印证。

金朝是在公元 1115 年建立，到 1234 年灭亡。12 世纪前期，女真族迅速在白山黑水之间崛起。女真族迅速兴起并建立金朝。以不过 12 年的时间，相继灭除了辽朝和北宋，并入主中原，统治了当时中国的半壁江山。此后，金朝又一再南下进攻宋朝，饮马江淮。女真族的势力一度扩达淮河，对南宋政权形成巨大威胁，成为当时中国境内最大的势力。1115 年，金太祖完颜阿骨打在东北的阿城称帝，定国号为金，从此开始了长达 120 年的金朝历史。由女真族建立的金朝，疆域北起外兴安岭以北，南到淮河，与南宋对峙，占据了大半个中国。虽然算不上是全国性的政权，但是周边各政权，包括南宋在内，在当时实际上都已经向金朝称臣纳贡。因此，金朝在我国历史上确实是一个非常重要的朝代。无论在商业货币、行政制度、城市建设，还是历史文化上，它对中华民族文明史的形成和发展都做出过不可磨灭的贡献。阿城是女真族的兆兴之地，作为金朝的第一都，从金太祖完颜阿骨打称帝于阿城，到海陵王完颜亮迁都于北京，共计 38 年。金朝初年，在征服各个少数民族政权和伐辽灭北宋的过程当中，阿城曾经一度积累了巨大的财富，并且引进了大批的人才和先进的文化。金上京，当时叫上京，也就是阿城，在 12 世纪上半叶，是整个东北亚地区军事、经济、文化的中心城市。

辽、金、宋的关系非常复杂。辽朝是在 1125 年被金朝灭掉的，金朝于 1126 年又灭掉北宋。而金朝又于 1234 年被蒙古和南宋联合灭掉。

靖康之难以后，宋朝皇室很快就推出了一个新皇帝，这就是宋高宗赵构。紧接着皇室南逃，迁都临安，史称南宋。面对来势凶猛的金兵，宋朝军民奋起抗击，涌现出一批抗金名将。其中最著名的是谁呢？

南宋前期的抗金战争在中国历史上确实波澜壮阔，其中最主要的人物就是岳飞。岳飞生于 1103 年，1142 年被害，只活了 39 岁。岳飞，字鹏举，相州汤阴（今河南）人，他是南宋著名军事家。少年时勤奋好学，有一身武艺。19 岁投军抗辽，其间，因为父亲过世，岳飞回家奔丧守制。1126 年，金兵大举入侵中原，岳飞再次投军，从此再也没有中断过抗击金军、保卫宋朝的戎马生涯。传说当中，岳飞临走前，岳母在他的背上刺了"精忠报国"四个字，这也成为岳飞终生遵守的信条。岳飞投军以后，很快因为作战机智勇敢被升为军官。这个时候宋朝的都城开封被金兵围困，岳飞随着当时的副元帅宗泽赶去救援，多次打败金军，受到了宗泽的赞赏，称赞他"智勇才艺，古良将不能过"。但是，岳飞一个人的努力当然不能扭转大局。

靖康二年五月，康王赵构登基，这就是宋高宗，迁都临安，建立南宋。岳飞上书高宗，要求收复失地。没想到他居然因此被革职。岳飞是一个军事家，他不太明白帝王的内心。当时的赵构根本不想收复失地，收复失地以后，宋徽宗、宋钦宗回来他算什么？他这皇帝还当不当了？他根本不打算收复失地，所以岳飞被革职了。于是岳飞就改投到河北都统张所那里，任中军统领，在太行山一带抗击金军。他深入北方，屡立战功，后来还是投到了当时的东京留守宗泽部下，官位也有晋升。

建炎三年，也就是公元 1129 年，金将兀术率军再一次南侵。建康留守杜充不战而降，所以金军得以渡过长江天险，很快就攻下了临安、越州，也就是今天的杭州、绍兴一带。宋高宗一度被迫流亡海上，就在今天普陀山一带。那时候，岳飞率孤军在敌后作战，先是在广德攻击金军后卫，广德就在今天安徽、江苏交界地方，六战六捷。又在金军进攻常州的时候四战四胜。第二年，岳飞在牛头山设伏，大破金兀术，收复建康，金军被迫北撤。从此以后，岳飞的威名传遍大江南北。七月，岳飞升任通泰镇抚使，兼知泰州，拥有人马万余，这就是纪律严明、作战骁勇的岳家军。

名将岳飞沉重打击了金兵的锐气，鼓舞了军民的士气，解除了朝廷面临的危难。那么，接下来，岳飞为什么要辞职？他还会取得哪些胜利呢？

绍兴三年，岳飞因为剿灭了一些军贼流寇，宋高宗奖了他一面锦旗，上面有四个字："精忠岳飞。"次年四月，岳飞挥师北上，击破金朝傀儡部队，收复了襄阳、信阳六郡，他当然也因功升为节度使。同年十二月，岳飞又在庐州，也就是今天的安徽合肥，击破金兵，金兵被迫接着北撤。绍兴五年，即 1135 年，岳飞率军镇压了一支农民起义军，从中收编了五六万精兵，岳家军大大增加，成了一支不可忽略的抗金力量。绍兴六年，岳飞再次出师北伐，攻占了伊阳、洛阳、商州、虢（guó）州，而且围攻陈、蔡地区。但是，南宋不派援兵，也没有粮草，所以不得不撤回湖北武昌，当时叫鄂州。也就是因为这次北伐，岳家军势如破竹，已经打到最北边了，但是无奈撤兵，所以他才写下了《满江红》。有人质疑此词的作者，但无确证。绍兴七年，岳飞升为太尉，也就成了全国军事力量的总指挥了。他建议高宗大举北进，但是到现在，他还没摸透高宗的心思，他还以为高宗真想收复失地。实际上道理很简单，当时的宋钦宗还活着。

绍兴九年，高宗和秦桧主张议和，南宋向金称臣纳贡。岳飞内心非常愤懑，所以上书辞职，把兵权交出来，以示抗议。但是第二年，金兀术又撕毁合约，又率军南侵。岳飞奉命率军反击，又收复了郑州、洛阳，并在郾城大破金兵精锐铁骑兵"铁浮图"和"拐子马"。对"铁浮图"和"拐子马"是有各种各样的解释的。金兵的"铁浮图"也许像是欧洲的重装骑兵，浑身铠甲。"拐子马"也有多种说法，说是把好多马串在一起变成一个队列作战，但被岳飞攻破。岳飞乘胜攻占朱仙镇，离北宋首都开封只有45里，再往前进一进，就可以恢复原来北宋的首都。金兀术已经被迫退守到开封城里，金军士气沮丧，真乃"撼山易，撼岳家军难"。在朱仙镇，岳飞招兵买马，联络当时河北的义军，准备收复失地。他很激动，对手下的将领说："直捣黄龙府，与诸君痛饮耳！"他已经准备直接往金国纵深进攻。

> 朱仙镇大捷不但让岳飞豪情万丈，也让宋朝百姓看到了收复失地的希望。在已经占据战场主动权的有利情况下，南宋朝廷做出了什么样的昏庸举动？而一桩千古冤案又是怎么形成的呢？

此时，宋高宗连发12道金牌，把岳飞召回来。岳飞当时仰天长叹："十年之力，废于一旦！"这句话里蕴含着很深的悲愤之情："我已经打到这里，而且金兀术已经明显没有能力抵抗了。你叫我回师，我攻下来那么多失地全完了，社稷江山难以中兴，南宋还怎么中兴呢？怎么恢复北部失地呢？"岳飞回到临安之后，马上被解除兵权，担任了枢密副使，这个官职相对太尉而言是不重要的。绍兴十一年八月，高宗和秦桧派人向金求和，而金兀术提出必先杀岳飞，方可议和。所以，秦桧诬岳飞谋反，把岳飞下了狱。绍兴十一年十二月二十九日，也就是公元1142年1月27日，秦桧以"莫须有"的罪名，将岳飞毒死在临安风波亭，当时岳飞还不到40岁。岳飞的儿子岳云和部将张宪同时被害。一直到宋孝宗的时候，岳飞冤案才得以昭雪，被追谥"武穆"。他的儿子岳云死的时候岁数很小，但是已经是一员战将了。

根据史籍，岳飞善于谋略，治军严明。在他的戎马生涯当中，亲自参与指挥打了130余仗，多数取得胜利。但是，他在政治上始终没有能够看破高宗赵构很阴暗的心理。在这里不能不解释一下"莫须有"这个词。"莫须有"的典故，出自《宋史》的《岳飞传》。岳飞被捕，这个案子将要被罗织而成的时候，抗金名将韩世忠不服，就去问秦桧。秦桧说："岳飞的儿子岳云给张宪的谋反信，现在虽然找不到了，可是这个事情'莫须有'。"韩世忠就说："'莫须有'三字何以服天下？"怎么理解"莫须有"这三个字？历来争论很多。有的人认为，这三个字搞错了，比如徐乾学在一部著作里就讲，"莫须有"三字大概是弄错了，应该是"必须有"。因为史籍辗转刊刻会错的。很多人认为"莫须有"的"莫"应该是"必"，应为"必须有"。而有的人也解释，"莫须有"这三个字不能连读，应该用个逗号把它点开，"莫，须有"，不然这三个字实在很怪。那么，这个"莫"是什么意思呢？就表示秦桧犹豫了一下："不不不，须有，要有的，一定要有这个罪。"这样一个解释，很牵强。实际上，"莫须有"这三个字是当时宋朝人经常使用的，是宋朝人的口语。有些著作里有"莫须招二三大将来"的话，就是碰到一场大仗，莫须招二三大将来。比如有一件事"莫须问他"，一件事情非常重要，谁都不知道，只有他知道，莫须问他，所以"莫须"的意思是"难道不"或"难道没有"的意思。当韩世忠找到秦桧质问他真实情况时，秦桧强词夺理，岳飞的儿子岳云和张宪之间的通信虽然说不清楚，但是这件事情难道没有吗？在中国历史上，有多少忠臣良将就是被以"莫须有"定罪的，这是民族历史上的一大悲剧。

宋、辽、金，包括当时还有个西夏之间的关系错综复杂，而接着取代它们的王朝，就是在中国历史上乃至在世界历史上非常重要的，掀起了轩然大波的蒙元帝国。那么，《三字经》又是如何告诉我们的呢？请看下一讲。

至元[1]兴，金绪[2]歇，有宋世，一同灭，并中国[3]，兼戎翟[4]。

1 元：1260 年蒙古贵族在中原地区建立的政权，1271 年定国号为元，以大都（今北京）为首都。

2 绪：统绪，皇位的传承。

3 中国：中原地区。

4 戎翟（dí）：即戎、狄，泛指少数民族。

　　元朝是中国历史上第一个由少数民族建立的统一王朝。那么，它是如何灭掉南宋王朝的？"人生自古谁无死，留取丹心照汗青"的诗句，千百年来被人们广为传诵。那么，文天祥在什么情况下，写出了这气壮山河、苍凉悲壮的千古绝句的？文天祥的一生都经历了哪些挫折？

惜墨如金的《三字经》，打破常规用了六句来介绍元朝。元朝是由蒙古族建立的政权，也是中国历史上第一个由少数民族建立的统一王朝。那么，这个曾经生活在草原上的游牧民族，是如何灭掉南宋王朝的？就在元朝军队兵临城下的时候，南宋的大部分官员都已逃散，在年幼的南宋皇帝身边，只剩下几个兢兢业业、忠于职守的大臣。这其中就有文天祥，他的诗句"人生自古谁无死，留取丹心照汗青"，千百年来被人们广为传诵。那么，文天祥是在什么情况下，写出了这气壮山河、苍凉悲壮的千古绝句的？文天祥到底是一个什么样的人？他的一生都经历了哪些挫折？

以秦桧为首的一批南宋投降派，以"莫须有"的罪名害死了岳飞。那么，宋朝的抗金力量受到打击。接着宋朝统一中国的是元朝。《三字经》到了宋朝的时候，开始出现了版本的分歧，好多字句出现了不一致的情况。在《三字经》描写元朝的部分，同样出现了这种情况。原来四句成一个系列，而到这里突然出现了六句。为什么会出现这个情况呢？我们现在没有办法去做一个完全有把握的解释，只能把它理解为版本上出现了一些问题，因为，宋以后的部分是续补的。

《三字经》是这么描述元朝的："至元兴，金绪歇，有宋世，一同灭，并中国，兼戎翟。"什么意思呢？到了元朝兴起的时候，金朝灭亡了，金朝是被元朝和南宋联合灭掉的。"有宋世，一同灭"，连宋朝也一起灭亡了。不仅如此，元朝终于统一了中国。不仅统一了中国，而且"兼戎翟"，这里的"戎翟"包括了多个民族，其中还包括许多不在中国传统版图之内生活的民族。

元朝，按照最标准的说法是建立于公元1271年，亡于1368年，整个朝代不到100年。它是由蒙古族的忽必烈，也就是元世祖，于

1271 年所建。1279 年元灭南宋，定都于大都，就是今天的北京，至今北京还有元大都遗迹。

> 元朝是由蒙古族建立起来的王朝。那么，这个曾经生活在草原上的游牧民族，是如何建立起大元王朝的？而元世祖忽必烈又是怎么当上皇帝的？作为元朝的开国皇帝，忽必烈为什么要把国号定为"元"？这个"元"字有什么特殊含义？它的出处又取自哪里？

1368 年 8 月，由朱元璋所率领的部队攻下了北京，元朝灭亡。但是，蒙古族这些贵族以及他们的统治，并没有结束。为什么呢？元顺帝北逃，蒙古族的这些贵族，只不过是失去了对中原地区的统治，所以，要把元朝和蒙古帝国区分开来。在漠北的元朝君臣，实际上在 1368 年以后依然在使用元朝的名号，当然那个时候明朝已经建立了，所以历史上称之为北元。

太和四年，也就是公元 1204 年，铁木真统一了蒙古高原各个部落。而太和六年，也就是公元 1206 年，铁木真被各个部落推举为举世闻名的"成吉思汗"。此后，他在漠北建立政权，国号"大蒙古国"。建立大蒙古国以后，迅速向外扩张。1218 年灭西辽。1219 年，西征花剌子模，这是已经到达中亚西部某地了，并一直攻打到伏尔加河流域。1225 年他西征回来，于 1227 年灭西夏，成吉思汗也就是在灭西夏的战争中去世的。

成吉思汗 即元太祖，名铁木真，是蒙古历史上杰出的政治家、军事家。公元 1206 年，被推举为成吉思汗。他统一了蒙古高原各部落。在位期间，多次发动征服战争，征服地域西达黑海海滨，东括几乎整个东亚。

蒙古军队对外的战争当然是一种征服战争。为了减少伤亡，加快战争的进度，蒙古军队在战争期间采取了相当惨烈的手段。当时的西方各国是谈之色变。成吉思汗以及他的后继者建立起人类历史上疆域面积、人口规模和经济规模都占据世界第一的庞大帝国。当时已知的文明世界大部分都被他们攻下来了。这是非常惊人的，对后世的影响巨大。当然，我们应该看到，这一系列的征服战争对包括中国在内的欧亚大陆众多古老文明，带来了巨大的损坏，难以数计的财富在战火中毁灭。伴随战争而来的瘟疫、饥荒、自然灾害，又使得这些地区曾一度陷入了黑暗。

继成吉思汗之后的汗王蒙哥于公元 1259 年在四川去世。他的弟弟忽必烈和阿里不哥开始争夺汗位。公元 1260 年 3 月，阿里不哥在大多数蒙古正统派的支持下，在蒙古帝国的首都哈拉和林通过了忽里台大会，被推举为大汗。这是蒙古的一种制度，跟清朝早期是一样的。而与此同时，忽必烈和南宋完成了议和，返回了开平，也就是今天内蒙古的正蓝旗东闪电河北岸。在中原一些具有儒学思想的臣子和蒙古宗王的支持下，忽必烈也召开大会，自称大汗。此时，蒙古帝国里出现了不止一个汗王。1260 年，忽必烈设立中书省，总管国家政务。1260 年 5 月，忽必烈颁布继位诏，建元中统。但是元朝还不是从这个时候开始算的，1260 年没有元朝这个名字。由于忽必烈在中原地区自己开会，自己称汗，并且推行、运用汉地中原的法律，明显违背了蒙古的传统，就引起了阿里不哥和蒙古正统派的一些部落、贵族的反对。两个汗打了四年的仗，直到 1264 年阿里不哥投降，忽必烈定为一尊。但是，忽必烈推行汉法，引起了蒙古贵族和相关部落的不满，他们拒绝归降忽必烈。蒙古帝国开始分裂，于是世界各地出现了许多蒙古族建立的帝国。在今俄罗斯一带，有个钦察汗国，那里的汗也是蒙古族的后裔。

至元八年，也就是公元 1271 年，忽必烈发布诏书，取了《易经》当中的"大哉乾元"中的"元"字，正式建国号为元，这就是元朝的开始，也是蒙古帝国政权从世界性的大一统帝国分裂出来的一块中原王朝。除了元朝以外，蒙古帝国还包括其他部分。在俄罗斯，甚至远到伊朗，曾经都属于蒙古帝国的势力范围。而忽必烈权辖之下的疆域只包括大致相

陆秀夫 （公元 1236 年—公元 1279 年），南宋抗元名臣。字君实，楚州盐城（今属江苏建湖）人。初为李庭芝幕僚，后任礼部侍郎等职。临安失守后至福州，拥赵显（shì）为帝抗元。赵显死，又拥赵昺为帝，奉皇帝居崖山（今广东新会南），任左丞相，继续组织抗元。崖山被攻破时，背负赵昺投海自杀。有《陆忠烈集》。

当于今天的中国和蒙古高原的部分。从忽必烈开始，建立起了以中国为主体的王朝，这是在蒙古帝国史上非常重要的一段历史。

至元九年，也就是公元 1272 年，元朝正式取了国号的第二年，在刘秉忠的规划下，正式建都于大都，这就是今天的北京城。至元十三年，也就是公元 1276 年，元军攻陷了南宋的都城临安，俘虏了五岁的宋恭帝和谢太后。至元十六年，也就是公元 1279 年，元朝的军队在崖山海战中彻底消灭了南宋，历史上非常著名的忠烈之臣陆秀夫，背着八岁的小皇帝投海而死，南宋正式宣告灭亡。

刘秉忠（公元 1216 年—公元 1274 年），元代政治家、作家。字仲晦，自号藏春散人，元初邢州（今河北邢台）人。因学识渊博，为忽必烈信重。至元八年，请建国号为大元。有《藏春集》留世。

《三字经》中讲到"有宋世"，就是说在元朝建立之初，南宋王朝并没有灭亡。在年幼的南宋皇帝身边，依然还剩下几个兢兢业业、忠于职守的大臣，这其中就有文天祥。他的诗句"人生自古谁无死，留取丹心照汗青"，千百年来，被人们广为传诵。那么，文天祥为什么写下这气壮山河的千古绝句？他到底是一位什么样的人？他的一生都经历了哪些挫折？

在元朝和宋朝争战更替的过程中，最著名的历史人物当然是文天祥。在中国的文化传统中，文天祥和岳飞一样，都被视为英雄式的人物。

文天祥 1236 年出生，1283 年被杀，字宋瑞，号文山。他是庐陵人，庐陵大致相当于今天江西的吉安。他是宋理宗宝祐四年，也就是 1256 年的进士第一名，所以文天祥是状元。他在考中状元的时候刚刚 20 岁，按照古人的算法是 21 岁，是一位非常年轻的状元郎。

南宋末年，由于朝廷偏安江南，设都在临安，国势弱小。1273 年，蒙古的贵族伯颜，率领 20 万大军

文天祥（公元 1236 年—公元 1283 年），南宋大臣、文学家。庐陵（今江西吉安）人。字宋瑞，又字履善，号文山。官至丞相，封信国公。临安危急时，他在家乡招集义军，坚决抵抗元兵的入侵。后被俘，在拘囚中，大义凛然，终以不屈被害，文天祥以忠烈名传后世。后人辑有《文山先生全集》。

攻下了襄樊，并以此为突破口，顺长江而下，不到两年时间，已经逼近了临安的近郊。这是一次空前惨烈的战争，南宋马上就面临着灭亡的危险。当时的南宋朝廷长时期被一些投降派大臣所把持。早在1259年，宰相贾似道就提出向蒙古称臣，割让江北地区，每年还要贡献大量银两、丝绸、布帛，以求得偏安。但是，当时蒙古贵族伯颜根本没打算跟南宋议和，所以还是在推进南侵的步伐。1275年，伯颜将贾似道的13万大军全部消灭，这样南宋朝廷的主力军队已被消灭，实际上已无可用之兵了。其时在位的宋恭帝只有四岁，临朝摄政的太皇太后谢氏，不得不发出了哀痛诏，号召天下出兵勤王。因为中央政府直接控制的军队13万人被伯颜给消灭了，只能寄希望于全国各地的官员组织当地的部队来勤王。文天祥那个时候担任赣州的知州，接到了以宋恭帝的名义发出的哀痛诏后，他马上就哭了，非常悲伤。他立即行动起来，在两三个月之内，组织起一支一万人左右的勤王部队，几经周折赶到了临安。皇帝的哀痛诏发下以后，率兵来勤王的居然只有三个人，其中就有文天祥。其他大臣都已经各顾各的，有的在做投降的打算，有的想再进一步把民脂民膏搜刮完后就躲起来。

> 南宋末年，国势衰微，整个王朝摇摇欲坠。面对元朝军队的摧枯拉朽之势，南宋王朝已经苦苦支撑了将近半个世纪，现在根本无力抵抗。而南宋的大部分官员，更是抱着大难临头各奔东西的想法。那么，南宋王朝的这些官员们，为什么如此惧怕元朝军队呢？

元世祖至元十三年（公元1276年）正月十八日，蒙古贵族伯颜已经兵临一个叫皋亭山的地方，马上就要攻破南宋的都城了。当时南宋的一个左丞相已经投降，其他大臣有的投降，有的逃亡。朝廷派人去跟伯颜谈判。伯颜提出，要朝廷一位叫陈宜中的右丞相到其营地谈判。

右丞相一听，要自己到蒙古的兵营里谈判，吓得当天就逃掉了。这个时候，谢太后身边可派的只有文天祥了。文天祥毅然受命，但是他不是去投降的。他的考虑是，战、守、迁皆不及时，因为南宋已经一塌糊涂了，蒙古的速度又非常快，无论是打仗，还是防守，还是迁都，都来不及了。他是想利用这个机会到伯颜的军营里去探探虚实，看看还有没有机会击破伯颜的军队。令文天祥想不到的是，他在伯颜的军营里和伯颜据理力争，指着伯颜大骂的时候，他千辛万苦带来勤王的那支军队居然被南宋朝廷解散了。在这样的情况下，可以想象，文天祥内心的痛苦是多么深重。

> 元朝的军队已经兵临城下，文天祥希望能够通过谈判来刺探军情。但这无疑是羊入虎口，文天祥被元军大将伯颜扣在军中。然而此时，他所为之效忠、为之拼命的南宋朝廷，是根本不可能来解救他的。那么，身陷囹圄的文天祥，又该怎么脱身呢？

元世祖至元十三年（公元 1276 年）二月初九，文天祥被押往大都。当他被押到金口，也就是今天的镇江的时候，有一帮义士把文天祥给救了。文天祥逃脱了虎口。根据文天祥在《指南录后序》这篇文章里说，他一生经历过 16 次危难，16 次都是幸免于难，这就是其中一次。他被那些义士救出来之后，在四月初八逃到了温州。这个时候他听说度宗的两个儿子都逃到福州，整个南宋已经逃亡了。他立即上表劝进。他劝恭帝的两个弟弟当中的一个起来当皇帝，继续担负起社稷的责任，领导南宋的军民抵抗元兵。不久，他就接到了流亡到福州的南宋朝廷的诏书，把他召到福州担任了右丞相兼枢密院使，官位很高。七月，文天祥在南剑州，也就是今天福建南平，公开打出帅旗，号召四方的英雄豪杰，各地自己起义，收复失地。至元十四年（公元 1277 年）三月，文天祥率兵进攻江西，收复了几十个州县，同时围困赣州，湖南、湖北都响应文天祥，整个江南开始风起云涌。这就使蒙元的统治者非常惊慌，发现文天祥的号召力太大，于是调来 40 万大军，以解赣州之围。另外还派精兵 5 万，专门追击文天祥。文天祥部下只不过 5000 人，最终，他手下的将领很多都牺牲了，文天祥的妻子和儿女也都被俘，而他靠了手下一位姓赵的部下，假扮成文天祥，吸引了元军，才得以脱身。这位姓赵的将军后来被杀了。但是，文天祥并没有灰心丧气，反而坚定了抗击元军的决心。至元十五年（公元 1278 年）十一月，他收拾残军，加以扩充，移兵到了今天广东的潮阳。在这一年的十二月二十日，文天祥兵败五坡岭（今广东省海丰县北），他觉得这次难以突围，就服下了随身带的冰片，以求一死，免遭侮辱。但是，冰片吃下去以后他并没有死，只是昏迷了。文天祥是在昏迷当中被俘的。从此往后，文天祥再也没有能够率兵在战场上和蒙元的军队进行搏杀。文天祥从被俘的那一刻开始就打定主意，绝不苟且偷生，所以被伯颜扣在北营的时候，他就明白地告诉伯颜："宋状元……所欠一死报国耳！宋存与存，宋亡与亡。刀锯在前，鼎镬（huò）在后，非所惧也，何怖我？"意思就是说，他是宋朝的状元，他唯一欠这个国家的就是以死报国，自己与宋朝共存亡。就算是前面有刀锯，后面有煮了开水的锅进行威胁，也无所畏惧。

　　文天祥的反抗，在一定程度上牵制了元军的进攻。这也使得元军对文天祥另眼相看。因此，元军不愿杀死文天祥，他们希望文天祥能够归顺元朝。但是，文天祥宁可选择死亡也不投降。为此，元军展开了一轮又一轮的劝降攻势，这其中不乏元朝的重臣以及元朝皇帝忽必烈本人，他们甚至还让被俘的南宋皇帝，也来劝降文天祥。那么，劝降的结果又是怎样的呢？文天祥面对这些劝降者，他会怎么办呢？

　　至元十六年（公元 1279 年）十月，元朝一个大官阿合马来劝降文天祥。文天祥稍微跟阿合马打个招呼，就坐下来，根本不把阿合马放在眼里。阿合马要文天祥下跪，文天祥回答："我是南边宋朝的宰相，你是北边元朝的宰相，我们两个是一样的，凭什么要我跪？"阿合马当然以胜利者自居，他对文天祥说："你怎么会来到这里啊？你怎么会被抓啊？你是被我俘虏的，还谈什么南朝宰相？"而文天祥回答："若南朝早用我为相，你去不了南方，我也不会到你这里来，你有什么了不起？"阿合马又用威胁的口吻说："你的生死由我来决定。"文天祥大义凛然地回答："亡国之人，要杀便杀，还说什么由不由你啊？"元朝的宰相孛罗亲自审问文天祥，孛罗一上来也要文天祥下跪，当然被文天祥拒绝，左右就用武力强迫文天祥下跪，文天祥大义凛然地说："天下的事情，有兴盛就有灭亡……我文天祥到了今天就希望你快点动手，杀了我吧。"临刑前，连忽必烈都亲自出马劝降。元朝是绞尽了脑汁的，并且以元朝的宰相之职作为诱饵，被文天祥严词拒绝。忽必烈问文天祥："那么，你到底要什么？"文天祥回答："愿以一死足矣。"这种视死如归、以身殉义的精神，使他的对手也只能尊敬、钦佩。元朝廷还在尽最后的努力希望能劝降文天祥。一帮投降元的大臣都过来向文天祥以身说法，而这些人遭到了文天祥的唾骂。到最后，居然连已经被俘的宋恭帝也出面劝降，文天祥置之不理。文天祥明确倡导过"社稷为重、君为轻"的观念。所以，他实际上并非仅仅是忠于某个帝王，他是为了一种崇高精神而论生死的雄士。

"辛苦遭逢起一经，干戈寥落四周星。山河破碎风飘絮，身世浮沉雨打萍。惶恐滩头说惶恐，零丁洋里叹零丁。人生自古谁无死，留取丹心照汗青。"《过零丁洋》这首诗是文天祥在押解途中，过零丁洋时所作。这样一首气壮山河、苍凉悲壮的千古绝句，是文天祥用自己的鲜血和生命，谱写的一曲理想人生的赞歌。在文天祥死后，人们又发现了他的遗文。那么，他的遗文里又说了些什么呢？

至元二十年（公元 1283 年）正月初九，文天祥在大都菜市口英勇就义。他死后留下大量的诗文，其中最著名的是《过零丁洋》。他在狱中还写了《正气歌》，是他死后才发现的。遗文中写道："孔曰成仁，孟曰取义，惟其义尽，所以仁至。读圣贤书，所学何事，而今而后，庶几无愧。"意思就是说，孔子讲成仁，孟子讲取义，唯有当他应该做的事情都做到了，当他把忠义都尽到了，那么才会有仁。读圣贤书，所学的是什么呢？从此往后他大概是没有什么可以羞愧的了。文天祥就是这样一位光照日月的勇士。

宋朝在中国历史上是经济、文化高度发展的时期，也就是在宋朝，中国的经济和文化中心正式移到了南方。宋词和唐诗并称，新儒学和周秦两汉思想齐名。中国古代的四大发明当中，除了造纸术一项，其他三项都是在宋朝完成并且传播的。

宋王朝大势已去。元朝的建立，使中国又回到了大一统的时代，这也就是《三字经》中所说的"一同灭，并中国"。那么，蒙古人建立元朝以后，都给中原的社会、经济、文化带来了哪些影响？

在经过对欧亚广大地区的征服以后，元朝在文化、思想领域，也开始逐渐吸收多种文明的长处。我们如果生活在元朝会发现，这是完全国际化的一个朝代，大量的官员不是蒙古人就是色目人，替朝廷管理财政、贸易、收税等。也就是说，元朝动员了各个民族的人参与到统治体系之中。元朝统一中原以后，最强盛时期的疆域北到蒙古、西伯利亚。还有一种说法是北到北冰洋。向南一直到南海，也就是今天的海南。西南包括今天的西藏、云南，西北一直到新疆的东部，东北一直到外兴安岭。如此看，元朝的国土总面积超过 1200 万平方公里。

蒙古的势力扩展到了西亚地区，也就使得欧洲和元代中国之间的交往非常便利和频繁，技术交流更加容易，在技术交流的层面，速度是非常快的。元朝的经济仍然以农业为主，生产技术、耕田面积、粮食产量、水利兴修，特别是棉花种植方面，元朝超越了前代。元朝是中国历史上第一个大规模以纸币作为流通货币的时代。在它以前和以后都是主要用铜钱，用银两。元朝建立起了世界上最早的、最完备的纸币流通制度，比欧洲早了400多年。当然，在元朝末年，因为纸币发行过多，导致了急剧的通货膨胀，这也是元朝后来灭亡的原因之一。

商业在元朝高度繁荣，在《马可·波罗游记》里就得到了充分体现。元朝成为当时世界上最富庶的国家之一。元朝的文化艺术和科学技术也有很高的成就，特别是天文学，居于当时世界的领先地位，数学和医学也在当时占据世界领先的地位。比如，著名的天文学家郭守敬在1276年修订了新的历法，通行360多年，是当时世界上最先进的历法。

元代戏曲和小说创作非常繁荣，涌现出像关汉卿这样一批著名的剧作家，元曲也成为和唐诗、宋词并列的优秀的中国文学遗产。

元朝行省制度的确立，是中国行政制度的一大变革。明朝灭掉元朝以后，改行省为承宣布政使司，但在习惯上，仍然称行省，简称就是省。省作为地方一级行政区的名称一直沿用到今天，当然每一个省的具体辖区和元朝不一样，但是省这个名称还是元朝遗留下来的。

《三字经》讲完元朝以后，又如何讲述明朝的呢？请看下一讲。

明太祖，久亲师。

1 明太祖：明王朝的创建者朱元璋，
　1368 年—1398 年在位。
2 亲师：亲自统领部队。

　　朱元璋率领的农民起义军，推翻了元朝的统治，建立了大明王朝。他是一位非常富有传奇色彩的皇帝，也是一位平民皇帝。那么，他出生在一个什么样的家庭？朱元璋又是怎样成为一代帝王的呢？

《三字经》讲完了元朝之后，开始讲述明朝。元末的反元斗争，遍布全国。最终，由朱元璋率领的农民起义军，推翻了元朝的统治，建立了大明王朝。而这位明朝的开国皇帝，是一位非常富有传奇色彩的皇帝。同时，他也是继汉朝刘邦之后的又一位平民皇帝，所不同的是，刘邦是布衣登帝位，而朱元璋是和尚做皇帝。那么，《三字经》中的"明太祖，久亲师"是什么意思？朱元璋出生在一个什么样的家庭？他的童年又是怎么度过的？年幼的朱元璋为什么会去做和尚？朱元璋又是怎样一步一步地变成了万人敬仰、威震四方的一代帝王的呢？

根据我所采用的版本，元朝以后的明朝是《三字经》讲述的最后一个朝代。一般认为，讲述到后来的清朝乃至民国的《三字经》都是更晚的人增补的。所以，《三字经》的历史部分就截止到明朝。"明太祖，久亲师。"这是《三字经》关于明朝历史发端的总序言。

元朝末年，反抗元朝统治的武装斗争遍地而起。其中，韩山童、刘福通利用白莲教所发动的红巾军是其中最重要的一支力量，而明太祖朱元璋，就是在红巾军中发迹的。

小时候的朱元璋叫重八，还有一个名字叫兴宗，后来改名元璋，字国瑞。朱元璋的大哥叫朱重四，二哥叫朱重六，他叫朱重八。朱元璋的父亲也不是后来传说的叫朱世珍，早年就叫朱五四，朱元璋母亲的名字也没后来说的那么堂皇，当时就叫陈二娘。按照元朝的制度，一般的老百姓如果没有官职，连名字都不许有的，只能按照在家中的排行随便取个数字，编个号就行了。当然，和大多数皇帝一样，后人给朱元璋的出生附加了很多传奇色彩。据说，朱元璋的母亲刚怀孕的时候曾经做了一个梦，梦见有个神仙给她吃了一颗仙丹，吃下去以后，他的母亲马上醒过来，觉得满嘴生香，而且在朱元璋降生的时候红光满屋，连邻居都看见朱家放射出红光，像着火一样。

> 明太祖朱元璋，是一位富有传奇色彩的皇帝。同时，他也是继汉朝刘邦之后的又一位平民皇帝。所不同的是，刘邦是布衣登帝位，而朱元璋是和尚做皇帝。那么，这样一位明朝的开国皇帝，他出生在一个什么样的家庭？他的童年又是怎么度过的？年幼的朱元璋又为什么会去做和尚呢？

由于家境贫困，朱元璋从小营养不良，瘦得皮包骨头。朱元璋的父母认为只有观音菩萨才能救他一命，所以就把幼年的朱元璋送到附近一个寺庙——皇觉寺，让朱元璋拜那里的老和尚为师。当然也有另一种说法，说家里实在是养不活他了，他自己投奔到庙里去的。朱元璋长到 10 岁的时候，他的父亲为了躲避沉重的赋役再次搬家。后来就在太平乡一个叫孤庄的地方，为一个叫刘德的地主种地，朱元璋就为刘德家放牛。这次经历对朱元璋可太重要了。因为他在放牛的生涯中结识了徐达、汤和这些伙伴，他们后来为明朝的建立南征北战，立下了功勋。

朱元璋 （公元 1328 年—公元 1398 年），即明太祖，明朝的开国皇帝。公元 1368 年至公元 1398 年在位。少时在皇觉寺为僧。后参加红巾军抗元。公元 1368 年称帝，国号明，并逐步统一全国。

朱元璋从小聪明、顽皮，他多少读过几天书，所以特别有鬼主意。一般的小孩子都喜欢玩游戏，朱元璋最喜欢玩的游戏是假扮皇帝。他经常穿的是破衣烂衫，因为家里实在太穷，又是个放牛娃，就把棕树叶子撕成一丝一丝的，粘在嘴上当胡子，用一块木板，放在头上做平天冠，皇帝的帽子都这样，然后往土堆上一坐，就自居为皇帝。而旁边这些小伙伴，就是后来成为大将的徐达、汤和等，朱元璋就要求他们每人找块木板，当手板捧着向他作揖，三跪九叩，三呼万岁。可是，他还必须去给主人放牛，经常挨主人的打骂，经常吃不饱，所以只能饿着肚子放牛。后来，就发生了一件事情。朱元璋真是脑子够用，胆子够大，手段够辣。有一天放牛的时候，饿着肚子的朱元璋就对徐达、汤和、周德新说："哥们儿几个肚子饿不饿？把旁边一头小牛牵来杀了吧！"说着就真把小牛给杀了。没多久，整个一头牛就只剩一堆牛骨头、一张牛皮、一根牛尾巴了。吃了一头小牛，这回去怎么跟地主交代呢？这个时候，徐达、汤和开始相互埋怨，这回去不是要命吗？这个时候又是朱元璋站出来，并想了一个主意。他让大家把牛骨头和牛皮埋好，把血迹洒上土，然后把牛尾巴插在岩石的缝里。回家就对主人说："小牛钻到山里边去了，你看尾巴还在，身子没了。"当然，他这是自以为聪明。地主没那么傻，一头牛怎么会钻到山岩里，只露个尾巴在外头？于是，朱元璋又挨了一顿暴揍。但是朱元璋也正因为点子多、敢做敢当就得到了这帮小兄弟的信任和拥护。

1343 年，濠（háo）州发生旱灾，次年春天，又发生了非常严重的蝗灾，接着又发生了瘟疫。那段时间，濠州几乎家家户户都死人，朱元璋一家也染上了瘟疫，不到半个月，他的父亲、大哥和母亲先后去世。朱元璋和二哥眼看着家人一个个去世，家里连买棺材的钱都没有，连埋亲人尸骨的土地都没有，这对幼小的朱元璋刺激特别大。为了生存，朱元璋和他的二哥、大嫂和侄儿分别各自逃难，朱元璋在走投无路之下又回到了小时候曾经住过的皇觉寺。

元朝末年朝政腐败，又遭天灾人祸，瘟疫流行，民不聊生，百姓苦不堪言。而就在当时，朱元璋一家也难逃厄运。为了活命，朱元璋只得再次到庙里做和尚。可是，朱元璋生性顽劣，对庙里的清规戒律，他能服从遵守吗？朱元璋在庙里做和尚的这段时间，会发生什么事情呢？

他到了寺庙里，当然整天要扫地、上香、打钟、击鼓，还要念经、烧饭、洗衣服。这都是小和尚的事，所以朱元璋整天忙得团团转，而且还不停地被老和尚训斥。日子一长，朱元璋憋了一肚子气。有一次，他被佛像的底座给绊了一下。一般情况下，和尚就会赶快跪下磕头，因为打扰了佛。朱元璋却恰恰相反，他顺手拎起扫帚，把佛像打了一顿。还有一次，老和尚看到大殿上的蜡烛让老鼠给咬坏了，就当众训斥朱元璋。朱元璋心里很恼火，他想："蜡烛是供在佛面前的，佛居然连自己的东西都管不住，还害我挨骂！"朱元璋越想越生气，就找了一支毛笔，在佛像的背后，写了五个字："发配三千里。"这些都反映了朱元璋绝不甘于受压迫、绝不甘于居人下的性格。不久，灾荒越来越严重，庙里面也没有吃的了，17岁的朱元璋只好离开寺庙，到各地去云游。云游是个好听的说法，实际上就是到各地去要饭。这个流浪的时间长达三年，这三年对朱元璋很重要。他利用这三年时间遍游了淮西的名都大寺，接触了各地的风土人情，开阔了自己的眼界，积累了社会经验。艰苦的流浪生活铸就了他坚毅果敢的性格，但也使得他变得格外的残忍、敏感、多疑。

朱元璋听说红巾军起义的消息，又收到汤和的信，汤和在信里邀请朱元璋参加起义军。25岁的朱元璋下定决心去投军。不久，朱元璋就成为红巾军里的一名将帅，逐渐建立起自己的势力，也拥有了自己的军队、自己的谋士。

朱元璋出身卑微，从小孤苦伶仃，四处逃难，尝尽了世态炎凉，因此从小性格中就有一种"不甘为人下"的倔强。因此，在他加入红巾军不久，就成为一名将帅，此时的朱元璋就有了自立为王的想法。但是，他身边的一位谋士跟他说了一句话，朱元璋就改变了想法。那么，这位谋士是谁？他跟朱元璋说了些什么？

这些谋士当中最重要的一位就是朱升。朱升跟朱元璋说了九个字，哪九个字呢？"高筑墙，广积粮，缓称王。"占领一个地方后不要忙着再去占另一个地方，因为现在兵力不够。应该看住占领的地方，把城墙筑得高高的。在这个城里面多多地囤积粮食，在战乱之年粮食是最管用的，别的都没用。不要急着称王，先悄悄地躲起来，别引人注目，别出头。如果一称王，那么元朝首先就要打你，也许起义军内部也会动你的脑筋。这就是著名的"高筑墙，广积粮，缓称王"。

"明太祖，久亲师"，这是《三字经》对于明太祖朱元璋的描述，特别强调了三个字"久亲师"，说明朱元璋长期亲率军队作战。那么，朱元璋到什么时候，才实现他的皇帝梦的呢？

在南征北战不断取得胜利的情况下，元朝至正二十八年，也就是公元 1368 年正月，40 岁的朱元璋开始祭告天地，于应天的南郊登基，建国号明，改元洪武，以应天为京师，就是今天的南京。

至于他为什么起这个国号，有各种各样的说法。多数人认为，是因为朱元璋当初信一种叫明教的宗教。明教从西方传入中国以后，慢慢和中国的传统信仰融合而形成一种新兴宗教。

明朝建立伊始，朱元璋采取了发展生产、与民休息的政策。1368 年，朱元璋称帝以后不久，各地的州县官前来朝见，朱元璋就对他们说："天下初定，老百姓财力困乏，都没什么能力，像刚会飞的鸟，所以，你们千万不能去拔他的羽毛，就好比刚刚栽下的树，千万不能摇他的树根，现在要休养生息。"在朱元璋的积极推动下，明朝的农业恢复得很快。但是，与此同时，朱元璋在即位以后开始大批地诛杀功臣。

世事难料，谁能预测到，当年随朱元璋出生入死、驰骋沙场、一起打天下的有功之臣，最终都成了他的阶下囚、刀下鬼。其实纵观历史，有多少功臣命丧君主之手！"鸟尽弓藏，兔死狗烹"，这已经不是新鲜之举。但是，朱元璋诛杀功臣，仅仅是因为他权力欲望膨胀吗？还是其中另有隐情？朱元璋到底是怎么想的？他为什么要大批诛杀功臣呢？

公元 1380 年，朱元璋以一个"莫须有"的罪名，这个罪名当然在官方史籍上是擅权枉法，但恐怕都是欲加之罪，处死了胡惟庸和大批的官员，同时宣布废除中书省，以后再也不设丞相。因此，从朱元璋开始，明清两代都没有丞相这个官职。在这个案子里，朱元璋杀掉了3 万多人，最后连太师韩国公李善长也受牵连，被赐死，终年 77 岁。

接着，朱元璋又在 1393 年杀掉了著名的开国功臣蓝玉。蓝玉是明朝的开国大将，被朱元璋封为凉国公。朱元璋怎么会动念头杀掉他呢？1391 年，四川建昌发生叛乱，朱元璋就命令蓝玉率兵前去讨伐。临行前，朱元璋对蓝玉面授机宜："你手下的将领先退下，蓝玉你一个人留下，我有些秘密的事情要跟你讲。"连说三次，朱元璋看到蓝玉的部下纹丝不动，没一个退下的，而蓝玉手一挥，全退下了。朱元璋这才明白了蓝玉手下的骄兵悍将根本不听他的，就下决心要除掉蓝玉。不久，朱元璋将蓝玉杀死，牵连的达 1.5 万人。对于朱元璋这种滥杀，连皇太子朱标也强烈反对。皇太子进谏说："陛下杀戮过滥，恐伤和气。"因为过去还讲究天人合一，开国之初应该和和融融，杀伐太多，就影响和气了。朱元璋什么话都没说。第二天，朱元璋叫人拿了一大把长满刺的荆棘，放在地上，叫太子拿起来。太子当然怕扎手了，就不去拿。朱元璋就说："你怕刺不敢拿，我把这些刺给你去掉，再交给你，难道不好吗？我现在把这些人杀了，除掉他们，让你能够安安稳稳地接班坐江山，难道不好吗？"朱元璋就用了这样一个比喻来教育太子，但是太子比较仁厚，说："有什么样的皇帝就有什么样的臣下。有你这样的皇帝才会有这样桀骜不驯的要反叛的部下。将来我当了皇帝，我的部下不会反叛我。"气得朱元璋拎起椅子就朝太子砸，太子逃走了。

同时，朱元璋采取了非常严厉的举措打击贪官污吏。朱元璋是从民间底层上来的，他从小受尽贪官污吏之苦，从小看到贪官污吏胡作非为，所以在他参加起义队伍的时候就暗暗下了决心："一旦我当了皇帝，就要杀尽天下的贪官。"他当了皇帝以后的确没忘记这点。他规定，只要敢贪污60两银子的，格杀勿论。不管官有多高，不管原来功劳有多大，只要贪污就杀头。朱元璋还发明了许多残酷的刑法来处置贪官。

> 朱元璋从小受尽磨难，深知百姓疾苦。所以，他对贪官污吏的强取豪夺、鱼肉百姓的行为，深恶痛绝。因此，在朱元璋开创大明王朝之后，就发誓要铲除贪污腐败，杀尽天下贪官。为了增加震慑力度，朱元璋还设置了一项骇人听闻的政策。那么，这是一项什么政策？朱元璋又是怎样来惩治这些贪官污吏的呢？

有一天，朱元璋在翻阅一些要被处死的贪官案卷的时候，他突然想，老百姓都恨死他们了，一刀给砍了，岂不是便宜了他们吗？应该采取挑胫、削膝盖这样的刑法，让他们死得惨一点。就这样，朱元璋发明了一个办法，叫剥皮实草。把那些贪官拉到各府、州、县的广场上，先把贪官的皮给剥下来，在剥下来的皮里填上稻草，装上石灰，然后放到官椅旁，后任就坐在皮草旁办公。这是警告后任的官员不要重蹈覆辙，如果要敢贪，就会被扒掉皮。这种触目惊心的举措确实震慑了一批官员，使他们的行为大为收敛。朱元璋对他亲自培养、提拔的官员，也绝不姑息。为了培养和提拔新人才，朱元璋专门设立了培养人才的摇篮——国子监，为年轻人提供读书上进的机会。朱元璋对那些新科进士厚爱有加，经常亲自去教育他们，和他们谈话，要他们尽忠至公，不为私利所动。洪武十九年，朱元璋派出了大批进士和国子监监生，到基层察看水灾的情况，朱元璋就派人盯着他们，后来发现有141个人，不是接受宴请，就是接受银两，还有的接受土地。朱元璋得知实情后，立即下令，全部砍杀。这些人是他亲自培养的，他也十分痛心。朱元璋为了重罚贪污行为还亲自制定了反贪污的法律，叫大诰。大诰是用近两年时间编纂的，里边是他亲自审讯和判决的一些贪污案例的记录，讲述了对贪官的态度、办案的办法、处置的手段。他下令全国广泛宣传，并且叫人把部分内容抄录下来，贴在路边显眼的地方，让官员经常参阅，以作警示，也让老百姓了解举报贪官污吏的渠道。

作为开国之君的朱元璋，借助自己崇高的威望，依法严惩贪官污吏。他的决心之大，力度之强，措施之实，前所未有，也确实起到了强烈的震慑作用。朱元璋从登基到驾崩，惩处贪官的运动始终没有停止，杀尽贪官的决心始终没有减弱，但是，贪官从来就没有被他杀光过。他临终前发出哀叹，说为什么他这么杀，贪官还是这么多？早晨刚杀了一批，晚上怎么又来一批！

明朝在朱元璋的统治下，出现了诸多不同于前朝的状况，除了惩治贪官污吏、滥杀功臣以外，朱元璋还采取了哪些手段来巩固明朝的统治，继续推进明朝独裁政体的呢？请看下一讲。

传建文，方四祀。迁北京，永乐嗣。

1 建文：即朱元璋的孙子朱允炆，1398 年—1402 年在位。因他以建文为年号，故称。

2 祀：此指年。

3 永乐：即朱棣，1402 年—1424 年在位。因他以永乐为年号，故称。

　　明太祖朱元璋建立明朝后，法严刑酷，大臣们人人自危。朱元璋去世后，建文帝继位。建文帝以儒家的仁爱思想治国，但在位仅仅四年就被叔父朱棣篡夺了皇位。朱棣是一个什么样的皇帝？他为什么要迁都北京？而朱棣以后的皇帝，又都各具什么特点呢？

《三字经》中的明太祖，就是明朝的开国皇帝朱元璋。朱元璋曾是一个横笛牛背的小牧童，游走四方的小行僧，但他参加红巾军后，迅速建立起了自己的势力。经过十几年的征战讨伐，朱元璋终于当上了皇帝。朱元璋的特殊经历，既造就了他坚毅果断的作风，也养成了他多疑猜忌的性格。那么，明太祖朱元璋，是怎么使用特殊的手段治理天下的呢？朱元璋去世后，把皇位传给了谁？后来明朝又为什么要迁都北京呢？

明太祖朱元璋的统治是高度集权。他的多疑猜忌，使他对谁都不放心。朱元璋设立特务机构，并派出大量的特务人员，暗中监视大臣们的活动。

学士宋濂是位非常著名的人物。有一天，朱元璋先不跟他谈国家大事，而是问他："你昨夜在家喝酒没有啊？一个人喝的，还是有人跟你一块儿喝的？喝酒时都说什么了？"宋濂一一答来，朱元璋听了以后非常满意地说："好，好，你没有欺骗我。"因为他早就在宋濂家周围安插了人，天天盯着他。

儒生钱宰非常有名，他被征召来参加编纂《孟子节文》。据说朱元璋对《孟子》很不满意，《孟子》里不是有许多"民为贵，社稷次之，君为轻"这样的话吗？所以，他把《孟子》的内容做了删节。也就是说，一直到清朝早期的读书人，读的《孟子》一直是个删节本，所以叫《孟子节文》。钱宰有一天回家，随口就吟了一首诗："四鼓咚咚起着衣，午门朝见尚嫌迟。何日得遂田园乐，睡到人间饭熟时。"原来他嫌上班太早，每天早晨四鼓咚咚咚咚就把他吵起来了。而这个时候他穿上衣服，赶到午门去朝见的时候，皇帝好像还嫌有点晚到了。所以，他希望将来有一天能够回到家乡去，享受田园之乐，这样他就可以一觉睡到中午去了。第二天上朝，朱元璋看见他，说的第一句话就是："昨天的诗不错，不过呢，朕没有嫌你迟到。你看，能不能把这个'嫌'字改成'忧'字，我是担心你迟到，你看如何啊？"吓得钱宰胆战心惊。朱元璋就用这种手段来控制大臣。

1382年，出于控制官员的需要，朱元璋将管辖皇帝禁卫军的亲军都尉，改成了锦衣卫，授予他们侦查、逮捕、审判、处罚罪犯的权力。这是一个非常正式的特务机构，由皇帝直接掌控。它有自己的法庭和监狱，有专门的名字叫诏狱，就是按照皇帝的诏令管理的监狱。诏狱里采用剥皮、抽筋、刺心等酷刑。朱元璋还经常命令这些锦衣卫执行廷杖。有很多大臣，在朝廷上当堂被活活打死。几句话不对，朱元璋就叫锦衣卫把大臣拖下去实施廷杖。严重时，一场廷杖会打死几十个大臣。

　　　朱元璋为了巩固自己的统治，严刑峻法。他亲自掌控锦衣卫，严密监视着大臣们的一举一动。大臣们稍有不慎，便会引来杀身之祸。朱元璋是明朝开国之君，历经磨难，坚毅果敢，但他为什么如此多疑猜忌呢？

1370年，朱元璋下令开科取士，规定以八股文作为取士的标准，以"四书""五经"为题，不允许有自己任何见解，必须依照古人的意思。这样的考试当然内容非常僵化，考生不能自由发挥。同时，对那些不守规则者，朱元璋想尽办法加以镇压。他内心是有自卑感的，因为他早年出身贫寒。由于早年做过和尚，所以他特别忌讳"光""秃"这样的字眼，而且"僧"字也不能提。他忌讳很多，甚至连生孩子的"生"也不许提，他不爱听。他早年参加过红巾军起义，就特别忌讳别人提"贼""寇"二字，同音字也不能提。很多人因为顺口，说错了一个字而被杀。

传说有一年元旦之夜，朱元璋外出微服私访去看灯谜。有一则灯谜上面画了一个妇女，手里抱着一个西瓜，坐在马背上，而马蹄画得特别大。朱元璋大怒，认为这是讽刺马皇后是个大脚。因为他的夫人贫苦出身，没有裹过脚，是大脚。他认为把一匹马的蹄子画那么大，这不是在说马皇后是大脚吗？于是，他下令追查，一直到把做灯谜那个人抓到，活活打死。

皇太孙朱允炆（wén）继位后，改年号为建文。建文帝从小是受儒家思想教育长大的，他与朱元璋的性格完全不同。那么，《三字经》中所说的，"传建文，方四祀"是怎么回事？建文帝登上帝位之后，又做了哪些事情呢？

公元 1398 年，朱元璋的孙子朱允炆继位，这就是建文帝。因为朱元璋的儿子也就是前面我们讲到的被他抢起椅子要打的那个儿子，死在他之前。所以朱元璋就把这个皇位传给了他的孙子。而建文帝在位仅仅四年，就被自己的叔叔，也就是朱元璋的第四个儿子燕王朱棣起兵推翻。建文帝生于 1377 年，失踪于 1402 年；还有另外一种说法，他生于 1377 年，卒于 1451 年，其中居然差了整整 49 年。为什么呢？因为建文帝之死是中国历史上非常著名的一个谜。建文帝的生母是吕妃，是皇太子的妃子，父亲就是太子朱标，他是明太祖的嫡次孙。洪武二十五年，皇太子朱标去世，明太祖不得不重新考虑皇位的继承问题。在这个时候，他是想到过朱棣的，因为他认为朱棣在很多方面和自己很相像。但是，当他和群臣讨论这个问题的时候，大臣刘三武提出："如果您立皇四子，那么皇二子、皇三子怎么办呢？"当时，朱元璋分封了诸王，第二个儿子被封为秦王，第三个儿子被封为晋王，第四个儿子被封为燕王。三个人的封地都是边疆重镇，这三个王都手握重兵。一旦处理不公，众王要争夺皇位的话，那情况是非常严重的。如果根据嫡长子继承的原则，那么应该将皇位传给太子的长子，也就是虞怀王朱雄英，但朱雄英已死了。所以，朱元璋就将皇位直接传给了太子的第二个儿子，也就是他的嫡次孙朱允炆。

明惠帝 即朱允炆（公元 1377 年—公元 1402 年），年号建文。公元 1398 年—公元 1402 年在位。建文帝即位之后，即削藩以加强中央集权。燕王朱棣借口出兵，攻陷京师。建文帝死于宫火，一说自地道出亡。

洪武三十一年，也就是 1398 年，明太祖逝世，建文帝继位。从年号来看，明太祖的年号叫洪武，建文帝的年号叫建文，两个皇帝的性格截然不同。朱元璋当初之所以滥杀，就是担心他的这个孙子像他儿子一样，比较柔弱，过于仁慈，受儒家的思想影响太重，恐怕日后驾驭不了局面，会吃亏。果然，建文帝继位以后，一改洪武时期的紧张气氛，他重用黄子澄、齐泰，还有著名的方孝孺这些文人，对洪武朝的政治进行改革。对百姓也好，对官吏也好，都给他们提供了一个很宽松的环境。不像朱元璋时代，文武百官都战战兢兢地活着。建文帝实行惠民政策，减免租赋，赈济灾民，而且由国家来抚养老弱病残，兴办学校。由国家来考察官吏，任用贤能。他还派出官员寻访天下，体察民情。建文帝在改革当中采取了一项重要措施，就是把势力很大的藩王的权力给削减掉。当时的藩王大多是建文帝的叔叔，辈分比他高，而且手中都有兵权，他们在各自的藩地为所欲为。有的藩王觉得建文帝比较柔弱，而自己的辈分又比他高，摩拳擦掌准备造反。燕王朱棣就是其中的代表人物。当时朱元璋的前三个儿子都已经去世，所以第四子燕王朱棣就成了皇子中最年长、地位最高的。燕地就在今北京一带，燕王的主要职责就是与蒙古进行对峙，在机会合适的时候出兵攻打蒙古。所以在和蒙古作战过程中，朱棣的军事力量和权力不断增大，构成了对皇权最大的威胁。

　　燕王朱棣的性格非常像朱元璋，而且朱元璋也曾有心把皇位传给朱棣，所以朱棣对皇帝之位早就窥视已久。建文帝当然知道朱棣的野心，所以要实行削藩。但是，朱棣先下手为强，借口靖难起兵。那么，建文帝会怎么对付朱棣呢？

建文帝的削藩措施确实主要是针对朱棣的，但建文帝的软弱害了自己。在重大问题的决策上，建文帝一错再错，他没有先削燕王，而是先削了燕王的同母兄弟周王，先拣软的捏。这一捏，导致藩王人人自危。

这种打草惊蛇的举动，就让燕王做好了准备。当建文帝最终决定对燕王下手的时候，燕王朱棣也已经准备好了，马上打起"靖难"的旗号。所谓"靖难"，是说皇帝被一些不好的大臣给蒙蔽了，皇帝有难，皇帝身边有小人，所以他起兵"靖难"。在最初的战争中，朝廷的兵力，占了绝对优势。但是，由于指挥不当，不抵燕王朱棣丰富作战经验，所以朝廷的兵马屡屡地败退，双方展开了激烈的拉锯战。当时，明朝的军队涌现出一批很优秀的将领，他们也给朱棣造成了极大的威胁，在这样的关键时刻，建文帝却下了一道圣旨，说要活的叔父。这就使朱棣逃过好几次大难，而建文帝的这种懦弱，最终将他自己推向了深渊。经过四年的拉锯战，燕王非常清楚地看到了一点，只要建文帝在一天，他自己就是叛王，但是如果一旦攻占了南京，赶走了建文帝，那么自己就可以成为一国之君，相信也没有人敢反对。以他的兵力，以他在皇族当中最高的尊长的地位，应该稳操胜券。于是燕军绕过大城市，一路南下，直攻南京。当时建文帝的朝廷乱作一团，一些地方将领按兵不动，因为他们不愿再支持这样一位皇上。很快，燕军攻到了南京城下，而城里的亲王也对建文帝不满，建文帝又没有采取强有力的手段予以处置，这些亲王和一些将领偷偷打开城门投降，南京被攻破。朱棣到了皇宫，只见宫中大火熊熊，建文帝下落不明。于是朱棣称帝，改年号为永乐，这就是明成祖。当时，朝廷里投降的文臣只有四人。大部分或者逃跑，或者自杀，加起来将近 1000 人。这也可以看出，那些文官是很认同建文帝的，并不认同朱棣。所以永乐朝在较短时间里几乎没有文官可以使用。

建文帝的下落在中国历史上是个重大的谜。

一种说法认为建文帝是自焚而死的。根据当时的《太宗实录》里记载，说朱棣看见宫中有烟升起，赶快派人去救，却已经来不及了。他派去的人在火中发现了建文帝的尸体。朱棣还大哭，说什么"我只是前来帮助皇帝学善，你又何必自寻死路呢"。当然这个实录是后人编造的，因为永乐帝当皇帝了嘛。

明成祖朱棣后来给朝鲜国王的诏书当中说，没想到建文帝在奸臣的威逼下纵火自杀。但是，他说太监在灰烬当中多次寻找，只找到了马皇后与太子朱文奎的遗骸。那么这个话就是前后矛盾了。为了让天下知道建文帝是自焚的，燕王还以叔父的身份写过一篇祭文，但是坟墓在哪里啊？如果找到了建文帝的尸首，就要把他埋掉，那么，坟墓在哪里呢？谁都不知道。明朝最后一个皇帝崇祯就曾经说过："我想给建文帝上坟，可是不知道坟在哪里。"

　　另一种说法是南京城破的时候，建文帝一度想自杀，但是在他周围亲信的劝说下削发为僧，从地道逃出皇宫，隐姓埋名，流浪江湖。明成祖死后，一种说法是，他又回到京城，后来就葬在北京城郊的西山。朱棣登位以后感到生死未卜的建文帝对自己是一种威胁，因为这人不知道到哪儿去了，而且建文帝有号召力啊，所以多次派心腹大臣到全国各地进行探访。永乐年间，郑和下西洋，据说有一个重大使命，就是到南洋去看看能否找到建文帝。在郑和的船队当中有不少锦衣卫，负有探访、找寻建文帝下落的责任。民间不是传说建文帝削发为僧了吗？所以，朱棣曾经向天下的寺院颁布过一个文件叫僧道度牒（dié）书，就是将所有僧人的名册重新整理，进行一次全国性的清理。永乐五年，当时传说有个仙人叫张邋（lā）遢（tā），永乐帝还以寻找这个仙人的名义派人到全国各地寻找建文帝，涉足大江南北，花了20多年时间。民间传说当中，在许多地方都有建文帝的踪迹。有的说建文帝逃到云贵地区，后来辗转到了南洋一带。南洋一带就是今新加坡、印度尼西亚等地，而直到现在，云南的大理还有一些人是以建文帝为祖宗的，认为他们的祖先是建文帝。

　　《三字经》用了这样的一段篇幅讲述了明朝开国的故事，讲述了明朝开国时候的帝位之争。接下来，它又用12个字讲述了明朝的败亡，"迁北京，永乐嗣。迨崇祯，煤山逝"。也就是说永乐帝把都城从南京迁到了北京。因为明朝原来首都在南京，南京经过靖难之役以后也被毁得差不多了，又有火灾，又有兵乱，但更重要的是，北京是燕王的大本营，而北京本来就是元朝的首都，它在各方面都有一定的基础，作为首都也不必花很大的力气。到了崇祯，就在煤山去世，崇祯帝是在景山公园，那时叫煤山，上吊而死的，这就是明朝灭亡的过程。朱棣从自己的侄子建文帝的手中夺取了政权，朱棣就是著名的永乐皇帝。他究竟是一位怎么样的皇帝呢？

明成祖朱棣，1360 年生于南京，死于 1424 年，是明朝的第三代皇帝，是明太祖朱元璋的第四子。明成祖说自己是马皇后生的，那么他就是所谓的嫡子了。但是，有学者考证，明成祖的生母不是马皇后，而是一位妃子。洪武三年，即 1370 年，朱棣受封燕王。他曾经在安徽凤阳居住过一段时间，所以他对民间的情况较为了解。洪武十三年，20 岁的他在那一年到北京正式就藩，就是到他的封国来。在这里曾多次参与北方军事活动，成就了他在军队当中的影响力。朱元璋晚年，太子和其他几个儿子都死了，朱棣不仅在军事实力上，而且在家族的排序上，已经成为诸王之首。最终他夺了侄子建文帝的皇位。永乐十九年，也就是 1421 年正式迁都北京，以南京为陪都。当时明朝大多数的官方班子有两套，礼部尚书，在北京有一个，还有一个叫南京礼部尚书。兵部尚书北京也有，在南京也有。朱棣极力整肃内政，巩固边防，政绩卓著。在文化事业上，他为了加强儒家思想的地位，大力扩充国家藏书。永乐四年，即 1406 年，他到宫里去察看藏书情况，就问大学士解缙（jin）："文渊阁里经史子集全了吗？"解缙回答："经书、史籍还差不多，别的书都不全。"永乐帝说："读书人，稍微有点儿官职的人，家里只要有一点儿余钱，都会买书，何况是朝廷呢？"他下令礼部尚书派人到天下收购图书，指示："书值不可计价值，唯其所欲与之，庶奇书可得。"意思是说，买书啊，别跟人斤斤计较价钱，他要多少你给他多少，这样，才有可能把很珍贵的书、流传极少的书收到皇宫里来。1403 年，他命令解缙等人将"凡书契以来经史子集百家之书，

明成祖　即朱棣（公元 1360 年—公元 1424 年），公元 1402 至公元 1424 年在位，年号"永乐"。明太祖朱元璋第四子，原来被封为燕王，后通过"靖难之役"从侄儿建文帝手中夺取了皇位。明成祖五征漠北。80 万大军下安南。浚通大运河。大规模营建北京。组织学者编撰了长达 3.7 亿字的百科全书《永乐大典》。重用宦官，设置东厂，开宦官干政之始。

至于天文、地志、阴阳、医卜、技艺之言，各辑为一书，毋厌浩繁"。他要把有文字以来所有的著作给汇编为一个大部头的书，而且明确地说不要怕繁。于是动用了 3000 多位文人儒士，把古今图书七八千种进行编辑，于永乐六年，即 1408 年编成《永乐大典》。这部书的规模有 22877 卷，一共装成 11095 册，这个对保存中国的古典文献居功甚伟。但是，《永乐大典》这套中国传统文化的瑰宝，命运非常悲惨。在清朝末年，西方殖民者打进来后，《永乐大典》就此散失。现存的《永乐大典》只占它总数的 3% 左右，也就是才留下 300 来册，本来一共 11000 多册。"二十四史"里有一部叫《旧五代史》的书，这部书早就不知道哪里去了，后来就是从《永乐大典》里头把它整理出来的。

> 明成祖朱棣登上帝位的方式，虽然为文人儒士所不齿，但是朱棣称帝后，对儒家思想文化的传承，还是做出了贡献的。明成祖朱棣动用 3000 多人，耗时五年所编纂成的《永乐大典》，如果能够保存下来，那将是中华文明的大幸！那么，朱棣还做了哪些事情？朱棣之后的明朝皇帝，又都是什么样的命运呢？

朱棣继位之初对洪武、建文两朝的政策进行了某些调整，他提出"为治之道在宽猛适中"。也就是说，他既不赞成朱元璋的过于残酷严厉，也不赞成建文帝的过于仁厚宽容。所以，他利用科举制度，利用编纂大型图书来笼络知识分子，宣扬儒家的思想。他对官吏的选择也据才任用。在永乐朝时期，应该说明朝的社会、经济、文化各个方面都得到了相当的发展。当然，朱棣对朱元璋的一些措施是继承的，比如他进一步地强化君主专制。他对建文帝时逆命的诸臣残酷屠杀，大肆株连。因为他自己是藩王，造反夺取了帝位，所以他在初年恢复了好多被建文帝削掉的，或者因为各种原因被削的藩王封号。然而，当他觉得自己的皇位很稳固的时候，他也开始削藩。比起建文帝，明成祖要成功得多。因为他有经验，自身又是藩王出身。同时他又继续执行朱元璋的徙富民政策，加强对这些豪强地主的控制。什么意思呢？就是当某个区域出现一些比较富裕的家庭，比较有势力的家族，朱元璋会强迫把他们异地搬迁。比如，原来河北的就要搬到四川去，四川的搬到东北去。他怕在当地形成势力，不服政府管制。朱棣继承了朱元璋的做法。

永乐初年，朱棣开始设置内阁，选拔资历比较浅的官员入阁办事，而且非常重视监察机构的作用，这跟朱元璋又是一脉相承的。他不仅派人分巡天下，而且还鼓励官员相互打小报告，重用宦官、监军，设置了东厂衙门，恢复了锦衣卫，形成了强化的专制统治秩序。朱棣非常重视经营北方，他还把国都迁到了北方，逐渐在北方建立起一个新的政治、军事、文化中心。朱棣为了保证首都，也就是北京的粮食和各项物资的需要，又把各种河道，主要是运河的河道重新进行了疏通，这就对南北经济的发展起了非常重要的作用。而且，朱棣对边疆的管理非常重视，包括对新疆、西藏的控制、管理，都花了大心思，而且也取得了明显的成效。至于在对外交流方面，为了扩大明朝的影响，当然这里面也有不排除为了寻访建文帝下落这样的想法，从永乐三年，也就是 1405 年开始，派郑和率船队七次出使西洋，到达了 30 多个国家和地区。永乐时，派朝臣回访的也有 30 多个国家，包括中亚的一些帝国跟永乐朝一直有往来。比如像伯尼王，伯尼就是今天的文莱，甚至亲自率领使臣到中国，后来不幸在中国去世。这些国家的许多贵族的陪臣也没有回国，慢慢地融入汉族当中。所以对外交流非常频繁，今天在南洋一代还有好多地名是以郑和的小字三保命名的，三保井、三保山、三保垄都留下了郑和的遗迹。至今郑和在南洋依然享有很高的声望。

郑和下西洋 公元 1405 年（明永乐三年）7 月 11 日明成祖朱棣命郑和率领庞大的船队通使西洋，两年而返。以后又屡次航海，总计 28 年间，七次出海，访问了 30 多个国家和地区，促进了中国和亚非各国的经济、文化交流。

明太祖把皇位传给建文帝后，仅仅四年时间，就被叔父朱棣篡夺了，改年号为永乐。但当时明朝的文臣儒士们认为，朱棣篡权夺位，实属不仁不义，所以拒不投降。那么，朱棣是怎么对待这些文臣儒士的呢？

　　永乐二十二年，朱棣死于北征回师途中的榆木川，也就是今天内蒙古的乌珠穆沁，葬于长陵，庙号太宗，到嘉靖时改为成祖。明成祖作为一个封建帝王，我们不能不说他是有成就的。但是，他的名字也和一些非常残暴的行为联系在一起，比较著名的有诛十族。原来是诛九族，从他开始诛十族，还多一族，即增加朋友门生一族，这就是像顺藤摸瓜，使他的形象在历史上蒙上一层血腥、残暴的纱幕。

　　方孝孺是建文帝最亲近的大臣，而方孝孺也视建文帝为知遇之君，君臣非常融洽。当明成祖打下南京的时候，有位叫姚广孝的谋士，跪下来求朱棣不要杀方孝孺，如果杀了方孝孺，“天下读书种子绝也”。因为方孝孺的声望太高了。明成祖答应了他，因为姚广孝毕竟是自己的谋士。南京陷落以后，方孝孺果然闭门不出，日夜在家里为建文帝穿孝，在家里哀号、哭泣。明成祖派人强迫方孝孺来拜见他，方孝孺穿着丧服，当庭大哭。朱棣耐住性子，劝方孝孺归顺自己，方孝孺不听。明成祖要继位当皇帝了，要有大手笔来拟一个诏书，大家就推荐方孝孺，说这样开天辟地的大文章，只有方孝孺才担当得起，只有他的文笔才能写。于是，又将方孝孺从牢里放出来，方孝孺当众号啕大哭，声彻殿廷。明成祖好像被弄得心里有点实在说不过去，就亲自走下宝座，对方孝孺说：“请不要这样，我只不过是效法周公，辅助周成王的。”方孝孺反问一句：“你既然是周公，来辅佐成王，那成王的人呢？成王被你辅佐到哪里去了？”明成祖回答：“建文帝已经自焚了。”方孝孺问：“那你既然是来辅佐成王的，成王死了，你为什么不立成王之

方孝孺（公元1357年—公元1402年），明代大臣、著名学者、文学家、散文家、思想家。字希直，又字希古，人称正学先生。浙江宁海人。师从“开国文臣之首”的翰林学士宋濂，建文年间担任建文帝的老师，主持京试，推行新政。在“靖难之役”期间，拒绝为篡位的燕王朱棣（即明成祖）草拟即位诏书，刚直不屈，孤忠赴难，被株十族。

子当皇帝呢，为什么你自己当皇帝呢？"明成祖又耐着性子回答："国家还是要依靠年长成熟的人来做皇帝啊，再立一个小孩子不行啊。"方孝孺不依不饶，他说："那你为什么不立建文帝的弟弟呢？你不是要长君吗？"明成祖这下忍不住了："此是朕家的事，没法跟你纠缠。"然后让人把笔递给方孝孺，说："此事非你不可。"方孝孺把笔扔了，厉声说道："我死无所谓，这个诏书我不会给你起草的。"明成祖这个时候还在耐着性子，说："就算你自己死了，难道就不考虑你的九族吗？"方孝孺大声回答："别说九族，就算灭我十族又能怎么样？"方孝孺肯定是做好了死的准备的。这一下，朱棣气急败坏，他恨这个方孝孺嘴太硬，就叫人把方孝孺的嘴角撕开，一直撕到耳根。而且抓捕他的宗族门生，每抓一个人就带到方孝孺的面前，让他看，而方孝孺无动于衷，头也不抬。明成祖彻底绝望了，把方孝孺的门生也算成一族，一共十族，总共 873个人，全部处死。

那么，什么叫瓜蔓抄呢？瓜蔓抄，是明成祖夺取帝位以后杀建文帝的几个忠心臣子的手段，因为残酷诛戮，妄加牵连，像瓜的藤蔓一样连扯不断，所以叫瓜蔓抄。多的灭三族，少的灭一族。

另外，明成祖大量发展厂卫特务，他设立的东厂在历史上劣迹斑斑。永乐帝之后的明朝皇帝，大多数在后人看来非常滑稽。他们大多数是被太监控制，没有什么值得称道的地方。但是，明朝的好多皇帝又确实是有自己独特的兴趣和一技之长的，比如，明英宗朱祁镇是一个非常优秀的天文学家，但是皇帝当得一塌糊涂。而明神宗假如专门学习经营管理，那一定可以发大财。这个人酷爱在宫廷里边摆各种摊儿，让大家买卖东西。而明熹宗朱由校酷爱做木匠，他天天在宫廷里不上朝，就在那儿做木匠活，做家具，精致无比，水平极高。但是，作为皇帝，这些人实在太糟糕了。明朝甚至有的皇帝几十年不上朝，也就是说，贵为内阁阁员，居然会一二十年见不到皇帝一面的大有人在。明朝就有大量这样昏庸的皇帝。而到了明朝的末年，局面已经不可收拾了。

那么，明朝的最后一位皇帝崇祯帝又是怎么样的一位帝王？明朝的江山是如何在他手上灭亡的呢？请看下一讲。

迨崇祯，煤山逝。廿二史，全在兹，
载治乱，知兴衰。读史者，考实录，
通古今，若亲目。口而诵，心而惟，
朝于斯，夕于斯。

1 廿二史：记载古代历史的二十二部正史。

2 兹：此，这儿。

3 载：记载。

4 考：查考。

5 实录：原指每个朝代为皇帝所编撰的编年大事记，此指真实的历史记录。

6 通：融会贯通。

7 若：如同。

8 诵：吟诵。

9 惟：思考。

10 朝：早上。

《三字经》在讲完了明朝的最后一个皇帝崇祯之后，就结束了历史内容。中国历史上下几千年，有兴有衰，有分有合。那么，我们应该用什么样的方法来学习历史？又应该以什么样的态度来看待历史呢？

"迨崇祯，煤山逝。"《三字经》告诉我们，明朝的最后一位皇帝崇祯，是在煤山自缢身亡的。煤山就是现在北京的景山。纵观历史，凡亡国之君，不是昏庸无能，就是荒淫无度。那么，崇祯是一个什么样的皇帝？他为什么会成为亡国之君呢？《三字经》在讲完历史之后，紧接着又强调了读史的重要意义。那么，我们应该用什么样的方法来学习历史？又应该以什么样的态度来看待历史呢？

明朝的亡国之君是明思宗朱由检，也就是我们都熟悉的崇祯皇帝。这位皇帝在人世间活了不过34岁。他是1611年出生，1644年在煤山上吊自杀的。

这位皇帝出生的日子很吉利，他出生于立春时节，崇祯是朱常洛的第五个儿子。朱常洛和崇祯的兄长朱由校在位的时间都很短。不少人认为，崇祯实在不是一位坏皇帝。他也认为，自己不是亡国之君，但是，明朝又确实是在他手上灭亡的。

几百年过去了，人们对崇祯还是存有同情之心的。16岁的崇祯继承帝位，而这个时候，摆在他面前的，是一个破烂不堪的烂摊子。明朝因为灾荒频繁，也因为内乱外患，处在风雨飘摇之中。崇祯从16岁开始，竭尽全力，勤俭清廉，兢兢业业。他主观上是想挽救天下，振兴大明王朝的。崇祯皇帝应该说是爱百姓的。在最后关头，崇祯命令吴三桂进京勤王。即使在那个时刻，首都都快完了，任何一个皇帝命令手下的大将勤王都会催说十万火急，要不惜一切代价尽快赶来。但是，崇祯要求他弃地不弃民，就是说可以放弃自己的地方，但是老百姓不能舍弃，不能丢弃，要随军把那个地方的老

崇祯帝 即明思宗朱由检，明代最后一位皇帝。年号崇祯。公元1627年—公元1644年在位。即位后杀魏忠贤，罢黜阉党，励精图治，颇想作为。但他又专横独断，刚愎自用，冤杀抗清名将袁崇焕，最终导致了明朝的灭亡。公元1644年，李自成率农民军攻入北京，崇祯皇帝在紫禁城后的煤山（今北京景山）上吊自杀。

百姓护送好，一起带来。直至他在煤山上吊死了，后人从他的衣袍里发现了遗诏，上面写着："朕凉德藐躬，上干天咎，然皆诸臣误朕。朕死，无面目见祖宗，自去冠冕，以发覆面，任贼分裂，无伤百姓一人。"意思是说，我崇祯皇帝德行不够，所以遭上天的报应，致使闯贼直逼京师，这都是那些大臣误了我。我死后也无面目见祖宗于地下，所以死的时候扔掉冠冕，以发覆面。没有脸见祖宗，任由他们把尸体分裂成千段万段，但是不要伤害一个百姓。这样的遗诏在中国历史上独此一份。从大节上来说，崇祯确实不是一位昏君。

通过读《三字经》，我们发现，几乎每一个亡国的皇帝，不是暴君就是昏君。但是，为什么崇祯还有让人们同情的地方，那么，他到底是一个什么样的皇帝呢？

崇祯算得上是一位励精图治、有所作为的皇帝。只不过时运不济，他接手的摊子实在是内外交困，破烂不堪，衰亡的征兆实际上在他出生以前就已经出现端倪。他即位后，勤于理政，事必躬亲，长朝不停。明朝的皇帝一不高兴一年不上朝的有，十几年不上朝的也有，而崇祯皇帝没有歇过一次早朝。而且，他经常召见大臣讨论军国大事，17年来没有一刻懈怠。从历史记载来看，他确实非常勤政，但是所用非人。也就是说，崇祯最致命的缺点就是没有识人的眼光，没有用人的气量，没有纳谏的气度。刚愎自用，自以为是，用人不专，疑神疑鬼，更调频繁，惩处随意，以至于臣下畏首畏尾，离心离德。他逃出宫的时候，手持一把宝剑，把长平公主的手都砍断了，因为他想把自己的妻女都杀了，免得落到他所谓的"闯贼"手里。他到煤山去上吊的时候，陪他而死的只有一个贴身太监。后来愿意像他这样为明朝殉葬的也只不过寥寥可数的几个人。崇祯在继位之初就以雷厉风行的手段收拾了魏忠贤。魏忠贤的势力当时在宫廷内外盘根错节，号称九千岁。崇祯16岁继位，很短时间内除掉魏忠贤，民间欢呼不已。所以，在有一些史料当中，称颂崇祯皇帝为圣人。这是民间自发称呼的，官方文件里无正记。天下对崇祯皇帝中兴明朝抱有极大的期望。老百姓觉得，总算苦难到头了，终于盼到一个有作为的好皇帝了。然而，由于他以一己之力除掉了魏忠贤，这件事情让崇祯对自己的政治才能产生了过高的估计。他的自信很快变成了自负，自负很快变成了刚愎自用。所以，一方面，他的确是中国历史上少见的勤政的皇帝；另一方面，他事事亲为，却没有收到好的效果。正如他自己所说，他本人虽不是亡国之君，但是，他每主持大事件都透出亡国的征兆。他的多疑和刚愎自用使他处死了大明的抗清英雄袁崇焕，也就毁掉了大明朝在北方的最后一根救命稻草。他不仅杀掉了袁崇焕，同时他还杀掉了贺人龙。很多人不太留意他杀贺人龙。贺人龙是镇压李自成的一员悍将，当崇祯杀掉贺人龙以后，李自成手下欢呼雀跃，从此视取关中如拾草芥。

袁崇焕 （公元 1584 年—公元 1630 年），明军事家。字元素，广东东莞人。有胆略，好谈兵。天启年间自请守卫辽东，并筑宁远城，以御清兵。因获宁远大捷，使清太祖努尔哈赤受伤而死，官至辽东巡抚。次年获宁锦大捷，清太宗皇太极又大败而去，崇祯封其为兵部尚书兼右副都御史，督师蓟辽。崇祯三年，由于崇祯中后金的反间计以为袁崇焕与后金有密约，被冤杀。

袁崇焕祖籍广东东莞，所以崇祯皇帝私下称他蛮子。这个称呼是元朝的残遗之风，元朝一般称南人为蛮子。袁崇焕的才能主要在军事方面，即使在袁崇焕被杀前不久，崇祯还认为守辽非他莫属。而袁崇焕不贪财，不怕死，这就从根本上决定了他在边关大将中鹤立鸡群。袁崇焕的部队也是明末最有战斗力的军队。崇祯继位以后，任命袁崇焕督师蓟辽，等于把辽东的全部防务交给袁崇焕，能看出崇祯皇帝对袁崇焕十分信任。但是，仅仅过了三年，袁崇焕就在北京被凌迟处死，并且传首边关示众。明朝官员的党争很厉害，袁崇焕也受到影响，当然皇太极的反间计也起了作用。对比起三年前的平台召见，君臣相晤，赐尚方宝剑，到三年后的被凌迟处死，充分反映出崇祯的多变、多疑、武断。一个人疑神疑鬼，往往很难果断，但要命的是，这两种性格在崇祯身上都有，所以他经常做一些根本无法挽回的事情。

崇祯三年，李自成、张献忠等农民起义声势明显壮大后，明王朝陷入了内忧外患的局面。但是，崇祯皇帝居然密令，在崇祯十五年杀了贺人龙。贺人龙不仅跟李自成是同乡，两人还有点亲戚关系。他是李自成的叛将，对李自成的情况很了解，他投靠官兵，对李自成的打击是很大的。这位作战极其悍勇的将领也是被崇祯皇帝由猜忌到果断地予以处决的。诛魏氏，是崇祯17年皇帝生涯中最得人心之事。之后，他就屡屡出错。猜疑加独断诛灭，是传统帝王给忠臣良将炮制的一剂最烈的毒药。后人编的《明史》中，也不得不承认崇祯皇帝兢兢业业，勤勉勤俭。崇祯下旨停办江南给皇宫专门纺织精美丝织品的机构。他自己用的器皿都是木头和铁制的，他把皇宫里所有的钱，用来充作军饷。他最宠爱的妃子姓田，但是，在她的墓葬里，没有金银器皿，都是铜铁器皿。万年灯，对于帝王和后妃来说是十分重要的，但是在田妃墓前置放万年灯的缸里居然只有上面两寸是油，底下全是水。

崇祯皇帝死了以后，还有一些南明的小朝廷，依然在抗击清兵。根据现在发现的史料，南明的小朝廷也尽了一切的努力。有的去请传教士，有的从澳门买进火炮，请军事顾问，他们的军旗上居然绣有十字架的图案。南明小朝廷的太后、皇后都受洗入了天主教，但是，最后也都归于灭亡。统治中国276年的明朝彻底完结。但是，明朝是中国历史上经济、文化高度发达的时期，明朝的城市经济和士民文化超越了中国历史上以往任何一个朝代。全国的府、州、县的城墙，绝大多数都是包上了砖的。在这之前，这些城墙都是夯土建造的。四大小说，其中就有三部在明朝成形、成熟。书法、绘画、建筑、戏剧、歌舞在明朝得到完善。三大科技名著——徐光启的《农政全书》、李时珍的《本草纲目》、宋应星的《天工开物》都诞生在明朝。然而，中国的科学技术水平也正是在明朝开始落后于欧洲的。这里的原因很多，其中最重要的原因之一是为了对付倭寇的海禁。当时在中国东南沿海，对外交流的主要口岸经常遭到来自日本的武士、浪人的侵扰、掠夺。当然，根据比较新的史料发现，所谓的倭寇里也有很多中国人。为了应付这种情况，明朝实行了海禁政策，把许多政府的衙门往内地撤，比如一撤 20 里、30 里，空下滩涂，荒掉它，并严令片板不许下海。因此中国和外部世界的联系出现了极其不正常的状态，这是导致中国从明朝开始落后于西方的重要原因之一。

《三字经》讲历史的部分，也就是全书的第二部分，到这里就结束了。有的《三字经》版本一直讲到民国建立，那些版本是由后来的学者增补的，其中很多是著名学者，比如像章太炎先生，这里就不赘（zhuì）述了。

> 《三字经》只用了 200 多字，就讲述了中华民族几千年的历史。从人类起源，到朝代更替；从开国皇帝，到亡国之君；从领先世界，到落后挨打，历朝历代的兴衰，都展现在我们的面前。那么，我们现代人，应该用什么样的方法来学习历史？又应该以什么样的态度来看待历史呢？

《三字经》在历史内容结束时，有一段总结："廿二史，全在兹，载治乱，知兴衰。读史者，考实录，通古今，若亲目。"这段话的意思是，一部二十二史全部在这里了，载明了历史上的治、乱，从中可以了解历史上朝代的兴衰，我们来读这些历史的人，应该去考察最真实的材料，这样才能博古通今。我们对古代的情况，对今天的现状都有一种通解，好像历历在目一样。这里需要进一步解释的也只有"二十二史"和"考实录"里面的"实录"。中国的历史学著作在全世界毫无疑问是最发达的。到了宋朝，已经积累起十七部纪传体的史书，也就是说，到了宋朝，已经有十七史。而到明朝，加录了宋、辽、金、元四代史书，成为二十一史。清朝乾隆年间，明史完成，就增为二十二史。所以，我有一个大致的判断，现在讲的这个《三字经》的本子在古代最后一位增补的人应该是在乾隆年间或者此后不久的人。因为在乾隆以前，没有二十二史这个说法。我们今天所说的二十四史，就是在二十二史的基础之上，加上了一部《旧唐书》，再加上一部从《永乐大典》里整理出来的《旧五代史》，被总称为"二十四史"。而民国年间，还加入了两部正史，即《新元史》和《清史稿》，所以，又变成了"二十六史"。至于"实录"，是指每个朝代为皇帝编纂的编年大事记，就是每个皇帝，在哪年哪月哪日做什么事。而官修的历史，从理论上来讲，应该是根据这些实录再进行编纂整理而成。按理说，实录应该是第一手的资料，是最真实可靠的资料。所以，这里所谓的"考实录"，就是指要参考、借用实录来讲真实的历史。换句话说，二十二史里有许多并不可以完全相信。读史的人，还要参考实录，参考真实的历史，要自己来判断。当然，历史的事实是，实录往往也靠不住。因为后面的皇帝会去改前面皇帝的实录，因为前面的皇帝往往是他的父亲，他觉得有些不好的实录就给抹杀掉。有的时候，在位的皇帝，觉得自己有好多情况不愿意让后人知道，就总想办法把它改掉，虽然这种情况不多。所以，《三字经》在这里总结了它全书的第二大部分。

《三字经》的第一部分是讲教，即教育的重要性、教育的理由、教育的方法、教育的规律；第二部分讲教的内容。而在中国的文化传统当中，历史就像是一根线，可以把文化、哲学、宗教、社会、经济、文学等等一颗颗珠子串起来。搞清楚了历史，基本上可以提纲挈领地把握中国传统文化的重要组成部分。所以，《三字经》在第二部分讲的是史。

《三字经》的第三个部分，是学的部分。讲完了教，讲完了史，《三字经》又要强调勤奋学习的重要性。《三字经》举了各个不同的例子，告诉学习者们，应该怎样去学习，应该以什么样的一种精神去学习。《三字经》这三个部分的安排是有道理的。而在某种意义上，如果今天指导孩子去读《三字经》的话，不妨在讲解的时候把第三部分前移。第一部分讲教育的重要性，第二部分讲学习的重要性和应该怎样学习，第三部分再讲学习的主要内容，或者学习的主要途径。

《三字经》从第三部分开始，又是这样四句话："口而诵，心而惟，朝于斯，夕于斯。"意思很明白，要求学习者口到、心到，不要像小和尚念经有口无心，更不能像今天很多的所谓读书人一样，连口都不开。

按照《三字经》的说法，今天没有读书人，只有看书人，甚至连看书人都得打个问号，只有翻书人。而按照《三字经》的要求，读书是要大声地朗读出来，而且要持之以恒，朝夕用功，不能三天打鱼两天晒网。这是中国传统的读书法。《弟子规》里也讲，"心眼口，信皆要"。也就是说，读书方法要有三到：心到，眼到，口到。读书是心、眼、口有效的配合，是一个三位一体的学习过程。朱熹曾经讲过："余尝谓，读书有三到，谓心到，眼到，口到。"朱熹的这段话就是《弟子规》"三到"的来源。朱熹明确地指出，一定要心先到，心到了以后，难道眼睛和口还不到吗？这就是《三字经》讲的"心而惟"。如果照着去做，我相信读书是可以事半功倍的，是可以大有裨益的。朱熹讲，"凡读书，须整顿几案，令洁净端正。将书册齐整顿放，正身体，对书册，详缓看字，仔细分明读之，须要读得字字响亮，不可误一字，不可少一字，不可多一字，不可倒一字，不可牵强暗记。只是要多诵遍数，自然上口，久远不忘。"意思是说，读书的时候，要把桌子先清理干净，把书整整齐齐地放在那里，身体坐直。朱熹认为必须把身体放直，对着书册，慢慢地一个字一个字看，而且强调字字响亮，不可读错一个，不可少读一个，不可多读一个，也不可读倒一个，而且不可牵强暗记，要多读几遍，记住以后经久不忘。我们现在的人读书经常会把读过的书都忘了。而古人读过的书基本是不忘的，读一本是一本。朱熹又指出，现在的人，不大愿意做功夫，尤其不肯马上下功夫，现在人喜欢等待，本来是今天上午有事下午没事，下午就可以读书，或者下午有事晚上没事，晚上就可以读书了。但是，现在人不行，今天早上有事就推明天，这样一推就推到明年。朱熹强调，读书必须马上就读。有这么一段话："读书须将心贴在书册上，逐句逐字，各有着落，方始好商量……"我们知道，《朱子语类》里大量使用的是当时的白话，并不难懂。"读书之法，读一遍了，又思量一遍；思量一遍，又读一遍。"这也是朱熹说的。读了一遍要想一遍，想了一遍再读一遍，这是一个多次往复的过程。曾国藩在家书里也谈到读书的方法，他是讲读经，但实际上也可以用来泛指读书："读经有一耐字诀，一句不通，不看下句，今日不通，明日再读……此所谓耐也。"读书是一个持之以恒的过程，读书是一个终生的事业，读书是一种生活的方式，读书是一种修养身心、增进知识的方式。

　　《三字经》在讲完了这个总纲以后，下面它又总结了哪些古人勤学的故事呢？请看下一讲。

昔仲尼¹，师项橐²，古圣贤，尚勤学。

赵中令³，读鲁论⁴，彼既仕⁵，学且勤。

披蒲编⁶，削竹简⁸，彼无书，且知勉。

1 仲尼：即孔子。

2 项橐（tuó）：鲁国的神童。

3 赵中令：北宋初年的宰相赵普。中令是中央行政中枢中书省长官中书令的简称，此处用以代指宰相。

4 鲁论：西汉初年由鲁国人所传的《论语》，后代通行的《论语》即根据这个本子而编定。

5 仕：出仕做官。

6 披：披阅。

7 蒲编：用蒲草编联而成的书册。

8 竹简：古代用以抄书的长竹片。

　　《三字经》通过介绍一些生动具体的勤学故事，告诉人们应该具备什么样的学习态度，遵循什么样的学习方法，其中就提到了孔子拜项橐为师的故事。项橐只不过是一个年仅七岁的孩子。那么，孔子为什么要拜他为师？《三字经》又为什么要向我们讲述这样一个故事呢？

《三字经》作为一部蒙学经典，在梳理完中国历史之后，开始进入最后一个部分。通过介绍一些生动具体的勤学故事，告诉人们作为一个求学者，应该具备什么样的学习态度，遵循什么样的学习方法。而这其中就提到了孔子拜项橐为师的故事。孔子被誉为至圣先师，学有大成，后世都尊称他为"孔圣人"，而《三字经》中所提到的这个项橐，只不过是一个年仅七岁的孩子。那么，孔子为什么要拜他为师？这个叫项橐的孩子，有什么过人之处？《三字经》又为什么要向我们讲述这样一个故事？

《三字经》的第三个部分，一开始就强调要用心去读书，要心到、眼到、口到，要持之以恒。在"口而诵，心而惟，朝于斯，夕于斯"之后，《三字经》进入了它的比较固定的讲述模式，什么模式呢？从古人当中寻找我们今天学习的楷模。

"昔仲尼，师项橐，古圣贤，尚勤学。"

《三字经》一直是通过讲故事把一些深刻的道理活生生地展示在我们大家面前。既然是讲学习，谁最合适呢？在中国的传统文化当中，谁是值得大家学习的楷模呢？毫无疑问是孔子。所以接下来《三字经》讲，"昔仲尼，师项橐，古圣贤，尚勤学"。字面的意思非常清楚，当年孔老夫子拜项橐为师，而那个时候，孔子已经是一个学有大成的人物了，他尚且还要勤奋学习。言外之意，我们就更应当努力学习了。这里就引出一个新的人物——项橐。

项橐是春秋时期鲁国的一位神童。当然，在历史上没有留下多少关于他的确切记载，但民间传说很多，说他眉清目秀，非常可爱。这个孩子无师自通，聪明无比。他从小就特别善于观察周围的一切，观察人物、观察自然，而且他与生俱来就有钻研精神。像这样的孩子，在今天往往都是父母比较头疼的，因为他什么都得问个为什么，什么都得追着往下问。一般的父母见到这样的孩子，心情好的时候非常喜欢，心情不好的时候烦得要命。我们知道孔夫子是圣人，圣人的老师不论多大，这个名字总得叫得大一点，所以称项橐为圣公。孔子在鲁国设坛讲学，按照我们传统的说法就是门下弟子三千，七十二贤人。他听说在东南沿海有个地方，是一块知识的宝地，那个地方的百姓非常纯朴，但是都很有学问。孔子是哪里有学问就要到哪里去的。古代的圣人，都有这样一个特点，就是追着知识走，哪里有知识人就到哪里去。所以孔子就跟弟子商议，我们出去旅游一次，往东方旅游一次，去看看那个地方，体察一下那里的民情，感受一下那里人民的聪明程度。孔子就带着众弟子乘着马车风尘仆仆来到宝地。一看，风景非常好。当孔子高兴地观赏风景之时，忽然看见前面的大路上有一群孩子在那里玩儿。孔子便乘着马车慢慢地驶过去，别的孩子全躲开了，唯独有一个小孩，就站在路当中，一动不动。这个孩子不用说，当然就是项橐。给孔子赶车的是他的弟子子路，子路是个比较勇武的人，脾气比较急，大声地呵斥："这小孩子，老夫子在此，你怎么挡在路中不走？"听了子路的话，小孩不但不动，还岔开双腿，叉着个腰。孔子在马车上问这个小孩："哎，这个小孩子啊，你拦在路当中不走，什么意思啊？"也不知道项橐认识不认识孔夫子，估计是不认识，他一听这位老人家叫他小孩子，就下决心要捉弄捉弄他一番。就说："哎，这里有个城池，你的车马怎么过去啊？"孔夫子说："咦，这明明是一条路，哪里有城池？城在何处？"项橐就指了指，说："我脚下边就是城池。"孔子一看，这是有点道理，因为两条腿岔开像城门一样。孔夫子一看这孩子不卑不亢，而且气度非凡，也动了一点童心，就下车去看。孔子一看，这小孩子两腿中间放着几块小石子，搭了一道小城墙。于是，孔子就问这孩子："哎，这个城墙有什么用啊？"项橐说："我这个城墙就是挡你这个车马的，还要防军队。"孔子就说："哎呀，小孩子你就会开玩笑，你这么小的一道城墙，我车过去又怎么样呢？"项橐说："这不对，这总还是一道城墙，既然是城墙你的车马怎么过得去呢？"孔子上下打量这个孩子，就觉得这个地方的人真的是聪明，小孩子都如此聪明伶俐，只不过这孩子有点恃才傲物。孔子也懒得跟这个小孩子多说，因为他要赶路，所以就跟这个小孩子说："那我怎么办呢？"就请教这小孩子，孔子已经降低身份了。项橐就说："到底是城躲车马，还是车马应该绕城而走啊？"孔夫子一想，没办法，只能让马车从他旁边过了。

孔子慕名来到莒国，却被年仅七岁的项橐拦住了去路，只得绕道而行。这件事情虽说让孔子有失体面，但孔子毕竟是至圣先师，学有大成，不会与项橐计较。可是，接下来却发生了一件事，让这位博学的老者自愧不如、甘拜下风，甚至愿意拜项橐为师。那么，接下来又发生了什么事情呢？

孔子一到这个地方，实际上就输给了一个小孩，孔子就一路快快不乐。赶路时看见路边有一农夫，正好在那儿锄地，孔子就下来，问那个农夫："您在干什么啊？"农夫回答："锄地啊，我在这儿锄地。"孔子又问他："看您那么忙，您知不知道您每天锄头要抬起来几次啊？"农夫一下憋在那儿了，这谁知道啊？天天都种田还一下下数啊？那个农夫就僵在那儿，孔子和他的徒弟都窃喜，这个地方的老百姓好像被我问住了。突然看见远方赶过来一个小孩。原来是项橐赶过来了，他说："哎，我爸爸（原来这个人是他爸爸）年年种地，当然知道锄头每天抬起来几次了。您只要出门就得乘马车，那您一定知道每天这个马蹄要提起来几次了？"孔子觉得这个孩子真是太聪明了，实在是少见，所以就下车仔细打量这个项橐，就跟项橐说："孩子，你的确才智过人，这个没错。现在这么着，我出一道题，你出一道题，互为应对。谁赢了谁当老师。"项橐回答："您是老人家，您不要跟我开玩笑。"孔子就说："不管是老的小的都不相欺。"孔子就问："天地人为三才，可知天有多少星辰，地有多少五谷？"孔子出了这么一道题。人生在这世界上都要靠日月星辰的光芒，人活在这世界上都要靠五谷嘛，当然人都离不开这些东西，孔子就问天上到底有多少星辰，地上到底有多少五谷。这题目照理说是无解的。但是，项橐说："天高不可丈量，地广不能尺度（duó），一天一夜星辰，一年一茬五谷。"庄稼那时候都是种一茬，没有后来双季稻、三季稻。孔子当时十分震惊，这个回答他挑不出项橐一点毛病。

> 孔子和项橐君子约定，互相出题，胜者为师。可是，让孔子没有想到的是，这个项橐虽然年仅七岁，但却才思敏捷、聪明过人，孔子出的题，根本就没有难住他。接下来该轮到项橐给孔子出题了，那么，项橐会给孔子出一道什么题呢？

项橐就问："人有多少根眉毛？"这个还真没法回答，它也不像一夜星辰、一茬五谷那么好回答。孔子就没有办法，只好按照刚才的约定，要拜项橐为师，但项橐突然扑通跳到旁边水塘里待着。孔子说："您怎么跳水呢？"项橐回答："沐浴以后方可行大礼啊。怎么样，请夫子也下来沐浴吧？"他要把孔夫子也请到池塘里去。孔夫子说："我没有学过游泳，我到池塘里就会沉下去。"项橐说："您这个话不对，鸭子也没听说学游泳啊？可是鸭子怎么浮在水面上不沉呢？"孔子说："鸭有离水之毛，故而不沉。"孔子又上他的当了。其实那个时候不理他就完了，孔夫子还跟他解释。孔夫子还是比较好为人师的，又以为项橐在请教他。项橐就说："是这样吗？那么葫芦无离水之毛也浮而不沉啊？"这回孔夫子真被他绕进去了，说："哎，葫芦是圆的，里面是空的，所以它不沉。"项橐又说："大铜钟是圆的，里边也是空的，怎么它扔下来就沉了？"孔子脸颊通红，很不好意思，一句话都说不出来。项橐在水塘里沐浴好了，爬上岸。孔子设案行礼，拜项橐为师。孔子不得不打道回曲阜，从此再也不东游。后来就有了"项橐三难孔夫子"之说，这就是"昔仲尼，师项橐"的传说。就在这个传说当中，还延伸出来两个我们现在经常用的成语：君子之约和童叟无欺。这个故事让我们很轻松地哈哈一笑之后领悟到了什么？这个故事实际上是告诉我们一个很深刻的道理：即使是学有所成的人，也要随时学习，能者为师，无分长幼。一个真正把学习放在人生崇高位置的人，他一定会向比自己强的人，比自己多一技之长的人去虚心学习，而不会过于在乎自己的年龄，在乎自己的地位，在乎自己的身份。

"弟子不必不如师，师不必贤于弟子。"孔子也曾经说过"三人行，必有我师"。那么，像孔子这样一位学有大成的尊者，尚且能够做到不耻下问、不忘勤学，更何况我们普通人呢？《三字经》作为一部蒙学经典，深入浅出、层层递进，在讲了端正学习态度之后，又告诉我们，学习要持之以恒。那么，怎样才能做到持之以恒？《三字经》举了哪些例子呢？

"赵中令，读鲁论，彼既仕，学且勤。"赵中令都当官了，还在学《论语》，并且非常勤奋。《三字经》里这样的叙述是有非常深厚的传统思想背景的。在古代，出仕为官是成功的标志，而在中国古代经商，哪怕是成为富可敌国的亿万富翁也跟成功没关系的。士农工商，商在最后，第一等是士，而士成功的标志就是当官，成为国家的命官。所以《三字经》讲，虽然已经出仕为官，已经取得成功，也不能放松学习，反而应该加倍勤奋。赵中令何许人也？赵中令就是我们非常熟悉的北宋初年的赵普，所谓的中令，是他的官职。赵普这个人我们在前面讲《论语》的时候提到过他，在讲赵匡胤黄袍加身的时候也提到过他，在这里既然《三字经》又讲到他，不妨根据《宋史》的《赵普传》再向大家做一些介绍。

赵普，字则平，祖籍幽州蓟县。周世宗在黄河地区作战时，有一宰相奏举他为军事判官。当时的赵匡胤还没有黄袍加身，也在周世宗麾（huī）下领兵。赵匡胤曾经和他交谈过，认为赵普是个奇才。后来在陈桥兵变的时候，赵普参与了这件事情，应该是黄袍加身的策划人之一。所以，当赵匡胤变成了宋朝的开国皇帝以后，赵普因为辅佐有功，官运亨通。太祖经常喜欢微服私访功臣之家。一般开国的帝王和大臣、大将的关系都比较近，不像后继的帝王深居宫中，不大露面。所以，赵普每次退朝以后都不敢穿便服，因为他知道，皇帝经常会说不准什么时候就到家里私访。古人是非常讲究着装的。古人有身份的，当官的人出来，一般后面要跟个仆人，仆人带着当官的人在不同场合要穿的衣服。比如他去拜见长官，如果他有品级就要穿上自己的官服，拜见长官以后，长官如果给他面子，会说请宽衣。就由长官的仆人引导着到别的房间换上便装。所以赵普在家里不敢换下朝服穿便服。有一天晚上，大雪一直下到深夜，赵普一看，本以为赵匡胤不会来了。谁知道过了一会儿，又听见敲门声，一看太祖赵匡胤立在风雪之中，赵普赶紧磕头迎接。这个时候他身上依然还没有换便装。这就说明赵普是一个很严谨、很仔细的人。而就在这天晚上，宋太祖，还有晋王、赵普一起在厅上铺上双层的褥子，一边烤火，一边吃烤肉，就决定了宋朝重要的战略，什么战略呢？要不要攻打太原。赵普认为，先不要攻打太原，因为太原阻挡在西面、北面。现在太原有人替我们挡着，如果现在把太原打下来的话，就得我们自己去扛着了。让占据太原的人扛着，咱们集中力量先去解决更要紧的事情，这在北宋初年是个非常重要的决断。

后来宋太祖赵匡胤的弟弟宋太宗继位，仍然想用赵普为宰相。可是，却有人说赵普的坏话，说他只会读《论语》。而赵普的回应是，"我以半部《论语》辅助宋太祖得天下，以半部《论语》帮助宋太宗治天下。"故此"半部《论语》治天下"就成了中国历史上的一句美谈。一部《论语》不到两万字，而赵普却花了大半辈子的时间来读它，赵普从《论语》中，都读到了什么呢？

赵普年轻的时候熟悉吏事，就是非常熟悉政府的管理层面的工作，但是没有学问。赵普的学问不高，等到做了宰相以后，他也意识到自己的学问不高，宋太祖赵匡胤也经常劝他读书。晚年的赵普，名位已高，已经是宰相一级的人物了，但是每次回家手不释卷。根据《宋史》记载，赵普只要下朝回到家里，第一件事情，就是关起门，打开箱子，取出书来阅读。第二天，他上朝去处理政事的时候，很多人发现，他能够引经据典，处理得井井有条。大家都觉得很惊讶，不太知道他怎么能够做到这一步的。等赵普去世以后，家人打开他那个宝贝箱子一看，只有一部《论语》。也就是说，他熟读《论语》，而且他是带着问题用心读《论语》的。赵普的故事不是随便选的。他上朝碰到问题，挂在心头，下朝回来，去翻《论语》，看孔夫子和儒家早年弟子的教导，是否有助于他去解决实际问题。赵普的性格也因为好学，而变得格外沉稳。也正因为赵普用心去读书，把心贴到书上，所以他从儒家学说当中，从《论语》当中汲取了好多为臣之道。他这个大臣当得跟别人不太一样。有一次，有一名大臣应当升官，但是，太祖历来不喜欢这个人，就不批准，不让他升官。赵普坚决进谏，要求把这个人提拔起来。这就是儒家学说当中所说的仗义执言。太祖被他逼得都发火了。因为两个人也比较熟悉，太祖就说了一句很蛮横的话："我就是不给这个人升官，你能怎么样？"皇帝跟宰相闹成这个样子，赵普说："刑罪是用来惩治罪恶的，赏赐是用来表彰和酬谢有功之人的，这是古往今来共同的道理，天经地义。况且，刑赏是天下的刑赏，不是陛下个人的刑赏，你怎么能够凭着自己的喜怒而独断专行呢？"太祖更加愤怒了。赵普紧跟在他身后，盯着他。太祖走到哪里，他就跟到哪里，时间一长，最终也得到了太祖的批准。

这些都是用心读书所得。当然对于赵普这个人物，历史上的评价分歧很大，但是，《三字经》在这里主要讲的是他身居高官而加倍勤奋学习的故事。

赵普虽身居高位，但仍手不释卷，苦读《论语》。他这种好学不倦的精神，成为后世学习的典范。《三字经》用了六个字"彼既仕，学且勤"，来强调即使事业有成的人，也不能停止学习。其实，很多人都明白学习的重要性，也懂得学无止境、业精于勤的道理，但是，有些人却还是会借口说，自己没有读书的条件而逃避学习。那么，对于这个问题，《三字经》会带给我们怎样的启示呢？

《三字经》考虑到了读书的人、学习的人，可能会有各种各样的借口不读书。最常见的一个借口是什么呢？我想读书，也知道读书重要，但是我没有读书的条件。《三字经》接下来就来解答这个问题，"披蒲编，削竹简，彼无书，且知勉"。《三字经》告诉大家，在历史上有这样的人物，他们读书的条件更坏，坏到不能再坏的程度，以至于连书都没有。但是，他们依然非常勤勉地发奋读书。那么，大家还能有什么借口不读书呢？

这里讲了两个故事，一个是"披蒲编"，说的是西汉年间路温舒的故事，他的故事出于《汉书》，在历史上是有记载的。西汉年间有一个叫路温舒的人，他的父亲是里监门，这个官大致相当于我们今天的居委会主任，就是小到不能再小的一个官，所以家里是很贫穷的。路温舒从小就被父亲打发去放羊。在放羊时，路温舒取了沼泽当中的蒲草，把它一点点截好，截成长短宽细比较相当的部分，用来抄书。

汉朝时，纸张还没有大规模使用，主要有两种书写的载体，一个是竹简，一个是帛，丝织品。但当时帛是非常昂贵的，一般人根本用不起。竹简相对比较便宜，但也不是随时随地都可以搞到的。更何况，制作竹简还有一套非常烦琐的程序。所以，路温舒就采集野生的蒲草用来抄书，学习律令。他通过学习，慢慢地变成了一个负责监狱、管理刑事的小官员。当然，从历史上看，路温舒的官职都是比较小的，他之所以能够被列入正史，恰恰是因为他的"披蒲编"之事，恰恰是因为他为自己创造读书条件的精神。

而"削竹简"讲的是一个远比路温舒要著名得多的人的故事，他就是西汉时期著名的公孙弘。公孙弘是一个非常复杂的人物，历史上对他的评价褒贬不一。他是公元前200年出生，公元前121年去世。

公孙弘（公元前200年—公元前121年），字季。西汉菑川（郡治今山东寿光南）薛人。早年为狱吏。年40余始治《春秋公羊传》。元朔五年（公元前124年）官拜丞相，封平津侯。

他是西汉菑（zī）川人，也就是今天山东寿光这个地方的人。少年时，家里非常贫寒，他就为人在海边放猪来维持生活。自己利用放猪的空隙去削竹子，做成简册，抄写书籍。年轻的时候，他曾经担任过家乡薛县的狱吏，就是当过监狱里的办事人员。因为没有学识，因为书没有读好，经常发生过失，所以被免职。从此，他立下了读书的志向，便在一个叫鹿台的地方，埋头读书，一直苦读到40岁。建元元年，也就是公元前140年，汉武帝继位，下诏访求这些贤良文学之人，当时的公孙弘已经60岁了，这才以贤良的名义应征，被任命为博士。所以，公孙弘是一个大器晚成之人。他不仅在年轻的时候连续读书，后来也一直在读书。平时善于辩论，通晓文书、法律，又能以儒家的学说对法律进行解释和阐述，所以汉武帝特别赏识他。公孙弘经常讲，君主的毛病，一般来说是气量不够宏大，而人臣的毛病，一般来说在于生活不够节俭。所以，他在家里身体力行，盖的被子很粗劣。虽然已经当官了，但是他也不用丝绸。他吃饭也很简单。这个人经常能够在朝廷上提出自己的见解。但是他有一个特点，也最受后人诟病的一个特点，就是从来不提反对意见，从来不去对抗皇帝。但是汉武帝非常喜欢他这种驯良守礼的品德，认为他非常遵守礼节，不跟皇帝冲撞。也正因为如此，后人批评他心机太深。一次，他跟当时著名的大臣汲黯商量事，都商量得好好的了，但去见皇帝的时候，公孙弘一揣摩，大概皇帝不大赞同这个意见，他立马就转向，弄得汲黯非常愤怒。汲黯当面挑明："你怎么可以这样？我们两个人在底下商量的时候你不是这么讲的，怎么当着皇帝的面你全变了？你这个就是不忠啊。"汉武帝一看都说到不忠了，就问公孙弘："这是怎么回事啊？"公孙弘回答："了解我的人都知道我是很忠的，不了解我的人认为我是不忠的。您是了解我的，您以为我是忠的，别看我跟汲黯半夜讨论，他不了解我，所以他说我不忠。"他是一个非常善于言谈的人，所以他的官越当越大。别看他 60 岁才出仕，但他当官的台阶一步一步登得特别快。当时的朝廷打通西南夷，同时又在今天的朝鲜一带设置沧海郡，并且筑城。接着还要设朔方郡。公孙弘以为这样做不值得，这样做是敝中国以奉无用之地，劳民伤财，得不偿失。但是，皇上没有采纳他的意见。公孙弘马上低头谢罪，立刻悔过，说："我是山东的乡鄙之人，见识短浅，实在不知道设朔方郡的好处，经过众位向我澄明利害关系，我已明白了，希望朝廷停止经营西南夷和沧海郡，集中力量经营朔方郡。"公孙弘为人表面上十分宽和，他位高禄重，节俭律己，一点不奢华，以人为先，所以当时有很多人称道他。而他的那些故旧、亲人、门生，如果生活困难的话，他一定会倾囊相助。这个人不贪婪，家里没有多余的财产，所以当时的名声很大。然而同时，公孙弘的内心又非常狭隘，所谓的外宽内深，表面很宽厚，实际上非常伪善，暗中报复，所以在历史上留下了杀主父偃的恶名。董仲舒当时也是一位博士，公孙弘非常嫉妒他，所以他耍了一个心计，把董仲舒赶出朝廷，到一个比较小的王国当了国相。

公孙弘曾经当了几年的丞相，曾经建议设立五经博士。他还有好多好建议，的确做了好多事情，对文化也做了一定贡献，也有著作，即《公孙弘十篇》。他出身于乡鄙之间，居然能够位极人臣，直到今天，还是有相当多的人对公孙弘推崇备至。在当时的环境之下，他之所以能够成功，毫无疑问，他的持续苦学的精神起了很大的作用。

　　《三字经》在讲述完了没有条件创造条件也要读书的故事以后，又列举哪些故事来赞许勤奋、刻苦精神的呢？请看下一讲。

头悬梁[1]，锥刺股[2]，彼不教[3]，自勤苦。

如囊萤[4]，如映雪[5]，家虽贫，学不辍[6]。

如负薪[7]，如挂角[8]，身虽劳，犹苦卓[9]。

1 头悬梁：将头发悬挂在屋梁上。
2 锥刺股：用锥子来刺大腿。
3 不教：不靠别人督促。
4 囊萤：把萤火虫装在纱袋里。
5 映雪：积雪的反光。

6 辍（chuò）：停止。
7 负薪：担柴火。
8 挂角：把书本挂在牛角上。
9 苦卓：刻苦自立。

　　《三字经》向我们介绍了古人苦读勤学的故事，以激励后学者的斗志，比如悬梁刺股、囊萤映雪等。《三字经》中所提到的这些古人的励志故事，对于今天的现代人还能否适用？又会给我们带来什么样的启示呢？

　　《三字经》向我们介绍古人苦读勤学的故事，以激励后学者的斗志，提高他们克服困难的勇气。这其中就提到一些我们常常挂在嘴边的成语，比如悬梁刺股、囊萤映雪等。"头悬梁，锥刺股"，经常被人们作为刻苦学习的榜样而广为传颂。可是，人们对于悬梁刺股的主人公，却知之甚少。那么，悬梁刺股讲述的是关于谁的故事呢？《三字经》中所提到的这些古人的励志故事，对于今天的现代人还能否适用？又会给我们带来什么样的启示呢？

　　我们都知道，学习需要勤奋的精神、刻苦的精神。《三字经》也非常地强调这一点，所以，《三字经》用了两个我们非常熟悉的故事，来弘扬这种勤奋刻苦的精神。"头悬梁，锥刺股，彼不教，自勤苦。"成语"悬梁刺股"正源于此。

　　"头悬梁"是汉代孙敬的故事。这里的头是指头发的意思，不是说把自己的脑袋吊在梁上，而是把头发吊在梁上。孙敬为了刻苦学习，用绳子系住自己的头发，然后把绳子系在梁上，以防打瞌睡。一旦读书读累了，疲倦了，想睡觉的时候，头这么一低，头发被拉一下，一疼就可以惊醒，继续学习。

　　《汉书》里这么讲，孙敬"好学，晨夕不休。及至眠睡疲寝，以绳系头，悬屋梁。后为当世大儒"。意思是说孙敬这个人，太喜欢学习了，不愿意浪费一丝一毫的光阴，就采取了这个办法。而他正是通过这样的苦学，后来成为当世的大儒，是汉朝一位非常著名的学者。这个故事在《太平御览》中也有记载。

　　从历史上看，孙敬不仅刻苦学习，还做过一件和前面的"披蒲编"差不多的事情。孙敬后来到了洛阳，在太学旁找了一间小屋子安顿好自己的母亲，因此，孙敬还是一个孝子。同时，编杨柳简以为经。买不起帛，甚至也买不起竹简书，所以他把杨柳，这种当时不是用来抄书的材料编成书册的样子。

> 悬梁刺股一直被作为刻苦学习的榜样。汉代的孙敬，凭借"头悬梁"的苦读精神，最终成为知名的大儒。那么，《三字经》中所提到的"锥刺股"，讲述的又是关于谁的故事呢？

孙敬历来被大家用来表彰一种刻苦学习的精神，是一个象征性人物。"锥刺股"的故事是战国时代著名的谋士、纵横家苏秦的故事。苏秦，字季子，应该是生活在公元前四世纪左右，东周洛阳人。苏秦的家乡大致在今天洛阳东郊的太平庄一带，他是战国时期的韩国人，和另外一个纵横家张仪齐名，这是最著名的两个谋士。

当时怎么形容他对当时中国的影响力呢？是这么说的，"一怒而诸侯惧，安居而天下熄"。像苏秦这样的人，只要他一发怒，诸侯都觉得恐惧。而只要他不出门，老老实实地在家待着，天下就不会发生什么大事。留给当时的人们是这样强烈的印象，大家想想这是个什么人物？苏秦出生于农家，但是从小立志，发愤苦学。当他学成以后，他和赵国的奉阳君李兑共谋，发动了韩、赵、魏、燕、齐各国合纵，联合起来，逼迫当时咄咄逼人的秦国退回了占据的地方。所以，他是一个非常厉害的人物。

苏秦的著作当时叫《苏子》，当然这个书今天我们看不到了。苏秦很想有所作为，曾经求见周天子，但是没有门路。一个农家子弟，想看到天子谈何容易？所以一气之下就变卖了所有的家产，到别的国家去了。当时的中国有许多诸侯国，很多人就在各国之间来回地游动。但是，苏秦历尽千辛万苦，在外边奔波了好几年，却没有谋得一官半职。后来钱也用光了，衣服也穿破了，怎么办？他就垂头丧气地回家了。家里人看到苏秦拖着一双破草鞋，挑着一副破担子，担子里面一堆破烂货，非常狼狈地回来了。苏秦的父母就把他恶狠狠地骂了一顿："你这几年不老老实实待着，在家里干点农活也好。"他的妻子看到他回来了，还坐在织布机上织布，看都不看他一眼。苏秦饿坏了，一看老爸老妈骂自己一顿，一看自己太太又不理自己，就哀求嫂子能不能做顿饭给他吃，嫂子扭头就走。苏秦受到了巨大的刺激，从此立志发愤图强。他总结了自己为什么失败、为什么不能成功的原因，发觉自己读书不够，知识的积累不够。所以，他发愤读书，天天读到深夜。这样连续的苦读要消耗很大的体力，所以他会觉得疲倦，每当又累又困的时候，苏秦就拿一个锥子扎自己的大腿，这就是"锥刺股"。一扎大腿当然疼嘛，一疼又清醒过来，就接着读下去。这样锥刺股，刺了多久呢？

苏秦（？—公元前284年），字季子，战国时东周洛阳人。他出身农家，素有大志，曾随鬼谷子学习纵横捭阖之术多年。与赵奉阳君李兑共谋，发动韩、赵、魏、燕、齐诸国合纵，迫使秦国废帝退地。《汉书·艺文志》曾著录有《苏子》31篇，今佚。

苏秦刺了一年多时间。当他觉得对自己的学养、对自己的知识有所把握的时候，就重新离家出游。到了秦国不被所用，还是没有成功，但是，他正好遇见当时的燕昭王广招贤士，苏秦就到了燕国，凭借自己锥刺股得来的知识，得到了燕昭王的信任。战国时各国之间关系很复杂，燕国和齐国有仇。苏秦认为，因为燕国现在打不过齐国，所以应该先向齐国表示屈服，深深地隐藏自己复仇的愿望，赢得时间，让燕国重新振兴。另外一方面，还要鼓动齐国不断地进攻别的国家，防止齐国一心一意对付燕国，从而削弱齐国的国力。公元前285年，苏秦到了齐国，挑拨齐国和赵国之间的关系，这是战国时期纵横家经常用的一个手段。离间、挑拨，在当时被视作一门技术，是专门的技能，是有学派的。他取得了齐国齐湣（mǐn）王的信任，被任命为齐相。纵横家虽然挑拨离间，但是纵横家是有底线的，所以苏秦心里依然忠于最早对他有知遇之恩的燕国，他依然站在燕国的立场上为燕国谋划。齐湣王不知真相啊，哪知道自己的相国心里装的是燕国。而当齐国和燕国交战的时候，苏秦有意使齐国战败，齐国一下子损失了五万人。这一点放在今天不大能理解，因为苏秦在燕国并没有官职，而在齐国已经是宰相了。但是，他依然记着自己的恩主，而且通过各种手段、各种谋略，让齐国的君臣不合、百姓离心，为后来乐毅率领五国联军攻破齐国创造了条件。

之后，苏秦又说服赵国，联合韩国、魏国、齐国、楚国、燕国，攻打秦国。赵国国君也很高兴，认为这是个人才，赏赐给苏秦好多宝物。苏秦得到了赵国的帮助，又到韩国，去游说韩国的国王，到魏国游说魏王，到齐国游说齐王，到楚国游说楚王。诸侯王们都非常赞同苏秦的谋划，认为必须联合起来对付秦国。于是，六国达成了一个联合的盟约，苏秦担任了纵约长，也就是六国有一个合纵，他担任执行长。在那个时候出现了历史上罕见的一幕，一人配六国相印。就是一人担任了战国七雄里六个国家的宰相，他一人掌控着六颗相印，苏秦取得了这样的成功。回到赵国后，赵王又封他为武安君，还给了他爵位。秦国听到这个消息以后大吃一惊。此后 15 年，秦兵不敢再向函谷关以外进攻。苏秦以一人之力，实际上延缓了秦灭六国的进程，延缓了秦朝的发展速度。

合纵连横 合纵连横简称纵横，是战国时期纵横家所宣扬并推行的外交和军事政策。苏秦游说六国诸侯，要六国联合起来西向抗秦。秦在西方，六国土地南北相连，故称合纵。与合纵政策针锋相对的是连横。张仪曾经游说六国，让六国共同事奉秦国。

苏秦先是投奔燕国，然后又离间齐赵关系，后来又联合六国攻秦，所以他是战国时期一个轰动一时的人物。但是，他的结局并不好，因为他是齐国的丞相，但是在为燕国打算，这个阴谋被发现了。所以，齐国把他车裂了，这是一种最残酷的刑法。车裂就是我们所说的五马分尸，用五匹马把他活生生地给拽死。这件事情在许多历史著作上都有记载。

《三字经》讲的"头悬梁、锥刺股"的故事告诉我们的是一种精神，我们今天当然没有必要，也不应该提倡用毁伤身体的方法来激发勤奋。但是，勤奋的精神永远是宝贵的。

《三字经》在讲完了这两个故事以后，又回过头来从历史当中寻找出两个典型的事例来告诉我们，不管家境有多贫寒，都不应该放弃学习，不应该停止追求知识的脚步。

文忠寄语

我们不提倡用毁伤身体的方法来激发勤奋。但是，勤奋的精神永远是宝贵的。

这就是："如囊萤，如映雪，家虽贫，学不辍。"

> **中国有句古话，"自古寒门出英才"。为什么越是家境贫寒的人学习越刻苦？他们是怎样克服困难的？《三字经》中所提到的"囊萤映雪"，又讲述的是怎样的故事？**

《三字经》接下来讲了两个故事。第一个故事，主人公是晋朝著名的车胤（yìn），公元 333 年到大概公元 401 年在世，是晋朝南平人，即今天的湖北公安县人。他的曾祖是三国时代吴国的太守，当时因赈济灾民，被孙皓以私自收买民心而杀掉。他的父亲不是一个很大的官，而是一个地方政府里类似于办事人员这么一个官。车胤从小聪颖好学，但是，他的家境贫寒。贫寒到什么地步呢？经常连点灯的油都买不起。所以，他在夏天的夜里就去捕捉萤火虫，把萤火虫装在透明的比较薄的丝绸口袋里。那么，一堆萤火虫在里面就会发出光亮，夜里就可以用来照明，用来读书。车胤的学识由此突飞猛进，后来终于成为知名的学者。现在湖北公安县都湖堤镇还有一个遗迹，叫囊萤台。这个遗迹就是用来纪念车胤的，就在囊萤台附近，还有一所很有名的中学，叫车胤高级中学。这是个教学质量很不错的中学。当时桓温是荆州的主管官员，他就把车胤招聘过去当官，非常器重他。车胤在当时就以寒士博学出名。出身于贫寒之家，没有什么大的背景，也没有什么大的靠山，就叫寒士。每每遇到大事，桓温都会请车胤出席。车胤对当时的礼仪制度发表了很多重要的意见。往往他一发表意见，就会得到大家的认可。朝廷有重大决策之时，也经常来征求这位寒士的意见。

车胤后来的官位一直当到了吏部尚书，这个官当然不能跟清朝的吏部尚书比，但是在当时也不是一个小官了。他看到一个世家子弟太放荡，太傲慢，车胤就建议去遏制他。因为他自己的出身很寒微，所以他不大能够接受纨绔子弟的这些言行。但是，豪强世族的力量太大，他的建议被泄漏出去了，车胤被逼自杀身亡。

第二个故事讲的也是一个历史人物，即晋朝的孙康。孙康是晋代京兆人，也就是今天河南洛阳那一带的人，官至御史大夫，在当时来讲是一个非常成功的人物。他在幼年酷爱学习，经常感到时间不够用，所以他想夜以继日来攻读。他碰到跟车胤一样的情况，家里贫穷，买不起灯油，而一到天黑，就没有办法读书了。前面我们讲车胤的故事是在夏天，因为只有夏天才可以抓萤火虫，而这个故事讲的是冬天，因为只有冬天才下雪。由此可见，《三字经》的安排是非常妥当的，独具匠心的。孙康到了冬夜，长夜漫漫，他辗转反侧，想起床读书，但又点不起灯。所以，他刚开始的时候采取了一个办法，就是在白天拼命地多看，到夜里就躺在床上默念。有一天夜里，他还是睡不着，起来推开门一看，原来下了一场大雪，白雪皑皑，整个大地披上一层银装，使他一下子眼花缭乱。他站在院子里欣赏这个雪景的同时突然心里一动，为什么不能借着雪光来读书呢？所以，他赶紧返回家里，取来书，映着满地大雪所反射出来的那点微弱的光，开始读起来。这就是映雪的故事。

孙康后来学有所成，成了一位学识渊博的人物。

囊萤映雪，一夏一冬，《三字经》的作者，选取故事的角度独具匠心，意在告诉我们，即使是在恶劣的环境下，也不能停止追求知识的脚步。古人尚且能够做到，更何况是生活在当下的我们。但是，在现代社会，很多人会抱怨自己的时间不够用，没有时间读书。那么，关于这个问题，《三字经》的作者，又会通过什么样的故事来给我们以启迪呢？

在讲完这两个故事以后，《三字经》又强调，一点一滴的时间都不能浪费。刻苦学习，勤奋学习，在某种意义上也就等同于利用一点一滴的时间学习，绝不让一寸光阴虚度。所以，《三字经》接下来又讲了两个故事，"如负薪，如挂角，身虽劳，犹苦卓"。这两个故事乍一听有点不太清楚，大家对它们的熟悉程度也不像悬梁刺股、囊萤映雪那么熟悉，这里讲的还是两个历史人物的故事。

负薪，也就是背着柴火，讲的是汉朝的朱买臣。汉朝有个非常著名的官员叫朱买臣，字翁子，吴人，也就是今天江苏苏州一带的人。家里非常穷，所以必须经常砍柴来维持生计，但是他喜欢读书。他就一路担着柴，一路边走边读书。朱买臣的妻子也跟着他去担柴，所以她就劝他："你不要瞎唱好不好？"因为古人读书是吟唱，像唱歌一样读书。他妻子不懂，说："你穷到这个样子，背着柴，一路你穷开心什么啊？瞎唱什么啊？"但是，朱买臣越唱越响亮，实际上是越念越响亮，他的妻子认为这实在是丢面子，实在是太羞耻，所以就提出离婚。朱买臣就对他的妻子讲："我50岁的时候一定富贵。现在你看，我都40多了，你都熬到现在了，你辛苦的日子很久了，你等我富贵以后回来报答你。"但是，他的妻子非常愤怒地回答："像你这种人，我看最后是要饿死在沟里都没人管，你还富贵呢！"所以，她就强烈要求离婚，向朱买臣要了一纸休书，然后就走了。之后，朱买臣依然如此，天天去砍柴，边走边吟诵，坚持不辍。过了几年，他的前妻跟她后来的丈夫有一次去上坟，看见朱买臣挑着担子在那儿唱歌呢，他的样子又冷又饿。很快，朱买臣就到50岁了。有一次朱买臣跟着一个管账本的小官，把账本送到长安去。到了皇宫送上账本、奏折以后，迟迟没有答复，就住在旅馆里等候皇帝的命令。粮食也用完了，当时朱买臣也没有什么吃的，但别人轮流给他送吃的。这个时候，大家已经觉得他不是一个一般的随从，而是肚子里有货的，经常出口成章，动不动吟几句古文出来。恰好他有一个同县的老乡正好受到皇帝的宠信，就向皇帝推荐了他。皇帝召见以后龙心大悦，发现了一个人才，就任命他为会稽太守。会稽包括现在宁波一部分以及绍兴在内的一大片地区。于是，朱买臣就乘着官家的马车去赴任。当地的官员听说新的太守要到任，就赶快征召百姓修整道路。县府官员100多辆车，都在路边恭候。到了会稽这个地方，朱买臣一看，他的前妻和丈夫正好在修路，就停下车，叫后面的车子载上他的前妻，载上她前妻后来嫁的那个丈夫，一起到太守府，请他们吃饭，送了他们好多礼物。过了一个月，他的妻子就在太守府里上吊身亡，不知道是后悔还是心里怨恨，而朱买臣拿出银两，安葬了他的前妻。这就是"负薪"的故事。

> 朱买臣一边打柴一边读书，最终学有所成，从而改变了自己的命运。像这样一个发愤读书的成功典范，往往会在民间演绎出很多关于他的故事。而我们常常挂在嘴边的一个成语，"覆水难收"，说的就是这个朱买臣。那么，这是一个什么样的故事呢？

朱买臣的故事很多，除了《三字经》里讲的这个"负薪"的故事，还有一个经常提到的成语，就是覆水难收。我们经常讲"破镜难圆，覆水难收"，而覆水难收讲的就是朱买臣，讲的是同样一个故事：有一个读书人叫朱买臣，一直当不了官，也没有办法发达，天天只能去砍柴。而他的夫人崔氏，觉得跟着他过这种清苦的日子实在过不下去，所以她对朱买臣的言语越来越尖刻，看到他这副寒酸样就很恼火。朱买臣有口难言，只能默默地忍受。有一天，天寒地冻，大雪纷飞，朱买臣的妻子就逼着朱买臣上山砍柴。朱买臣就上山砍柴去了，砍完了柴以后满以为自己打完柴换一些米面，能够让自己的妻子高兴。谁知道等他回家的时候，发现他的妻子早就盘算好了，她拿出一纸休书，希望朱买臣休了她，因为她已经找到了新的丈夫。这个丈夫是谁呢？是有一技之长的、家道很殷实的张木匠。朱买臣没有办法，苦苦哀求，却没有效果。不久，朱买臣得到同乡推荐，被任命为太守。崔氏知道了就心慌意乱，她想张木匠虽然很能干，但是怎么能跟太守比呢？所以，她又决定去找张木匠，强烈要求给她一纸休书。然后，崔氏蓬着头，光着双脚，来到朱买臣面前，苦苦哀求朱买臣允许自己回到朱家。这个时候正好骑着高头大马的朱买臣一看，若有所思。他没有答应她的请求，也没有拒绝她的请求，而是叫自己的手下端了一盆清水，泼在马的面前，告诉崔氏："如果能将泼在地上的水给收回到这个盆里边，你就可以回朱家。"这就是"覆水难收"的故事。当然，这完全是民间传说了。

> **在隋末的农民起义军中，有一支战斗力最强的队伍——瓦岗军，这支队伍的首领就是李密。那么，李密是怎么加入瓦岗军的？而《三字经》中所提到的"如挂角"，是一个关于他什么时候的故事？这与他加入农民起义军又有什么联系？李密在加入瓦岗军之前又是做什么的？**

还有一个故事叫"挂角"，讲的是唐代一个很重要的人物李密的故事。李密的先祖，是北周和隋朝的贵族。李密少年的时候，就在隋炀帝的宫廷里面当侍卫。他是个贵族子弟，生性灵活。在值班的时候东张西望，被隋炀帝发现，就认为这个孩子不够老实，就免去了他的差事，把他赶出宫去。李密并没有垂头丧气，而是利用这个机会回家发愤读书，决心做一个有学问的人。

李密（公元582年—公元619年），隋末农民起义中瓦岗军首领。京兆长安（今陕西西安）人。大业九年（公元613年）参与杨玄感起兵反隋。大业十二年，入瓦岗军，后被推为全军之主。与王世充交战失败，入关降唐，不久以反唐被杀。

有一回，李密骑了一头牛出门去看朋友。在路上他把《汉书》挂在牛角上，抓紧时间读书。正好宰相杨素坐着马车从后面赶上来，看到前面有个少年，在牛背上读书，而且牛角上还挂了一部书。他当然觉得很奇怪了，就问这个书生："你怎么那么用功啊？"李密回过头来一看是当朝宰相，赶紧下来磕头，报了自己的名字。杨素就问他："你在看什么？"李密说："我正好在读项羽的传记。"杨素觉得，这个孩子可以谈谈的，所以就在那里跟他进行了一番交谈，觉得这个少年非常有大志。回家以后，杨素就把这件事情跟自己的儿子杨玄感说了，杨素告诉杨玄感："我看李密的才识、才干都比你们兄弟几个强得多，如果你们将来遇到天大的事情，可以去找李密，要他帮忙。"从那以后，杨玄感就和李密交上了朋友。后来，杨玄感要寻找一个谋士，就把李密请来。杨玄感问李密："如果要推翻隋炀帝，应该采取一个什么策略？"李密跟他讲："打败隋炀帝的官军有三种办法：第一，趁皇帝现在在辽东，我们就带兵北上，截断他的退路。他前面是高丽，后面又没有退路，不出十天，军粮接济不上，然后我们不用打，就能取胜。这是上策。第二，向西夺取长安，抄了隋炀帝的老窝，官军如果想退兵的话，我们就拿关中地区做根据地，凭险坚守，再看情况。这是中策。第三，就是就近攻洛阳，不过，这是一条下策。因为洛阳不一定攻得下来，城池坚固，而且洛阳还有相当一部分的隋朝军队。"李密的主意是对的，问题是杨玄感真的像他父亲所说的那样，无论在学识还是在才能上都比不上李密。他急于求成，结果采取了第三条策略，去进攻洛阳。虽然杨玄感攻打洛阳的时候一时间很多农民都来投靠他，队伍一下扩大到 10 万人，也连续打了几个胜仗。但是，隋炀帝马上派自己的大将率领大军来攻打杨玄感，杨玄感抵挡不住，只能退到长安去。一路被隋朝的大将追杀，最后杨玄感终于被杀。李密从混乱当中逃了出来，偷偷逃回长安，但是隋军搜捕得非常紧，李密还是被抓住了。在隋朝的官兵将李密押送到隋炀帝行营的时候，李密就和十几个犯人一商量，把我们身边所有的金银财宝都拿出来，贿赂这些押送他们的官兵，供他们吃喝玩乐。而押送他们的官兵得了一笔横财，吃喝玩乐之下防备松懈，李密趁他们喝醉酒的时候逃了出来。李密在脱离危险以后，想重整旗鼓，自己起来反抗隋朝。他开始想找一支起义军投靠一下，能够得到他们首领的青睐，但是，当时的起义军眼光都比较短浅，认为李密是个文弱书生，都不用他。李密没办法，只好改名换姓，好几次差点又被隋朝的官兵抓到。最后，他投奔到了瓦岗军，成为瓦岗军里一个重要的人物，成为推翻隋朝的一支重要力量。李密也正是通过一点一滴的学习，积累了知识，完善了才能，到历史给予他某种机遇的时候挺身而出，最后在历史上做出了一番轰轰烈烈的大事业。

那么，《三字经》认为学习应该从哪个阶段开始？是从小就开始学习呢？还是年岁大了学习也可以呢？或者说，是不是年岁大了就不学习了呢？或者说，是不是从小就有神童之名，从小做出一点成绩就可以放松学习呢？《三字经》依然从历史中寻找出好多事例，告诉我们人的生命历程和学习历程之间的关系。请看下一讲。

文忠寄语

学习并积累知识，完善自己的才能，当有了机遇的时候，才能做出一番大事业。

苏老泉[1]，二十七，始发愤，读书籍。

彼既老，犹悔迟，尔[2]小生，宜早思。

若梁灏[3]，八十二，对大廷[4]，魁[5]多士。

彼既成，众称异[6]，尔小生，宜立志。

莹[7]八岁，能咏诗；泌[8]七岁，能赋棋[9]。

彼颖悟[10]，人称奇，尔幼学，当效之[11]。

蔡文姬[12]，能辨琴[13]。

1　苏老泉：宋代著名文学家苏洵，老
　　泉是他的别号。

2　尔：你们。

3　梁灏：五代末年人，曾在宋太宗雍

熙二年（984年）考取进士。

4　对大廷：在朝堂上回答皇帝的提问。

5　魁：第一名。

6　称异：感到惊奇。

7 莹：北魏人祖莹。

8 泌（bì）：唐代人李泌。

9 赋棋：对棋赋诗。

10 颖悟：聪明慧悟。

11 效：效仿、学习。

12 蔡文姬：东汉著名文学家蔡邕的女儿蔡琰，文姬是她的字。

13 辨琴：辨别琴声。

　　著名诗人苏老泉为什么到 27 岁才开始读书呢？梁灏（hào）直到 82 岁才中的状元吗？祖莹和李泌又是怎样的才华横溢？蔡文姬的命运又是怎样？《三字经》为什么要特别提到这些人？而我们从他们身上，又能够学习到什么呢？

　　苏老泉就是著名诗人苏轼的父亲，但他为什么到 27 岁才开始读书呢？而梁灏 82 岁中状元是真的吗？七八岁就才华横溢的祖莹和李泌又是怎样的神童？蔡文姬才华卓越，但命运坎坷，一生三嫁。那么，她最终的结局是怎样的呢？《三字经》为什么要特别提到这些人？而我们从他们身上，又能够学习到什么呢？

　　我们都知道，人最好是从很小的时候就开始循序渐进地学习、读书，最好要有良师的指导。但是，人世间的很多事情是难以预料的，很多人因为种种原因，错过了最佳的读书和受教育的年龄。那么，年岁大的人还应不应该学习？年岁大的人学习了还能不能够取得成就？《三字经》给我们的答案是肯定的。"苏老泉，二十七，始发愤，读书籍。彼既老，犹悔迟，尔小生，宜早思。"这里的《三字经》已经不是四句，它的句式长了一点，用了 24 个字来讲苏老泉的故事。

　　苏老泉就是北宋著名的文学家苏洵，是名气更大的苏辙、苏轼的父亲，历史上称他们父子三人为"三苏"。苏洵年轻的时候家累很重，整天必须在外奔波，以维持这个家的生计，因此根本没有时间读书。一晃到了 27 岁。在古时，27 岁类似于现代中年人的年龄。他觉得不能再这样下去了，就对妻子讲："我觉得自己在文学上还可以有所作为，恐怕必须从现在开始发愤读书。但是，我又放心不下自己的家里。你说，我该怎么办？"苏老泉的妻子程氏是一位非常贤惠的女性，非常理解他，非常支持他，从此接过了整个家庭生活的重担。苏洵也就由此开始起步。他起步虽晚，但是付出比别人更多的努力，进步飞快。他进京去赶考，很快就受到了当时的文坛前辈和官宦的一致赞赏，成了有学问的大家。我们知道，唐宋是中国两大盛世，两个文化发展高峰期，后人总结出唐宋时代八位著名文学家中，苏家一门就占了三个，这是了不起的成就。其实在中国历史传统中，一方面向少年神童投去极为羡慕的、赞赏的眼光，另一方面对老年求学、壮年求学的人也给予了相当的尊敬。

西汉刘向编的《说苑》里记载了一个非常著名的故事。春秋战国时期的晋平公问师旷："我已经年近70岁了，但是现在想要读书，是不是太晚了？"师旷的回答非常有意思："你为什么不秉烛而学呢？"意思就是说你为什么不点上蜡烛来读书呢？这似乎是答非所问，所以晋平公就跟他说："先生，哪里有做臣子的戏弄君主的呢？你这不是跟我开玩笑吗？"而师旷的回答是："我怎么会呢？我又哪里敢戏弄我的君主呢？我听古人说过，少年时喜欢学习，好像是太阳刚刚升起时的阳光。壮年的时候喜欢学习，好像是正午的阳光。而老年的时候喜欢学习，好像是蜡烛的烛光。点燃蜡烛照明虽然没有像刚刚升起的太阳和正午的太阳那么明亮，但是请问国君，点蜡烛走路和摸黑走路哪个更好一点呢？"晋平公顿时就明白了。

师旷 春秋晋国乐师。字子野，目盲，善弹琴，精于辨音。曾成功劝学晋平公。

所以，在中国传统当中，一贯有这样的思想：只要坚持不懈，就算年龄很大才开始学习，也为时未晚。学习的起步没有早晚，只要立志当下就应该付诸行动。

文忠寄语

只要坚持不懈，即使年龄很大才开始学习，也为时未晚。

苏老泉27岁开始求学，晋平公年近70岁还想读书。由此可见，只要想学习，什么时候开始都不算晚。但是，梁灏82岁中状元的事，是真的吗？

在讲完27岁苏老泉的故事以后，《三字经》讲了一个岁数更大的人的故事。"若梁灏（hào），八十二，对大廷，魁多士。彼既成，众称异，尔小生，宜立志。"讲了一个82岁取得成功的人。但是《三字经》在这里讲错了，作者犯了一个和历史事实不相符的错误。也许，《三字经》在这里没有经过太严格的考证就用了一个民间的传说，而忘了这个故事实际上是见于史籍的。

梁灏是公元 963 年生人，公元 1004 年去世，在这个世界上总共才活了 41 年，他怎么可能是 82 岁呢？所以这一定是错的。梁灏这个人在历史上确实是有的，而且是个很著名的人。他字太素，山东东平人，出生在官宦之家，他的曾祖、祖父、父亲都是当官的。但是，梁灏少年丧父，由他的叔父抚养成人，从小好学。他也有机会拜名师求学。他读书经常能够发现书中的疑问，而只要一发现疑问，就会向自己的老师请教。而他这位老师是名师，有点架子，觉得你这个问题太浅薄，所以经常拒不回答。由此，梁灏就开始了自学。他发愤读书，而在读了几个月之后，有些问题自己就想明白了。但是，一些问题他依然想不明白，他再去向老师请教。这个时候名师不再看不起他的问题了，而是觉得他的问题真是问题，是有挑战性的问题，所以对这个学生格外器重。梁灏初次考进士没有考中，就留居在京城。当时的京城是开封，他曾向宋太宗赵光义建议，选才不要单凭诗歌，不要单看文采，要格外注重治国、治民的实际才能。但是没有被采纳，因为当时他还没有考中进士，人微言轻啊。到了雍熙二年，也就是公元 985 年，再度赴考，考中进士，时年 23 岁。"魁多士"是指在很多读书人中间独占魁首，独占鳌头，当时他是 23 岁，不是 82 岁，所以《三字经》在这个地方出现了一个大错误。他后来参与政事，屡有谏言，虽然也被贬过，但是他的仕途基本上应该说是不错的。他曾经和一些人一同修《宋太祖实录》，修宋太祖的起居注，能够担当这样工作的人在当时一般都被认为是学问非常好的人，所以他应该是当时声名卓著的一个学问家。当辽朝的军队南侵的时候，梁灏还曾经向宋真宗提出建议："请明赏罚，斩懦将，擢用武勇、谋略之士。"也就是说，要赏罚公正、明确，要不惜斩杀那些怯懦畏战的将领，要重用那些有勇有谋的贤才。所以他很受宋真宗的欣赏，在当时声望也很高。

从历史的记载来看，梁灏是身强少疾，身体很健康，相貌俊美，家庭和睦。他经常和士人交往，曾经是当时某种意义上知识分子中的核心人物。1004 年，他在开封知府的任上生病，得了一个急病死的。去世那一年，按照我们现在的算法是 41 岁，按照古人的算法是 42 岁，这在历史上是很清楚的。

《三字经》作为启蒙教材，在长期的流传中，经多人修改补充，这就可能出现误差。梁灏 82 岁中状元，可能就是民间的一个误传。但历史上有那么多的文人学士，梁灏为什么会被民间传颂？他还有什么其他的独特之处吗？

梁灏有三个儿子。为什么我们在谈到《三字经》里面人物的时候一般不讲他有几个儿子呢？而在讲到梁灏的时候为什么要讲他三个儿子呢？因为梁家父子在历史上留下了一个美谈。他的长子梁固，公元 985 年出生，正是梁灏考取状元的那一年，生了这么个儿子。梁固 1017 年去世。这个人也是少有大志，而且非常崇尚节操。他在父亲去世以后，受父辈的福荫，被赐为进士出身。丧期满了以后，他主动参加科举考试。在 1008 年考取了状元。这样的父子在中国历史上并不多见。梁固为人爽直，善于和人交往，慷慨好施，尚义气，是个非常有治国治民之才的人。他判案非常公正，所以当时梁固有个外号叫"平审"，即非常公平地审理案件。梁固去世时 33 岁，梁固没有后代。宋朝的这一对父子，举世罕见。宋金以后，曾经为他们修建过父子状元的牌坊，是木质结构。到了清朝康熙五十八年，兖州太守奉旨重修牌坊，上面有一副对联比较有名："是父是子同作状头千载少，为卿为相流传历代一门多。"

像梁灏、梁固这样的父子状元，在中国历史上确实罕见。也许正因为此，梁灏才被收入《三字经》中，虽然年龄上弄错了，但也让我们了解到一对父子状元的故事。虽然《三字经》认为，学习不分年龄，但年幼而聪明好学的，就更加被人们称赞。那么，《三字经》中所提到的"莹"和"泌"，又是怎样的两个神童呢？

尽管《三字经》告诉我们，学习不要过多地去顾虑年龄，即使由于种种无奈错过了最佳的学习年龄，也并不意味着就学无所成，更不意味着就有足够的理由来放弃学习。但是，中国传统意义上毕竟都很羡慕那些少年神童的，按照教育学的一般原理，人确实应该在小时候就开始学习。人的每一个阶段都应该有他应该做的事情，而在少年时代，首要的肯定是学习。所以，《三字经》接下来又给我们讲述了两个幼年开始就学有所成的人物："莹八岁，能咏诗；泌七岁，能赋棋。彼颖悟，人称奇，尔幼学，当效之。"这里讲的两个人，一个八岁就能够吟诗了，一个七岁就能够根据一盘棋来赋诗，非常机智。

"莹八岁"的"莹"就是北魏的祖莹，字元珍，范阳人，他的父亲是中书侍郎，巨鹿太守。所以他出身于一个官宦家庭。祖莹八岁的时候能够背诵诗书，12 岁的时候已经是一个很有名的人。他喜欢学习，而且对读书达到一种迷恋的程度。迷恋到什么程度？他的父母怕他读书读出病来，所以禁止他读书。父母一般都觉得孩子不够用功，而他的父母觉得这孩子太用功了，怕他读书读出病。所以，他经常藏着蜡烛，而且还要把照顾他的仆人给赶走，趁父母睡着之后点起蜡烛，用衣服遮盖住窗户偷偷地读书。他害怕漏光，怕家里的长辈，怕家里的用人看到。但事情最终还是被传开来了，大家觉得这个孩子不一般。当时都叫他"圣小儿"。他特别喜欢写文章。有一些官员，就经常感叹，说这个孩子的才华很多大人都达不到，最终一定会大有作为。当时有一位中书博士叫张天龙，在讲解《尚书》的时候，学生都聚集来听。但是祖莹因为在家里熬夜读书读得很疲倦，才突然想起要去听课，结果，情急之下拿错了一部书，没有拿《尚书》就去听课了，到了那边才发现书拿错了。那时候他毕竟还是个小孩子，岁数不大，又怕这位中书博士，就不敢再回去拿。但是，当这个博士问到他的时候，他当众背诵了好几篇《尚书》中的文章，一字都没有遗漏。所以，他是凭借着自己的勤学，成为一名学士。

而"泌七岁，能赋棋"，说的就是唐朝的一代名臣——李泌。李泌是公元722年生人，到公元789年去世。他在幼年的时候就非常聪明，又能写文章，还能写赋，同时还非常喜欢下棋，当时就有神童之称。《三字经》里边讲李泌能赋棋的故事就发生在他七岁的时候。这个故事后来在哪里流传啊？不在读书界流传，而是在围棋界流传，中国好多从小学围棋的人都知道有个神童叫李泌。这个故事说起来和唐玄宗有关。唐玄宗是一个多才多艺的风流天子。有一夜他突发奇想，要遍观天下的贤士。他就亲自坐在一个高楼上，下令在下面摆了好几桌酒席，广设座位，召集了儒、道、释三教的各种高人讲论学问，以比较三教的优劣。李泌有一个表哥，这个表哥当时也只有九岁，也很厉害，就穿上了大人的衣服，混在人群当中。开讲以后，这个九岁的孩子十分敏锐，辩论精微，满座皆惊。大家一看，怎么是一个九岁的小孩？大家惊呼神童。唐玄宗在上面看到了，也很高兴，就把他召到楼上来，问他："你太聪明了，才九岁，你的家人和你的亲戚当中是不是还有你这样的人啊？是不是还有像你这样博通经义的人啊？"这个表哥回答："我在我家不算什么，我还有个表弟叫李泌，才七岁，但是已经遍观经史，而且心思敏捷，比我强多了。"唐玄宗一听："居然还有一个小神童，我一定要见见他。"就命令宫里的宦官把李泌带到宫中来。但是，唐玄宗怕走漏这个消息，担心李泌的家里人会给李泌恶补课，所以就叮嘱这个宦官："你把李泌接来，但是你别让李泌家人知道。"第二天早晨，太监就来到李泌家门口，像做贼一样，找一个角落先藏起来。过了一会儿，李泌出来玩儿了。这个太监就扑上去，把李泌一把抱住，扛起来就跑。李泌家人吓坏了，但是他们家也是见多识广，

李泌（公元722年—公元789年），唐大臣，字长源。多谋略。他生活于唐玄宗、肃宗、代宗、德宗四朝，为平定安史之乱、讨伐李怀光、李希烈叛乱，以及联合回纥、大理、天竺等国抗击吐蕃入侵，在军事、政治、外交诸方面做出了卓越贡献，在治理国家上也颇多建树。

一看抢李泌的是个宫里的太监，就放下心来。

只有七岁的李泌，突然被一个陌生人抱住，还被扛起来跑离家门，他会有什么反应呢？而小李泌见到唐玄宗之后，又是如何以棋为诗，表现出他的不同凡响之处呢？

李泌这孩子被这样扛在肩上，不声不响。一般的孩子都会喊救命啊，他不，他静静地看这个太监到底想干吗，他在跟太监斗心眼。到了宫中，唐玄宗正好跟燕国公张说在下棋。李泌被扛进来了。玄宗一看李泌，唇红齿白，还是个孩子，很可爱，当时就非常喜欢，就命令李泌："你不是看到我和燕国公张说在下棋吗？你就吟诗一首，而且要咏出四个关键的字：方、圆、动、静。"这道题很难，一盘棋当然有动静，有方圆，但要即兴赋诗把它吟出来却很难。而张说一看李泌，也很喜欢他，怕孩子一下子赋不出诗来，让皇上不高兴，对孩子也不好，所以他就带头做了一首示范诗，叫什么呢？"方如棋局，圆若棋子。动若棋生，静若棋死。"张说做了一首，他觉得自己做得很好，然后对李泌讲："诗就是这种做法，要扣住方圆动静的这个意思，而不是以物咏物。你不要去描写这个棋盘是一块方的，棋子是一个圆的，棋盘木头做的，棋子玉石做的，这个不行。"李泌听了，歪着头看看燕国公，双手叉腰，不慌不忙，也吟了一首："方若行义，圆若用智。动若骋材，静若得意。"这首诗明显比张说的诗高明啊。"方若行义"，就是在仗义行为的时候应该堂堂正正。我们原来讲"智圆行方"，就是人的智慧要很周全，要进退舒缓，人的智慧不能是直来直去的，直来直去这是憨，不是智慧，但是人的行为要堂堂正正，方方正正。"动若骋材"，就是动的时候就像人的才华横溢，才华横溢的时候人要动，要飞扬。"静若得意"，当人一旦领悟到意思的时候，当然也可以把它理解成得意扬扬的得意，人一旦真正看透了含义的时候，或者取得成功的时候就要很静，因为这是另外一种境界。如果这首诗是张说做的，张说的诗是这个七岁孩子做的，还差不多。所以，玄宗一听大喜，马上就称赞李泌才思敏捷，以皇帝之尊把李泌揽在怀里爱抚。然后命令太监，赏了很多果子给这个小孩子，让太监带着这个小孩子在皇宫里边随便玩儿。李泌在皇宫里玩儿，不回去了。家里人急了，就开始琢磨，有点担心了。只有李泌的爸爸毫不在意，李泌的爸爸讲："如果别的孩子走丢了那得找，但是如果是泌儿根本不妨事啊，他碰到什么事情都会随机应变，安然回来的。"果然，过了两个月，唐玄宗突然想起来："这李泌我再喜欢也不能不让他回家啊！"就命令太监把李泌送回家，而且传达了自己的旨意："这个孩子太了不起了，但是年龄太小，我不能给他官职，但是我相信，这个孩子长大了以后一定是国家的栋梁。"唐玄宗是一个长寿天子，他终于等到这个孩子后来成为他的重要谋臣。在"安史之乱"当中，在唐朝性命攸关的时候，正是这位李泌为唐肃宗出谋划策，制定方略，为平叛立下了大功。李泌后来被封为邺（yè）侯。这就是李泌的故事。

《三字经》在讲完了两个神童之后，又列举了蔡文姬和谢道韫两个女子的故事。蔡文姬和谢道韫虽然是中国历史上有名的才女，但是，在中国传统观念中，女子无才便是德。那么，代表着中国传统思想的《三字经》，为什么会收录两个女子的故事呢？

《三字经》之所以能流传那么久，除了它符合我们传统文化的基本要求和精义以外，一定还有传统文化当中特殊的成分。也就是说它符合我们的传统，但是在某种意义上又高出我们的传统，只有这样的著作才会流传百世。

接下来，《三字经》用宝贵的篇幅赞扬了勤奋好学的两位女子。当然，作者举两位才女的例子，主要目的是为了激励男孩子，连女孩子都这么刻苦，你们这些男人怎么能不发奋呢？"蔡文姬，能辨琴；谢道韫，能咏吟。彼女子，且聪敏，尔男子，当自警。"

蔡文姬，很多人都知道，因为有《胡笳十八拍》这样的故事。她出生于大约公元 177 年，去世的年份不详。她是汉末著名的琴家。史书说她博学而有才辩，妙于音律。蔡文姬的父亲蔡邕是曹操很少的几位挚友之一。曹操朋友不太多，但是蔡邕（yōng）是他的朋友。蔡文姬 16 岁的时候嫁给了河东卫氏大家族，她的丈夫叫卫仲道。卫仲道是一个大才子，夫妻两个非常恩爱。但是，好景不长，不到一年，卫仲道吐血身亡，蔡文姬还没来得及生下一儿半女，丈夫就死了。当时蔡文姬实际上只有十七八岁，而卫家的人嫌这个儿媳妇克死了自家的儿子，不能正待她。所以才高气傲的蔡文姬不顾蔡邕的反对，毅然回到娘家。一个女性有这样的自尊，这在当时是不多见的。后来，她的父

亲死于狱中，蔡文姬经历了丧夫、丧父的苦难以后，又在 23 岁那一年被匈奴掠去。到匈奴以后，被匈奴左贤王纳为王妃。他们共同生活了 12 年，并为左贤王生儿育女，同时她还学会了吹奏胡笳，还学会了异族的语言。建安十三年，也就是公元 208 年，曹操得知蔡文姬流落在南匈奴后，立即派一个叫周近的使者，携带黄金千两，白璧一双，把蔡文姬赎了回来。这一年蔡文姬 35 岁，尔后曹操又做主，把她嫁给了校尉董祀。

　　蔡文姬博学多艺，但却命运坎坷。在经历过丧夫、丧父，又被匈奴掠走的悲惨遭遇之后，她的第三次婚姻，是否能美满幸福呢？而蔡文姬一生所经历的离乱忧伤，对于她的文学艺术创作，又起到了什么作用呢？

　　蔡文姬嫁给董祀后，她的婚姻生活起初并不幸福。蔡文姬饱经离乱忧伤，经常神思恍惚。而董祀正值鼎盛年华，一表人才，并且博通经史，擅长音律，自视甚高，对蔡文姬自然有一种不满意，觉得她配不上自己。按照古人来讲，她已经是二嫁之身，嫁给他是第三次。但是，由于是丞相曹操指定的婚姻，董祀也不敢反抗，只好接纳了蔡文姬。因此，两个人的婚姻生活并不幸福。然而，第二年，董祀却犯了

死罪，蔡文姬在那个时候蓬首跣（xiǎn）足，就按照当时的风俗去求情。实际上，还有一个意思，愿意代丈夫而死。蔡文姬跑到曹操的丞相府，为对自己也并不怎么好的丈夫去求情。曹操看在和蔡邕的交情上，又想到了自己这位侄女的悲惨身世，赦免了董祀。从此以后，董祀感念妻子的恩德，对蔡文姬刮目相看，觉得这个女性不一般，夫妻双双也都看透了人间的世俗，所以溯洛水而上，居住在风景秀丽、林木茂盛的山区。若干年以后，曹操打猎经过这个山区，还去探望过这对夫妻。董祀和蔡文姬还生了一儿一女，他们的女儿后来嫁给了司马懿的儿子司马师。这就是蔡文姬的经历。

蔡文姬一生三嫁，命运坎坷，但是她博学多才，音乐天赋自小过人。她六岁隔墙听父亲在大厅中演奏。她隔着墙听出父亲的琴有一根弦断了。她隔着墙怎么能听出断了一根弦？父亲很怀疑女儿是不是蒙的，就有意把第四根弦弄断，蔡文姬马上说："老爸，第四根弦又断了。"所以她长大以后，琴艺超人。她在匈奴日夜思念故土，回到汉朝以后，就参照胡人的声调结合自己悲惨的经历创作了哀怨惆怅、令人为之肠断的《胡笳十八拍》。嫁给董祀以后，又因感伤而作了《悲愤诗》，这是中国诗歌史上第一首自传体的五言长篇叙事诗。当然，也有学者认为，这个《悲愤诗》是伪作，但人们到现在还是愿意相信这是蔡文姬的作品。没有亲身的经历，没有这种感同身受、刻骨铭心的离乱、伤感，要模仿，谈何容易？相传，当蔡文姬为董祀求情的时候，曹操看到蔡文姬在严冬时节蓬首跣足，心中大为不忍，命人取过头巾、鞋袜为她穿上。在董祀还没有被释放之前，一直把她留居在自己府中。曹操也是个读书人，在一次闲谈当中，曹操表示很羡慕蔡文姬家里的藏书。蔡文姬告诉曹操，自己家里原来藏了 4000 卷书，几经战乱，已经遗失。曹操流露出十分痛惜的表情。但是，蔡文姬又接着告诉曹操，这 4000 卷里她能背出 400 篇，曹操大喜过望。蔡文姬住在曹操家里的时候，凭着记忆默写出被战火毁坏掉的 400 篇文章，可见蔡文姬的才气之高。

《三字经》提到两位有才华的女性。那么，另外一位是谁呢？她的故事究竟是什么样的呢？请看下一讲。

谢道韫[1]，能咏吟。彼女子，且聪敏，
尔男子，当自警。唐刘晏[2]，方七岁，
举[3]神童，作正字[4]。彼虽幼，身已仕，
尔幼学，勉而致[5][6]，有为者，亦若是。
犬守夜[7]，鸡司晨[8]，苟不学[9]，曷为人[10]。
蚕吐丝，蜂酿蜜，人不学，不如物。
幼而学，壮而行[11]，上致君[12]，下泽民[13]。
扬名声[14]，显父母[15]，光于前[16]，裕于后[17][18]。
人遗子[19]，金满籯[20]，我教子，惟一经[21]。
勤有功[22]，戏无益[23]，戒之哉[24]，宜勉力[25]。

1 谢道韫（yùn）：晋代女诗人。

2 刘晏：唐代著名理财家。

3 举：选拔。

4 正字：秘书省中主管文字校正的官员。

5 勉：努力。

6 致：达到。

7 守夜：在晚上守卫门户。

8 司晨：早上鸣叫报晓。

9 苟：假如。

10 曷：怎么。

11 壮：成年。

12 致君：辅佐君王。

13 泽民：造福百姓。

14 扬：显扬。

15 显：荣耀。

16 前：指祖宗。

17 裕：惠泽。

18 后：指子孙。

19 遗（wèi）：赠予；送给。

20 籝（yíng）：竹箱。

21 经：经典著作。

22 功：成果、收获。

23 戏：游戏玩耍。

24 戒：警惕。

25 哉：语助词，表示感叹。

　　《三字经》之所以能够流传七八百年，成为儒家思想的启蒙教材，正是因为它代表的是儒家思想中的精华部分。《三字经》在列举了许多勤学故事之后，最后又特别强调努力学习的重要意义。对于这部分内容，应该怎么解读呢？

《三字经》一反中国传统中"女子无才便是德"的观念，列举了蔡文姬和谢道韫两位才女的故事。 在上一讲中，已经讲了蔡文姬坎坷的命运和卓越的才华。那么，谢道韫是什么人？她有什么超人的才华？她为什么能与蔡文姬齐名？

《三字经》在有限的篇幅中赞扬了两位非常有才学的女子，一位是我们很熟悉的蔡文姬，而另一位就是我们大家相对比较陌生的谢道韫。

谢道韫是东晋时期著名的才女。有一句话叫"王谢之家"。在中国古代，"王谢之家"是用来形容最权贵的门第，这样的门第既要有大官，而且这个大官还必须有功于这个时代。"旧时王谢堂前燕，飞入寻常百姓家。"王谢之家和寻常百姓之家是对着讲的。谢道韫就是"王谢之家"里面谢家的女孩子。

东晋以后，历代都非常称赞她咏雪的才华。她小的时候，有一天，漫天飘雪。他的叔父谢安就让家里的子侄们，描写一下这漫天的雪花。这是中国传统世家大族教育子女的一种常用手法，培养子女触景生情，培养子女对世间万物有非常敏感的感触。

谢道韫 东晋女诗人。陈郡阳夏（今河南太康）人。一代名将谢安之侄女，大书法家王羲之之子王凝之之妻。谢道韫精明、聪慧、能辩。作品传世很少。

谢家的子侄都是以文采风流著称的，但是，谢安的侄子——后来也很有名气的谢朗，这次表现不怎么样。他怎么比喻呢？"撒盐空中差可拟。"意思是雪花啊，就好比是撒了一把盐在空中。谢道韫在旁边听不下去，随即吟道："未若柳絮因风起。"她把这个漫天的飘雪比喻成柳絮，因为一阵风把柳絮吹得弥弥漫漫，依天飘扬。那种雪的氤氲（yīnyūn）满目而去的动态，都被她形容出来了。这就是《三字经》谢道韫"能咏吟"的典出。

464

我们大家对于谢道韫，远不如对蔡文姬那么熟悉。但是谢道韫的才华，确实可以和蔡文姬齐名。蔡文姬六岁能辨琴，而谢道韫自幼善吟诗。但是，蔡文姬的命运坎坷，一生三嫁。那么，同为才女的谢道韫，她的婚姻会怎么样呢？

谢家和王家是齐名的世家大族。我们前面提到，谢安是谢道韫的三叔，谢玄是谢道韫的同胞兄弟，谢灵运是谢玄的孙子，所以，谢道韫是谢灵运的姑奶奶。中国传统讲究门当户对，谢道韫的婚姻当然也是如此，所以她嫁给了鼎鼎大名的王羲之的儿子王凝之。谢道韫的父母很早就去世了，所以，谢道韫的婚姻是由她的叔父包办的。但是，这个婚姻根本不幸福。门当户对并不能保证婚姻的幸福。王凝之信道教，他整天在家烧香拜神，把家里搞得烟雾缭绕。心高气傲、才华出众的谢道韫嫁给这么一位王家子弟，心里非常郁闷，非常懊恼。婚后不久，她就找了一个借口回娘家住了。这就明显看出，她对丈夫的不满。但是，谢道韫很欣赏自己的小叔子王献之。王献之是书法大家，当然王献之绝不仅仅是书法大家。因为魏晋南北朝流行清谈，当时的一些卿贵之家见面，先要就一个话题大家清谈一番，比比学养，比比聪明度，比比反应度。有一次，王献之在跟别人清谈的时候理屈词穷，他清谈水平明显不如他的书法水平。谢道韫就在里屋听着，因为不能出面去清谈，她听到王献之处于下风以后心疼这个小叔子，就派丫头出去传话，问能不能让她出来替小叔子参加清谈。谁能拒绝呢？大家也知道这是谢家的闺女啊。于是搬出座椅来，前面挂上青布幔，谢道韫坐在青布幔中，接过王献之已经落败的话题开始清谈，把对方谈得落花流水。这一段故事见于《晋书》。

谢道韫的婚姻不美满，她的人生结局也很悲惨。孙恩起来造反的时候，有一次兵临会稽城下。王凝之既不发兵，也不逃，也不躲，就

王献之（公元 344 年—公元 386 年），东晋书法家、诗人。字子敬，祖籍山东临沂，生于会稽（今浙江绍兴），王羲之第七子。官至中书令，人称王大令。与其父并称为"二王"。工书法，兼精诸体，尤擅行草。

在那里烧香。他信奉道教，希望能够有天神降下神兵来帮忙。城被攻陷了，王凝之和几个儿子全部被害。谢道韫这位女性怎么样，大家知道吗？在乱战之中手杀数人，所以谢道韫是文武双全啊。最后，她与年仅几岁的外孙一起被俘。这个时候，谢道韫大声地抗争："事在王门，何关他族？"意思就是，不要滥杀无辜，来进攻这里不就是因为王家吗？王家是世家大族，谢道韫到这一刻还是按照中国传统的伦理把自己看成是王家的人。这事情冲着王家来的，跟别的家族无关。孙恩也很早就听说过谢道韫的才名，于是把谢道韫和她的外孙一起释放了。但是，晚年的谢道韫非常凄惨。

> **《三字经》在列举了两位才女的故事之后，最后又讲了唐朝刘晏的故事。刘晏也是历史上的一个著名人物。他少年聪慧，七岁就做了一个官，官职为太子正字。那么，太子正字是一个什么官职？刘晏又有什么特殊的才能呢？**

《三字经》讲了各种各样有关勤奋读书的故事，叙述了两位才女的故事，之后，接着介绍了神童刘晏的所为。"唐刘晏，方七岁，举神童，作正字。彼虽幼，身已仕，尔幼学，勉而致，有为者，亦若是。"

刘晏出生大概是在公元718年，去世是公元780年，字士安，曹州南华人，官至吏部尚书、同平章事，是中国古代鼎鼎大名的理财家。刘晏七岁因为有神童之名被大家举荐。八岁的时候，唐玄宗封泰山，他献上一篇颂，所以就有了官职，叫太子正字。根据记载，刘晏十岁那年，有一天唐玄宗登上勤政楼，底下是鼓乐喧哗，很多人在表演杂技，其中最著名的表演者是王大娘，怎么表演呢？在高百尺的一根竹竿上表演。刘晏被唐玄宗叫来，唐玄宗身边有好多神童，他特别喜欢有才华的小孩子。唐玄宗就说："正字，你能正出来几个字啊？"正字主要是校对，找

> **刘晏** 刘晏（约公元718年—公元780年），唐理财家。字士安，曹州南华（今山东菏泽西北）人。历任吏部尚书、同平章事、领度支盐铁转运租庸使等。
>
> 刘晏少年时期十分勤学，才华横溢、名噪当时。

出错字。刘晏回答说："天下的字都是正的,只有朋字不正。"朋友的"朋",都是往左,有点歪的。这个话说得唐玄宗非常惊讶! 为什么? 了解唐朝历史的人都知道,这句话是一语双关,兼指朋党。当时唐朝朋党之风盛行,这帮人跟那帮人闹,朋党怎么会正呢? 朋党都是各执一边的嘛,都是为了个人或小集团利益不顾正义,怎么会公正呢? 所以刘晏如此回答。唐玄宗也好,杨贵妃也好,都非常喜欢刘晏。他少年时期十分勤学,很早就才华横溢,名噪当时。《三字经》也因此把他树立为少年才俊的学习榜样。

刘晏小小年纪便如此才华横溢,那么,他长大之后会怎么样呢? 我们知道许多小神童长大之后,好像并无过人之处。那么,神童刘晏后来是否一直才华超群? 他小小年纪就有了官职,那么,长大之后官至何位? 他的一生,又是否会一帆风顺呢?

后来,刘晏在唐肃宗时代当过刺史,当过太守,当过户部侍郎,在"安史之乱"中,对唐王朝做出了重大的贡献。刘晏在任期间办成三件大事,这在中国历史上很重要,对于唐朝后期尤其重要。第一件,改革漕运。第二件,改革盐政。因为盐是老百姓都要消费的,盐税是国家重要的税收来源。盐政要是出了问题,国家的经济就会出问题。第三件,改革财政体系,建立全国性的经济情报网。他建立了一个体系,这样全国的经济状况随时可以被掌握。刘晏任人唯贤,精明强干,忠于职守,廉洁奉公,这是难能可贵的。作为神童的刘晏,在成长起来以后培养了一大批在中国历史上很重要的理财专家,所以他能够指挥庞大的财政系统。"如臂使指",就好像手臂指挥手指头一样,运动自如地指挥财政系统。他后来是遇害的,但是他遇害之后,人们发现,掌握财政、保证整个唐朝正常运行的基本都是他培养和提拔的人。刘晏非常勤奋,他把读书的勤奋一直延续到他的工作当中,延续到他的为官当中。历史上评价他："为人勤力，事无闲剧，必一日中决之。"事情不过夜，不管这个事情难度多大，不管这个事情是缓的还是急的，他当天一定设法给解决掉。他处事非常有长远眼光，所谓"成大计者，不可惜小费，凡事必为永久之虑"。意思是说，一个人要做事，不要去算小账，一定要考虑长久。

刘晏为了挽救唐朝的倾危，为了改善人民生活，几十年如一日孜孜不倦。他上朝的时候骑马，心里还在盘算各种账目，下朝以后经常批改公文到深夜。他生活俭朴，饮食非常简单，他不要侍者。这个在高官当中是罕见的。当他死的时候，他所有的财产是两车书，几斗麦子，其他什么都没有。在官吏贪暴的唐朝晚期，一位理财大臣，一位掌管唐朝经济命脉的大臣如此清廉，令人叹服。

刘晏少年得志，七岁为官，聪慧超群，才华横溢。最难得的是，他成人之后，仍然勤奋学习，兢兢业业，为国家社稷尽职尽责。身为掌管财政的高官，却一身正气，两袖清风。但如此清廉，如此勤政的刘晏，为什么会惨遭迫害呢？

在专制制度下，功高犯忌，廉洁遭妒，正直的人难免蒙冤。刘晏也没有能够逃脱这个命运。公元779年，唐代宗死，唐德宗即位。唐德宗性情暴躁，猜忌无度，轻举妄动，刚愎自用。他任用当时一些奸相奸臣，刘晏就是被他们进谗言加害致终。先是被贬出京师，后来被唐德宗下诏处死。史籍上讲，刘晏无罪被杀，大家都为他喊冤。后来唐德宗杀掉了进谗言的杨炎。

《三字经》在讲完了刘晏的故事以后，以动物作比喻，进一步强调学习对人的重要性。"犬守夜，鸡司晨。苟不学，曷为人；蚕吐丝，蜂酿蜜，人不学，不如物。"这里讲学习的意义，根本不需要太多的解释，这些小动物都在尽自己的本分,靠自己的本分来体现自己的价值。同时,也为他者做贡献,提供服务,学习难道不也是有这样的意义吗?《三字经》后面的六个字,"人不学,不如物",意思就是一个人不学习的话,还不如这些动物呢。这里边还有一层深意:这些动物的本领在古代人看来,是一种本能。当时古人是这么看的,狗生下来它就是会看夜的;公鸡生下来它总归会打鸣的;蚕,总归要吐丝的;蜜蜂,总归要酿蜜的,它们都是本能。而人呢?假如不学习的话,除了消耗恐怕就谈不上什么贡献。所以,人不学习还真不如那些动物。

"幼而学,壮而行,上致君,下泽民。扬名声,显父母,光于前,裕于后。"这是一段传统的说教,在传统文化当中,这段话被看作天经地义。幼年的时候你应该学习,壮年的时候你应该起而实践,这样才能"上致君",即为皇帝服务;"下泽民",也可以使老百姓得到福泽。就你本身来讲,也可以"扬名声",使天下人都知道你;你可以"显父母",父母也因为你得到荣光。因为在中国古代,只要一个人当官了,其父母、祖、曾祖会被封为不同的官职。哪怕祖父、曾祖父都已经过世了,但是同样会因为子孙后代的成功获得荣光。"光于前,裕于后"嘛。

这一段话传统气息的确非常浓厚,但是我们绝对不认为这段话过时了。在这段话里把"上致君"改成"上致国"就可以,今天没有皇帝,没有君主,但是每一个人总有他认同和归属的国家、民族,你如果幼年好好学习,长大后你还是可以为这个国家、民族做出一些贡献的,也同样能惠及他人和后代的。

《三字经》可分三个部分,第一部分是讲教育的必要性,和应该学习的内容;第二部分讲了中国几千年的文明史;第三部分以众多勤学的例子,强调了努力学习的重要意义。《三字经》在最后的结束语中强调,给孩子留下多少金银财宝,都不如教子一经。那么,这个"经"指的是什么呢?这个典故,又出自什么地方呢?

《三字经》最后还是用一个故事作为结尾:"人遗子,金满籝(yíng),我教子,惟一经。"别人送给孩子的是满满一筐黄金、钱财,我交给孩子的只不过是一部经书,这部经书不一定仅指《三字经》,而是泛指中国传统知识的结晶,这些结晶以书册的形式,以书卷的形式穿越历史,留存今天。这里的典故出自汉代的韦贤。

韦贤,公元前148年出生,公元前67年去世,西汉的大臣,字长孺,是鲁国邹人,跟孟子是同乡。他非常质朴,而且非常善于学习,精通《诗经》《礼记》《尚书》,当时就号称邹鲁大儒,是一个非常著名的学者。他当过博士,当过给事中,而且进宫为皇帝讲解过《诗经》。公元前71年,他曾经当过丞相,并且被封为扶阳侯,食邑700户。公元前67年,以老病辞官。中国历史上,丞相一职起码在汉代,有退休制度。一般来说,除非是被杀,或者被贬职,丞相是不退休的。丞相因为年老退休了,主动请辞是从韦贤开始的。

韦贤在当时由于学识渊博,很早就得到大家的交口赞誉。韦贤在中国文化史上有一个突出的贡献,就是对《诗经》的研究。研究《诗经》的学派当中有一派叫韦氏学,就是韦贤对《诗经》的解释。他对《诗经》的理解形成了自己独到的风格,汉昭帝也就因此拜韦贤为师,向他学习《诗经》。到了公元前71年,韦贤已经70多岁了,汉宣帝拜其为丞相。他在当了五年丞相之后,以老病为由,请求退休。汉宣帝同意了,因为觉得这位大儒年事已高,就准他辞职,并赏给他100斤黄金。韦贤去世,他还有个谥号叫节侯,所以他的地位是很高的。韦贤有四个儿子,长子韦方山,曾经当过县令,很早就去世了。次子当过太守。第三个儿子,留在邹县为父亲守坟。小儿子韦玄成又以才学超群受到皇帝的重用,再次担任丞相。邹县留下了一个谚语,就是"遗子黄金满籝,不如教子一经"。韦贤当过丞相,当过帝师,退休的时候皇帝又赏赐给他100斤黄金,但是他都没有留给儿子。这些钱他用来教育子孙,给子孙创造一个必要的,或者说是和别人相比略好的一些读书条件。也正因为如此,他的小儿子又当上了丞相。在传统当中,这当然是件了不起的事情。在《三字经》作者的眼里，或者在中国的文化传统当中，知识就是力量，这句话是得到一致公认的。这句话并不仅仅是西方的谚语，实际上也存在于中国传统文化的精神当中。

韦贤去世后，安葬在他的故乡，也就是现在的邹城市西韦水库东岸。一直到1949年以前，韦贤的墓还能够辨认，今天已经夷为平地了。

韦贤久居相位，退休时皇帝又赏赐他百斤黄金。但韦贤清楚地认识到，如果他把这些财富留给子孙享用，金山银山也有吃光花完的那一天。所以，他只是用这些钱，为子孙创造了更好的学习条件，让子孙获得了更多的知识。这才有了后来父子丞相的美谈。也因此留下了"遗子黄金满籯，不如教子一经"的谚语。那么，这条谚语，对于我们今天的现代人有什么特别的意义呢？

这样的观点在今天特别有教育意义。我们现在都在忙碌，我们现在都在奔波，都在面对各种竞争。很多人都讲，留下一点东西，留下房子，留下财产，留下一笔钱，希望孩子将来能够生活得更好，这无可厚非。但是，与其给孩子留下有形的财产，不如给孩子最好的教育，不如给孩子留下知识。或者，至少别忘记在给孩子留下财富的同时，也要使他们受到真正的良好教育，成为拥有知识的人。孩子是花朵，但是，也必须是健康的花朵。

《三字经》讲到这里，在最后又加了四句。这四句放在最后实际上是一种语重心长的教导，或者说是谆谆嘱咐："勤有功，戏无益，戒之哉，宜勉力。"

"勤有功"，不是说勤奋是有功劳的，是指只要勤奋，总归会有所成；只要耕耘，总归会有所获；只要努力，总归会有所得。

"戏无益"，这个"戏"并不是泛指所有的游戏，而是指游戏、荒废人生之"戏"。置人生于不良的游戏当中，光阴不仅是被虚度、浪费，人生本身也将受到摧残，受到玷污。

"戒之哉，宜勉力"，是希望人们在学习的过程中，在成才的过程中能够持有一种戒惧之心，能够时刻牢记学习的重要性、学习的必要性，能够时刻以传统中的那些勤奋学习、刻苦学习、善于学习的人物作为自己的榜样。所以这个"戒"是戒惧之"戒"。大家要牢牢记住，人还要怀有一种戒惧，这种戒惧就是倘若不学习，倘若不勤奋，倘若让光阴虚度的话，就会成为连动物都不如的人。"宜勉力"，就是都应该勤勉，都应该努力。

古语讲，"书山有路勤为径，学海无涯苦作舟"。其实，人生就是一座山，人生就是一片海，我们必须经历过勤苦才会有快乐，才会有成功，才可以有权利期盼某种收获。在《三字经》当中，提到过很多勤学的故事，而我想，《三字经》所要告诉大家的，特别是它的最后一部分，谆谆嘱咐、语重心长地提醒大家的，只不过是这样一句话："莫等闲，白了少年头，空悲切。"让我们永远牢记这句话。

《三字经》全文（注音）

rén zhī chū	xìng běn shàn	xìng xiāng jìn	xí xiāng yuǎn
人 之 初	性 本 善	性 相 近	习 相 远
gǒu bú jiào	xìng nǎi qiān	jiào zhī dào	guì yǐ zhuān
苟 不 教	性 乃 迁	教 之 道	贵 以 专
xī mèng mǔ	zé lín chǔ	zǐ bù xué	duàn jī zhù
昔 孟 母	择 邻 处	子 不 学	断 机 杼
dòu yān shān	yǒu yì fāng	jiào wǔ zǐ	míng jù yáng
窦 燕 山	有 义 方	教 五 子	名 俱 扬
yǎng bú jiào	fù zhī guò	jiào bù yán	shī zhī duò
养 不 教	父 之 过	教 不 严	师 之 惰
zǐ bù xué	fēi suǒ yí	yòu bù xué	lǎo hé wéi
子 不 学	非 所 宜	幼 不 学	老 何 为
yù bù zhuó	bù chéng qì	rén bù xué	bù zhī yì
玉 不 琢	不 成 器	人 不 学	不 知 义
wéi rén zǐ	fāng shào shí	qīn shī yǒu	xí lǐ yí
为 人 子	方 少 时	亲 师 友	习 礼 仪
xiāng jiǔ líng	néng wēn xí	xiào yú qīn	suǒ dāng zhí
香 九 龄	能 温 席	孝 于 亲	所 当 执
róng sì suì	néng ràng lí	dì yú zhǎng	yí xiān zhī
融 四 岁	能 让 梨	弟 于 长	宜 先 知
shǒu xiào tì	cì jiàn wén	zhī mǒu shù	shí mǒu wén
首 孝 弟	次 见 闻	知 某 数	识 某 文
yī ér shí	shí ér bǎi	bǎi ér qiān	qiān ér wàn
一 而 十	十 而 百	百 而 千	千 而 万
sān cái zhě	tiān dì rén	sān guāng zhě	rì yuè xīng
三 才 者	天 地 人	三 光 者	日 月 星
sān gāng zhě	jūn chén yì	fù zǐ qīn	fū fù shùn
三 纲 者	君 臣 义	父 子 亲	夫 妇 顺
yuē chūn xià	yuē qiū dōng	cǐ sì shí	yùn bù qióng
曰 春 夏	曰 秋 冬	此 四 时	运 不 穷

曰南北	曰西东	此四方	应乎中
曰水火	木金土	此五行	本乎数
曰仁义	礼智信	此五常	不容紊
稻粱菽	麦黍稷	此六谷	人所食
马牛羊	鸡犬豕	此六畜	人所饲
曰喜怒	曰哀惧	爱恶欲	七情具
匏土革	木石金	丝与竹	乃八音
高曾祖	父而身	身而子	子而孙
自子孙	至玄曾	乃九族	人之伦
父子恩	夫妇从	兄则友	弟则恭
长幼序	友与朋	君则敬	臣则忠
此十义	人所同	凡训蒙	须讲究
详训诂	明句读	为学者	必有初
小学终	至四书	论语者	二十篇
群弟子	记善言	孟子者	七篇止
讲道德	说仁义	作中庸	子思笔

中不偏 庸不易 作大学 乃曾子
自修齐 至平治 孝经通 四书熟
如六经 始可读 诗书易 礼春秋
号六经 当讲求 有连山 有归藏
有周易 三易详 有典谟 有训诰
有誓命 书之奥 我周公 作周礼
著六官 存治体 大小戴 注礼记
述圣言 礼乐备 曰国风 曰雅颂
号四诗 当讽咏 诗既亡 春秋作
寓褒贬 别善恶 三传者 有公羊
有左氏 有穀梁 经既明 方读子
撮其要 记其事 五子者 有荀扬
文中子 及老庄 经子通 读诸史
考世系 知终始 自羲农 至黄帝
号三皇 居上世 唐有虞 号二帝
相揖逊 称盛世 夏有禹 商有汤

周文武	称三王	夏传子	家天下
四百载	迁夏社	汤伐夏	国号商
六百载	至纣亡	周武王	始诛纣
八百载	最长久	周辙东	王纲坠
逞干戈	尚游说	始春秋	终战国
五霸强	七雄出	嬴秦氏	始兼并
传二世	楚汉争	高祖兴	汉业建
至孝平	王莽篡	光武兴	为东汉
四百年	终于献	魏蜀吴	争汉鼎
号三国	迄两晋	宋齐继	梁陈承
为南朝	都金陵	北元魏	分东西
宇文周	与高齐	迨至隋	一土宇
不再传	失统绪	唐高祖	起义师
除隋乱	创国基	二十传	三百载
梁灭之	国乃改	梁唐晋	及汉周
称五代	皆有由	炎宋兴	受周禅

十八传，南北混。辽与金，帝号纷。
迨灭辽，宋犹存。至元兴，金绪歇。
有宋世，一同灭。并中国，兼戎翟。
明太祖，久亲师。传建文，方四祀。
迁北京，永乐嗣。迨崇祯，煤山逝。
廿二史，全在兹。载治乱，知兴衰。
读史者，考实录。通古今，若亲目。
口而诵，心而惟。朝于斯，夕于斯。
昔仲尼，师项橐。古圣贤，尚勤学。
赵中令，读鲁论。彼既仕，学且勤。
披蒲编，削竹简。彼无书，且知勉。
头悬梁，锥刺股。彼不教，自勤苦。
如囊萤，如映雪。家虽贫，学不辍。
如负薪，如挂角。身虽劳，犹苦卓。
苏老泉，二十七。始发愤，读书籍。
彼既老，犹悔迟。尔小生，宜早思。

三字经（全文）

若梁灏，八十二，对大廷，魁多士。
彼既成，众称异，尔小生，宜立志。
莹八岁，能咏诗，泌七岁，能赋棋。
彼颖悟，人称奇，尔幼学，当效之。
蔡文姬，能辨琴，谢道韫，能咏吟。
彼女子，且聪敏，尔男子，当自警。
唐刘晏，方七岁，举神童，作正字。
彼虽幼，身已仕，尔幼学，勉而致。
有为者，亦若是。犬守夜，鸡司晨，
苟不学，曷为人。蚕吐丝，蜂酿蜜，
人不学，不如物。幼而学，壮而行，
上致君，下泽民。扬名声，显父母，
光于前，裕于后。人遗子，金满籯，
我教子，惟一经。勤有功，戏无益，
戒之哉，宜勉力。

心中自识《三字经》

《三字经》是一本古老的启蒙读物，关乎教育、历史、学习的主题，被称为蒙学经典。小的时候读过，全文却早已忘却，烂熟于胸的只是前面"人之初，性本善"那几句。

2008 年的冬季，我们温暖地与《三字经》相遇。那时的京城寒冷异常，在大风降温和金融危机的侵扰下，滑落的不只是气温，也不只是那些高挺的象征经济发展水平的数字标记，似乎还有那些曾经贮藏在人们内心的信心与力量。也正因为此，对即将到来的 2009 年，一切变得莫测、寂静了。

而《百家讲坛》在这个人心忐忑的时刻，策划了开年大戏——四十三集的《钱文忠解读〈三字经〉》，拟于 2009 年春节期间连续播出七天，之后每周六、日播出。《百家讲坛》邀请钱文忠先生来解读《三字经》，是将他作为 2009 年开年的第一枚"重磅炸弹"倾力推出的。钱文忠先生是深受人们喜爱的新潮学者，他的崇拜者们自称"潜艇"。早在 2007 年夏天，钱文忠先生就已在《百家讲坛》开讲《玄奘西游记》，取得了巨大成功。随即，《百家讲坛》开始录制由钱文忠先生主讲的《我的老师季羡林》，经过一番争取，也由于我社与《百家讲坛》合作出版《于丹〈庄子〉心得》等书的成功经历，使我们很快便与钱文忠先生达成了《我的老师季羡林之学生时代》一书的图书出版协议，后来，节目的播出被搁置下来，这本其实已经完成了编辑排版工作的书稿，也就被延缓至今才隆重推出。正是基于此次合作的愉快经历，也承蒙《百家讲坛》和钱文忠先生的厚爱，《钱文忠解读〈三字经〉》一书的出版亦交付我社，于是，就有了工作人员们连续数月的不间断的工作，也就有了眼下图书的问世。

数月的忙碌中，我们跟随钱文忠先生重新认识、解读了这部蒙学经典。从接到稿件的那一刻，我们竟然感到宛若踏进一个仪式，重拾孩提时的旧缘，突有一点认祖归宗的味道。在浮躁多年之后，从 2009 年的这个春节开始，我们平心静气地回到了老祖宗这里，在这里我们重新了解历史，重新开始一个启蒙的过程，并于这启蒙中，寻找足以支撑我们的精神力量，寻找我们文化当中那些核心价值。我们相信，这样的一种形式，应当是颇具意味、温暖人心的。

钱文忠先生对《三字经》的解读，具有一种现实主义的情怀，他所举例证皆是现实的、实际的，深入浅出，到位而生动，体现着独特的"钱氏魅力"。但正如每个人眼中都有一个哈姆雷特一样，钱文忠先生也曾这样谈到过《三字经》，他说，简短的《三字经》其实只是一些关键词。也就是说，每个人心中对《三字经》都有不同的理解。的确，用寥寥千字来诠释处世为人的道理，这不是《三字经》的轻淡，而恰恰显示了它的博大，它提供的只是一些供人们记忆、联想和阐释的"关键词"，经由这些朗朗上口的儿歌一样的词句，我们得以切入中华文明的肌理，得以传承我们古老的信念。当然，这种切入，一定是从当下的角度、现实的角度。这才是《三字经》数百年传承下来的魅力所在。所以，我们阅读《三字经》也好，我们聆听钱文忠先生讲解《三字经》也好，那一定是因为我们心中都早已有了一部自己的《三字经》，一定是因为我们在今天仍然有意无意地遵循着祖先传承下来的那些传统，一定是因为我们对于自己民族的历史和文化仍然保持着敬畏。对于《三字经》给予我们的这种深刻影响，也许我们如今并不自识，但那恰恰是因为其坚固地存在着，它溶解在血液里，隐匿于日常生活之中，无形中给我们的行为以暗示和指导。

愿每个人都能找到心中的《三字经》，对它的解读缘起于自识。

刘海涛
于北京